特低渗油藏采油工艺技术

王香增　主编

石油工业出版社

内 容 提 要

本书以延长油田为例,从机械采油、注水工艺、储层改造、调剖堵水、采油新技术以及采油工程方案的编制等方面着手,全面系统地介绍了低渗透油田采油工艺技术的现状及近几年的发展趋势。本书注重理论性、实践性和创新性,将理论与实际相结合,对低渗透油田开发的理论和技术进行了系统的分析和论证,是一本实用性很强的工具书。

本书可供从事油气田开发的工程技术人员以及石油院校的师生参考使用。

图书在版编目(CIP)数据

特低渗油藏采油工艺技术/王香增主编.
北京:石油工业出版社,2013.12
ISBN 978-7-5021-9852-7

Ⅰ.特…
Ⅱ.王…
Ⅲ.低渗透油气藏–石油开采
Ⅳ.①P618.13②TE35

中国版本图书馆 CIP 数据核字(2013)第 258710 号

出版发行:石油工业出版社
　　　　(北京安定门外安华里2区1号　100011)
　　网　　址:www.petropub.com.cn
　　编辑部:(010)64523562　发行部:(010)64523620
经　销:全国新华书店
印　刷:北京中石油彩色印刷有限责任公司

2013年12月第1版　2014年4月第2次印刷
787×1092毫米　开本:1/16　印张:22.25
字数:562千字

定价:108.00元
(如出现印装质量问题,我社发行部负责调换)
版权所有,翻印必究

《特低渗油藏采油工艺技术》
编委会

主　　任：王香增

副 主 任：高瑞民　王书宝

成　　员：陶红胜　徐建宁　杨永超　魏航信　李国明

　　　　　申　峰　赵亚杰　张文生　朱端银

编写组

主　　编：王香增

副 主 编：高瑞民　王书宝

执行主编：陶红胜　徐建宁

成　　员：陶红胜　徐建宁　杨永超　魏航信　李国明

　　　　　申　峰　赵亚杰　张文生　朱端银

前　言

延长油田位于鄂尔多斯盆地的东部,是我国开发最早的油田,至今已有一百多年的开发历史。1905年,清政府批准陕西省在陕北延长县创办"延长石油厂";1907年,在延长县打成了中国陆上第一口油井——延1井,开启了近代中国石油工业的先河。中华人民共和国成立后,延长石油厂曾更名为"延长油矿",先后向玉门、克拉玛依、大庆、胜利、长庆等油田输送了千余名管理干部和专业技术人员,为中国石油工业的发展作出了贡献,被誉为中国石油工业的摇篮。

自1978年改革开放以来,在石油工业部和陕西省政府的领导下,延长石油厂制定了"以油养油、采炼结合、滚动发展"的方针,使延长石油厂不断发展和壮大,到20世纪80年代中期,原油产量接近$20 \times 10^4 t$,与之配套的炼油规模逐步扩大,逐渐形成了采、炼一体化的配套体系。1998年和2005年延长石油厂为了适应发展的需要,经过了两次重组,成立了陕西延长石油(集团)有限责任公司(以下简称延长石油集团),使延长石油规模和实力迅速壮大,步入了持续快速发展的新时期。2007年,延长石油集团原油产量突破了$1000 \times 10^4 t$大关,成为跨入国家千万吨级大油田行列。

目前,延长石油集团在陕西、内蒙古等11个省区、13个盆地登记石油天然气矿权面积$10.89 \times 10^4 km^2$,其中陕西省内$1.07 \times 10^4 km^2$,省外$9.82 \times 10^4 km^2$,探明石油地质储量$19.5 \times 10^8 t$,天然气储量$1062.5 \times 10^8 m^3$。截至2010年底,延长石油集团拥有23个采油厂,建成原油生产能力$1180 \times 10^4 t$,逐步形成了适合特低渗透油藏开发的注水、采油、油层改造等一系列配套技术。

延长油田所管理开发的区块属于典型的"三低"油藏,具有低渗、低压、低饱和度的特点,储层射孔后需经过改造才能获得产能。如何搞好特低渗透油藏的开发,是延长油田广大技术人员一直不断研究、不断探索的难题。近年来,针对延长油田采油工艺技术现状,延长油田的广大技术人员经过不断探索,在引进、消化、吸收和合作的基础上,针对性地制定了不同类别储层的总体开发技术对策,经过"十一五"和"十二五"期间的技术攻关,在射孔、压裂、酸化、储层保护等方面不断进行完善和创新,尤其是压裂工艺技术取得巨大进步,使延长油田的采油工艺技术获得了长足进步,为延长油田的高效开发奠定了基础。

为满足延长油田广大技术人员,尤其是一线技术人员系统了解油田的采油工艺技术现状及采油工艺技术特点的迫切需要,延长石油集团研究院组织编写了本书。本书全面系统地介绍了延长油田采油工艺技术的现状及近几年的发展趋势。本书第二章至第五章由西安石油大学徐建宁教授、魏航信副教授等编写,第六章由延长石油集团研究院李国明同志编写,第七章由延长石油集团研究院张军涛同志编写,第一章、第八章和第十章由延长石油集团研究院杨永超、张文生两位同志编写,第九章和第十一章由延长石油集团研究院赵亚杰同志编写。初稿完成后,杨永超同志对本书进行了统稿,陕西延长石油(集团)研究院院长高瑞民同志、副院长王书宝同志对全书进行了审阅,并提出了修改意见,最后由王香增对全书进行了审定。

本书在编写过程中还得到了陕西延长石油(集团)研究院、延长油田股份有限公司勘探开发技术研究中心和西安石油大学的大力支持。该书完成后,西安石油大学的几位研究生对全书图幅及表格进行了清绘,在此对他们付出的辛勤劳动表示感谢。

由于笔者水平有限,书中难免有不妥之处,敬请读者批评指正,以备再版时进行修改。

目 录

第一章 概述 (1)
第一节 延长油田地质概况 (1)
第二节 低渗透油藏开发特征 (7)
第三节 国内外提高低渗透油藏采收率技术 (8)
第四节 低渗透油藏提高采收率存在的主要问题及技术发展趋势 (12)

第二章 机械采油方式优选 (14)
第一节 机械采油方式的技术特点 (14)
第二节 机械采油方式技术适应性评价 (16)
第三节 机械采油方式经济适应性评价 (20)

第三章 有杆抽油系统优化设计 (26)
第一节 油井流入动态预测 (26)
第二节 有杆抽油系统组成 (30)
第三节 抽油机悬点载荷的计算 (32)
第四节 抽油杆柱设计 (36)
第五节 有杆抽油系统工艺参数的优化设计 (37)
第六节 有杆抽油系统扶正器优化布置 (40)
第七节 系统效率提高措施 (41)
第八节 现场应用实例 (43)

第四章 有杆抽油系统故障诊断 (49)
第一节 概述 (49)
第二节 地面示功图分析 (52)
第三节 井下泵功图预测 (57)
第四节 示功图特征向量的提取 (63)
第五节 有杆抽油系统故障诊断方法 (67)
第六节 现场应用实例 (73)

第五章 其他机械采油技术 (81)
第一节 螺杆泵采油技术 (81)
第二节 水力射流泵采油技术 (98)
第三节 井下直线电动机无杆采油技术 (107)

第六章 注水工艺技术 …… (114)
- 第一节 水源与水质处理 …… (114)
- 第二节 注水水质标准 …… (118)
- 第三节 注水方式选择 …… (121)
- 第四节 分层注水工具及管柱 …… (126)
- 第五节 注水井分层测试技术 …… (132)
- 第六节 注水井增注工艺技术 …… (134)
- 第七节 注水井井筒防护技术 …… (138)
- 第八节 注水井日常管理 …… (141)

第七章 储层改造技术 …… (145)
- 第一节 压裂改造中储层保护技术 …… (145)
- 第二节 压裂液与支撑剂 …… (148)
- 第三节 特低渗透油藏整体压裂技术 …… (157)
- 第四节 分层压裂技术 …… (159)
- 第五节 "一层多缝"压裂技术 …… (160)
- 第六节 控水压裂技术 …… (161)
- 第七节 转向压裂技术 …… (164)
- 第八节 水力喷射压裂技术 …… (169)
- 第九节 水平井分段压裂工艺技术 …… (172)
- 第十节 解堵工艺技术 …… (175)
- 第十一节 现场应用实例 …… (178)

第八章 调剖堵水工艺技术 …… (186)
- 第一节 概述 …… (186)
- 第二节 注水井调剖技术 …… (188)
- 第三节 注水井深部调剖技术 …… (199)
- 第四节 油井堵水技术 …… (207)
- 第五节 二次采油与三次采油的结合技术 …… (226)
- 第六节 优化设计技术 …… (236)
- 第七节 调剖、堵水的效果评价方法 …… (255)

第九章 防偏、防砂、防蜡、防垢、防气、防腐工艺技术 …… (257)
- 第一节 油井偏磨与防偏技术 …… (257)
- 第二节 防蜡与清蜡技术 …… (264)
- 第三节 防垢与除垢技术 …… (273)

第四节　延长油田井筒防腐技术 …………………………………………（281）
第十章　其他采油技术 ……………………………………………………………（290）
　　第一节　微生物采油技术 ………………………………………………………（290）
　　第二节　表面活性剂驱油技术 …………………………………………………（296）
　　第三节　空气泡沫驱油技术 ……………………………………………………（302）
　　第四节　CO_2驱油技术 ………………………………………………………（321）
第十一章　采油工程方案的编制 …………………………………………………（337）
　　第一节　方案编制原则 …………………………………………………………（337）
　　第二节　方案设计内容 …………………………………………………………（337）
参考文献 ……………………………………………………………………………（342）

第一章 概 述

第一节 延长油田地质概况

鄂尔多斯盆地是中国大型的沉积盆地之一,横跨陕西、甘肃、宁夏、内蒙古、山西五省区,面积 $25 \times 10^4 km^2$。盆地轮廓呈矩形,盆地构造西降东升、东高西低,是一个古生代地台及台缘坳陷与中—新生代台内坳陷叠合的克拉通盆地,沉积岩厚度为 $5 \sim 18 km$。

延长油田位于鄂尔多斯盆地腹部的延安、榆林两市所辖地区。钻遇地层自上而下分别为第四系、白垩系、侏罗系、三叠系。其中白垩系和侏罗系在北部油区厚度大、保存好,且大部分地区第四系直接不整合覆盖在三叠系或侏罗系之上。侏罗系延安组和三叠系延长组是北部油区的主要勘探目的层,而南部和东部则以三叠系延长组作为其主要勘探目的层(表 1-1)。

表 1-1 鄂尔多斯盆地中生界油层划分表

界	系	统	组	段	油层组	埋深(m)	剖面	厚度(m)	岩性描述
中生界	侏罗系	下统	延安组		延1	700		250~300	灰黑色泥岩与灰白色中细砂岩夹煤层,下部砂岩多为厚层块状
					延2				
					延3				
					延4				
					延5				
					延6				灰黑色泥岩与灰白色砂岩夹煤层,砂岩多为厚层块状,中—细粒;底部往往发育巨厚含砾粗砂岩
					延7				
					延8				
					延9				
			富县组		延10	900	T₅	0~150	杂色泥岩夹灰灰白色中粗粒至含砾粗砂岩
	三叠系	上统	延长组	第五段	长1			0~245	深灰、灰黑色泥岩夹浅灰色细砂岩、粉砂岩及煤线
				第四段	长2			120~160	浅灰绿色中厚层—块状细砂岩夹深灰灰色泥岩
					长3	1000		100~170	深灰色泥岩与灰绿色粉砂岩互层,下部砂岩致密
				第三段	长4+5	1300		90~130	深灰色、灰黑色泥岩夹少量薄层—中层状粉、细粒砂岩
					长6			180~200	深灰色泥岩、灰黑色碳质泥岩与灰绿色粉细砂岩互层,底部为区域对比高阻标志层,陕北地区为油页岩
					长7	1500			
				第二段	长8		T₇	100~190	深灰色泥岩夹少量粉细粒砂岩
					长9	1700			
				第一段	长10	1900		200~230	灰绿色、肉红色块状沸石质长石砂岩间夹暗灰绿色或紫红色泥岩

三叠系延长组按沉积旋回划分为10个油层组，即长1—长10油层组。侏罗系延安组按照沉积旋回分为10个油层组，即延1—延10油层组。各油层组之下可进一步划分出若干个亚油层组（或称砂层组）。由于沉积期后遭受剥蚀，各地保存的油层组数不同。

鄂尔多斯盆地构造形态总体为一东翼宽缓、西翼陡窄的南北向不对称矩形台坳型盆地。盆地内部构造相对简单，地层平缓，仅盆地边缘褶皱断裂比较发育，延长油田油区大地构造位置处在鄂尔多斯盆地二级构造单元——陕北斜坡上，如图1-1所示。

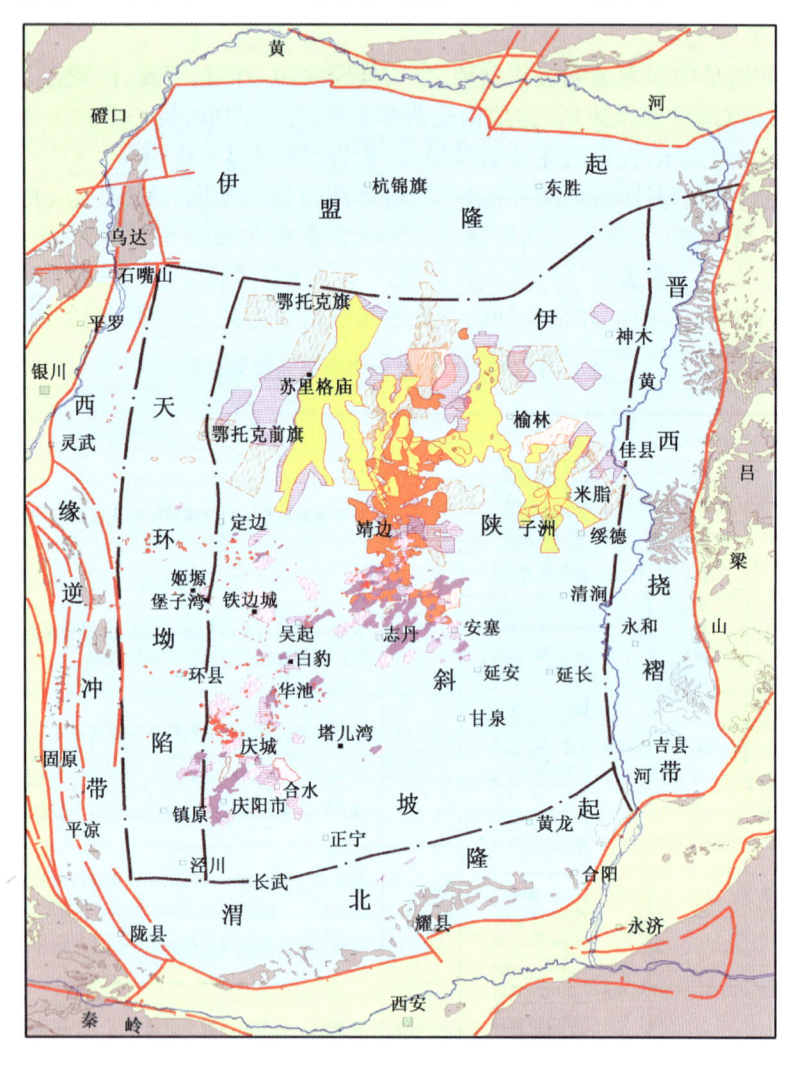

图1-1 鄂尔多斯盆地构造位置示意图

伊陕斜坡为鄂尔多斯盆地的主体部分，主要形成于早白垩世，为一向西倾斜的平缓单斜，坡降一般为7~10m/km，倾角一般不到1°。由西向东出露的地层依次由下侏罗统延安组转为上三叠统延长组。该斜坡断层与局部构造均不发育，仅局部发育差异压实作用形成的低幅度鼻状构造，且鼻状构造形态多不规则，方向性较差，两翼一般近对称，倾角小于2°，闭合面积小于10km²，闭合度一般为10~20m。幅度较大、圈闭较好的背斜构造在该斜坡不发育。

大华北克拉通（地块）盆地的基底在太古宙中晚期就已固结，此后长期稳定升降。三叠纪初期,大华北克拉通地块开始解体,唯独鄂尔多斯地块仍然保持着稳定升降的构造态势。上三叠统延长组沉积时期,鄂尔多斯地块整体缓慢沉降,形成了一个巨大的淡水—半咸水内陆湖盆。由于其沉降震荡幅度较小、分割性较弱、构造地貌相对平缓、湖盆四周的古陆补给物源充沛、物源区相对较近等特点,形成了盆地内延长组所特有的结构成熟度高、成分成熟度低的长石砂岩。受祁连—秦岭构造带的影响,湖盆形成北部、东北部、东部略高,西南部较低的宽缓箕状格局。湖盆西南部,由于沉降相对较大,形成了由粗碎屑岩组成的冲积扇和扇三角洲沉积。在盆地北部、东部和东南部,围绕湖盆边缘依次发育有盐池—定边、靖边—吴起—志丹、安塞、延长—延安、黄陵—直罗等规模巨大的内陆湖泊三角洲,如图1-2所示。

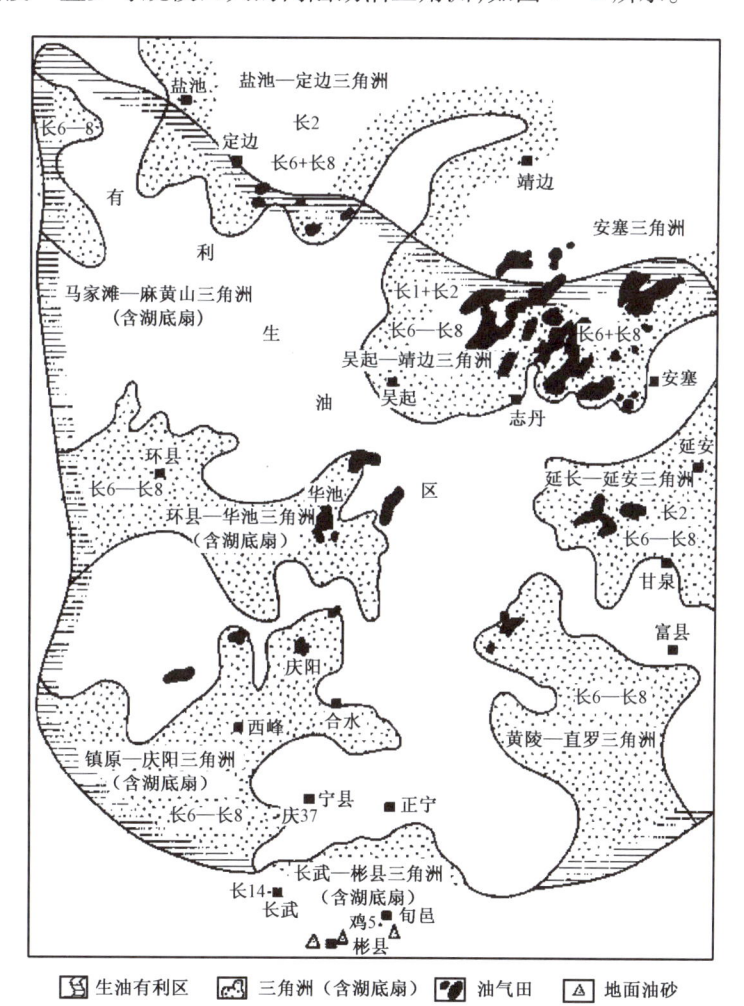

图1-2 鄂尔多斯盆地上三叠统延长组内陆湖泊三角洲展布及其含油现状

前人研究成果表明,晚古生代期间鄂尔多斯地区北侧曾长期遭受造山运动的影响,海西早期运动之后鄂尔多斯地区当时的地势总体呈现北高南低的特点。其后由于海西运动的影响,北部古生代造山带急剧上升,导致地台北缘与内部之间的地貌差异增大,这种地质背景一方面给晚古生代盆地陆海交互体系沉积提供了丰富的陆缘碎屑,同时对后期三叠纪岩相古地理有很大的影响。三叠纪特别是延长期的沉积背景与盆地演化和河流三角洲的发育有密切的关系。由于在晚古生代后形成的湖盆基底南低北高，加之北缘造山带活动强烈，所以湖盆北部和北部斜坡带有充分的陆屑供给，因而在三叠纪形成了一套以湖相为主并有河控三角洲组成的泥岩和砂岩韵律互层。

在三叠纪末期由于印支运动的影响，盆地整体抬升，延长组顶部沉积地层遭受不同程度的剥蚀，古地貌河谷纵横，起伏很大。北部油区内普遍缺失长1和长2^1中或其上部地层。局部长2^1地层全部被剥蚀，侏罗系富县组未接受沉积而缺失。延安组，从延10的不同期次开始接受沉积，地层在高部位沉积不全，低部位沉积较厚，呈现填平补齐的特点，与下伏三叠系延长组呈不整合接触，这对于油气运移聚集具有特别重要的意义。

总体而言，鄂尔多斯盆地从长10期开始发育，围绕湖盆中心，形成一系列环带状三角洲裙体，进入长9期快速下沉，将长10期的三角洲体系全部淹没水下。到长8期，湖盆规模、水深均已加大。长7期湖盆发展到全盛期，盆地大范围被湖水淹没，深湖区的面积也急剧扩大。进入长6期，湖盆下降速度放缓，湖盆相对稳定，沉积作用大大加强。到长4+5期，盆地再度沉降，湖侵面积有所扩大。长4+5期在本区主要为三角洲平原相沉积，继长6期之后出现了短暂的湖进过程；沉积作用明显减弱，湖岸线向北东方向撤退，从而在研究区形成一套三角洲平原分流间沼泽，上部分流河道及河道砂体较不发育，成为长6油层组的区域性盖层。

长3期湖盆进入消亡时期，向南湖盆面积退至志丹一线，为浅湖相，大部分地区为泛滥平原沉积和河流沉积。长2期盆地进一步抬升，在志丹附近仅为浅湖区，大部分地区为冲积平原和三角洲平原沉积，物源供给充分，辫状河和曲流河河道沙坝十分发育。

长1期盆地大部分地区为平原沼泽相，但局部地区下陷为湖盆。在东部的子长等地区再次沉降形成湖盆，其中沉积了长1油层组厚度达378m的湖相地层。湖区范围大致在志丹、靖边、横山、清涧、延安所围限的范围之内。

陕北地区侏罗系、三叠系地层及油层组划分对比表见表1-2。

表1-2 陕北地区侏罗系、三叠系地层及油层组划分对比表

地层系统 系	统	志丹探区		长庆油田		三普		标志层及编号
侏罗系	中统	安定组 J_2a						安定泥灰岩(B_8)
		直罗组 J_2z						七里镇砂岩(B_7)
		延安组 J_2y	第四段 J_2y_4	延安组 J_1y	第四段 J_2y_3	延安组 $J_{1-2}y$	第五段 $J_{1-2}y_5$	
					延1		延1	
					延2		延2	
					延3		延3	
			第三段 J_2y_3		延4		第四段 $J_{1-2}y_4$	延4
			延4+5		延5			延5	块状高阻砂岩(S_8)
					延6			延6	
			第二段 J_2y_2	延6	延7		第三段 $J_{1-2}y_3$	延7	高阻砂岩(S_7)
				延7	延8			延8	裴庄砂岩(S_6)
				延8					
			第一段 J_2y_1	延9	第一段 J_2y_1	延9	第二段 $J_{1-2}y_2$	延9	枣园泥岩段(S_5)
				延10		延10		延10	宝塔砂岩(B_6)
	下统	富县组 J_1f				第一段 $J_{1-2}y_1$	延11	金盆湾砾岩(杂色泥岩)(B_5)

续表

地层系统		志丹探区		长庆油田		三普		标志层及编号	
系	统								
三叠系	上统	延长组 T_3y	第五段 T_3y_5	长1	第五段 T_3y_5	长1	第五段 T_3y_5	第五段 T_3y_5	瓦窑堡煤系地层(B_4)
			第四段 T_3y_4	长2^1	第四段 T_3y_4	长2	第四段 T_3y_4	第四段 T_3y_4	永坪砂岩段(B_3)
				长2^2					
				长2^3					
				长3^1		长3			
				长3^2					
				长3^3					
			第三段 T_3y_3	长4+5	第三段 T_3y_3	长4+5	第三段 T_3y_3	第三段 $T_3y_3^{1-3}$	细脖子段(B_2) / 高阻泥岩(S4)
				长6^1		长6^1			
				长6 长6^2		长6^2			高阻泥页岩(S_3)
				长6^3		长6^3			高阻泥页岩(S_2)
				长6^4		长6^4			
				长7^{1-2}		长7			高阻页岩(S_1)
			第二段 T_3y_2	长7^3	第二段 T_3y_2	长8	第二段 T_3y_2	第二段 $T_3y_2^{1-2}$	张家滩页岩(B_1)
				长8					
				长9		长9			李家畔页岩(B_0)
			第一段 T_3y_1	长10	第一段 T_3y_1	长10	第一段 T_3y_1	第一段 T_3y_1	
	中统	纸坊组(T_2z)							

延长油田区域构造属鄂尔多斯盆地东部斜坡带,区内产层主要有延长组和延安组油层,属于岩性圈闭,具有压力低、渗透率低、产能低、油层埋藏浅、岩性致密、物性差的特点。平均渗透率为 0.5~1.44mD,平均孔隙度为 10%,属于特低(超低)渗透油田,其中渗透率小于 1mD 的油层占到总探明储量的 60%。由于延长油田所属的特殊的区域构造和岩性,油田开发过程中暴露出一系列严重的问题,制约着采收率的提高,一方面,油田边底水都不活跃,天然弹性能量消耗快,自然生产能力很低,甚至没有自然产能,一般都要经过压裂改造后才能正式投产,整体采收率低,资源浪费严重,开发难度越来越大。另一方面,油层启动压力高、注水井吸水能力低,随着注水时间的延长,层间矛盾加剧,注水井地层压力和注水压力上升快,注水量很快降低,对应生产井压力恢复慢,难以见到效果,产量迅速递减,最后注水量、产油量、开采速度和采收率都非常低,体现出低渗透油藏注水难、采油难,甚至注不进、采不出的普遍现象,油田整体采收率较低。目前,延长油田各主要油区一次衰竭式采油和二次注水采油的采收率平均为 10%~15%,而邻近的同一整体区域构造上的长庆油田通过区块综合治理开发,总体采收率一般为 15%~25%,按照国外目前油田的开发技术水平,低渗透油田的一次采收率、二次采收率和三次采收率累计最终采收率可以达到 30%~40%,延长油田在提高原油采收率方面还具有

十分广阔的发展空间。截至 2007 年底,延长油田的采收率按 11.24% 计算,可采储量为 $1.56 \times 10^8 t$。如果能将现有采收率提高 5%,将新增可采储量 $0.6945 \times 10^8 t$;如果将现有采收率提高 10%,将新增可采储量 $1.389 \times 10^8 t$,几乎相当于将延长油田现有可采储量翻一番。若按照 $1200 \times 10^4 t/a$ 的生产能力计算,则相当于将延长油田的稳产开采年限再延长 10 年以上。

正确认识和利用低渗透油田自身的特点,对于开发好低渗透油田具有十分重要的意义,延长油田为一低渗透油田,其具有以下主要特征:

(1)储层物性差,渗透率低。由于颗粒细、分选差、胶结物含量高,经压实和后生成岩作用使储层变得十分致密,渗透率普遍小于 5mD,一般为几毫达西,少数低于 1mD。地层渗透喉道细小,毛细管压力的存在导致出现"启动压差"现象,不具备达西流动特征。

(2)储层孔隙度一般偏低,变化幅度大。大部分由 7% ~ 8% 到 20%,个别高达 25%。

(3)原始含水饱和度较高,原油物性较好。一般含水饱和度为 30% ~ 40%,个别高达 60%,原油相对密度多数小于 0.85,地层黏度多数小于 $3mPa \cdot s$。

(4)油层砂泥交互,非均质性严重。由于沉积环境不稳定,砂层的厚度变化大,层间渗透率变化大。有的砂岩泥质含量高,地层水电阻率低,给水层的划分带来很大困难。

(5)油层受岩性控制,水动力联系差。边底水驱动不明显,自然能量补给差,多数靠弹性能量和溶解气驱采油,油层产能递减快,一次采收率低,一般只能达到 13% ~ 15%。采用注水保持能量后,采收率提高到 25% ~ 30%。

(6)天然裂缝相对发育。裂缝是油气渗透的通道,也是注水窜流的条件,且人工裂缝又多与天然裂缝的方向一致,因此,天然裂缝是低渗透油田开发中必须认真对待的因素。微裂缝可分为两类:一类是和构造应力有关的裂缝,另一类是非构造应力裂缝如沉积裂缝和成岩收缩裂缝等,这类微裂缝没有明显的方向规律性。特别是有些天然裂缝在油田降压开采过程中,闭合后不会随着油藏压力的恢复重新张开,即具有永久闭合性质。进行注水时机及保持压力水平方面的方案设计时应注意这个问题。

(7)由于渗透率低,孔隙度低,必须通过整体压裂增产,才能提高经济效益。而地应力的大小和方向在很大程度上制约着压裂裂缝的形状及延伸方向。故设计开发方案时必须考虑地应力场的作用和影响。

(8)中高渗透油田见水后,采液指数一般随含水率的上升而增大。低渗透油田采液指数及采油指数通常随水率上升而降低,有些油田会在中高含水期出现采液指数回升趋势。这些特征和油藏孔喉结构特征有关。

由于特低渗透储层对外部因素更加敏感,像延长油田这样的特(超)低渗透油藏提高采收率较中高渗透油藏面临更大的技术困难,这是因为:

(1)低渗透油藏具有明显的启动压力梯度特征,渗透率越低启动压力越高,驱替剂的注入难度更大。

(2)由于孔隙度和孔喉小,水锁和贾敏效应更加突出。

(3)相对中高渗透油藏储层,在矿物组成近似的情况下,水敏、酸敏、盐敏和速敏现象表现更加明显。

(4)由于特低渗透油藏孔喉比更大,在一定压差下喉道对压力变化更敏感,因此压力敏感明显,压敏伤害严重。

(5)特低渗透油藏一般都伴随微裂缝存在,且裂缝方位难以精确确定,注水开发易水窜。
(6)油藏含水饱和度高,油相渗透率低,水驱时油井表现为含水率上升。

第二节　低渗透油藏开发特征

低渗透油藏由于储层的物性差、孔隙度低、渗透率小、非均质性严重等,其开发与高渗透油藏具有明显不同的特征,其开发特征主要体现为以下几个方面。

(1)油井的产能低,压裂后才能获得较好的产能。

对于低渗透油藏,因储层岩石的岩性比较致密、孔喉半径小,一般渗流的阻力比较大,从而导致油井的自然产能比较低,单井产能一般小于5t/d,尤其是渗透率小于5mD的特低渗透油藏,产能更低,有的甚至不出油。如英旺采油厂的长2储层,日产能仅仅几十千克。一般来讲,低渗透油藏经过压裂改造后,增产的幅度较大,甚至原来不具备开采价值的油藏成为具有工业开采价值的油藏,因此,压裂已成为低渗透油藏开发的必需措施,不进行压裂,就不能很好地对低渗透油藏作出正确的评价。

(2)注水井的吸水能力差,注水压力较高。

低渗透油藏注水开发的主要特点是吸水能力差,注水量小,注水压力高。随着注水时间的延长,注水压力逐步提高,甚至出现后期注不进水的情况。

低渗透油藏吸水能力低和吸水量下降,除与低渗透油藏的地层因素有关外,还与注采井距大、油层伤害和堵塞有关,因此,尤其要注重对低渗透油藏的保护。

由于注采井距大、物性差、油层连通不好,则注水能量难以传递、扩散出去,导致注水井井底附近压力憋得很高。因此,应适当地缩小注采井距,提高注水井的注水能力。

在注水上,要确保注入水质及入井液合格、配伍,以减少对地层的伤害。因此,低渗透油藏的开发商要采取针对性的油层保护措施。

(3)采用天然能量开采,压力下降快,产量递减快,一次采收率低。

低渗透油田能量一般不足,开采过程中原油渗流阻力大,能量消耗水平高,且采用天然能量开采方式进行开采,地层能量下降快,产量递减快,且递减比较大,一次采收率低。

通过对天然能量开采的油田进行统计:产油量的年递减率一般为30%~45%,高的达到60%;从延长低渗透油田开采情况来看,低渗透油田平均弹性采收率为3.8%,平均溶解气采收率为14.6%。为了获得较高的开采速度和较高的采收率,在具备注水开发条件的情况下,尽可能采取同步注水、保持压力的开采方式。

(4)油井注水后见效慢,压力、产量恢复慢。

低渗透油田注水与中高渗透油田相比,注水见效时间慢,压力、产量变化平缓,这些都与低渗透油藏的性质有关。

油田注水见效的早晚,除与井距有关外,还与投注时间、注水强度、注采比、井网部署以及油层的连通程度有关。但总的规律是,早(同步)注水区块见效时间快,产量恢复程度高;晚注水区块见效时间慢,产量恢复程度低。

低渗透油田因注水渗流阻力大,注水井到油井间的压力消耗多,注水井作用给油井的能量有限,因此,导致油井见效时间晚,且反应平缓,压力、产量变化幅度小。

(5)具有裂缝性的砂岩油田注水后,油井水窜严重,稳产难度大。

一般来讲,低渗透油藏储层裂缝较为发育,尤其是低渗透油藏一般经过压裂改造,人工裂缝和天然裂缝共存。这类油藏注水开发后,注水井吸水能力强,注入水沿裂缝快速推进,使裂缝方向的油井遭到暴性水淹,这种现象十分普遍,是裂缝性砂岩油田注水开发的普遍特征。

低渗透油田见水后,采液(油)指数大幅度下降,因此,对应低渗透油田,见水后应该逐步加大生产压差,提高排液量,以保持产油量的稳定。但从实际来看,继续加大生产压差的潜力很小,油井见水后,产液量和产油量一般都大幅度下降,尽管采取了各种综合治理措施,但要保持稳产难度是很大的。

因此,对于裂缝性低渗透砂岩油田,恢复地层压力不能过急,注水压力不能太高,注采比不能过高,以防止注入水沿裂缝乱窜。同时要严格控制注水压力,不能超过裂缝张开的压力。

第三节 国内外提高低渗透油藏采收率技术

随着中高渗透油藏开采程度的加大,低渗透和特低渗透油藏所占的储量比例相对加大,若低渗透和特低渗透油藏采收率提高3%~5%,将会形成巨大的生产能力,因此世界各国对这类油藏提高采收率技术的研究非常重视。

目前国外也已开发了一部分低渗透油田,在我国近年来发现的油藏中,多数属低渗透油藏,此类油田的开采难度大,目前油藏开发方式以衰竭式开发和注水为主,辅以多种增产措施和三次采油技术方法,对于注水困难,无法投入正常开发的超低渗透敏感油藏,多采用衰竭式开发,由于没有能量补充,采收率特低。如何经济高效提高特低渗透油藏采收率是当前特低渗透油田开发的一个主旋律,也是最大难题。迄今为止,在提高油田低渗透、特低渗透油田原油采收率技术研究方面,国内外做了大量尝试性的室内研究和现场先导性试验工作,采收率较衰竭式开发有了很大提高,但是采收率仍然较中高渗透油藏低很多,还有进一步研究提高的余地。国内外特低渗透油藏提高采收率技术开发的手段主要有注水、注气(空气、氮气、一氧化碳、二氧化碳、天然气、烟道气等)、注表面活性剂、渗析交替周期注采、压裂、物理解堵、化学解堵、物理化学复合解堵、微生物驱、空气泡沫驱、聚合物复合驱、开发井网调整、加密井网、水平井增加渗流面积等,原理有提高波及体积、扫油效率,油水再运移重新分布,保持地层压力和解除伤害等。

一、早期超前注水和周期不稳定注水等提高整体采收率技术

对油藏补充能量的主要方式是注水,注水也是特低渗透油藏最经济实用的提高采收率技术手段,包括周期注水、超前注水、高压注水和渗析交替注水等多种方式。所谓周期注水就是注水井按规定的程序改变注水方式,在油层中建立不稳定压力降,从而使原来未被水波及的低渗透储层剩余油开发出来。20世纪50年代末,苏联首次提出对油藏进行周期注水是有效的,由于这种方法能够在一定程度上改善低渗透油田水驱油效果,因而在一些油田中得到了应用。苏联的多林纳油田(渗透率为0.1~0.5mD)采用周期注水开发,周期注水后对应油井含水率和产量得到了很大改善,该技术经验在苏联多个低渗透油田应用。我国渤南油田三区于1994年3月全面停止注水,实施周期注水,1995年3月恢复注水。在停止注水期间产油量上升,综

合含水率下降，取得了较满意的效果。实施周期注水后，日产量由停注前的36t上升到停注8个月后的61t，综合含水率由停注前的85.9%下降到停注后的79%，水驱储量增加。2004年中原油田对卫95块5个注水井井组进行了周期注水实验，实施后卫95块4个井组均见到了明显的增油效果，年见效增油1438t。此外，像大庆的头台油田、朝阳沟油田、葡萄花油田，吉林扶余油田和江苏油田等都采用过周期注水的方式开发低渗透油田。大部分试验区块取得了一定的开发效果。国内外矿场实践表明，周期注水是高含水期改善油田开发效果的有效手段之一，具有投资小、见效快、简单易行的优点，可以在一定程度上减缓含水率上升速度，提高最终水驱采收率。

目前国内外对特低渗透油田超前注水及其对油田采收率影响的研究很少。通过调研，了解到吐哈、长庆、吉林等油田对低渗透油藏超前注水进行了部分开采和机理研究，陈家晓等人对超前注水开发技术原理、注水时机、压力保持水平和实施效果等方面进行了研究和评价。王建华对超前注水提高产量机理及作用进行了研究，认为在压裂投产方式上，采取注水井先注水一定时间，再进行压裂改造，效果会更好。车起君和雷均安等人对超前注水提高单井产量机理及作用进行了研究，提出了超前注水降低了因地层压力下降造成的地层伤害，超前注水始终保持较高的地层压力，有利于提高最终采收率等结论。2003年木头油田141区块对6个井组实施超前注水，采油井35口，结合具有可对比资料的28口井分析结果表明，超前注水试验取得了较好的开发效果，递减率下降幅度较实施前减小。另外，发现超前注水区压裂排液产量明显高于非超前注水区，超前注水区先注水一定时间，采油井再进行压裂排液，其排液产量高，在合理超前注水开发模式下，油藏最终采收率将从目前开发模式下的7.34%提高到16.21%。

渗析不稳定注水采油技术是针对裂缝性特低渗透油田双重介质渗透相差较大的特点，利用周期注水原理，依靠毛细管力作用和亲水油层自吸排油特性，将原油采出的一种采油技术。渗析吞吐采油技术已在大庆头台油田（裂缝性特低渗透油田）得到成功应用。头台油田是构造—岩性油藏，裂缝、特低渗透是其显著特点，储层泥质含量较高，储层物性较差，平均有效孔隙度为12.0%，平均空气渗透率为1.25mD，区内储层裂缝发育，常规注水开发后经常出现严重的油井水淹，导致油田开发效益低，具有裂缝—储层双重介质，基质不吸水。渗析采油在茂9-19井区为多裂缝水淹井区试验，该区共进行4口井吞吐采油试验，整个井区试验前日产液3.8t、日产油0.4t，含水率为89.5%；试验后日产液18.8t、日产油9.9t，含水率为47.3%，日增油9.5t，该区总计增油1299t，整个井区全部实施吞吐采油后，见到了明显的效果。从国内情况看，大庆外围地区的朝阳沟油田、榆树林油田，长庆的安塞油田（渗透率为2.2mD）以及吉林的新立油田（渗透率为6.5mD）等一批特低渗透油田都投入了开发，并在注水开发过程中总结出了储层保护技术、早期强化注水技术、周期注水、高压注水技术等开发技术，取得了较好的效果。

二、化学驱提高原油采收率技术

化学驱隶属于三次采油提高采收率技术范畴，根据不同的作用原理，化学驱可进一步分为聚合物驱、碱驱、表面活性剂驱和泡沫驱等。化学驱技术在中高渗透油藏应用取得了巨大成功，如大庆萨南油田经三次采油后采收率达到了63%以上。但是由于特低渗透油藏储层物性的限制，靠改变流度比的聚合物驱油技术在低渗透油藏应用受到限制，而碱由于对低渗透油藏存在伤害,应用也受到限制,应用广泛的主要是单纯表面活性剂降压洗油和纳米膜剂驱油,以及表面活性剂和气体复合驱提高采收率。

吴景春、贾振岐等在低渗透岩心驱油实验中,注入表面活性剂体系后,水驱压力有明显下降,可以达到降低驱替压力的目的。实验结果表明,启动压力梯度要比水驱降低56.5%,说明表面活性剂体系也具有降低启动压力梯度的作用。表面活性剂注水采油提高采收率技术在许多油田得到应用,但由于受表面活性剂成本和来源的限制,并没有得到广泛的应用。

国内外提高采收率技术使用的表面活性剂主要是石油磺酸、重烷基苯磺酸盐、非离子表面活性剂、生物表面活性剂、孪连表面活性剂。石油磺酸、重烷基苯磺酸盐主要是和碱、聚合物复合应用到三元复合驱体系中,在特低渗透油藏的应用很少有报道。目前生物表面活性剂是一种很有潜力的驱油体系,发展很快,生物表面活性剂在采油中的应用已经扩展到小规模成片油田。生物表面活性剂可以将油水界面张力降至 2×10^{-2} mN/m,与戊醇配合则可降至 6×10^{-5} mN/m,可以使石油采收率提高30%。孪连表面活性剂的临界胶束浓度(CMC)很低,其固液界面的低吸附性能使其降低表面张力的效率高,因此作为三次采油用表面活性剂,可以减少其用量。孪连表面活性剂溶解性好,能够耐高矿化度,有利于实现三元复合驱弱碱化和无碱化,大幅度降低聚合物用量。孪连表面活性剂胶束溶液具有流变性,可以提高驱油的波及系数,扩大波及体积。具有界面性能和流变性的孪连表面活性剂有望取代三元复合驱体系中的碱,降低三元体系中聚合物的用量,在合理的配方体系下,最终实现二元或一元驱替体系。近年来,在世界范围内虽然对这类表面活性剂进行了深入的研究,但仍处于实验室阶段,距离实际应用尚有相当大的差距,而国内的研究则刚刚起步,但这种表面活性剂在特低渗透油藏提高采收率技术方面很有发展前途。

表面活性剂提高采收率的另一个用途就是与空气等气体混合,进行泡沫驱油。泡沫复合驱不是传统意义上的泡沫驱,它是在水气交替驱基础上发展起来的。泡沫形成的一个重要条件是有起泡剂和稳定泡沫剂,在地层中能够形成微气泡,油、气、水三相形成似乳状液的流体,可防止单纯使用气驱产生的水窜问题,并可以降低原油黏度,提高驱油效率。注入的气体可以是氮气、二氧化碳,也可以是烃类气体。空气泡沫驱油技术在我国的白色灰岩油藏和中原油田砂岩油藏中进行了先期试验,取得了较好的驱替效果,但在应用中也出现了部分技术问题,主要是井下管柱腐蚀比较严重。

目前低渗透、特低渗透油藏开始应用分子沉积膜驱油,并取得一定效果。它是一种季铵盐阳离子小分子。在辽河油田兴隆台53井组进行分子沉积膜驱油先导试验。1998年5月实施了分子沉积膜驱油现场试验,分子沉积膜驱油剂40t。兴53井组增产原油7092t,相当于每注入1t分子沉积膜驱油剂增产原油172t,经济效益可观。在中原油田单井吞吐上应用,取得了非常好的效果,平均单井增油200t以上。该技术已经在延长石油集团的定边采油厂初步实施,但还没有进行效果评价。虽然使用的分子沉积膜性能有很大的差别,但相信随着该技术的进步,其将是一种很有发展前途的提高采收率技术。

三、微生物提高采收率技术

利用微生物技术开采原油已经具有100多年的历史。早在1895年,Miyoshi就首先记载了微生物作用烃类的现象,但是近年来才迅速发展应用,这得益于菌种的技术进步对环境的适面临的最大技术难题,它关系到延长石油集团的原油稳产、上产和可持续发展。

总之,当前国内外低渗透、特低渗透油藏增产增注与提高采收率技术的一个重要发展趋势是,加强大型整体重复水力压裂的潜力预测和效果评价方法与技术的研究,提高重复水力压裂作业的有效成功率。同时,将大功率振动波、爆炸波、人工地震波和超声波等物理场与化学场有机结合,建立低渗透、特低渗透油藏物理化学复合增产及提高采收率配套理论与技术,提高油水井的增产增注效果,延长作业有效周期,改善水驱效率,降低综合成本,减轻环境污染,提高整体效率。

第二章　机械采油方式优选

选择正确的机械采油方式是非常重要的。机械采油方式选择不当或相应的泵型及工作参数选择不当,将会大大减小油井产量,增加生产费用。

因此,开展机械采油方式优选是油井获得长期最佳效益的关键,是节能降耗、提高采油效率的要求,是为解决低渗透油田中普遍存在的问题而开展的。高效的或一种新的机械采油方式应用和推广将对油田的生产具有现实意义及长远影响。

机械采油方式的合理选择对充分发挥油井产能、提高采收率和降低生产成本起着十分重要的作用,同种方法用于不同的油井和油田,有着不同的经济效果。

第一节　机械采油方式的技术特点

一、有杆泵采油的技术特点

有杆泵采油系统主要包括抽油机、抽油杆和抽油泵。其主要具有以下特点。

优点:

(1)设备结构简单,管理方便,操作和搬迁容易,对一般油井都比较适用,可把油井压力开采至非常低。

(2)通常采取自然排气,因此有利于天然气从井内排出,比较容易消除气体影响。

(3)具有较大的灵活性,当油井的产能变化时,能通过调节泵径和其他工作参数,使泵的排量同油井的产能相适应。

(4)能方便地进行各种地面和井下测试,可及时准确地分析地面和井下设备的工作状况。

(5)适用于开采高黏原油,同时也比较容易处理井下结蜡、结垢和腐蚀等问题。

缺点:

(1)在井身弯曲的油井中往往产生严重磨损,使抽油杆和油管的损坏频率升高,因此会影响油井的正常生产,同时使采油成本增加。

(2)当井液含砂或其他固体颗粒较多时,极易出现卡泵现象。另外,在气油比过高时,排气会使泵效降低,甚至会使泵发生气锁而失效。

(3)下泵深度受抽油杆强度的限制,并且随着下泵深度的增加,泵效有所下降,事故频率也随之升高。当泵下到一定深度后,泵就会完全失效。

(4)设备体积较大,在市区使用引人注目,在海上油井使用显得过于笨重。电源必须架设到井口,因此不宜在沼泽、水网等地理条件比较复杂的地区使用。

(5)极易受结蜡的影响,而且还不能采用涂料油管来防蜡和防腐。

二、螺杆泵采油技术特点

螺杆泵是一种利用抽油杆旋转运动进行抽油的人工举升采油方法。自螺杆泵发明以来,螺杆泵工艺技术不断改进和完善,特别是合成橡胶技术和黏结技术的发展,使螺杆泵在石油开采中得以广泛应用。

根据驱动形式,螺杆泵采油系统可分为地面驱动和井下驱动两类。

螺杆泵采油具有以下特点。

优点:

(1)螺杆泵结构简单。

(2)螺杆泵的排出流量均匀,并且可通过改变驱动头的皮带轮大小或通过变频技术,调节转子的转速来调节排出的流量。

(3)螺杆泵的输出压头大,故适宜输送黏度大的液体,而且不会产生气锁现象,适合于高气油比的油井。

(4)螺杆泵自吸力比较强,由于能均匀地排液和吸液,溶解气不易从原油中分离,减少了气体对泵效的影响。

(5)螺杆泵的定子一般采用耐油橡胶粘贴于钢管内壁制成,它和转子密封是柔性的面接触,当螺杆泵正常生产时,如果砂粒在密封面,砂粒将压迫柔性的定子面,随着转子的旋转和液体一起被挤在下一腔体内,因此,螺杆泵可在出砂井中使用。

缺点:螺杆泵不允许空转,空转可导致泵报废。

三、气举采油技术特点

气举是一种人为地把气体(天然气或空气)压入井内使井下液流举升到地面的方法。按进气的连续性,气举可分为连续气举与间歇气举两大类。

连续气举是将高压气体连续地注入井内,使其和地层流入井底的流体一同连续从井口喷出的气举方式,它适用于采油指数高及因井深造成井底压力较高的井。

间歇气举是将高压气间歇地注入井中,将地层流入井底的流体周期性地举升到地面的气举方式。间歇气举时,地面一般要配套使用间歇气举控制器(时间—周期控制器)。间歇气举既可用于低产井,也可用于采油指数高、井底压力低,或者采油指数与井底压力都低的井。

气举采油具有以下特点。

优点:

(1)灵活性高。气举采油的井口、井下设备比较简单,管理调节方便,产量具有较大的灵活性。若一口井设计得当,通过气举,产量也许能达到1000bbl❶/d。这样只需要一种装置,就可以按照不同的生产需求进行有效的生产。

(2)适应性强。特别是对于海上油井,深井,斜井,含砂、水、气较多或含有腐蚀性成分而不适宜用泵进行举升的油井,都可以采用气举采油法,在新井诱导油流及作业井的排液方面,气举也有其优越性。

(3)故障率低。气举井的事故率在所有人工举升方式中是最低的。

缺点:

气举采油投资大,使用受限制。气举装置采油需要压缩机站及大量高压管线,地面设备系统复杂,投资大,且气体能量利用率低,需要大量的天然气,因此使用受到限制。

---

❶ 1bbl = 158.9873dm³。

第二节　机械采油方式技术适应性评价

一、机械采油技术适应性评价指标体系结构

1. 油井产液量 $Q(m^3/d)$

油井产液量是影响机械采油方式选择的最重要因素。有杆泵适用于中低产液量油井;当油井产液量 $Q>300m^3/d$ 时,基本不用有杆泵抽油。

2. 下泵深度 $L(m)$

下泵深度是影响机械采油方式选择的另一个重要因素。有杆泵受抽油杆强度的限制,只能用于浅井和中深井。

3. 井下特征

井下特征包括井眼的弯曲程度以及井眼的大小和完井状况等。有杆泵对弯曲井眼的适应性最差;不同的人工举升方式对小井眼多层井的适应性不同,有杆泵适用于多层小井眼井。

4. 地面环境

地面环境包括空间、气候及所处的地理位置等。地面驱动螺杆泵地面装置小,适合在空间狭小的市区采油;气举适合在气候恶劣、电力不足,但有气源的边远地区采油。

5. 油藏特性

特定的油藏地质条件会使机械采油设备在原油开采的过程中出现操作问题,从而降低设备的系统效率,减少使用寿命。常见的影响操作的油藏特征包括如下几个方面:

原油黏度 $\nu(Pa \cdot s)$:用有杆泵抽高黏油时存在系统效率较低的缺点。

气油比 $G(m^3/m^3)$:有杆泵活塞冲程长度较长,因此对高气油比的油井适应性较弱;对于螺杆泵,它的工作方式是旋转运动,排液连续,无间隙,对高气油比的油井适应性很强。

原油含砂:螺杆泵对油井出砂的适应性最强;有杆泵对油井出砂的适应性一般。

结蜡:油层、油管、井口和出油管线都会结蜡,这势必造成系统效率降低或不能正常工作。

结垢:结垢会缩小油管内径,引起泵效降低甚至卡泵。如果井下结垢比较严重,则必须采取化学防垢措施。

腐蚀:井液中的硫化氢、二氧化碳、高浓度的地层盐水及其他氧化物,都可以引起井下金属的腐蚀。硫化氢引起的氢脆,会加速抽油杆的损坏。

井底温度:井下高温会使电潜泵的电动机和电缆的使用寿命缩短,因此当井下温度大于150℃时,就必须采取预防措施。

6. 机械采油设备自身的特点

当油井的产能变化时,机械采油方法适应这种变化的灵活性也很重要,要求选择的机械采油方法能适应这些变化。通常有杆泵适应这些变化的灵活性较大。

7. 采油设备的简便性

不同的机械采油方法使用的采油设备结构不同、工作过程不同,对特定的油藏区块类型的

适应性也不同。

结合上述评价指标体系,主要机械采油方式适应性评价见表2-1。

表2-1 机械采油方式适应性评价

项目	条件	有杆泵	螺杆泵	气举
排量(m^3/d)	正常工作范围	1~100	16~200	30~3180
	最大排量	300	250	7950(环空12720)
泵深(m)	正常工作范围	<3000	<1500	<3000
	最大泵深	4420	1700	3650
井下特征	小井眼多层完井	适宜多层,小井眼	适宜小眼井,不适多层	适宜小井眼和多层
	斜井及弯曲井	小斜度可用,弯曲受限	小斜度可用	装置简单,最适宜
地面环境	市区	设备大而笨重,不适宜	地面装置小,适宜	很适宜
	气候恶劣,边远地区	管理分散,不适	一般	很适宜
高气油比		环空排气,气锚效果一般	无余隙,适于高气油比	最适宜高气油比
高黏油	至1000mPa·s	适宜	很适宜	乳化,稠油均不适
生产常见问题	含砂	易卡泵,可用砂锚,一般	螺旋式运动,不卡泵,很适宜	无运动件,最适宜
	结蜡	机械消除,一般	适宜	气体膨胀,易结蜡,差
	结垢	化学防垢,效果好	化学防垢,效果较好	一般
	腐蚀	化学防腐,效果好	化学防腐,效果较好	一般
	井温(>70℃)	适应性一般	适应性一般	适应性强
灵活性	易于调整产量	产量可调性较好	用变频器,较好	随意调整,很好
操作管理水平		设备简单,工艺完善,自动化程度高	设备较简单,自动化程度一般,起下泵较难	设备简单,自动化程度一般,起下泵较难	设备简单,自动化程度一般,气举阀可捞取,修井操作较易

二、机械采油技术适应性评价模型

1. 概述

机械采油方式适应性评价方法有很多种,根据低渗透油田的实际情况,采用简便易行、操作性强的加权评分法,具体步骤为:将每一种被选择的机械采油方式视为一个方案,共有有杆泵等 j 种方案,评价方案的主指标有 i 个,如前文提到的油井的产液量、下泵深度等指标,则每个方案的综合评价值为各主指标的标值与相应权重的乘积。即

$$S_j = \sum_{i=1}^{m} w_i S_{ji} \qquad (2-1)$$

式中,S_j 为第 j 个方案的总得分;w_i 为第 i 个主指标的权重;S_{ji} 为第 j 种方案第 i 个主指标的得分。

总得分多的为初选出的适应性强的方案;反之,则为技术上不可行的方案。这样,问题的关键就在于确定指标标值与指标权重。

机械采油方式适应性评价指标大多数具有不确定性和不可量化的特点,采用等级法对主指标及其相应的子指标标值进行分级,根据表2-1,可将这些指标评语集分为最强、强、适合、不强、不适应5个等级,相应的等级数值分别为4,3,2,1,0。主要机械采油方式适应性评价指标分级表参见表2-2。这里需要指出的是,有些主指标还包括下一级子指标,主指标标值不能直接从分级表中找到,这里采用乘法评分法计算这类主指标标值,即将若干子指标标值的几何平均数作为主指标的标值,计算公式为:

$$F_i = \sqrt[n]{\prod_{j=1}^{n} F_j} \tag{2-2}$$

式中,F_i 为第 i 个主指标的得分;F_j 为第 i 个主指标下第 j 个子指标的得分。

表2-2 机械采油方式适应性评价指标分级表

主指标	序号	子指标	符号	有杆泵	螺杆泵	气举
排量	1	高产量	X_1	2	2	4
	2	中等产量	X_2	3	3	4
	3	低产量	X_3	4	3	0
泵深	4	大深度举升	X_4	1	0	4
	5	中等深度举升	X_5	3	3	4
	6	小深度举升	X_6	4	4	4
井下特征	7	斜井、定向井适应性	X_7	3	3	4
	8	同井分采能力	X_8	2	1	1
	9	小井眼井适应性	X_9	2	2	3
地面环境	10	边远地区、海上	X_{10}	1	2	2
油藏特性	11	高气油比原油	X_{11}	2	3	4
	12	高黏原油(至1Pa·s)	X_{12}	2	4	1
	13	产液含砂量≤1%	X_{13}	2	4	4
	14	产液含砂量>1%	X_{14}	0	4	3
	15	产液含水率	X_{15}	2	3	2
	16	原油含蜡	X_{16}	2	3	1
	17	结垢、腐蚀井下设备	X_{17}	1	2	2
	18	至70℃井温适应性	X_{18}	3	4	4
	19	大于70℃井温适应性	X_{19}	2	2	4
机械采油设备特点	20	易于调整产量	X_{20}	3	3	4
	21	设备简易性	X_{21}	2	3	2

注:表中数值表示加权值,某个子项适应性越高,数值越大,其范围为0~4。

2. 指标权重的确定

应用层次分析法确定权重。

(1)构造比较判断矩阵。比较判断矩阵表示针对上一层次某指标,本层次与之相关的指标间相对重要程度的比较。假定某层次有 n 个指标,即 $C_1,C_2,\cdots,C_n$,同属于上一层次的指标 A。邀请若干位专家判断 $C_1,C_2,\cdots,C_n$ 的相对重要程度。为此,每位专家要对 $C_1,C_2,\cdots,C_n$ 两两比较它们对上一层次 A 的重要程度,进而做出比较判断矩阵(表2-3)。表2-3中 a_{ij} 表示指标 C_i 比指标 C_j 对 A 指标相对重要程度的数值,$a_{ij}=1/a_{ji}$。

表2-3 比较判断矩阵

A	C_1	C_2	...	C_j	...	C_n
C_1	a_{11}	a_{12}	...	a_{1i}	...	a_{1n}
C_1	a_{21}	a_{22}	...	a_{2i}	...	a_{2n}
...	...	...	...	...	...	...
C_i	a_{i1}	a_{i2}	...	a_{ii}	...	a_{in}
...	...	...	...	...	...	...
C_n	a_{n1}	a_{n2}	...	a_{ni}	...	a_{nn}

用 Saaty 相对比较表作为指标 $C_1,C_2,\cdots,C_n$ 两两比较的依据,给出判断矩阵元素的标度值。

(2)计算比较判断矩阵 A 的最大特征根及最大特征根对应的特征向量和指标的权重。为此,求方程 $|A-\lambda I|=0$ 的解,得到参数 λ 的 n 个解($\lambda_1,\lambda_2,\cdots,\lambda_n$),称为矩阵的特征根。从 n 个特征根中挑出最大根 $\lambda_{\max}$,再由特征方程 $AX=\lambda_{\max}X$ 解得特征向量 $X=(x_1,x_2,\cdots,x_n)$。最后将特征向量归一化,即得指标 $C_1,C_2,\cdots,C_n$ 的权重向量。

$$W = \left(x_1 \Big/ \sum_{i=1}^{n} x_i, x_2 \Big/ \sum_{i=1}^{n} x_i, \cdots, x_n \Big/ \sum_{i=1}^{n} x_i\right) \\ = (W_1, W_2, \cdots, W_n) \tag{2-3}$$

(3)一致性检验。由于客观事物的复杂性及专家认识的局限性,专家所作判断矩阵 A 与客观事实可能不一致,即 a_{ij} 不一定恰好满足 $a_{ij}=W_i/W_j$。因此需要对 A 做一致性检验。按式(2-4)计算一致性随机指标 $C.R.$ 并做检验。

$$C.R. = \frac{C.I.}{R.I.} \tag{2-4}$$

$$C.I. = \frac{\lambda_{\max} - n}{n-1} \tag{2-5}$$

式中,$C.I.$ 为一致性指标;$C.R.$ 为一致性随机指标,可以根据矩阵 A 的阶次查一致性随机指标表得到。

一致性检验的条件是:$C.R. \leq 0.1$。

当 $C.R. \leq 0.1$ 时,则认为判断矩阵 A 具有满意的一致性。实际应用中,若 $C.R.>0.5$,则需要对矩阵 A 作若干修正,直到满足一致性检验条件为止。

根据给出的机械采油方式适应性评价指标体系结构表2-1和表2-2,对6个主要指标进行计算并加以判断,作出判断矩阵:

$$A = \begin{bmatrix} 1 & 2 & 5 & 7 & 3 & 9 \\ 1/2 & 1 & 4 & 6 & 2 & 8 \\ 1/5 & 1/4 & 1 & 3 & 1/3 & 5 \\ 1/7 & 1/6 & 1/3 & 1 & 1/5 & 3 \\ 1/3 & 1/2 & 3 & 5 & 1 & 7 \\ 1/9 & 1/8 & 1/5 & 1/3 & 1/7 & 1 \end{bmatrix}$$

该矩阵的最大特征根为 6.2679，特征向量 X = (0.7597,0.5123,0.1732,0.0893,0.3462,0.0498)，一致性检验条件 $C.R.$ = 0.0432 < 0.1，因此判断矩阵 A 具有满意的一致性。

对应的 6 个主指标分别为油井排量、泵深、井下特征、地面环境、油藏特性和机械采油设备特点，相对权重依次为 0.3935,0.2654,0.0897,0.0463,0.1793 和 0.0258。

第三节　机械采油方式经济适应性评价

一、经济性综合评判流程

低渗透油藏机械采油方式经济性综合评判流程如图 2-1 所示。

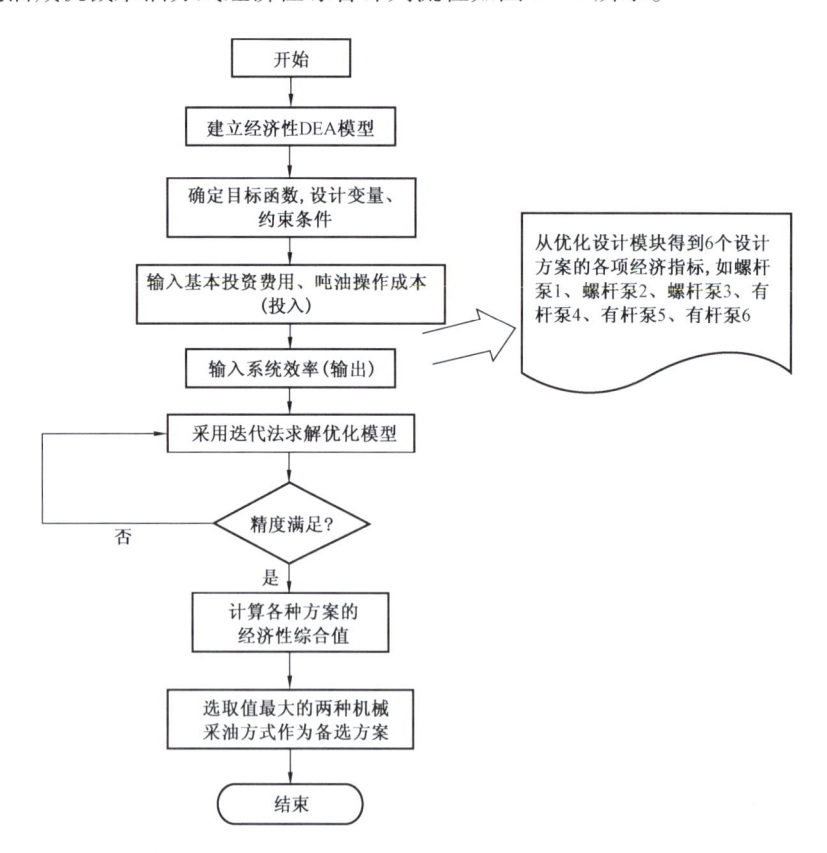

图 2-1　低渗透油藏机械采油方式经济性综合评判流程图

二、经济性评价指标的确定

1. 输入指标的选取

选择吨油操作成本、基本投资费用作为机械采油方式输入指标。

1）吨油操作成本

$$B = C/Q \qquad (2-6)$$

式中，B 为吨油操作成本；C 为年经营费用；Q 为年产油量。

吨油操作成本是年经营成本和年产油量的比值，在油价相同的情况下，如果某种机械采油方式较其他方式年经营成本低、年产油量大，那么该种方式在不考虑投资时经济效益最好，也就是说每年产生的经营净现金值最大。因此，该指标是企业在统计和考评单位业绩时常用的指标。

影响吨油操作成本的主要因素是年经营费用，年经营费用是指每年维持油井正常生产所必需的资金。年经营费用包括以下几种费用：

（1）能耗费，包括燃料费、动力费等。有杆泵、螺杆泵等抽油设备主要消耗电能，气举抽油方式主要消耗天然气。

（2）设备维护费，主要是指对抽油设备的维护修理费，清蜡除垢费也包括在内。有杆泵的维护费包括对抽油杆、抽油机和抽油泵的维护修理费。螺杆泵的维护费主要指对抽油杆、螺杆泵的维护费。

（3）管理费，包括生产人员工资及福利费、油气处理费、水处理费等。

（4）其他开采费，包括测井费、试井费等众多杂项费用。

吨油操作成本清单：材料费、燃料费、动力费、生产人员工资、提取职工福利费、维护修理费、油气处理费及其他开采费。

2）基本投资费用

基本投资费用是指油井采用某种机械采油方式达到采油目的的初始投资费用。包括：

（1）地面设备购置费。不同的人工举升方式需要安装不同的地面设备，如螺杆泵需要安装地面驱动装备，游梁式有杆泵需要安装抽油机。

（2）地下设备（如抽油杆、油管、抽油泵、螺杆泵等）购置费。

（3）设备安装费。

（4）流程改造费，如改造输油管线、改造输电线路等必要的基础设施。

（5）其他建筑工程费，如水处理设备费等。

基本投资费用直接关系到机械采油设备折旧额的多少，因此是评价经济效益必须考虑的因素。

基本投资费用清单：

有杆泵部分：井口、油管、光杆、井下工具、地面基础、电动机、抽油泵、抽油杆、抽油机。

螺杆泵部分：专用井口、油管、光杆、电控柜、地面驱动设备、抽油杆、地面配套设备、螺杆泵。

气举部分：井口、油管、光杆、井下工具、地面气源设备、气举阀。

2. 输出指标的选取

输出指标主要选用系统效率,其可以表示为:

$$\begin{cases} \eta = \dfrac{P_h}{P_{in}} \\ P_h = 10^{-3} H Q \rho_l g \\ P_{in} = \sqrt{3} \times 10^{-3} U I \zeta \end{cases} \quad (2-7)$$

式中,η 为系统效率;P_h 为泵的有功功率,kW;P_{in} 为泵的输入功率,kW;H 为泵的扬程,m;Q 为泵的实际排量,m³/s;ρ_l 为举升液体的密度,kg/m³;U 为电动机的工作电压,V;I 为电动机的工作电流,A;ζ 为功率因数。

系统效率是反映机械采油方式经济效益的另一个重要指标。系统效率很大程度上体现了泵工作状况的优劣,系统效率的高低不仅与泵本身的工作过程有关,还与泵和特定油层条件的配合有关。机械采油设备的系统效率高,说明该设备的利用率高,操作管理水平高,这必将大大节约日常的生产经营费用,提高经济效益。

计算出所有输入、输出指标的数值,代入公式即可得到优化不等式。对于这种优化问题,可以采用单纯形法、复合型法等优化方法进行求解。一般对这种比较复杂的问题,需要编制计算机程序才能得到数值解。对于每一种备选方案,可以得到式(2-7)中一个投入与产出比最小值,把这些值进行比较,取最大的为最佳方案,便可以很方便地看出哪种方案的经济效益最高。

三、经济性综合评价模型的建立

确定哪种机械采油方式综合经济效益最大,也就是根据投入产出比来进行判断,以最小的投入获得最大的产出,提高机械采油方式的经济效益。

以线性规划的 DEA 模型为基础,把传统 DEA 模型和 C^2GS^2 模型中的面向输入和输出模型相结合,综合考虑投入缩小比率和产出扩大比率,分别寻求面向投入的相对效率 θ 和面向产出的相对效率 $1/Z$,θ 与 $1/Z$ 的乘积,即为综合效率 η,用公式表示为:

$$\eta = \theta/Z \quad (2-8)$$

基于此,该线性规划的 DEA 模型为:

$$\begin{cases} \min \eta = \dfrac{\theta}{Z} \\ \text{s.t.} \ \sum_{j=0}^{n} \lambda_j X_j \leq \theta X_{j0}, \theta \leq 1 \\ \sum_{j=0}^{n} \lambda_j Y_j \geq Z Y_{j0}, Z \geq 1 \\ \sum_{j=0}^{n} \lambda_j = 1, \forall \lambda_j \geq 0 \\ j = 0, 1, 2, \cdots, n \end{cases} \quad (2-9)$$

在式(2-9)中,X_j为输入量,可以看做采油成本(包括机、杆、泵等设备成本,吨油操作成本等),Y_j为输出量,可以看做各种机械采油方式的系统效率,而λ_j为加权系数,进行优化算法求解时确定。

由于式(2-9)是一个多目标分式规划问题,求解时需要转换为单目标进行求解,为此特进行如下线性变换:

$$\begin{cases} \theta = \dfrac{\phi}{\tau} \\ Z = \dfrac{1}{\tau} \\ \lambda_j = \dfrac{\rho_j}{\tau} \\ \tau > 0 \end{cases} \quad (2-10)$$

此时被转化为等价的单目标线性规划问题:

$$\begin{cases} \min \phi \\ \text{s. t.} \sum_{j=0}^{n} \rho_j X_j \leqslant \phi X_{j0} \\ \sum_{j=0}^{n} \rho_j Y_j \geqslant Y_{j0} \\ \sum_{j=0}^{n} \rho_j = \tau \\ \phi \leqslant \tau, \forall \rho_j > 0, \phi > 0, \tau > 0 \\ j = 0,1,2,\cdots,n \end{cases} \quad (2-11)$$

式(2-11)的优化问题求解程序:

$x = [35.495, 43.505, 47.595, 23.302, 23.492, 44.792; 341.17, 327.66, 332.79, 244.78, 257.12, 232.29]$;

$y = [0.2115, 0.2436, 0.3008, 0.4032, 0.3561, 0.4621]$;

$n = \text{size}(x',1)$;

$m = \text{size}(x,1)$;

$s = \text{size}(y,1)$;

epsilon $= 10^{-10}$;

$f = [\text{zeros}(1,n), 0, -\text{epsilon} * \text{ones}(1,m+s), 1]$;

$A = [\text{zeros}(1,n), -1, \text{zeros}(1,m+s), 1]$;

$B = 0$;

% $A = \text{zeros}(n+m+s+2)$;

% $A(n+1, n+1) = -1$;

```
% A(n+m+s+2,n+m+s+2) = 1;
% B = zeros(n+m+s+2,1);
lb = zeros(n+m+s+2,1);
ub = [];
lb(n+m+s+2) = -Inf;
for i = 1:n
    A_eq = [x,zeros(m,1),eye(m),zeros(m,s),-x(:,i);
        y,zeros(s,1),zeros(s,m),-eye(s),zeros(s,1);
        ones(1,n),-1,zeros(1,m+s+1)];
    B_eq = [zeros(m,1);
        y(:,i);
        0];
    w(:,i) = linprog(f,A,B,A_eq,B_eq,lb,ub);
end
w
lambda = w(1:n,:)
t = w(n+1,:)
s_minus = w(n+2:n+1+m,:)
s_plus = w(n+m+2:n+m+s+1,:)
theta = w(n+m+s+2,:)
```

运行后输出结果:[0.3694,0.4179,0.4981,1.0000,0.8760,1.0000]

在这个程序中,采用6种方案进行对比,找到经济效益最大的方案(表2-4)。3个有杆抽油系统方案(有杆泵1、有杆泵2、有杆泵3)和3个地面驱动螺杆泵系统方案(螺杆泵4、螺杆泵5、螺杆泵6),输入为基本投资费用和吨油操作成本(表2-5),输出为系统效率(表2-6)。

表2-4 基本投资方案对比表

	有杆泵			螺杆泵	
	项目	价格(万元)		项目	价格(万元)
相同投资部分	井口	0.65	相同投资部分	专用井口	0.35
	油管	12.36		油管	12.36
	光杆	0.125		光杆	0.072
	井下工具	0.71		电控箱	0.6
	地面基础	1.8		地面电机	3.8
	电动机	2.2		抽油杆	3.85
	抽油泵	0.3		配套设施	0.3
有杆泵1	5型抽油机	13.5	螺杆泵4	GLB22-18	1.97
	D级抽油杆	3.85			
	单井合计	35.495		单井合计	23.302

续表

有杆泵			螺杆泵		
有杆泵2	前置型抽油机	18.2	螺杆泵5	GLB66-14	2.16
	玻璃钢抽油杆	7.16			
	单井合计	43.505		单井合计	23.492
有杆泵3	双"驴头"抽油机	25.6	螺杆泵6	GLB22-18	23.46
	D级抽油杆	3.85			
	单井合计	47.595		单井合计	44.792

表2-5 吨油操作成本对比表　　　　　　　　　　　　单位:元/t

项目	有杆泵1	有杆泵2	有杆泵3	螺杆泵4	螺杆泵5	螺杆泵6
材料费	69.16	64.66	64.66	50.23	50.23	50.23
燃料费	16.71	16.71	16.71	10.36	10.36	10.36
动力费	63.88	58.76	54.54	20.87	22.66	13.87
生产人员工资	25.16	25.16	25.16	25.16	25.16	25.16
提取职工福利费	3.52	3.52	3.52	3.52	3.52	3.52
维护修理费	51.91	48.02	57.37	23.81	23.21	18.32
油气处理费	15.4	15.4	15.4	15.4	15.4	15.4
其他开采费	95.43	95.43	95.43	95.43	95.43	95.43
操作成本合计	341.17	327.66	332.79	244.78	245.97	232.29

表2-6 系统效率对比表

项目	有杆泵1	有杆泵2	有杆泵3	螺杆泵4	螺杆泵5	螺杆泵6
系统效率(%)	21.15	24.36	30.08	40.32	35.61	46.21

第三章　有杆抽油系统优化设计

有杆抽油方法是应用最早也最为广泛的一种人工举升采油法。有杆抽油系统的组成不但包括抽油机、抽油泵、抽油杆等硬件,还包括大量的相关设计软件。有杆抽油系统的设计经历了几乎与石油工业发展同样长的历史,随着科学技术的进步,有杆抽油系统的设计方法与整个石油工业一起进入了新的发展时期,步入了较准确的、优化设计的阶段。从最初的机杆泵选型查表法(机泵图和杆管表)到现在的计算机自动单井优化设计方法,其技术得到了很大提高。对于低渗透、特低渗透油藏,由于其产液量低,按照传统的有杆抽油系统设计方法,会经常出现供液不足甚至抽空等现象。因此,有必要开展低渗透、特低渗透油藏有杆抽油系统优化设计分析方法的研究,以满足油田生产的需要。

第一节　油井流入动态预测

一、直井产能预测

1. 不含水的产能预测(油气两相渗流)

(1)油层静压低于饱和压力时的产能预测。

$$q_{\max} = \frac{q}{1 - 0.2\left(\frac{p_{\text{wf}}}{p_{\text{r}}}\right) - 0.8\left(\frac{p_{\text{wf}}}{p_{\text{r}}}\right)^2} \tag{3-1}$$

$$q = q_{\max}\left[1 - 0.2\left(\frac{p_{\text{wf}}}{p_{\text{r}}}\right) - 0.8\left(\frac{p_{\text{wf}}}{p_{\text{r}}}\right)^2\right] \tag{3-2}$$

式中,p_r 为油藏压力,MPa;p_{wf} 为井底流压,Pa;$q_{\max}$ 为最大产液量,t/d。
已知 p_r 及一个测试流压 p_{wftest} 时对应的 q_{otest} 则可绘制 IPR 曲线。

$$q_{\text{omax}} = \frac{q_{\text{otest}}}{1 - 0.2\left(\frac{p_{\text{wftest}}}{p_{\text{r}}}\right) - 0.8\left(\frac{p_{\text{wftest}}}{p_{\text{r}}}\right)^2} \tag{3-3}$$

$$q = \left[1 - 0.2\left(\frac{p_{\text{wf}}}{p_{\text{r}}}\right) - 0.8\left(\frac{p_{\text{wf}}}{p_{\text{r}}}\right)^2\right]q_{\text{omax}} \tag{3-4}$$

也可根据测试点参数和设计产液量,求出该产液量下的井底流压。

(2)油层静压高于饱和压力时的产能预测。

① 测试点和预测点的 $p_{\text{wf2}} > p_{\text{b}}$(饱和压力):

$$q_2 = J(p_{\text{r}} - p_{\text{wf2}}) \tag{3-5}$$

$$J = q_{\text{test}}/(p_r - p_{\text{wftest}}) \tag{3-6}$$

式中,p_{wftest}和q_{test}分别为测试点的井底流压和产量;q_2和p_{wf2}为预测点的产量和压力;J为采油指数。

② 测试点的$p_{\text{wftest}} < p_b$,预测点的$p_{\text{wf2}} < p_b$:

$$q_c = \frac{q_{\text{test}}}{1.8\dfrac{p_r}{p_b} - 0.8 - 0.2\left(\dfrac{p_{\text{wftest}}}{p_b}\right) - 0.8\left(\dfrac{p_{\text{wftest}}}{p_b}\right)^2} \tag{3-7}$$

$$q_b = 1.8 q_c \left(\frac{p_r - p_b}{p_b}\right) \tag{3-8}$$

$$q_2 = q_c \left[1 - 0.2\left(\frac{p_{\text{wf2}}}{p_b}\right) - 0.8\left(\frac{p_{\text{wf2}}}{p_b}\right)^2\right] + q_b \tag{3-9}$$

式中,q_b为饱和压力时的产液量,t/d。

③ 测试点的$p_{\text{wftest}} > p_b$,预测点的$p_{\text{wf2}} < p_b$:

$$J_b = q_{\text{test}}/(p_r - p_{\text{wftest}}) \tag{3-10}$$

$$q_b = J_b(p_r - p_b) \tag{3-11}$$

$$q_{\text{mp}} = J_b p_r \tag{3-12}$$

$$q_c = (q_{\text{mp}} - q_b)/1.8 \tag{3-13}$$

$$q_2 = q_c\left[1 - 0.2\left(\frac{p_{\text{wf2}}}{p_b}\right) - 0.8\left(\frac{p_{\text{wf2}}}{p_b}\right)^2\right] + q_b \tag{3-14}$$

式中,q_{mp}为流压等于零时的最大产液量,t/d。

④ 测试点的$p_{\text{wftest}} < p_b$,预测点的$p_{\text{wf2}} > p_b$:

$$q_c = \frac{q_{\text{test}}}{1.8\dfrac{p_r}{p_b} - 0.8 - 0.2\left(\dfrac{p_{\text{wftest}}}{p_b}\right) - 0.8\left(\dfrac{p_{\text{wftest}}}{p_b}\right)^2} \tag{3-15}$$

$$q_b = 1.8 q_c \left(\frac{p_r - p_b}{p_b}\right) \tag{3-16}$$

$$J_b = q_{\text{test}}/(p_r - p_b) \tag{3-17}$$

$$q_2 = J_b(p_r - p_{\text{wf2}}) \tag{3-18}$$

(3)根据两个测点数据计算油藏压力(当油藏压力未知时)。

$$p_r = \frac{B \pm \sqrt{B^2 + 4AC}}{2A} \tag{3-19}$$

$$A = \frac{q_{\text{test1}}}{q_{\text{test2}}} - 1$$

$$B = 0.2\left[\left(\frac{q_{\text{test1}}}{q_{\text{test2}}}\right)p_{\text{wftest2}} - p_{\text{wftest1}}\right]$$

$$C = 0.8\left[\left(\frac{q_{\text{test1}}}{q_{\text{test2}}}\right)p_{\text{wftest2}}^2 - p_{\text{wftest1}}^2\right]$$

2. 含水的产能预测

(1) 静压高于饱和压力,而预测点的流压低于饱和压力:

$$q' = f_w[J_b(p_r - p_{wf}) - q] + q \tag{3-20}$$

式中,q'为含水修正后的产液量,t/d;f_w为含水率;q为含水修正前的预测产液量,t/d;J_b为直线段采液指数,t/(d·MPa)。

(2) 静压低于饱和压力时的含水修正:先求出最大产液量q_{max}及该流压下的产液量q,然后修正。

$$q' = f_w\left[1.8q_{max}\left(\frac{p_r - p_{wf}}{p_r}\right) - q\right] + q \tag{3-21}$$

二、定向井水平井流入产能预测

1. Cheng 模型

$$q' = A - B(p') - C(p')^2 \tag{3-22}$$

$$p' = \frac{p_{wf}}{p_r}, q' = \frac{q_o}{q_{max}}$$

式中,A,B和C为常数,其取值见表3-1。

表3-1 A,B和C与井斜角的关系

井斜角 θ(°)	A	B	C
0	1	0.2	0.8
15	0.9998	0.2210	0.7783
30	0.9969	0.1254	0.8682
45	0.9946	0.0221	0.9663
60	0.9926	−0.0549	1.0395
75	0.9915	−0.1002	1.0829
85	0.9915	−0.1120	1.0942
88.56	0.9914	−0.1141	1.0964
90	0.9885	−0.2055	1.1818

2. Bendakhlia 模型

$$\frac{q_o}{q_{max}} = \left[1 - \nu\left(\frac{p_{wf}}{p_r}\right) - (1-\nu)\left(\frac{p_{wf}}{p_r}\right)^2\right]^n \tag{3-23}$$

式中,ν和n如图3-1所示。

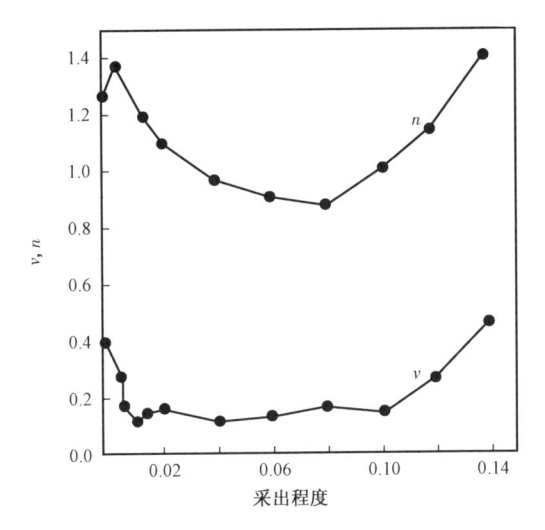

图 3-1 参数 ν 和 n 与采出程度的关系

三、油、气、水三相流动时的流入产能预测(广义 IPR 模型)

1. 采液指数的计算(已知 p_{wftest}, q_{ttest} 和 p_b, p_r)

(1) $p_{wftest} \geq p_b$ 时:

$$J_1 = \frac{q_{ttest}}{p_r - p_{wftest}} \quad (3-24)$$

(2) $p_{wftest} < p_b$ 时:

$$J_1 = \frac{q_{ttest}}{(1-f_w)\left[p_r - p_b + \left(\frac{p_b}{1.8}\right)A\right] + f_w(p_r - p_{wftest})} \quad (3-25)$$

$$A = 1 - 0.2\left(\frac{p_{wftest}}{p_b}\right) - 0.8\left(\frac{p_{wftest}}{p_b}\right)^2$$

式中,q_{ttest} 为测试点的产液量;f_w 为含水率。

2. 最大产量

最大产液量:

$$q_{tmax} = q_{omax} + f_w(p_r - p_{rwf})(J_1 \tan\beta) \quad (3-26)$$

最大产油量:

$$q_{omax} = \left(\frac{J_1}{1.8}\right)p_b + q_b \quad (3-27)$$

$$q_b = J_1(p_r - p_b) \quad (3-28)$$

$$\tan\beta = \frac{f_w\left(\frac{0.001q_{omax}}{J_1}\right) + 0.125(1-f_w)p_b\left[-1 + \sqrt{81 - 80\left(\frac{0.999q_{omax} - q_b}{q_{omax} - q_b}\right)}\right]}{0.001q_{omax}}$$

$$(3-29)$$

3. 给定产液量下的井底流压

当 $0 < q_t < q_b$ 时：

$$p_{wf} = p_t - \frac{q_t}{J_1} \tag{3-30}$$

当 $q_b < q_t < q_{omax}$ 时：

$$p_{wf} = f_w\left(p_r - \frac{q_b}{J_1}\right) + 0.125(1 - f_w)p_b\left[-1 + \sqrt{81 - 80\left(\frac{q_t - q_b}{q_{omax} - q_b}\right)}\right] \tag{3-31}$$

当 $q_{omax} < q_t < q_{tmax}$ 时：

$$p_{wf} = f_w\left(p_r - \frac{q_{omax}}{J_1}\right) - (q_t - q_{omax})\tan\beta \tag{3-32}$$

第二节 有杆抽油系统组成

有杆泵采油井是以抽油机、抽油杆和抽油泵"三抽"设备为主的有杆抽油系统（图3-2）。其工作过程是：由动力机经传动皮带将高速的旋转运动传递给减速箱，经三轴二级减速后，再由曲柄连杆机构将旋转运动变为游梁的上下摆动，挂在"驴头"上的悬绳器通过抽油杆带动抽油泵柱塞做上下往复运动，从而将原油抽汲至地面。

一、抽油机

抽油机是有杆泵采油的主要地面设备，按是否有游梁，可将其分为游梁式抽油机和无游梁式抽油机。游梁式抽油机是通过游梁与曲柄连杆机构将曲柄的圆周运动转变为"驴头"的上下摆动。根据结构，可将其分为常规型和前置型两类。常规型游梁式抽油机是目前矿场上使用最为普遍的抽油机，其特点是支架在"驴头"和曲柄连杆之间，上下冲程时间相等。前置型游梁式抽油机的减速箱在支架的前面，缩短了游梁的长度，使得抽油机的规格尺寸大为减小，并且由于支点前移，使上下冲程时间不等，从而降低了上冲程的运行速

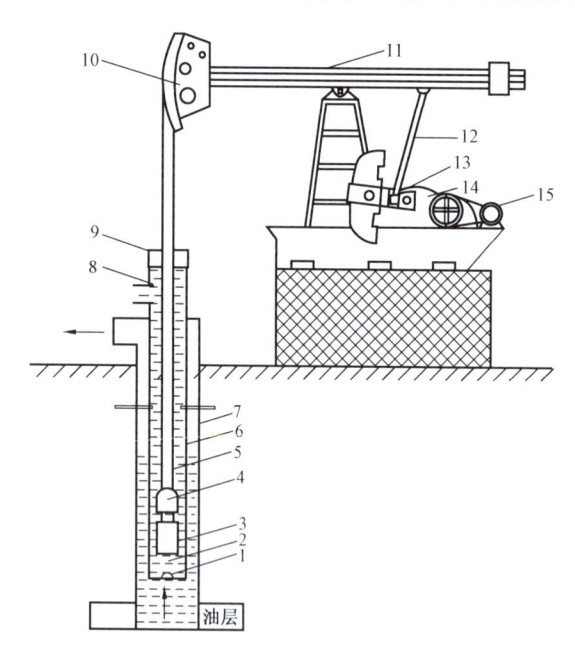

图3-2 有杆抽油系统的组成
1—吸入阀；2—泵筒；3—活塞；4—排出阀；5—抽油杆；
6—油管；7—套管；8—三通；9—密封盒；10—"驴头"；
11—游梁；12—连杆；13—曲柄；14—减速箱；15—动力机（电动机）

度、加速度和动载荷,以及减速箱的最大扭矩和需要的电动机功率。

为了提高冲程、节约能源,以及改善抽油机的结构特性和受力状态,国内外还出现了许多变形抽油机,如异相型、旋转"驴头"式、大轮式以及六杆式双游梁等抽油机。为了减小抽油机质量、扩大设备的使用范围以及改善其技术经济指标,国内外研制了许多不同类型的无游梁式抽油机。其主要特点多为长冲程低冲次,适合于深井和稠油井采油。目前,无游梁式抽油机主要有链条式、增距式和宽带式。

二、抽油泵

抽油泵是有杆抽油系统中的主要设备,主要由工作筒(外筒和衬套)、活(柱)塞及阀(游动阀和固定阀)组成,如图3-3所示。游动阀又称为排出阀,固定阀又称为吸入阀。根据结构,抽油泵可分为管式泵和杆式泵。

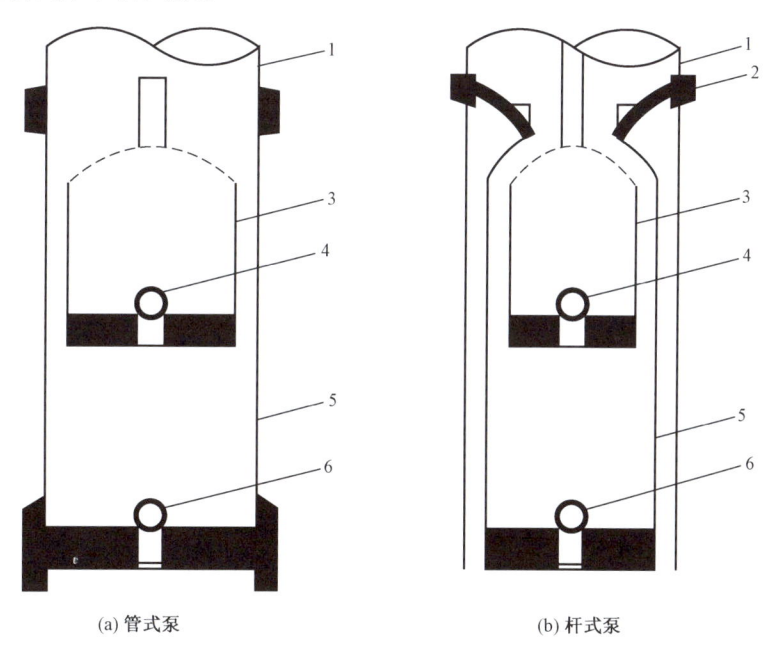

图3-3 抽油泵结构示意图
1—油管;2—锁紧卡;3—活塞;4—游动阀;5—工作筒;6—固定阀

如图3-3(a)所示,管式泵是把外筒和衬套在地面组装好后,接在油管下部先下入井内,然后投入固定阀,最后把活塞接在抽油杆柱下端下入泵筒内。其特点是:结构简单、成本低;在相同油管直径下允许下入的泵径较杆式泵大,因而排量较大;检泵时需起出油管,修井工作量大。因此,管式泵适用于下泵深度不大、产量较高的井。

如图3-3(b)所示,杆式泵是整个泵在地面组装好后接在抽油杆柱的下端,整体通过油管下入井内,由预先安装在油管预定位置上的卡簧固定在油管上。其特点是:检泵不需起出油管,检泵方便;结构复杂、制造成本高;在相同油管直径下允许下入的泵径比管式泵小,故排量较小。因此,杆式泵适用于下泵深度较大,但产量较低的井。

由于井液性质的复杂性,对泵往往有特殊要求,因此,从用途上又可将抽油泵分为常规泵和特种泵。特种泵主要有防砂泵、防气泵、抽稠泵、分抽混出泵和双作用泵以及各种组合泵。

三、光杆与抽油杆

光杆主要用于连接"驴头"钢丝绳与井下抽油杆,并同井口密封盒配合密封井口。因此,对其强度和表面光洁度要求较高。光杆分为普通型和一端镦粗型两种:普通型光杆两端可互换,当一端磨损后可换另一端使用;一端镦粗型光杆连接性能好,但两端不能互换。

常用的抽油杆主要有普通抽油杆、玻璃纤维抽油杆和空心抽油杆三种类型。普通型抽油杆的特点是:结构简单、制造容易、成本低;直径小,有利于在油管中上下运行。因此,它主要用于常规有杆抽油方式。玻璃纤维抽油杆的主要特点是:耐腐蚀,有利于延长寿命;质量小,有利于降低抽油机悬点载荷和节约能量;弹性模量小,可实现超冲程,有利于提高泵效。

空心抽油杆由空心圆管制成,成本较高,它可用于热油循环和热电缆加热等特殊抽油工艺,也可以通过空心通道向井内添加化学药剂。适用于高含蜡、高凝点的稠油井。

四、连续抽油杆

主要技术特点:

(1)物理性能好,质量小。

在横截面积相同的情况下,抗拉强度、破断拉力和承载能力均比常规抽油杆大,而质量却减小,减少抽油杆负荷10%以上,电动机能耗下降15%~25%。

(2)弹性模量小,柔性好。

连续杆较常规钢杆弹性模量小、柔性好,并且结构伸长极小,可使抽油泵柱塞超行程工作,减少冲程损失,可提高泵效15%以上。

(3)泵工作效率高。

由于在横截面积相同的条件下,连续杆承载能力大,所以在不改变抽油机悬点负荷的情况下,使用连续杆代替常规钢杆可增加下泵深度,提高产液量,同时起下作业连续,方便省时、省力。

(4)连续抽油杆与油管走向吻合,无较大偏磨点。

连续抽油杆和油管在井筒的走向较常规钢杆吻合,改变了常规抽油杆、油管的点接触状态,消除了常规抽油杆工作过程中的接箍产生的活塞效应,使杆、管磨损达到最小,降低了井下抽油杆断脱事故率。

第三节 抽油机悬点载荷的计算

掌握抽油机"驴头"悬点的位移、速度和加速度的变化规律是研究抽油装置动力学和进行抽油系统动态分析的基础。游梁式抽油机是以游梁支点和曲柄轴中心的连线作为固定杆,以曲柄、连杆和游梁后臂为3个运动杆所构成的四连杆机构。为了便于分析,可简化为简谐运动和曲柄滑块机构。

一、模型1

最大载荷:

$$W_{max} = W'_l + W'_r \left(1 + \frac{Sn^2}{1790}\right) \tag{3-33}$$

式中,W'_l 为全柱塞面积上作用的液柱载荷;W'_r 为抽油杆在井液中的重力;S 为光杆冲程;n 为光杆冲次。

最小载荷:

$$W_{\min} = W'_r\left(1 - \frac{Sn^2}{1790}\right) \qquad (3-34)$$

$$W_r = \frac{\pi d^2 L(\rho_r - \rho_l)}{4} \qquad (3-35)$$

式中,W'_r 为抽油杆在井液中的重力;S 为光杆冲程;n 为光杆冲次;L 为下泵深度;d 为抽油杆直径;ρ_r 为抽油杆密度;ρ_l 为井下液体密度。

$$W_l = \frac{\pi(D^2 - d^2)L\rho_l}{4} \qquad (3-36)$$

式中,D 为油管内径;d 为抽油杆直径;L 为下泵深度;ρ_l 为井下液体密度。

减速器最大扭矩:

$$M_{\max} = 0.3S + 0.236S(W_{\max} - W_{\min}) \qquad (3-37)$$

式中,S 为光杆冲程;$W_{\max}$ 为悬点最大载荷;$W_{\min}$ 为悬点最小载荷。

二、模型 2

最大载荷:

$$W_{\max} = W'_l + W'_r + W_r\frac{Sn^2}{1790}\left(1 + \frac{r}{l}\right) \qquad (3-38)$$

式中,W'_l 为全柱塞面积上作用的液柱载荷;W'_r 为抽油杆在井液中的重力;S 为光杆冲程;n 为光杆冲次;W_r 为抽油杆在空气中的重力;r/l 一般为 0.25。

最小载荷:

$$W_{\min} = W'_r + W'_l + W'_r\frac{Sn^2}{1790}\left(1 - \frac{r}{l}\right) \qquad (3-39)$$

式中,W'_l 为全柱塞面积上作用的液柱载荷;W'_r 为抽油杆在井液中的重力;S 为光杆冲程;n 为光杆冲次;r/l 一般为 0.25。

减速器最大扭矩:

$$M_{\max} = 1.8S + 0.202S(W_{\max} - W_{\min}) \qquad (3-40)$$

式中,S 为光杆冲程;$W_{\max}$ 为悬点最大载荷;$W_{\min}$ 为悬点最小载荷。

三、定向井中杆柱力学模型

1. 抽油杆底部受力

上冲程:

$$F_0 = F_{pg}\cos\alpha + F_{fu} + F_{fa} + F_{pl} + F_{pa} \qquad (3-41)$$

式中，F_0 为抽油杆最低端所受力；α 为井斜角；F_{pg} 为抽油泵柱塞重力；F_{fu} 为液柱作用于柱塞上的力。

$$F_{fu} = (A_p - A_r)\rho_1 g H_p \qquad (3-42)$$

式中，A_p 和 A_r 分别为抽油泵柱塞和抽油杆的横截面积；g 为重力加速度；H_p 为动液面深度；ρ_1 为井下液体密度。

上冲程液柱因惯性作用在柱塞上的力 F_{fa} 为：

$$F_{fa} = (A_p - A_r)\rho_1 H_p a_p \qquad (3-43)$$

式中，A_p 和 A_r 分别为抽油泵柱塞和抽油杆的横截面积；H_p 为动液面深度；ρ_1 为井下液体密度；a_p 为柱塞运动时的加速度。

柱塞与泵筒之间的半干摩擦力 F_{pl} 为：

$$F_{pl} = (0.922 D_p/\delta) - 137.2 \qquad (3-44)$$

式中，D_p 为抽油泵柱塞直径；δ 为抽油泵柱塞与泵筒之间在半径方向上的间隙。

柱塞的惯性力 F_{pa} 为：

$$F_{pa} = m_p a_p \qquad (3-45)$$

式中，m_p 为柱塞的质量；a_p 为柱塞运动时的加速度。

下冲程：

$$F_0 = F_{pg}\cos\alpha - F_V - F_{fd} - F_{pl} - F_{pa} \qquad (3-46)$$

式中，α 为井斜角；F_{pa} 为柱塞的惯性力；F_{pl} 为柱塞与泵筒之间的半干摩擦力；F_V 为液体通过游动阀时产生的摩擦阻力。

$$F_V = \frac{1.5 n_k}{729 \mu^2} \frac{A_p^3\left(1 - \dfrac{f_0}{A_p}\right)}{f_0^2} \frac{(Sn)^2}{g} \gamma_1 \qquad (3-47)$$

式中，n_k 为抽油泵柱塞上游动阀的数目，通常取 2；μ 为流量系数，在此取 0.28；f_0 为游动阀座孔的断面面积；γ_1 为井下液体的重度；A_p 为抽油泵柱塞的横截面积；S 为光杆冲程；n 为光杆冲次。

下冲程时，游动阀开启，液柱对抽油杆产生的浮力 F_{fd} 为：

$$F_{fd} = A_r \rho_1 g H_p \qquad (3-48)$$

式中，A_r 为抽油杆的横截面积；g 为重力加速度；H_p 为动液面深度；ρ_1 为井下液体密度。

2. 一跨抽油杆所受的力

上冲程所受力：

$$\Delta F_{上} = F_{rg}\cos\alpha + F_{ct} + F_{ra} \qquad (3-49)$$

式中，F_{rg} 为一跨抽油杆在液体中的重力；α 为井斜角；F_{ct} 为扶正器与油管之间的摩擦阻力。

$$F_{ct} = fF_n \tag{3-50}$$

式中,f 为摩擦系数;F_n 为抽油杆侧向力。

$$F_n = \sqrt{F_{ndp}^2 + F_{np}^2} \tag{3-51}$$

$$F_{ndp} = 2F\sin\frac{\beta}{2} + qL_s\cos\gamma_n \tag{3-52}$$

式中,F 为此跨抽油杆受到其下面的作用力(轴向力);L_s 为一跨抽油杆的长度;q 为单位长度抽油杆的重力;γ_n 为井眼狗腿平面主法线和重力矢量之间的夹角。

$$\cos\gamma_n = \frac{\sin\dfrac{\alpha_1+\alpha_2}{2}\sin\dfrac{\alpha_1-\alpha_2}{2}}{\sin\dfrac{\beta}{2}} \tag{3-53}$$

$$\sin\frac{\beta}{2} = \sqrt{\sin^2\left(\frac{\alpha_2-\alpha_1}{2}\right) + \sin^2\left(\frac{\varphi_2-\varphi_1}{2}\right)\sin\alpha_1\sin\alpha_2} \tag{3-54}$$

$$F_{np} = qL_s\cos\gamma_0 \tag{3-55}$$

$$\cos\gamma_0 = \frac{\sin\alpha_1\sin\alpha_2\sin(\varphi_1-\varphi_2)}{\sin\beta} \tag{3-56}$$

式中,α_1、α_2、φ_1、φ_2 分别为抽油杆两端的井斜角和方位角;β 为方位角。

一跨抽油杆所受到的惯性力 F_{ra} 为:

$$F_{ra} = \rho_r A_r a_r L_s \tag{3-57}$$

式中,ρ_r 为抽油杆密度;A_r 为抽油杆的横截面积;L_s 为一跨抽油杆的长度;a_r 为抽油杆加速度。

若把柱塞运动简化为简谐运动,则

$$a_r = \frac{S}{2}\left(\frac{n\pi}{30}\right)^2$$

下冲程所受力:

$$\Delta F_{下} = F_{rg}\cos\alpha - (F_{cf} + F_{ct} + F_{ra} + F_{rf}) \tag{3-58}$$

式中,α 为井斜角;F_{cf} 为液体通过扶正器的阻力。

$$F_{cf} = F_{cf1} + F_{cf2} \tag{3-59}$$

$$F_{cf1} = 2\pi\mu_1 n_1 h_1 v_r \left|\frac{m_1^2-1}{(m_1^2+1)\ln m_2-(m_2^2-1)}\right| \tag{3-60}$$

$$m_1 = \frac{D_t}{d_r} \tag{3-61}$$

$$m_2 = \frac{D_t}{D_s} \quad (3-62)$$

$$v_r = \frac{S}{2} \times \frac{n\pi}{30} \quad (3-63)$$

上四式中，μ_l 为井下液体的黏度；n_1 为扶正器的个数；h_1 为1个扶正器的长度；D_t 为油管内径；d_r 为抽油杆直径；D_s 为扶正器外径；v_r 为柱塞运动速度。

$$F_{cf2} = 2\pi\mu_l n_1 L_s v_r \left| \frac{m_1^2 - 1}{(m_1^2 + 1)\ln m_2 - (m_2^2 - 1)} \right| \quad (3-64)$$

式中，L_s 为把局部阻力转化为沿程阻力时的变换量，计算较为复杂，这里取为0.7。

抽油杆柱（不包括扶正器部分）所受到的液体阻力 F_{rf} 为：

$$F_{rf} = 2\pi\mu_l L_r v_r \left| \frac{m_1^2 - 1}{(m_1^2 + 1)\ln m_2 - (m_2^2 - 1)} \right| \quad (3-65)$$

式中，L_r 为一跨抽油杆柱不包括扶正器的长度。

当计算光杆处的最大最小载荷时，可以先计算抽油杆底部受力 F_0，然后，从抽油杆底部向上进行迭代，计算到光杆处即可。

四、直井中抽油杆中性点的计算

$$L_x = \frac{F_{pl} + F_V + F_{fd}}{q_r - q_r a_r/g - F_{rf}} \quad (3-66)$$

式中，q_r 为单位长度抽油杆的重力；a_r 为抽油杆加速度；F_{pl} 为柱塞与泵筒之间的半干摩擦力；F_V 为液体通过游动阀时产生的摩擦阻力；F_{fd} 为下冲程时，游动阀开启，液柱对抽油杆产生的浮力；F_{rf} 为抽油杆柱（不包括扶正器部分）所受到的液体阻力；g 为重力加速度。

注意：对于多级抽油杆，应该将抽油杆直径、横截面积等量折算成加权平均值。

第四节　抽油杆柱设计

钢制抽油杆分为单级和多级两种。单级杆柱常用于泵径和井深不大的油井；下泵较深的油井一般用多级杆柱，即上部用大直径杆柱，下部小直径杆柱，多级杆柱有利于减轻杆柱自重，节省材料和能源。

抽油杆的设计包括抽油杆的长度和直径计算以及抽油杆等级选择，通常按照最轻杆柱原则设计抽油杆，保证抽油杆在满足强度的前提下，经济性最佳。

采用最轻杆柱方案设计抽油杆柱一般是根据抽油机冲程、冲次、抽油泵泵径、下泵深度、井下液体密度等参数，设计出多级杆柱的直径、长度的组合，抽油杆柱直径从标准直径中选择，长度以实际计算出数据为准。

设计时首先将已知参数带入式(3-67)至式(3-71)，计算出相应系数，然后再将其带入式(3-72)至式(3-74),并根据计算出的系数,由式(3-75)计算出该级抽油杆长度。

$$a_i = W'_L + \left(1 - 0.127\rho_1 + \frac{1.25Sn^2}{1790}\right)\sum_{k=1}^{i-1} q_{rk}L_k \tag{3-67}$$

$$b_i = \left(1 - 0.127\rho_1 + \frac{1.25Sn^2}{1790}\right)q_{ri} \tag{3-68}$$

$$c_i = W'_1 + \frac{2Sn^2}{1790}\sum_{k=1}^{i-1} q_{rk}L_k \tag{3-69}$$

$$d_i = \frac{2Sn^2}{1790}q_{ri} \tag{3-70}$$

上四式中,i 为抽油杆级数,$i=1,2,3$;q_{ri} 为单位抽油杆重力,kN/m;L_i 为某单级抽油杆长度,m;S 为光杆冲程,m;n 为光杆冲次,$\min^{-1}$;W'_1 为全柱塞面积上作用的液柱载荷,kN。

$$W'_1 = \rho_1 g L_f A_p \tag{3-71}$$

式中,ρ_1 为井下液体密度,t/m³;g 为重力加速度,9.8m/s²;L_f 为下泵深度,m;A_p 为抽油泵柱塞面积,m²。

$$x_i = b_i d_i \tag{3-72}$$

$$y_i = a_i d_i + b_i c_i \tag{3-73}$$

$$z_i = a_i c_i - 2(A_{ri}[\sigma_{-1}]_i)^2 \tag{3-74}$$

式中,$[\sigma_{-1}]_i$ 为第 i 级杆柱的需用折算应力。

由此求得第 i 级抽油杆的长度为:

$$L_i = \frac{\sqrt{y_i^2 - 4x_i z_i} - y_i}{2x_i} \tag{3-75}$$

在设计抽油杆柱时,先初选第一级抽油杆杆柱直径,若计算结果不合适再做调整。计算时如果下部杆柱长度 L_1 无解,则说明第一级抽油杆规格过小,不能满足强度要求,需要更换大一规格杆径重新计算。若解出 L_1 大于下泵深度,则说明第一级杆柱方案能满足要求,取 L_1 为下泵深度。

第五节 有杆抽油系统工艺参数的优化设计

在石油开采时采用有杆抽油方式的油井生产中,能耗费用在采油变动成本中所占比例较大。平均机械采油系统效率也是关系能耗的关键问题,如果机械采油系统效率从 20.4% 提高到30%,仅仅一个小油田每年就可节约电费1600万元,同时可延长机、杆、泵、管的寿命,延长油井免修期及清防蜡周期,为油藏合理开发提供工艺保障,因此,提高机械采油系统效率有其广阔的应用前景。20世纪60年代末,美国就对此做了大量的研究工作,并于1984年将其研究成果应用于加利福尼亚的1065口井中,平均机械采油系统效率达到29.4%。国内,大庆油田于80年代初开始对这一问题进行研究,并把其结果应用于大庆的69口井中,平均机械采油系统效率达28.7%。

近年来,随着研究工作的不断深入及管理工作的进一步细化,机械采油系统效率不断提高,然而,这些工作主要着眼于机械改造和提高泵效上,在机械采油参数设计上主要以API标准和《采油工艺原理》为准则,这些基本准则存在着一些缺陷,它们既不意味着能量消耗最低,也不意味着机械损耗最低,只是以满足产量需要和强度要求为基本出发点。例如,《采油工艺原理》的选泵原则是根据选定的抽油机、产液量和泵挂,在满足产量要求的条件下,尽可能选小泵,没有考虑原油物性及井斜的影响。API标准的选泵原则是当举升液体为纯水时,各种泵径条件下光杆功率最低者为所选取的泵径,没有考虑原油物性及井斜的影响。又如确定沉没度原则,即当气油比小于 $8m^3/m^3$ 时,沉没度要求为 $50 \sim 200m$,实际上,按这一要求确定沉没度,一般泵效较低。上述原则均不能对采用不同管径、不同杆柱钢级所对应的经济效益进行对比,更不能确定不同机械采油参数组合所对应的机械采油成本,其主要原因是没有计算有杆泵机械采油系统效率与油井动、静态参数的函数关系的理论公式,尚缺少科学合理地确定何种采油方式的依据。

在一口特定的油井中,为生产同一产量,可采用不同的生产参数组合来实现,然而不同的机械采油参数组合所对应的机械采油成本是不同的。由于没有计算有杆泵机械采油系统效率与油井动、静态参数的函数关系的理论公式,对有杆泵抽汲方式的油井进行机械采油参数设计时,不能确定采用何种管径的油管及何种钢级的油杆;不能预测各种参数组合所对应的能量消耗及机械消耗,难以确定出最佳参数组合(管径、杆柱钢级、泵径、泵挂、杆径、冲程、冲次)。如果只根据产液量、含水率、油气比、动液面而定,由于不同油藏、不同油层、不同油井的其他原油物性及油层物性以及井斜各不相同,都会不同程度地影响机械采油能耗及机械损耗,因此即使在产液量、动液面、含水率、油气比完全相同的甲、乙两井中,同一种参数组合在甲井中效率高,但在乙井可能效率很低,所以,尚不存在适应性广泛的成熟设计经验,更没有以采油功耗最低或综合经济效益最好为原则的机械采油参数设计方法。

优化设计的目的在于通过分析机械采油过程中的能耗,以损失功率最低或采油成本最低为原则来计算确定采油工艺参数的一种有杆泵机械采油工艺参数。

低渗透油藏有杆泵采油优化设计流程如下:

(1)确定设计产量,或者给定井底流压,再根据IPR曲线确定产量。

(2)确定下泵深度(根据经验沉没度及动液面,或者根据泵吸入口压力大于饱和压力来选择)。

(3)根据产量确定抽油泵的泵径,见表3-2。

表 3-2 泵径选择

设计产量(t/d)	泵径(mm)	
<1	32	—
1~3	32	—
3~5	32	38
5~15	38	44
15~30	44	56
>30	56	70

(4)初步确定抽油机型号(根据初步确定的下泵深度),见表 3-3。每种抽油机的最大冲程基本是固定的。

表 3-3 抽油机型号选择

下泵深度(m)	抽油机型号	下泵深度(m)	抽油机型号
500	三型	500~1000	五型
1000~1200	六型	1200~1500	八型
1500~2000	十型		

(5)查找抽油机数据库,找出该型号抽油机最大冲程。
(6)初选泵冲程为:光杆冲程 0.4m(光杆冲程为第 4 步所说抽油机最大冲程,0.4m 是经验值)。
(7)根据公式:泵效=设计产量/(泵冲程×泵冲次×泵常数),计算泵冲次。
(8)初步设计抽油杆,按等强度原则确定抽油杆直径和长度等参数。
(9)设计油管(考虑抗内压、抗外压和抗拉强度)。
(10)计算光杆实际载荷最大值、最小值。
(11)按照光杆实际载荷、冲程、冲次,选择最接近的抽油机型号。
(12)选择实际抽油机的最大和第二大光杆冲程,计算抽油杆实际变形,并计算泵实际冲程,设计出两个方案(如果第 3 步选择两个泵径抽油泵,则这里可能有两种型号抽油机,4 个方案),如果泵径为一种,则无第二种方案。
(13)根据合理泵效选择两个冲次方案(冲次选择以 0.5 递增,以循环程序实现),以上(12)对每个抽油机出现两组工作制度不同的方案。
(14)重复(12)和(13)数据,重新设计抽油杆。
(15)优化扶正器分布。
(16)计算光杆最大载荷、最小载荷。
(17)计算减速器实际扭矩。
(18)根据(16)和(17)结果,重新选择抽油机型号。
(19)查询抽油机数据库,找到新选择抽油机的冲程等参数。
(20)计算此时抽油杆实际变形。

(21)计算泵的实际冲程,根据泵效,计算实际泵的冲次(冲次选择以 0.5 递增,以循环程序实现),若冲次小于 2.5 次/min,则选 2.5。
(22)选择电动机。
(23)结束。

第六节　有杆抽油系统扶正器优化布置

一、斜井扶正器优化布置

(1)从抽油杆最下端开始,计算步长为 Δ。
(2)计算抽油杆最底部的力 F_0。
(3)$j=1$。
(4)计算第 j 段抽油杆(一跨抽油杆)所受到的重力、惯性力、抽油杆柱所受到液体阻力、扶正器阻力。
(5)计算第 j 段抽油杆法向力、扶正器与油管摩擦力。
(6)计算第 j 段抽油杆上冲程力、下冲程力。
(7)计算当前抽油杆变形量。
两个扶正器之间抽油杆变形的最大值为:

$$f_{\max} = \frac{F_n L_s^3}{384 E_r I_r} \times \frac{24}{u^4}\left(\frac{u^2}{2} - \frac{u\cosh u - u}{\sinh u}\right) \tag{3-76}$$

$$u = \sqrt{\frac{FL_s^2}{4E_r I_r}} \tag{3-77}$$

式中,u 为杆柱稳定系数;E_r 为抽油杆的弹性模量;I_r 为抽油杆的惯性矩。
(8)如果变形量超过允许变形量,则增加扶正器,转入(9);如果没有超过允许变形量,则不增加扶正器,并扩大步长 2Δ,并转入(4)。
(9)$j = j+1$。
(10)当计算到井口时结束。

二、直井扶正器优化布置

(1)计算抽油杆中性点。
(2)从抽油杆最底部开始,计算力 F_0。
(3)计算扶正器间距。扶正器间距布置公式为:

$$l_0 = m\pi\sqrt{\frac{E_r I_r}{F_0}} \tag{3-78}$$

式中,m 为自然数,m 取值越小,扶正器效果越好,可取 $m=1$。
(4)$j=1$。
(5)从下往上计算第 j 段抽油杆(一跨抽油杆)所受到的重力、惯性力、抽油杆柱所受到液体阻力、扶正器阻力 F_j。

(6)计算第j个扶正器间距。扶正器间距布置公式为:

$$l_j = m\pi\sqrt{\frac{E_r I_r}{F_j}} \qquad (3-79)$$

(7)$j=j+1$。

(8)是否计算到抽油杆中性点,如果是,则到(9);反之,则返回(5)。

(9)计算结束。

第七节 系统效率提高措施

针对有杆抽油系统的特点,现有的措施主要是从两方面着手:对抽汲参数进行优选,提高产液量和有效扬程,增加系统的有效功率;应用节能技术、设备等降低能耗。总的说来,目前主要有以下措施。

一、推广应用节能设备

节能设备主要包括节能型抽油机、电动机、配电箱等。

1. 节能型抽油机

节能型抽油机主要有异相曲柄平衡抽油机、异型游梁式抽油机(双"驴头"抽油机)、宽带机、前置式抽油机和渐开线抽油机等。节能型抽油机能使净扭矩曲线变缓、减小波动,生产运行平稳,节电效果好。

目前国内油田使用最多的节能型抽油机是异相曲柄平衡抽油机。该种抽油机的曲柄销与曲柄轴孔中心连线对于曲柄自身的轴线有一个偏置角,并且当悬点位于上下死点时,连杆间存在一个极位夹角。这种结构形式使得平衡块扭矩曲线的相位提前,从而使得净扭矩曲线比较平坦,而且可在一定程度上消除负扭矩,因而使电动机电流的波动减小,能量损失减小,抽油机地面效率提高。由于存在着极位夹角,上冲程所用时间较长,下冲程所用时间较短。上冲程时间变长既可以改善泵的充满程度,又可以减小惯性载荷,因此可使抽油机井下效率提高。这种抽油机自问世以来,已在全国各油田得到了广泛应用。在相同工况条件下,异相曲柄平衡抽油机较常规机节电达15%左右,系统效率提高3%~4%。

另外,异型游梁式抽油机(双"驴头"抽油机)在我国使用较多。该种抽油机是一种用于中—低黏原油、黏稠油及高含水原油开采的新一代长冲程节能型抽油设备。该机以常规游梁式抽油机为基础模型,并对其四连杆机构进行了关键性变革,采用变径圆弧形状的游梁后臂,游梁与横梁之间采用柔性连接件等特殊结构。与常规机相比,该机不但保留了常规机结构简单、工作可靠、坚固耐用、维护操作简便等优点,而且它的冲程长,动载小,负载能力大,净扭矩波动小,能耗低,效率高,能耗可降低20%左右,系统效率也有较明显的提高,所配电动机功率、启动电流以及最大工作电流均有较大幅度的降低,因此电网容量和电路损耗大大降低。

宽带式长冲程抽油机,顾名思义,这种抽油机是由于其传动皮带宽而得名,主要由电气系统、电动机、减速器、心形滚筒、机架、导向轮、皮带、平衡框、天轮、悬绳器、行程控制器、断绳保护器和起吊装置等组成,其平衡方式为重锤式平衡。该机具有电气与机械两套安全保护系统,安全性好，冲程可在不停机状态下无级调节，因此调节冲程特别方便，同时也减轻了工人的劳动强度。现场应用表明，宽带机比常规游梁式抽油机平均节电20%～30%，系统效率提高5%～9%。冲程越长、冲次越低，节能效果越明显。

链条式抽油机、前置式抽油机和渐开线抽油机也有大量应用。

国外研究和推广了许多高效节能降耗的抽油机，其中以美国石油公司开发的最为先进。美国EVI石油工具公司研究开发的ROTAFLEX长冲程带传动抽油机，采用了许多特殊结构设计和新技术，地面装备效率达到81.2%，抽油系统效率达到61.2%，是目前世界上最高效率的抽油机。美国CMI公司研究开发的TORQMASTER异相型抽油机，最大扭矩减少60%，节约电耗15%～35%。美国Lufkin公司开发的MARK-II型前置式抽油机，减小悬点载荷10%，降低悬点速度40%，平均节约电耗36.8%。目前，世界最高节能抽油机节约电耗为40%。

2. 节能型电动机

节能型电动机主要通过改善电动机的机械特性、提高电动机的负荷率和功率因数，以提高系统运行效率，实现节能。节能型电动机主要包括超高转差率电动机、高启动转矩电动机、永磁电动机等。

超高转差率电动机通过增加转子电阻提高电动机的转差率，使电动机在重负荷期间速度下降，扭矩增加；轻负荷期间速度上升，扭矩减小。该特性减小了抽油系统的最大负荷及负荷变化范围，启动电流小，启动扭矩大，与普通电动机相比，运行时电动机效率和功率因数都有所提高。

三相永磁同步电动机采用异步启动，由于转子转速与定子旋转磁场完全同步，无转差损耗，且转子不需外加励磁电源，无励磁损耗，因此具有效率和功率因数高且曲线平坦、启动力矩大等特点。

高启动转矩电动机采用双定子结构，两转子同轴安装，两个绕组的功率不同，但转差率相同。该电动机启动时为双电动机工作，正常运行时依据负载情况，电动机额定功率自动切换，使电动机始终处在较高负载率下运行，从而提高了电动机效率和功率因数，达到节电目的。

电磁调速电动机采用电磁滑差离合器调节电动机的转速来改变抽油机冲次，从而更有效地协调供采关系。由于该电动机启动速度低，因此也可降低匹配电动机额定功率，达到节能降耗的目的。

3. 节能型配电箱

节能型配电箱，通过调压和变频等措施提高电动机功率利用率和进行无功补偿，达到节能降耗、提高效率的效果。

二、进行有杆抽油系统优化设计

在油井投产或井况改变需要调参以及采取其他增产措施时，都需根据系统效率最高和供产协调的原则来预测产量，优选机、杆、泵及抽汲参数。在满足现有技术装备（抽油机与电动机）工作能力以及满足油井配产要求的前提下，合理选择抽汲参数（冲程S、冲次n、泵径D）、下泵深度与抽油杆尺寸，以达到提高效率、经济合理的目的。

在优选参数时，必须首先确定目标函数和设计变量。目前国内外学者在优选抽汲参数时所采用的目标函数不完全相同。近年来对有杆抽油系统效率的研究结果表明，系统效率是反映抽油机综合性能的技术经济指标，若系统效率高，则油井产量、排量系数也较高，抽油机实耗功率也较少,能耗小,设备能力利用率指标也较合理,故选择系统效率为目标函数,同时选择抽汲参数与抽油杆柱组合为设计变量。

三、加强抽油机井的科学管理

油管螺纹处要进行密封,防止油管漏失;对于出砂较多的油井,加装砂锚等防砂装置,防止砂对泵的磨损而增加泵的漏失量;对于油气比高的油井,采取适当加大泵的沉没度、加装油气分离器和定期放套管气等措施,提高泵的充满系数;有条件的油田,将油管锚定可减少冲程损失;光杆密封盒应松紧适度,有条件的油田可使用调心石墨密封盒;调整设备,使"驴头"、光杆与井口对中,减少光杆与密封盒和抽油杆与油管的摩擦耗功;定期检查传动装置,传动皮带松紧要适中,随时处理减速箱漏油,定期更换减速箱内机油,以提高地面传动部分的效率;保持抽油机较高平衡度,可减少对电动机的容量需求,有利于提高电动机运行效率;应用特种抽油杆可增加有效功率,同时对输入功率的要求也随之降低;使用滚轮接箍和扶正器以及安装油管锚、尾管可降低抽油杆和油管之间的摩擦损失,在一定程度上提高系统效率。

第八节 现场应用实例

在延长油田甘谷驿采油厂唐114井区1351-2井、1351-4井和1351-5井3口定向井进行了优化调参试验。根据油井的实际生产情况,在保证产液量不变的条件下,对抽汲参数(泵径D、冲程S和冲次n)、杆柱组合、扶正器布置进行优化,旨在提高有杆抽油系统效率,降低耗电量。

一、油井数据读取

1. 油井基础数据

延长油田唐114井区1351井组油井基础数据见表3-4。

表3-4 1351井组油井基础数据表

井号	1351-2	1351-4	1351-5
油层中深(m)	539	561	549
动液面(m)	405	440	415
泵挂深度(m)	415	450	425
井口油压(MPa)	0.1	0.1	0.1
井口套压(MPa)	0	0	0
原油密度(t/m³)	0.803	0.803	0.803
含水率	0.102	0.108	0.172
平均日产液量(m³)	0.56	0.49	1.05
平均日用电量(kW·h)	9.62	10.24	11.18
每日抽油时间(h)	16	16	16
抽油机型号	CYJ3-1.5-6.5F	CYJ3-1.5-6.5F	CYJ3-1.5-6.5F
电动机型号	Y112M-4	Y112M-4	Y112M-4
抽油杆直径(mm)	16	16	16
抽油泵直径(mm)	44	44	44

2. 光杆示功图数据

从光杆示功图(图 3 – 4、图 3 – 5)中可以看出,示功图均为刀把形。在抽油泵柱塞上冲程时,明显受到供液不足及气体影响,液体不能充满泵筒,使得油井产量下降;功率利用率低,有效功率不高使得系统效率低下。示功图的具体参数见表 3 – 5。

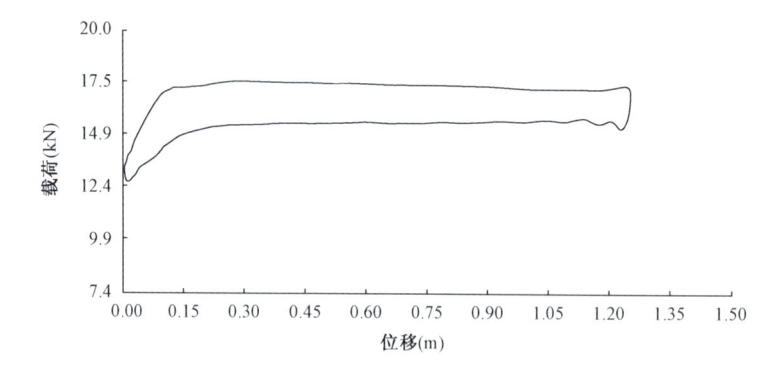

图 3 – 4　延长油田甘谷驿采油厂唐 114 井区 1351 – 2 井示功图

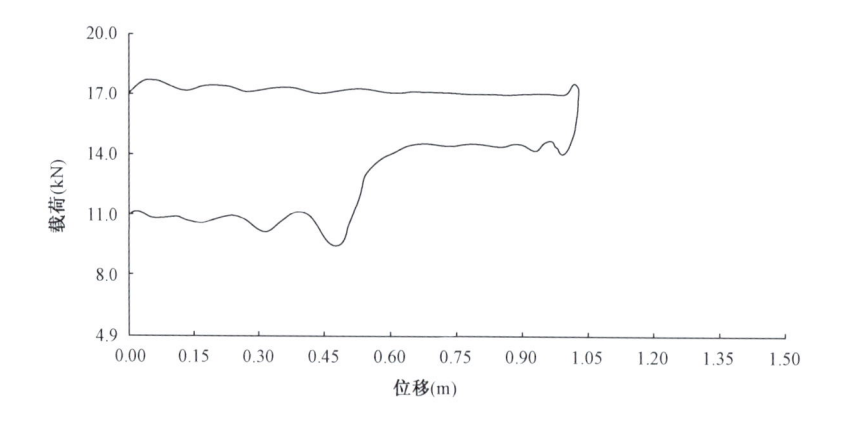

图 3 – 5　延长油田甘谷驿采油厂唐 114 井区 1351 – 4 井示功图

表 3 – 5　1351 井组光杆示功图参数

井号	1351 – 2	1351 – 4	1351 – 5
光杆示功图面积(mm²)	4000	5325	4950
动力仪减程比(m/mm)	100	100	100
动力仪力比(N/mm)	0.006	0.006	0.006
冲程(m)	1.25	1.02	1.01
冲次(min^{-1})	7.59	7.32	7.43

3. 井眼轨迹数据

1351 – 2 井和 1351 – 4 井的井眼轨迹数据见表 3 – 6 和表 3 – 7。

表 3-6　1351-2 井眼轨迹数据

井深(m)	井斜角(°)	方位角(°)	井深(m)	井斜角(°)	方位角(°)
181	1.20	256.89	390	14.14	52.90
200	1.25	183.80	409	14.10	53.40
219	1.24	180.00	428	14.35	52.90
238	1.35	159.39	447	14.06	53.50
257	0.50	59.70	466	13.63	55.50
276	4.44	18.89	485	13.03	58.70
295	7.57	22.70	504	12.88	60.00
314	10.71	40.00	523	12.47	63.40
333	13.31	52.09	542	12.28	60.90
352	13.88	52.79	561	11.27	61.29
371	14.23	52.29	580	10.88	62.79

表 3-7　1351-4 井眼轨迹数据

井深(m)	井斜角(°)	方位角(°)	井深(m)	井斜角(°)	方位角(°)
166	0.60	77.80	413	32.02	166.10
185	5.55	170.00	432	30.04	166.19
204	7.57	162.69	451	27.87	165.69
223	12.06	170.69	470	26.00	165.69
242	17.20	168.89	489	23.93	165.80
261	23.54	166.89	508	22.18	165.80
280	27.93	167.00	527	20.06	167.60
299	28.48	166.69	546	18.31	168.69
318	29.04	166.50	565	17.38	169.00
337	29.90	166.19	584	16.03	168.30
356	30.50	165.89	603	14.27	167.69
375	31.09	165.80	622	13.02	166.69
394	31.59	165.89			

二、优化前后系统效率对比分析

1. 调参优化前系统效率

将 1351 井组 3 口井相关数据录入软件"效率分析"模块的"优化前数据库"中,并用"效率分析"模块进行计算,得到 1351 井组调参优化前的系统效率结果,见表 3-8。

表3-8 1351井组调参优化前系统效率

井号	1351-2	1351-4	1351-5
输入功率(kW)	0.60	0.64	0.70
光杆功率(kW)	0.304	0.390	0.368
水功率(kW)	0.033	0.032	0.065
地面效率(%)	50.7	60.9	52.6
井下效率(%)	10.9	8.2	17.7
系统总效率(%)	5.5	5.0	9.3

2. 软件优化结果

以系统效率最大为目标函数,抽汲参数、杆柱组合、扶正器布置为设计变量,在产量不变的条件下用软件对1351井组3口定向井进行优化设计,优化设计结果见表3-9和表3-10。

表3-9 优化前后抽汲参数对比

井号	1351-2		1351-4		1351-5	
	优化前	优化后	优化前	优化后	优化前	优化后
泵径(mm)	44	32	44	32	44	32
冲程(m)	1.25	1.5	1.02	1.5	1.01	1.5
冲次(min^{-1})	7.59	2.5	7.32	2.5	7.43	2.5
抽油杆等级	D级	D级	D级	D级	D级	D级
抽油杆直径(mm)	16	16	16	16	16	16

表3-10 扶正器布置设计

井号	扶正器布置位置[①](m)	扶正器(个)
1351-2	410,403,394,385,377.5,370,363,356,348.5,341,333,325,319.5,314,309,304,299,294,289,284,279,274,270,266,261.5,257,250.5,244,239,234,225.5,217,203	33
1351-4	445,438,431,426.5,420,413,405,397.5,390,382,373.5,365.5,357,349,341,332.5,326,316,310.5,305,299.5,294,288.5,283,277.5,272,267,262,257,252,248,244,240,236,231.5,227,223,219,215,211,207,203,197.5,192,186.5,181,178,175,171.5	49
1351-5	454,449,444,439,434,429,424,419,414,409,404,396.5,389,383.5,378,373,368,362.5,357,352,347,342,337,332,327,322,317,312,307,302,297,292,287,282,277,270,263,256	38

① 从上到下。

3. 现场调参优化和数据采集

对延长油田甘谷驿采油厂唐114井区1351井组3口定向井(图3-6、图3-7)进行现场调参优化:按照表3-9的优化结果将泵径44mm的抽油泵更换为32mm;将光杆冲程由优化前的1m加大到1.5m;光杆冲次由原来的每分钟7次以上减小到每分钟2.5次;按照表3-10重新对其进行优化布置;优化前使用的抽油杆与软件优化结果一致,为16mm D级杆。

图3-6 延长油田甘谷驿采油厂1351井场

图3-7 技术人员正在采集动液面数据

用GY610功图液面综合测试仪和JLY-200数据记录仪取得优化前后油井动液面和光杆功图数据。为得到更精确的试验效果,对调参优化后每口井的日产液量和日用电量进行连续16天的跟踪记录(表3-11),取得平均值,以便进行优化前后的系统效率对比分析。

表3-11 调参优化后1351井组日产液量和日用电量数据

日期	1351-2井 日产液量(m^3)	日用电量($kW \cdot h$)	1351-4井 日产液量(m^3)	日用电量($kW \cdot h$)	1351-5井 日产液量(m^3)	日用电量($kW \cdot h$)
2010-8-29	0.60	5	0.55	6	1.10	6
2010-8-30	0.55	5	0.50	7	1.06	6
2010-8-31	0.58	6	0.48	5	0.95	7
2010-9-1	0.58	4	0.53	5	0.88	6
2010-9-2	0.56	6	0.60	7	0.92	8
2010-9-3	0.60	5	0.45	5	0.92	6
2010-9-4	0.55	5	0.48	6	0.85	7
2010-9-5	0.54	6	0.45	6	0.88	6
2010-9-6	0.52	4	0.55	5	0.96	6
2010-9-7	0.55	5	0.52	5	0.98	7.5
2010-9-8	0.60	5	0.55	6	0.92	6
2010-9-9	0.50	5	0.54	6	0.94	6
2010-9-10	0.48	6	0.55	5	0.94	6
2010-9-11	0.55	5	0.52	7	0.92	7
2010-9-12	0.56	5	0.51	5	0.90	6
2010-9-13	0.50	5	0.54	6	0.92	6
平均值	0.55	5.12	0.52	5.76	0.94	6.40

4. 调参优化后系统效率

将表3-11中的平均值数据录入软件"优化后数据库"中,并用软件对调参后的系统效率进行计算,调参优化前后的系统效率对比结果见表3-12。

表3-12　1351井组调参优化前后系统效率对比

井号	1351-2 优化前	1351-2 优化后	1351-4 优化前	1351-4 优化后	1351-5 优化前	1351-5 优化后
平均日产液量(m³)	0.56	0.55	0.49	0.52	1.05	0.94
平均日用电量(kW·h)	9.62	5.12	10.24	5.76	11.18	6.40
日节电率(%)	46.7		43.8		42.8	
每日抽油时间(h)	16	16	16	16	16	16
输入功率(kW)	0.60	0.32	0.64	0.36	0.70	0.4
光杆功率(kW)	0.304	0.167	0.390	0.204	0.368	0.202
水功率(kW)	0.033	0.033	0.032	0.034	0.065	0.058
地面效率(%)	50.7	52.3	60.9	56.8	52.6	50.5
井下效率(%)	10.9	19.7	8.2	16.5	17.7	28.7
系统总效率(%)	5.5	10.3	5.0	9.4	9.3	14.5

三、试验评价

(1)在满足现有技术装备(抽油机与电动机)工作能力以及满足油井配产要求的前提下,合理选择抽汲参数,采用增大冲程、降低冲次及合理泵径的措施,并对抽油杆扶正器进行优化布置,可以达到提高效率、经济合理的目的。

(2)经过优化调参,延长油田甘谷驿采油厂唐114井区1351井组3口定向井在不影响平均日产液量的前提下,有杆抽油系统地面部分效率基本保持不变;井下部分效率平均提高9.3%,最多提高了11.0%;系统总效率平均提高4.8%,提高值最大达到5.2%,明显改善了有杆抽油系统的效率。按照每日抽油时间16小时计算,3口井每日共可节电13.76kW·h,平均节电率达到44.5%,节电效果非常明显。

(3)优化试验的指导方案全部由"低渗透油田定向井有杆抽油系统效率分析优化"软件给出,取得了令人满意的成果,实测效率和软件分析效率基本相同,说明该软件可以应用于低渗透油田定向井有杆抽油系统的优化调参与效率分析,能够达到改善系统效率、节能降耗的目的,值得推广使用。

第四章　有杆抽油系统故障诊断

第一节　概　　述

低渗透油田生产过程中,经常会出现供液不足甚至抽空等问题,如不进行处理,会浪费电能,增加生产成本,降低了油田经济效益。因此及时准确地了解有杆抽油系统(包括地面设备、井下设备以及油井本身)的工作状况,对于最大限度地提高抽油效率、降低采油成本,都具有十分重大的意义。

以前的油田抽油系统工况检测和故障诊断方法落后,主要使用人工方式进行,即通过巡井的方式,工作人员到油井现场测取各种数据,以此绘制出每个油井示功图,再由标定好的示功图判断抽油机故障。但由于该方法比较简单,不够精确,故障诊断自动化程度不高等原因,故障诊断正确率低,造成误判,影响了油田生产。

经过几十年的分析研究,有杆抽油系统的故障诊断和分析方法都有了很大的发展。示功图分析法是有杆抽油系统故障诊断的一种行之有效的方法,它主要是根据示功图形状来对抽油机井的工作状况进行分析和诊断。国内外许多学者都对此作了大量的研究,相继出现了多种相应的技术和分析软件,为数字化油田的发展作出了巨大的贡献。

一、示功图诊断法的发展

抽油机故障诊断技术的研究始于20世纪20年代,20世纪60年代以后抽油机故障诊断技术被各国的采油技术人员所重视。经过长时间的研究,到目前为止,抽油机故障诊断分析技术有长足的发展,特别是采用计算机对抽油机故障诊断技术的应用,使得抽油机系统故障诊断技术得到了快速的发展,并且日渐走向成熟。自油田采用有杆抽油机以来,抽油机故障诊断技术经历了地面示功图诊断法、井下泵功图诊断法、计算机诊断法和人工智能诊断法四个阶段。

1. 地面示功图诊断法

地面示功图诊断法始于20世纪20年代中期(光杆动力仪发明于1927年),因其操作简单、使用方便的优点,一度成为世界各国进行有杆抽油系统故障诊断的有效手段。它是利用光杆示功仪采集抽油杆位移在一个周期内变化的光杆示功图,然后对光杆示功图进行解释,判断油井和抽油机的故障。

在对抽油机井进行工况诊断时,先用光杆动力仪绘制出抽油井光杆示功图,然后提取实测示功图的无量纲参数,与现有数据库中标准的示功图对比,如果示功图基本相似,就说明有杆抽油机系统的工况正常;如果图形的差异过大,就说明抽油机系统出现问题,需要进行诊断和维修,这就是API类比分析法。由于这种方法使用简单方便,因而成为许多国家诊断有杆抽油系统工况的重要手段之一。

2. 地下示功图诊断法

地下示功图诊断法是将示功仪和抽油泵一起下入油井中,这样做可直接测量油井泵示功图,利用测量结果来进行抽油泵工作状态的分析。该方法干扰少,消除了在分析油井时的诸多不确定因素,能更精确地分析抽油系统的运行状况。这种方法虽然可以直接获得泵示功图,并且诊断精度高,但是安装井下动力仪时,必须将泵和抽油杆从井下提出,然后再下入井中测量;要观察测量结果,还要将仪器再次提出。因此这种方法耗资巨大,工艺也比较复杂,把它作为其他诊断方法的一种验证是可行和可靠的,但是作为一种独立的诊断方法,并没有得到推广和应用。

3. 计算机诊断法

计算机诊断法始于1960年,是根据动力仪测量抽油机悬点的基本原理,利用杆柱阻尼波动方程,以光杆的动荷载与位移作为边界条件,得到抽油杆柱任意界面处的载荷与位移计算公式,从而绘制出每个截面部分所需的抽油杆泵示功图。根据这些示功图,可以对整个油井生产系统作出故障的分析和诊断。自1966年以来,该项技术在美国、加拿大等国家开始应用。我国在1983年以后,也开始使用该项技术,并在多个油田现场测试,且在得到良好的诊断方法以后大力推广。

由于计算机诊断法排除了不同的井深和抽油机对地面示功图的不同影响,这样在计算机里就直接得到地下泵示功图的故障诊断。但由于地下泵示功图的形状阻尼系数在计算上存在误差,在得到泵示功图后,必须要由技术人员进行对比分析,因此泵示功图的解释存在不确定性和不完整性。

4. 人工智能诊断法

人工智能(Artificial Intelligence)研究如何用计算机来模拟人的思维和行为,主要目标是使机器能够胜任一些通常需要人类智能才能完成的复杂工作。将人工智能的理论和方法应用于设备的故障诊断,发展智能化的故障诊断技术已经成为当今故障诊断技术发展的主流。在有杆抽油系统的故障诊断领域,智能故障诊断技术的研究已取得诸多成果。

当今活跃在故障诊断舞台上的是基于知识的专家系统和基于神经网络的智能诊断系统。它们都以计算机诊断法为基础,辅以人工智能,对来自抽油井的大量数据和信息进行综合的、介入人工智能的分析,排除各种无用的信息和干扰噪声,力求更加全面、准确、实用地反映油井系统工作状况。我国于20世纪90年代初开始应用该方法,目前已经基本形成应用规模。

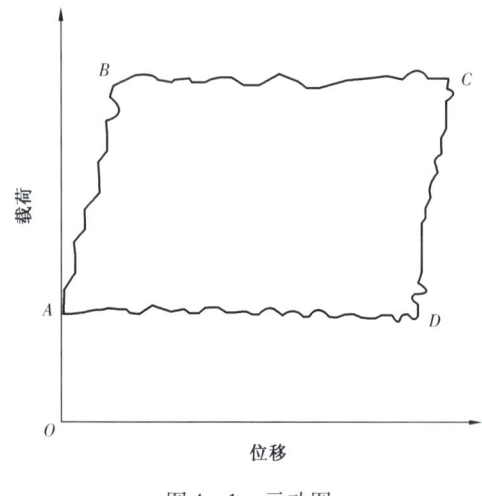

图4-1 示功图

二、示功图定义

示功图是反映有杆抽油系统载荷—位移变化规律的封闭曲线,包含了有杆抽油系统工作运行情况的丰富信息。示功图(图4-1)的横坐标表示光杆处的垂直方向上的位移,纵坐标表示光杆在井下抽油泵、抽油杆和油液的共同作用下的受力大小。当抽油机曲柄转动一圈,抽油机悬点上冲程、下冲程往复移动一次,形成一个循环。此时,光杆从最低点(下死点)移动到最高点(上死点),然后再从上死点移动到下死点,因此位移的变化从O开始再回到O点。当光杆从下死点向上运动时,受到的载荷逐渐增加,到达上死点后,其载荷逐渐减小,因此从示功图上可以看出,位移和载荷封闭的近似平行四边形曲线。图中 ABC 为上冲程,CDA 为下冲程。

三、示功图分类

按照示功图的测量位置可分为地面示功图和井下泵功图,按照示功图的表现形式可分为实测示功图、理论示功图和典型示功图。

1. 地面示功图和井下泵功图

地面示功图就是指从抽油机光杆处测得的光杆位移和其受到载荷的曲线,在油田生产中,通常用示功图测试仪测得。

井下泵功图是指抽油泵柱塞上端的位移和受力所组成的曲线。泵功图对于预测油井产量、诊断抽油泵的工况具有很重要的意义,但泵功图测试比较困难,需要把仪器下入井内,随抽油泵工作一段时间,再从井内取出来把存储的数据调入计算机。因此在大多数情况下,根据地面示功图,通过对杆柱力学特性进行分析,预测出井下泵功图(图4-2)。

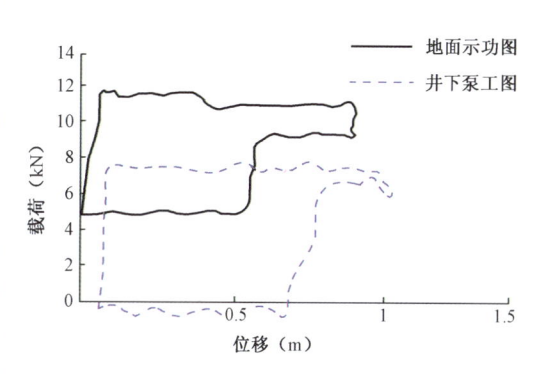

图4-2 地面示功图和井下泵功图

2. 实测示功图、理论示功图和典型示功图

实测示功图主要是通过对有杆抽油系统进行工况监测而从动力仪上直接测出的一条封闭曲线,作为记录抽油机井泵工况的曲线载体,能够反映出深井泵发生的各类异常现象。结合地质情况、井下技术状况、油井近期生产变化情况,将相关生产数据纳入示功图分析中,就可以找出影响深井泵发生故障的主要原因。并可对抽油井的工作制度是否合理,机、杆、泵抽油参数组合是否与井下供液状况相适应做出评价,同时也可间接反映出油井是否出气、结蜡、出砂,以及井内不同介质对抽油泵和地面设备是否产生负面影响。最终依示功图诊断分析结果,有针对性地解决油井故障,可保证油井正常产量或提高油井产油量。总而言之,实测示功图就是主要反映深井泵的做功情况以及影响泵工况的相关因素。

理论示功图是指在理想状况下,只考虑"驴头"所承受的静载荷引起抽油杆柱及油管柱弹性变形,而不考虑其他因素影响,所绘制的示功图。理论示功图具有平行四边形的特征,充满程度100%。但是实际上并不存在理论示功图,它是假定的理论条件,其目的是便于在分析实测示功图时与其对比衡量实测示功图,必要时计算其载荷。在实测示功图上绘制出理论示功图,可以找出负载与理论值不符的原因,实测示功图的分析过程就是源于理论示功图原理的对比分析。

所谓典型示功图是指某一故障因素十分明显,其示功图形状代表了该因素影响下的基本特征,因此典型示功图是示功图分析的基础。通过典型示功图的特征可以初步判断抽油机井的工作状况。

四、示功图获取

测试和分析示功图是了解井下抽油设备工作状况和油井动态的重要手段,示功图的获取主要通过工况监测系统来实现。

图4-3所示为有杆抽油系统工况监测的一部分,其主要由载荷和位移传感器以及数据采集控制器等部分组成。通过所采集到的示功图资料,就可以对有杆抽油系统进行故障诊断分析。

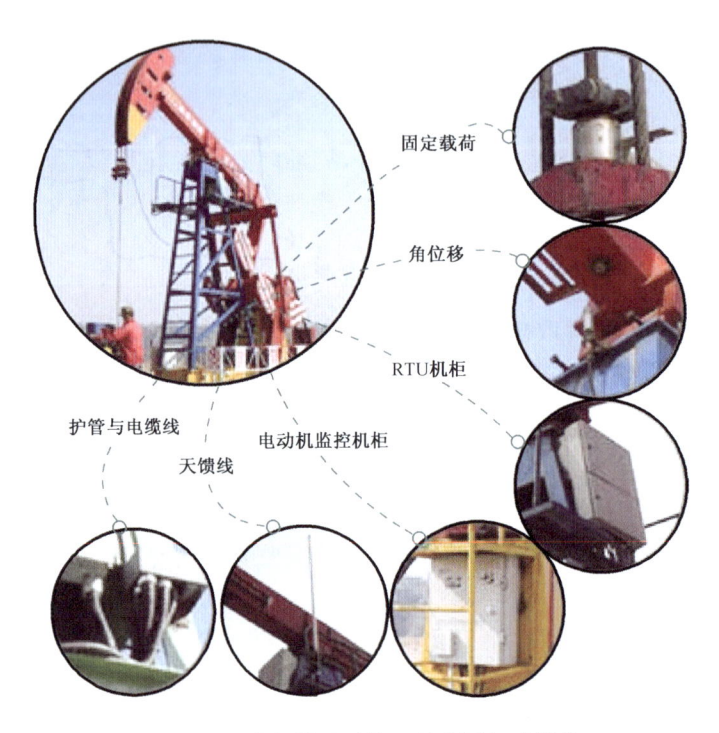

图4-3 有杆抽油系统工况监测组成部分

第二节 地面示功图分析

一、理论示功图分析

所谓理论示功图是假设泵工况在"理想条件"下绘制的泵做功的抽油杆弹性示功图,即泵满足以下条件:

(1)认为泵和油管没有漏失,泵正常工作;
(2)油层供液能力充足,泵充满程度好;
(3)不考虑动载荷(摩擦阻力、惯性载荷、振动载荷、冲击载荷等)影响;
(4)抽油泵不受砂、蜡、气、稠油影响,并且认为进入泵的液体是不可压缩的;
(5)假设泵阀是瞬时关闭和打开的,不连抽带喷。

下面简单介绍示功图的特征。

图 4-4 中抽油机的循环过程为:下死点 A→加载完成 B→上死点 C→卸载完成 D→下死点 A→…其中 ABC 为上冲程静载荷变化线。AB 为加载过程,进油阀和出油阀处于关闭状态;在 B 点加载完毕,变形结束,柱塞与泵筒开始发生相对位移,进油阀打开而吸入液体。BC 为吸入过程($BC=S_P$ 为泵的冲程),出油阀处于关闭状态。

CDA 为下冲程静载荷变化线。CD 为卸载过程,出油阀和进油阀处于关闭状态;在 D 点卸载完毕,变形结束,柱塞与泵筒发生向下相对位移,出油阀被顶开,排出液体。DA 为排出过程,进油阀处于关闭状态,这样抽油泵在上下一个冲程中完成了排油和进油的过程,就画出了平行四边形 $ABCD$,图形所圈闭面积的大小表示了泵做功的多少,泵做功的数值等于理论排量乘以排出系数。另外,从图 4-4

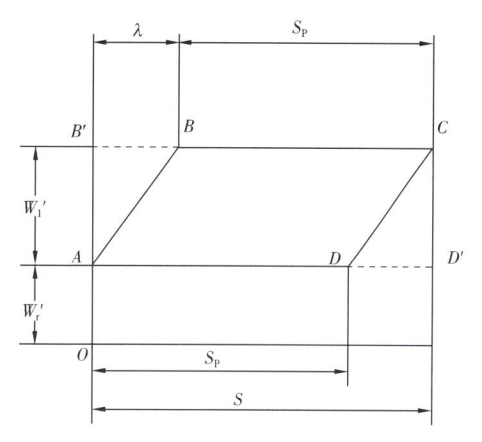

图 4-4 理论示功图特征
S—光杆冲程,m;S_P—活塞行程,m;
W—活塞以上的液柱质量,kg;λ—冲程损失,m;
AB—增载线;CD—卸载线;BC—活塞上行程线;
AD—活塞下行程线

中还可以看出,冲程损失 $\lambda = B'B + D'D$,活塞的有效冲程 $S_P = BC + DA$,悬点上冲程所做的功即为 ABC 上冲程载荷变化曲线与基线(即横坐标)之间所夹面积,则下冲程载荷变化曲线 CDA 与基线之间所夹面积即为悬点下冲程所做的负功。

理论示功图的成图过程就是泵工况的演变过程,因此理论示功图的成图原理对于分析实测示功图有着极其重要的指导意义。

二、油井常见故障的示功图类型

油藏资源不同,导致抽油机、抽油泵的机械结构要求也不尽相同。抽油机和抽油泵在结构上不统一,再加上制造过程中人为因素的干扰,在实际油田现场生产中,常见的故障有以下几种类型:供液不足或油稠、油井出砂、结蜡、气体影响、气锁、固定阀或游动阀漏失、双阀门同时漏失、柱塞不受工作筒限制、泵上下碰、抽油杆断脱、连抽带喷、油管漏失、活塞遇卡、液击、冲程损失影响等。抽油机和抽油泵会出现各种故障,对于小故障,利用简单手段现场直接排除,而大故障会导致油井减产,如果造成抽油设备损坏,则会导致油井停产,从而造成经济损失。因此,建立良好的示功图监测体系,可以及时发现和识别抽油系统故障,能迅速制定对应的解决方案并快速处理,从而不影响油田的稳产高产。

随着计算机技术的完善和网络通信技术的发展,现在的示功图绘制完全可以实现全自动化,通过远程应力应变传感器,获取应力应变数据,并通过有线或者无线计算机网络传输至油田现场监控中心,技术人员主要通过调取数据库中的示功图和抽油系统的原定参数来判断抽油机是否正常工作。对于检测范围内的抽油系统,则通过直接访问计算机软件,调用数据库中的标准参数进行类比,读取示功图,则计算机中就出现对应的示功图,以此作为是否正常工作的标准。对于任意一台抽油机,其运行参数、冲程和冲次都是根据油井自身状况设定好的。在发生故障时,由于抽油杆的位移不变,而抽油杆的载荷会发生明显变化,即示功图上的横坐标不变,而纵坐标有比较显著的变化,所以示功图会显示出不同的图形。

下面对油井常见典型故障示功图的形成原因和图形特征进行具体的说明。

1. 供液不足对示功图的影响

供液不足的示功图如图4-5所示,下冲程时由于泵筒中液体充不满,悬点载荷不能立即减小,只有当柱塞遇到液面时,才能迅速卸载,卸载线和增载线平行,但是卸载线较理论示功图卸载点左偏移。

2. 泵受气体影响的示功图规律特征

泵受气体影响的示功图规律特征可以概括为:卸载变缓,增载变缓,图形像刀把。

从图4-6中可以看出,由于下冲程末泵余隙内还残存一定数量的气体,因此上冲程开始后,泵内压力因为气体膨胀而不能很快降低,使得进油阀滞后打开,加载变慢;当下冲程开始时,由于气体压缩,导致泵内压力不能迅速升高,使得出油阀也滞后打开,卸载变慢。泵余隙越大,气体量会越多,导致刀把形越明显。

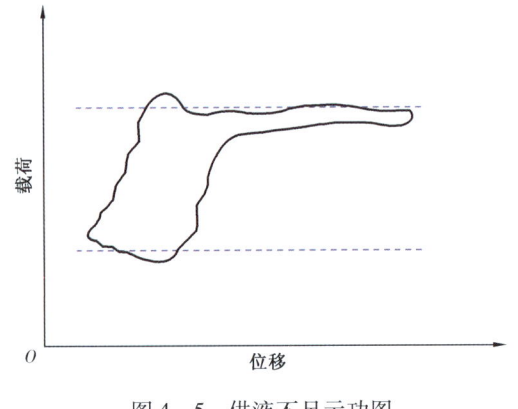

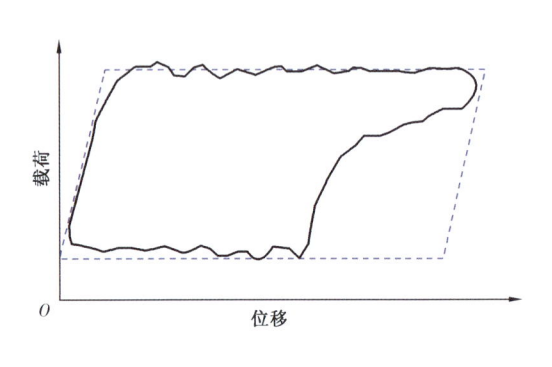

图4-5 供液不足示功图　　图4-6 泵受气体影响的示功图

3. 出油阀漏失对示功图的影响

出油阀漏失的示功图(图4-7)规律特征可以概括为:增载滞后,增载线变缓;卸载提前,卸载线变陡;右上角变圆,左下角变尖。

上冲程时,泵内压力降低,柱塞两端产生压差,使得柱塞上面的液体漏到柱塞下部的工作筒内,活塞下部压力下降减缓,加载线比较平缓。当悬点运动速度不断加快,直至大于漏失速度时,悬点达到最大载荷,固定阀打开,液体进入泵筒之中。活塞上行到后半冲程时,速度减慢,小于漏失速度时,活塞下部工作筒内的压力将会增加,进油阀关闭,活塞到达上死点。

4. 进油阀漏失对示功图的影响

进油阀漏失的示功图(图4-8)规律特征可以概括为:卸载滞后,卸载线变缓;增载提前,增载线变陡;右上角变尖,左下角变圆。

下冲程开始后,由于进油阀漏失,泵筒内压力不能及时升高,延缓了卸载过程,使得出油阀不能及时打开。当柱塞速度大于漏失速度时,泵内压力上升到足以把出油阀顶开时,卸载结束。在后半冲程中,活塞运动速度减小到低于漏失速度时,出油阀提前关闭,悬点载荷上升。

图4-7　出油阀漏失对示功图的影响

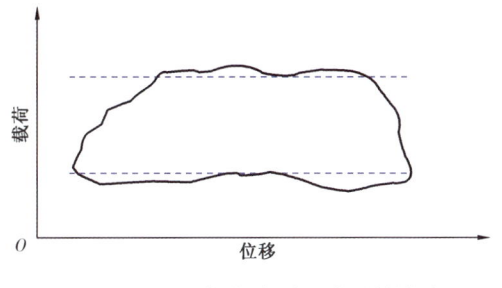

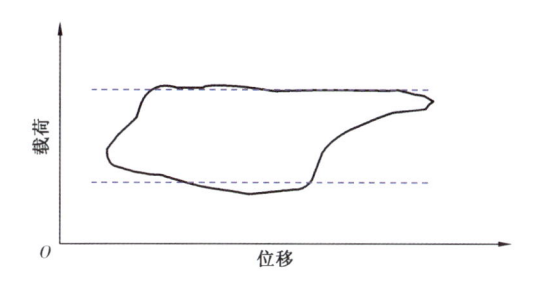

图4-8　进油阀漏失对示功图的影响

5. 进油阀和出油阀同时漏失对示功图的影响

当进油阀和出油阀同时漏失时,上下行程均不能有效地加载卸载,因此示功图呈近似的椭圆形,漏失越严重示功图越窄(图4-9)。

在上冲程过程中,出油阀漏失部分起主要影响作用,使示功图的左上角和右上角变圆,但是载荷线可以达到理论值;下冲程中,进油阀漏失起主要影响作用,使得示功图的左下角和右下角变圆,但是载荷线也可以降到理论值附近。

6. 油井出砂对示功图的影响

油井出砂的示功图(图4-10)规律特征可以概括为:砂卡出现锯齿样,波峰尖小变化快。

由于油层出砂,细小砂粒随着原油进入泵内,使得柱塞在整个行程中或在某个区域内,增加一个附加阻力。上冲程时附加阻力使得悬点载荷增加,下冲程时附加阻力使得悬点载荷减小。由于砂粒在各处分布的大小不同,影响的大小也不同,致使悬点载荷会在很短的时间内发生多次急剧变化,使得示功图在载荷线上出现不规则的锯齿状尖峰。当出砂不严重时,示功图的整个形状仍与理论示功图的形状接近。

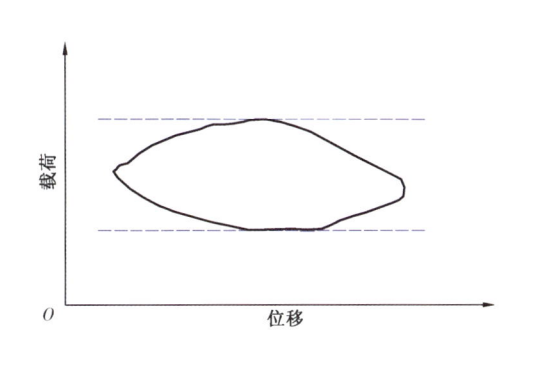

图4-9　进油阀和出油阀同时漏失对示功图的影响

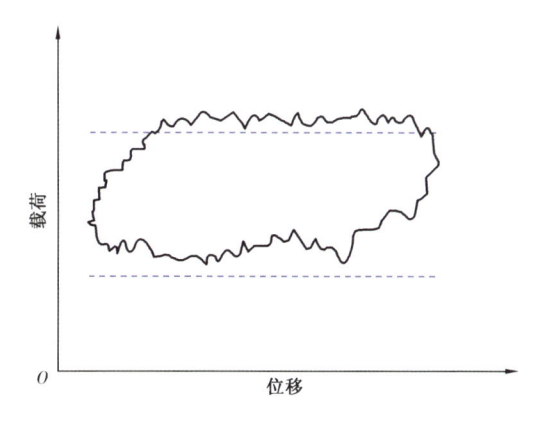

图4-10　出砂井示功图

7. 油井结蜡示功图

油井结蜡使得活塞在整个行程中或者某个区域内增加一个附加阻力。上冲程时附加阻力使悬点载荷增加,下冲程时附加阻力使悬点载荷减小,并且会出现振动载荷,反映在示功图上就是上下载荷线出现波浪形弯曲,如图4-11所示。

8. 柱塞脱出工作筒对示功图的影响

由于活塞下得过高,在上冲程中活塞会脱出工作筒,悬点突然卸载,因此卸载线急剧下降。另外,由于突然卸载,引起活塞跳动,反映在示功图上便是示功图右下角出现不规则的波浪形曲线,如图4-12所示。

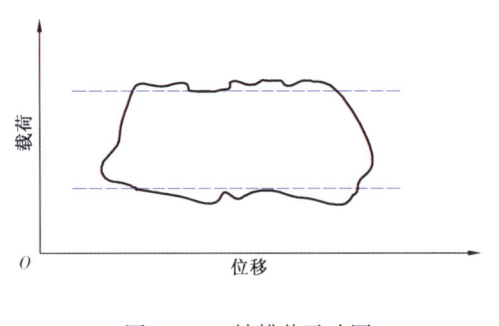

图4-11 结蜡井示功图

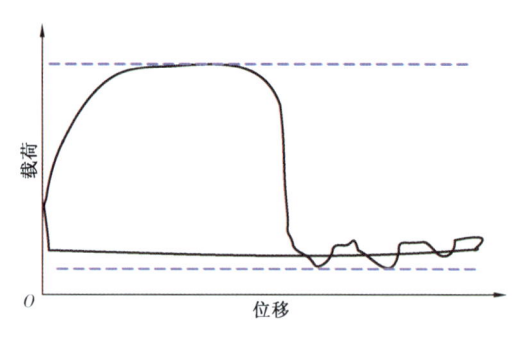

图4-12 柱塞脱出示功图

9. 稠油对示功图的影响

稠油对示功图的主要影响就是上下载荷线变化幅度大,而且原油黏度越大,幅度变化越大;示功图的4个角较理论示功图圆滑,如图4-13所示。

稠油黏度比较大,所以流动摩擦阻力增加,因此上行时光杆载荷增加,下行时光杆载荷减小。另外,由于油稠的原因,阀球的开启和关闭呈明显的滞后现象,致使增载和卸载迟缓,反映在示功图上就是增载线和卸载线圆滑。

10. 抽油杆断脱对示功图的影响

抽油杆断脱后的悬点载荷实际上是断脱点以上的抽油杆柱在液体中的重力,悬点载荷不变,只是由于摩擦,使得上下载荷线不重合,呈条带状,如图4-14所示。

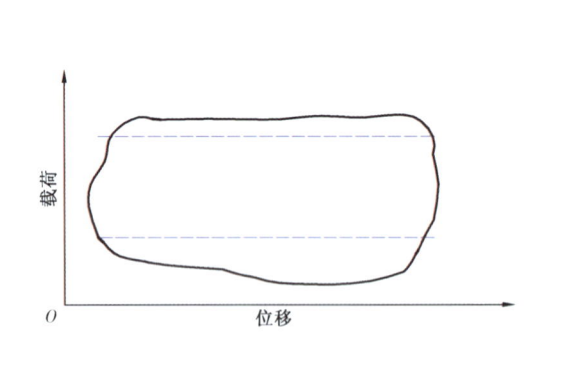

图4-13 稠油对示功图的影响

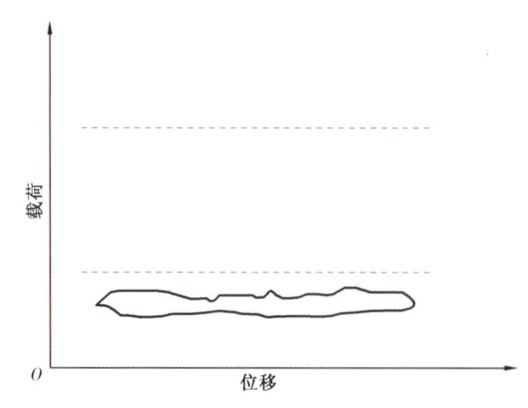

图4-14 抽油杆断脱对示功图的影响

示功图的位置取决于断脱点的位置:断脱点离井口越近,示功图越接近横坐标;断脱点离井口越远,示功图越接近最小理论载荷线。

第三节　井下泵功图预测

由于井下泵功图直接获取困难,一般根据地面示功图和抽油杆柱动力学特性,来预测井下泵功图。关于杆柱力学特性分析,目前研究非常多,常用的方法有波动方程、有限差分法、有限元法等,后两者的计算精度较高,可用于直井、定向井,但其求解时间较长,可达 10~30min 不等。对于示功图故障诊断来说,一般都用于数字化实时监测系统中,需要较快的速度,因此,采用波动方程比较合适,这种方法可以求得解析解,因此速度很高。

一、杆柱力学特性分析

抽油杆柱受力分析如图 4-15 所示。为了便于理解,特对研究对象做出如下假设:

(1) 位移 $u(x,t)$ 的方向和载荷 $F(x,t)$ 的方向均以沿杆向上为正,抽油杆柱的截面选取位置 x 以沿杆向下为正;

(2) 抽油杆柱在垂直井中工作时不与油管发生摩擦,即不计摩擦载荷;

(3) 油管内充满密度分布均匀的液体。

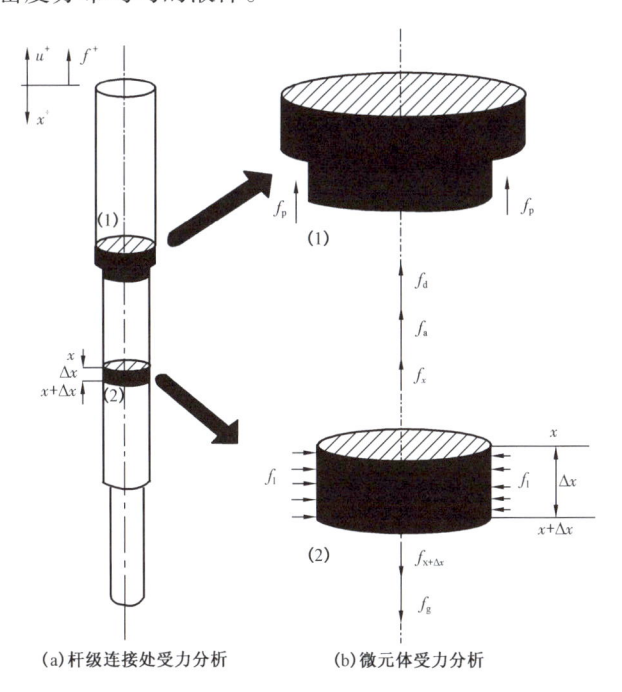

(a) 杆级连接处受力分析　　(b) 微元体受力分析

图 4-15　抽油杆柱受力分析示意图

运动起始点选为悬点运动的下死点,抽油杆柱上截面位置 x 处的位移,记为 $u(x,t)$,可认为:截面 x 跟随悬点的上下运动而运动,记为 $u_0(t)$;截面 x 相对于悬点的弹性位移,记为 $u_1(x,t)$。

(1) 根据胡克定律,微元体在上下截面处所承受的内力分别为:

$$f_x = -E_r A_r \left(\frac{\partial u_1(x,t)}{\partial x}\right)_x \tag{4-1}$$

$$f_{x+\mathrm{d}x} = E_r A_r \left(\frac{\partial u_1(x,t)}{\partial x}\right)_{x+\mathrm{d}x} \qquad (4-2)$$

式中，x 为抽油杆柱上所取的微元体上截面所在的位置，m；$\mathrm{d}x$ 为抽油杆柱上所取的微元体的长度，m；E_r 为抽油杆第 $r(1 \leqslant r \leqslant N_r)$ 级的弹性模量，N/m²；A_r 为抽油杆第 $r(1 \leqslant r \leqslant N_r)$ 级的横截面积，m²。

(2) 微元体自身所承受的重力为：

$$f_g = -\rho_r g A_r \mathrm{d}x \qquad (4-3)$$

式中，ρ_r 为抽油杆第 $r(1 \leqslant r \leqslant N_r)$ 级的密度，kg/m³。

(3) 微元体在油管内与液体之间的黏滞阻力为：

$$f_d = -\mu \left(\frac{\partial u_0(t)}{\partial t} + \frac{\partial u_1(x,t)}{\partial t}\right) \mathrm{d}x \qquad (4-4)$$

式中，μ 为油管内液体的动力黏度，Pa·s。

(4) 根据达朗伯原理，微元体所受的惯性力为：

$$f_a = -\rho_r A_r \left(\frac{\partial^2 u_0(t)}{\partial t^2} + \frac{\partial^2 u_1(x,t)}{\partial t^2}\right) \mathrm{d}x \qquad (4-5)$$

(5) 微元体柱面在油管内所受的液体对柱面的压力垂直于并指向微元体的轴线，且各向力大小相等，故其合力为 0。

(6) 在多级杆的连接处，凸出的环形面积在油管内所受的液体的压力为：

$$f_p = \rho_1 g A_{cr} \sum_{r=1}^{N_r} L_r \qquad (4-6)$$

式中，ρ_1 为油管内液体的密度，kg/m³；A_{cr} 为抽油杆第 r 级与第 $r+1$ 级的连接处凸出的环形面积，m²；L_r 为抽油杆第 $r(1 \leqslant r \leqslant N_r)$ 级的长度，m。

根据对抽油杆柱的微元体在截面 x 处所做的受力分析，微元体柱面所受的油管内液体压力 f_1 各向相等，且均指向轴线，合力为 0，所以只需考虑抽油杆柱轴向各力的静平衡条件：

$$\sum F_N = 0 \qquad (4-7)$$

即：

$$f_a + f_x + f_d + f_g + f_{x+\mathrm{d}x} = 0 \qquad (4-8)$$

令 $a_r = \sqrt{\dfrac{E_r}{\rho_r}}$，$c = \dfrac{\mu}{\rho_r A_r}$，整理式(4-1)至式(4-8)得到：

$$\frac{\partial^2 u}{\partial t^2} = a_r^2 \frac{\partial^2 u}{\partial x^2} - c \frac{\partial u}{\partial t} - g \qquad (4-9)$$

式中，a_r 为应力波在抽油杆第 $r(1 \leqslant r \leqslant N_r)$ 级中的传播速度，m/s；c 为等效黏滞阻尼系数，s^{-1}。

则式(4-9)即为描述抽油杆柱动力学特性的波动方程，对于这样一个二阶偏微分方程，在求解时必须结合相应的边界条件和初始条件。

二、杆柱系统振动模型的选取及改进

抽油杆柱是有杆抽油系统的重要组成部分,如前文所提到的振动模型选取中各种理论的优缺点,MATLAB 软件选取在一维情况下,建立有杆抽油系统的振动模型,亦即抽油杆柱的振动模型。有杆抽油系统完整的数学模型包括波动方程、上下边界条件、初始条件及连接条件。波动方程见式(4-9),上下边界条件及初始条件是求解波动方程所必不可少的条件,而连接条件是针对多级杆柱结构而言的,用于解决因上下杆柱的直径不同所导致的凸出部分承受液体压力而引起的误差问题。

1. 上下边界条件

抽油机悬点运动规律决定了模型的上边界条件。模型的上边界条件为:

$$u(x,t)\big|_{x=0} = S(t) \tag{4-10}$$

式中,$S(t)$为悬点的位移函数。

井下泵的工作状况决定了模型的下边界条件。模型的下边界条件为:

$$F(x,t)\big|_{x=L} = F_p(t) \tag{4-11}$$

式中,$F_p(t)$为柱塞的载荷函数;L为抽油杆柱总长度,m。

2. 初始条件

有杆抽油系统的初始状态为:抽油杆柱通过"驴头"自由悬挂于充满液体的油管中,并且"驴头"开始向上运动时处于下死点位置。初始条件为:

$$\begin{cases} u(x,t)\big|_{(0 \leq x \leq L, t=0)} = 0 \\ \dfrac{\partial u(x,t)}{\partial t}\bigg|_{(0 \leq x \leq L, t=0)} = 0 \end{cases} \tag{4-12}$$

3. 连接条件

对于多级杆柱结构而言,多年来一直沿用由 J. F. Lea 提出的过渡条件来处理两级杆连接处的载荷与位移存在的连续条件问题,而认为上级抽油杆底端与下级抽油杆顶端的载荷、位移始终都是相等的,即为该过渡条件的简化处理,具体数学关系式为:

$$\begin{cases} F_r^d(t) = F_{r+1}^u(t) \\ S_r^d(t) = S_{r+1}^u(t) \end{cases} \tag{4-13}$$

式中,$F_r^d(t)$和$F_{r+1}^u(t)$分别表示 t 时刻,抽油杆第 r 级底端与第 $r+1$ 级顶端的载荷;$S_r^d(t)$和$S_{r+1}^u(t)$分别表示 t 时刻,抽油杆第 r 级底端与第 $r+1$ 级顶端的位移。

4. 改进连接条件的处理方法

由于没有将不同直径级连接处油管内液体对上级抽油杆凸出的环形部分所施加的压力考虑进来,使得 J. F. Lea 提出的相邻两杆在交界处的连接条件存在一定的误差。本文对杆级连接条件进行了一些改进,将这部分液体压力的影响考虑进来,便得到了如下关系。

(1)载荷关系为:下级抽油杆顶端的载荷与上级抽油杆凸出的环形面积所受的油管内液体的压力之和等于上级抽油杆底端的载荷。

(2)位移关系则依然是上级抽油杆底端与下级抽油杆顶端的位移始终相等。其数学表达式如下:

$$\begin{cases} F_r^d(t) = F_{r+1}^u + F_r^{cA} \\ S_r^d(t) = S_{r+1}^u(t) \end{cases} \tag{4-14}$$

式中,F_r^{cA} 为油管内液体对抽油杆第 r 级底端凸出的环形部分所施加的压力。这部分压力可以通过式(4-15)计算得出:

$$F_r^{cA} = \rho_l g (A_r - A_{r+1}) \sum_{i=1}^{r} L_i \tag{4-15}$$

综上所述,有杆抽油系统完整的数学模型由式(4-9)至式(4-12)、式(4-14)构成,即:

$$\begin{cases} \dfrac{\partial^2 u(x,t)}{\partial t^2} = a_r^2 \dfrac{\partial^2 u(x,t)}{\partial x^2} - c \dfrac{\partial u(x,t)}{\partial t} - g \\ u(x,t)\big|_{x=0} = S(t), F(x,t)\big|_{x=L} = F_p(t) \\ u(x,t)\big|_{t=0} = 0, \dfrac{\partial u(x,t)}{\partial t}\big|_{t=0} = 0 \\ S_r^d(t) = S_{r+1}^u(t), F_r^d(t) = F_{r+1}^u(t) + F_r^{cA} \end{cases} \tag{4-16}$$

同样的有杆抽油系统的数学模型既可以用来进行预测,也可以用来进行工况诊断,当然所根据的已知边界条件是不同的。如果系统模型用来进行产量预测,则需要已知泵示功图,通过它推出悬点示功图来进行预测。而系统模型如果用来进行诊断,则需要已知悬点示功图,通过它推出泵示功图来进行诊断。对于已知悬点示功图的功图法量油技术来说,可将系统模型作为诊断模型来使用,因此下面重点叙述的求解问题是针对诊断模型的。

三、杆柱系统模型的求解

根据已知的悬点示功图,得到模型的上边界条件为:

$$\begin{cases} F(x,t)\big|_{x=0} = F(t) \\ u(x,t)\big|_{x=0} = S(t) \end{cases} \tag{4-17}$$

根据胡克定律,进一步将式(4-17)变化为:

$$\begin{cases} E_r A_r \dfrac{\partial u(x,t)}{\partial x}\big|_{x=0} = F(t) \\ u(x,t)\big|_{x=0} = S(t) \end{cases} \tag{4-18}$$

利用傅里叶级数来处理波动方程的上边界条件,可将形式变化为:

$$\begin{cases} u(0,t) = S(t) = \dfrac{\gamma_0}{2} + \sum_{n=1}^{N} [\gamma_n \cos(n\omega t) + \delta_n \sin(n\omega t)] \\ F(0,t) = F(t) = \dfrac{\sigma_0}{2} + \sum_{n=1}^{N} [\sigma_n \cos(n\omega t) + \tau_n \sin(n\omega t)] \end{cases} \tag{4-19}$$

式中,N 为傅里叶级数的项数;$\gamma_0,\gamma_n,\delta_n,\sigma_0,\sigma_n,\tau_n(n=1,2,\cdots,N)$ 均为傅里叶系数,可以通过傅里叶变换得到;ω 为抽油机的抽汲频率,rad/s。

同样,可以利用傅里叶级数来处理模型(4-16)的解,可将形式转化为:

$$\begin{cases} u(x,t) = \dfrac{O_0(x) + P_0(x)}{2} + \sum_{n=1}^{N}[O_n(x)\cos(n\omega t) + P_n(x)\sin(n\omega t)] \\ F(x,t) = E_r A_r \left[\dfrac{O'_0(x) + P'_0(x)}{2}\right] + E_r A_r \sum_{n=1}^{N}[O'_n(x)\cos(n\omega t) + P'_n(x)\sin(n\omega t)] \end{cases}$$

(4-20)

其中的相关系数 $O_n(x),O'_n(x),P_n(x)$ 和 $P'_n(x)$ 可通过下列方程组计算得到:

$$\begin{cases} O_n(x) = \cos\beta_n x(\gamma_n \mathrm{ch}\alpha_n x + U_n \mathrm{sh}\alpha_n x) + \sin\beta_n x(K_n \mathrm{ch}\alpha_n x + \delta_n \mathrm{sh}\alpha_n x) \\ P_n(x) = \cos\beta_n x(\delta_n \mathrm{ch}\alpha_n x + K_n \mathrm{sh}\alpha_n x) - \sin\beta_n x(U_n \mathrm{ch}\alpha_n x + \gamma_n \mathrm{sh}\alpha_n x) \\ O'_n(x) = \cos\beta_n x\left[\dfrac{\sigma_n}{EA}\mathrm{ch}\alpha_n x + (\alpha_n\gamma_n + \beta_n\delta_n)\mathrm{sh}\alpha_n x\right] + \sin\beta_n x\left[(\alpha_n\delta_n - \beta_n\gamma_n)\mathrm{ch}\alpha_n x + \dfrac{\tau_n}{EA}\mathrm{sh}\alpha_n x\right] \\ P'_n(x) = \cos\beta_n x\left[\dfrac{\tau_n}{EA}\mathrm{ch}\alpha_n x + (\alpha_n\delta_n + \beta_n\gamma_n)\mathrm{sh}\alpha_n x\right] - \sin\beta_n x\left[(\beta_n\delta_n - \alpha_n\gamma_n)\mathrm{ch}\alpha_n x + \dfrac{\sigma_n}{EA}\mathrm{sh}\alpha_n x\right] \end{cases}$$

(4-21)

式中,α_n,β_n,K_n 和 U_n 可通过下列方程计算得到:

$$\begin{cases} \alpha_n = \dfrac{n\omega}{a_r\sqrt{2}}\sqrt{\sqrt{\left(\dfrac{c}{n\omega}\right)^2 + 1} - 1} \\ \beta_n = \dfrac{n\omega}{a_r\sqrt{2}}\sqrt{\sqrt{\left(\dfrac{c}{n\omega}\right)^2 + 1} + 1} \\ K_n = \dfrac{\alpha_n\tau_n + \beta_n\sigma_n}{E_r A_r(\alpha_n^2 + \beta_n^2)} \\ U_n = \dfrac{\alpha_n\sigma_n - \beta_n\tau_n}{E_r A_r(\alpha_n^2 + \beta_n^2)} \end{cases}$$

(4-22)

综上所述,系统模型的具体求解步骤如下:

(1)根据式(4-19)计算出第 r 级抽油杆的系数 $\gamma_0,\gamma_n,\delta_n,\sigma_0,\sigma_n$ 和 $\tau_n(n=1,2,\cdots,N)$,在 MATLAB 软件中,N 取 3~13。

(2)根据式(4-22)计算出第 r 级抽油杆的系数 α_n,β_n,K_n 和 U_n。

(3)根据式(4-21)计算出第 r 级抽油杆的系数 $O_n(x),P_n(x),O'_n(x)$ 和 $P'_n(x)$。

(4)根据式(4-20)计算出抽油杆第 r 级底端在一个周期内的载荷与位移。

(5)判断所计算的抽油杆是否为最后一级抽油杆,如果不是,则在需要的情况下先根据式

(4-14)对两杆连接处进行过渡处理,得到下一级抽油杆顶端的载荷与位移,然后重复(1)至(4)直至最后一级抽油杆底端;如果是,则最后计算得到的载荷与位移的关系即为泵示功图,完成系统模型计算。

计算实例:某油井参数如图 4-16 所示,其计算结果如图 4-17 所示。

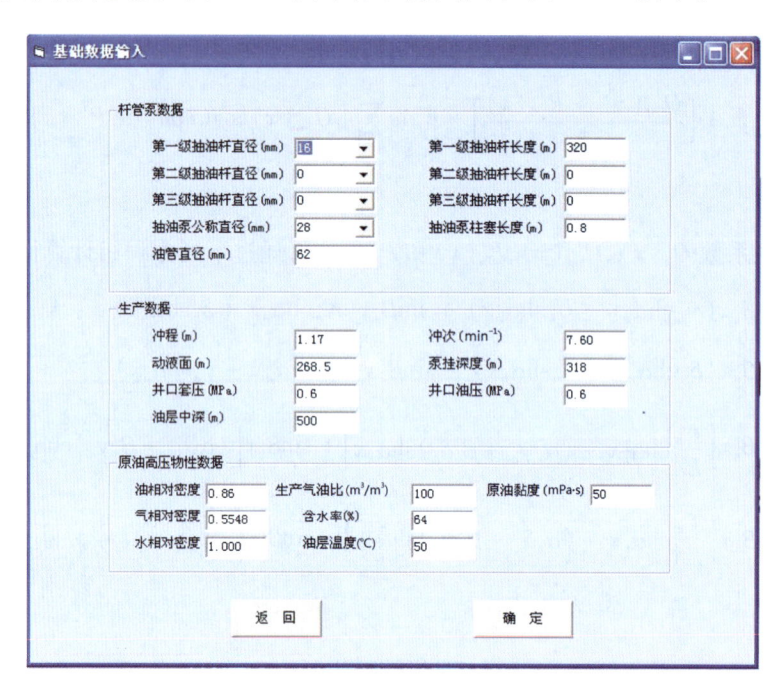

图 4-16 油井参数

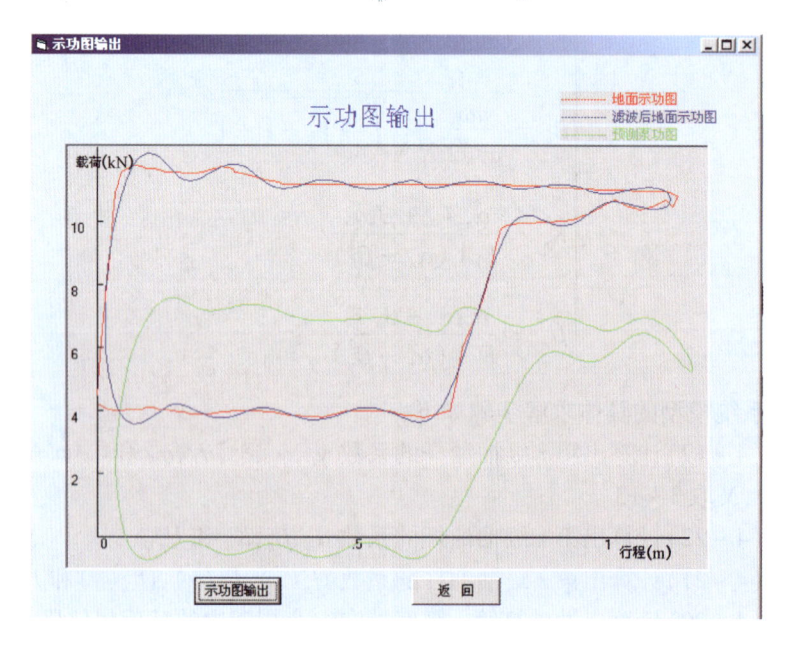

图 4-17 计算实例的计算结果

第四节 示功图特征向量的提取

计算机具有认识或者识别图像的能力,即图像识别。示功图的识别可以归为图像处理和模式识别领域的一个经典问题,其识别过程主要分三个步骤,即示功图的预处理,示功图的特征提取和故障类型分类。如果用计算机来完成这个判别任务,那么就是图像处理中的模式识别问题。图像处理中的模式识别系统基本组成如图 4-18 所示。

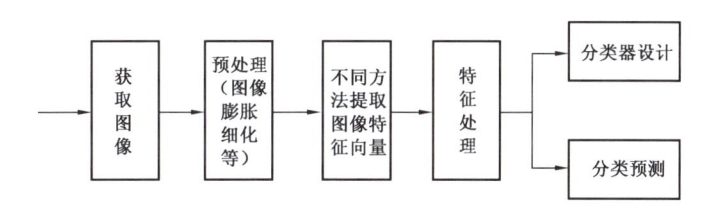

图 4-18 图像处理中的模式识别系统基本组成

获取图像的设备有扫描仪、照相机等。图像获取后需要通过预处理把图像处理成计算机可以识别的形式,然后根据需求提取图像的数字特征,并进行特征选择,去除冗余特征,然后用设计好的分类器对图像特征进行识别。下面将分别表述图 4-18 中预处理和图像特征提取部分。

一、示功图预处理

1. 绘制示功图

从现场示功仪采集回来的示功图数据一般为文本文件,需要将其转换为数字图形,如图 4-19 所示。

2. 示功图归一化处理

该图形带有坐标轴,因此还需要进一步处理,共分两步:(1)把坐标轴去除;(2)让曲线充满整个图像,即进行归一化操作,如图 4-20 所示。

3. 示功图压缩并取出数字化矩阵

为了便于比较油井各类工况,首先将示功图置于一个标准 2×1 矩形内,使示功图与矩形的四边相切,这一点已经在之前的原始数据预处理中完成了。然后将其分成网格,网格数为 $M×N$,这样做不仅符合石油界的习惯,而且消除了示功图量纲对数据的影响。参与油井工况分类判别计算的特征量比的公式:

$$R = \frac{6}{MN} \quad (4-23)$$

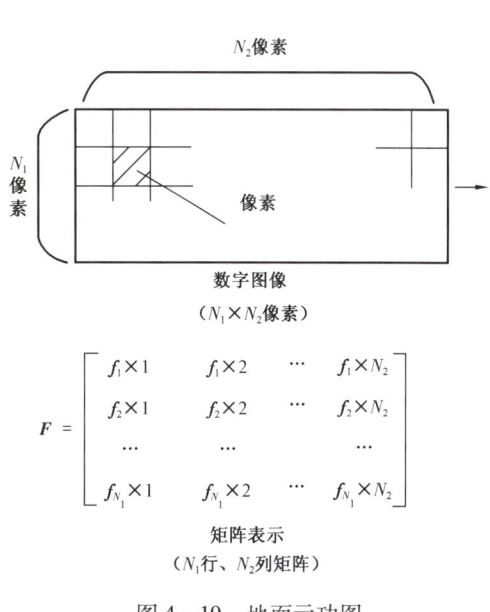

$$F = \begin{bmatrix} f_1×1 & f_1×2 & \cdots & f_1×N_2 \\ f_2×1 & f_2×2 & \cdots & f_2×N_2 \\ \cdots & \cdots & \cdots & \cdots \\ f_{N_1}×1 & f_{N_1}×2 & \cdots & f_{N_1}×N_2 \end{bmatrix}$$

矩阵表示
(N_1行、N_2列矩阵)

图 4-19 地面示功图

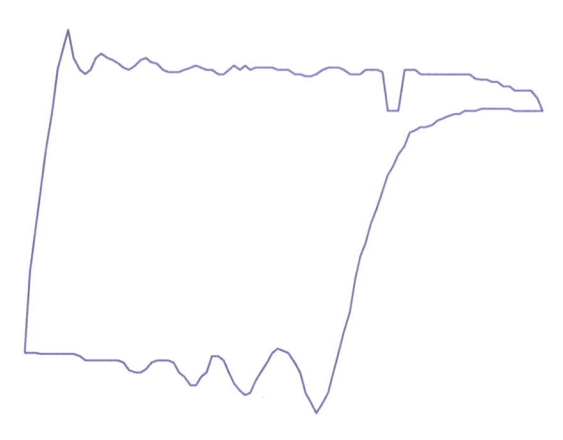

图 4-20　去除坐标轴后的示功图

式中，R 为特征量比；M 和 N 为网格的规模数。

在实际工程运用中，网格的规模数一般取成 64×32，但是一般文献中将网格规模取成 20×10，或者 26×13，这样的取值对示功图的描述不够细致和完整。为提高灰度矩阵对示功图描述的精度，可将 $M \times N$ 取成 64×64，这样得到的特征量比约为 $R = 1/4096$，网格更密集，描述更加细致，以此构成的特征向量，不仅提高了运算速度，而且特征数据便于存取、管理、维护和修改。

处理后的示功图矩阵如图 4-21 所示。

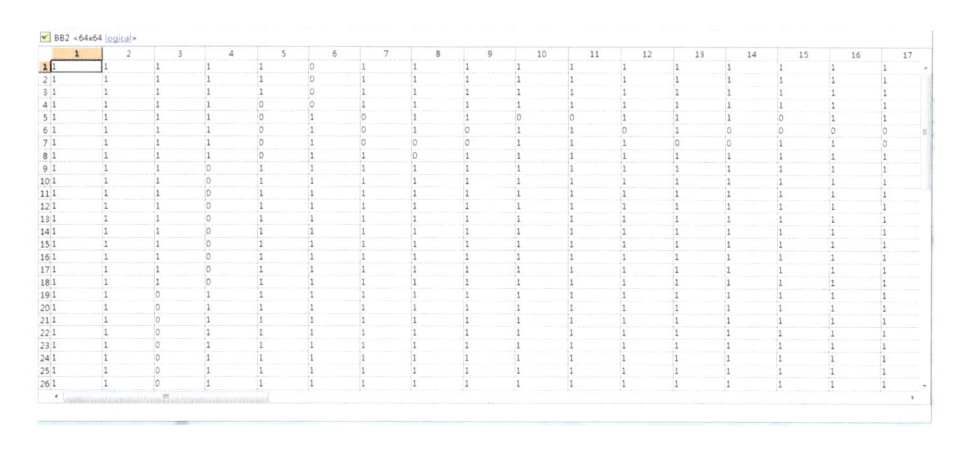

图 4-21　示功图矩阵

剩下的网格按照等高线原则赋值，即边界内部每远离边界一格，其灰度值增加一级，边界外部每远离边界一格，其灰度值减少一级，直至最后网格填充完毕，赋值结束。其示功图矩阵如图 4-22 所示。

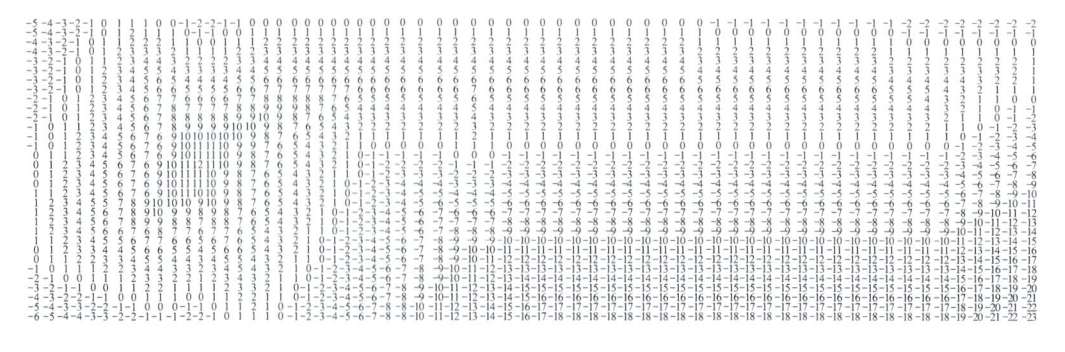

图 4-22　赋值后的示功图灰度矩阵

二、示功图特征向量提取原则

示功图像特征向量的提取就是将图像中不易受随机因素影响的信息作为有杆泵抽油系统故障诊断依据提取出来,之后对提取出来的数据进行处理和分析,这是保证后续诊断工作精度的首要关键条件。它具有减少运算量、提高诊断速度和诊断精度的作用,实际操作中应该遵循以下原则:

(1)区分性。对于不同类型的故障示功图来说,它们的特征向量参数也应该有区别,而且它们之间的区别性应该越大越好,这样才可以更好地对示功图像进行分类识别,对有杆泵抽油系统进行更好的在线监测和诊断研究。

(2)聚类性。对于同一种故障类型的示功图来说,它们之间特征向量参数的差距应该越小越好,这样就可以少受随机因素的干扰,可取得较好的聚类结果,提高最终的诊断精度。

(3)独立性。不论是同一类型还是不同类型,每一幅示功图像所提取出来的特征向量都应该是单独的一组,彼此之间没有关联性,这样才可以保证实验的客观公正性。

(4)特征向量的数量要小。特征向量的数量直接决定着神经网络的学习复杂程度,重要的是,神经网络训练评估所需的样本数随着特征向量数量的增加而成指数增加,这是一个不容小觑的问题。为了提高工况识别的速度和精度,在保证特征向量具有代表性之外,还必须保证其较小的数量。

三、示功图特征向量提取方法

抽油机故障诊断系统中非常重要的一部分就是示功图的特征提取,提取出的特征能否准确表征出示功图的信息是抽油机自诊断系统的关键。示功图特征提取的常用方法为不变矩法和小波包熵法。不变矩法是利用图形图像区域的某些矩对于平移、旋转、镜像和缩放等几何变换不变的特性,提取出示功图的 7 个不变矩特征;而小波包熵法则是在对示功图像进行分解重构之后,计算其 8 个结点的能量熵作为特征向量。

HU 矩(几何矩)是 1962 年由 Hu 提出的。在统计学中,矩一般被用来反映随机变量的分布情况,推广到力学中,它被用来刻画空间物体的质量分布。

矩特征主要表征了图像的几何特征,由于其具有旋转、平移等尺度不变特征,在图像处理中,几何不变矩可以作为一个重要的特征来表示物体,并可以根据此特征来对图像进行分类识别等操作。

(1)矩的定义。

对于二维连续函数 $f(x,y)$ 的 $(j+k)$ 阶矩定义为:

$$m_{jk} = \int_{-\infty}^{+\infty} \int_{-\infty}^{+\infty} x^j y^k f(x,y) \mathrm{d}x \mathrm{d}y \tag{4-24}$$

式中,$j,k = 0,1,2\cdots$。

由于 j 和 k 可以取所有的非负整数值,因此形成了一个矩的无限集,而且这个集合完全可以确定函数 $f(x,y)$ 本身。也就是说,集合 $\{m_{jk}\}$ 对于函数 $f(x,y)$ 是唯一的,也只有 $f(x,y)$ 才具有这种特定的矩集。

为了描述物体的形状,可将示功图像处理成为二值化图像,在此假设 $f(x,y)$ 的目标物体取值为1,背景图像取值为0,即函数只反映了物体的形状而忽略其内部的灰度级细节。

参数$(j+k)$称为矩的阶。零阶矩是物体的面积,即:

$$m_{00} = \int_{-\infty}^{+\infty} \int_{-\infty}^{+\infty} f(x,y) \mathrm{d}x\mathrm{d}y \tag{4-25}$$

当$j=1,k=0$时,m_{10}对于二值化图像来讲就是物体上所有点的x坐标的总和。同理,m_{01}就是物体上所有点的y坐标的总和。令:

$$\bar{x} = \frac{m_{10}}{m_{00}} \qquad \bar{y} = \frac{m_{01}}{m_{00}} \tag{4-26}$$

则$(\bar{x},\bar{y})$就是二值化图像中一个物体的质心坐标。

(2)中心距定义为:

$$\mu_{jk} = \int_{-\infty}^{+\infty} \int_{-\infty}^{+\infty} (x-\bar{x})^j (y-\bar{y})^k f(x,y) \tag{4-27}$$

如果$f(x,y)$是数字图像,则式(4-27)就变为:

$$\mu_{jk} = \sum_x \sum_y (x-\bar{x})^j (y-\bar{y})^k f(x,y) \tag{4-28}$$

(3)归一化$(j+k)$阶中心距定义为:

$$\begin{cases} \eta_{jk} = \dfrac{\mu_{jk}}{(\mu_{00})^\gamma} & j,k = 0,1,2\cdots \\ \gamma = \dfrac{(j+k)}{2} + 1 & j+k = 2,3\cdots \end{cases} \tag{4-29}$$

利用归一化的中心距可以获得具有对平移、旋转、镜像和缩放等几何变换均不敏感的7个不变矩,定义如下:

$$\varphi_1 = \eta_{20} + \eta_{02} \tag{4-30}$$

$$\varphi_2 = (\eta_{20} + \eta_{02})^2 + 4\eta_{11}^2 \tag{4-31}$$

$$\varphi_3 = (\eta_{30} + 3\eta_{12})^2 + (3\eta_{21} - \eta_{03})^2 \tag{4-32}$$

$$\varphi_4 = (\eta_{30} + \eta_{12})^2 + (\eta_{21} + \eta_{03})^2 \tag{4-33}$$

$$\begin{aligned}\varphi_5 = &(\eta_{30} - 3\eta_{12})(\eta_{21} + \eta_{03})[(\eta_{30} + \eta_{12})^2 - 3(\eta_{21} + \eta_{03})^2] \\ &+ (3\eta_{21} - \eta_{03})(\eta_{21} + \eta_{03})[3(\eta_{30} + \eta_{21})^2 - (\eta_{21} - \eta_{03})^2]\end{aligned} \tag{4-34}$$

$$\varphi_6 = (\eta_{20} - \eta_{02})[(\eta_{30} + \eta_{12})^2 - (\eta_{21} + \eta_{03})^2] + 4\eta_{11}^2(\eta_{30} + \eta_{12})(\eta_{21} + \eta_{03}) \tag{4-35}$$

$$\begin{aligned}\varphi_7 = &(3\eta_{12} - \eta_{30})(\eta_{30} + \eta_{12})[(\eta_{30} + \eta_{12})^2 - 3(\eta_{21} + \eta_{03})^2] \\ &+ (3\eta_{21} - \eta_{03})[3(\eta_{30} + \eta_{12})^2 - (\eta_{21} - \eta_{03})^2]\end{aligned} \tag{4-36}$$

按照公式计算出矩特征向量,得到每种示功图的特征向量,则构成分类统计特征向量 f $\{\varphi_1,\varphi_2,\varphi_3,\varphi_4,\varphi_5,\varphi_6,\varphi_7\}$。对图 4-23 中的四幅示功图像运用上述公式计算得到的 7 个不变矩数值见表 4-1。

表 4-1　不变矩特征向量提取

示动图	φ_1	φ_2	φ_3	φ_4	φ_5	φ_6	φ_7
正常	1.6028	4.3245	5.8685	8.1749	15.5180	10.3549	20.2004
气体影响	1.4743	4.0012	5.9462	5.8558	13.1745	7.8664	14.2934
出砂	1.4047	3.4962	6.8745	7.9243	16.9764	10.0090	16.7049
结蜡	1.4925	3.7600	6.1623	7.9527	15.7105	9.8756	17.8127

第五节　有杆抽油系统故障诊断方法

神经网络由于其独特的类似于人脑的学习和识别的能力,在社会生活的许多领域得到了广泛的应用,比如工业、科学研究、医学、商业等。下面主要对故障诊断领域进行简单的说明。

广义地讲,故障可以理解为系统的任何异常现象,使系统表现出所不期望的特性,这些特性通常表现为系统的某些重要变量或特性偏离了正常范围。神经网络作为一种自适应的模式识别技术,在复杂动态系统的故障诊断中应用最富有成效。由于神经网络本身所具有的特性,在满足复杂动态系统故障诊断算法所要求的实时性、及时性和稳健性等方面,比基于模型的各种方法和专家系统等传统方法有着更明显的优势。目前,神经网络故障诊断方法已广泛地应用于核电站、航空发动机和大型燃气轮机等各种机械设备。在故障诊断中采用神经网络方法有两种有效的途径:一种是直接利用神经网络完成故障模式的分类和属性的估计;另一种就是神经网络与其他故障诊断方法相结合,神经网络作为整个故障诊断系统中的某个子系统完成所需的特殊功能,目前后一种方法应用比较广泛。本文所采用的方法就是神经网络与小波包熵相结合的方法。

一、人工神经网络的模型结构及学习规则

神经网络是由大量并行互联的神经元相互连接而成的网络。神经网络模型的提出是为了模拟人类大脑的基本特性,网络之间的信息处理是由神经元之间的相互作用来实现的,但是,神经网络却不能完全反映大脑的功能,它只能简单模拟大脑的许多基本功能和思维方式。

1. 人工神经元的模型结构

人工神经元是人工神经网络操作的基本信息处理单元,它是基于生物神经元的特点提出的,是人工神经网络设计的基础,人工神经元的模型如图 4-23 所示。

从图 4-23 可以看出,人工神经元模型是由三种基本元素组成的:

(1)它由一组连接组成,连接权值的取值可正可负,连接权值表示连接强度,当连接权值为正值时表示函数被激活,当连接权值为负值时表示被抑制。

（2）它由一个加法器即求和单元组成，用来求各输入信号对神经元突触的加权和，也可称为线性组合。

（3）它由一个非线性激活函数（压制函数）组成，用来限制神经元的输出振幅。一般情况下，一个神经元输出的正常范围为一闭区间[0,1]或[-1,1]。

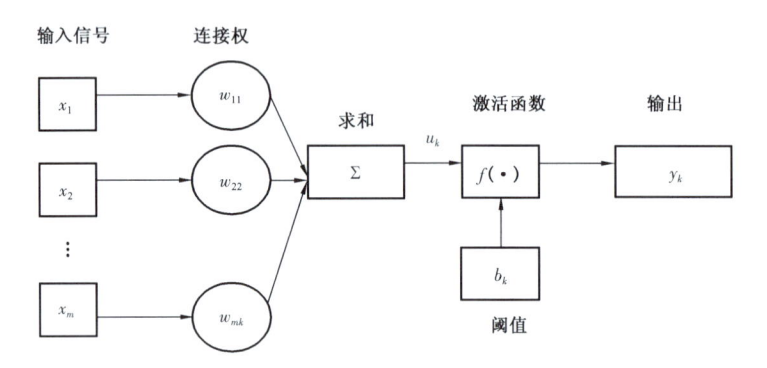

图 4-23 人工神经元模型

另外，如果给神经元网络模型加一个阈值为 b_k 的外部偏置，那么就可以根据连接权的正负值来相应地增加或减少激活函数的输入。通常神经元 k 用式（4-36）来表示：

$$\begin{cases} u_k = \sum_{i=1}^{m} w_{ik} x_i \\ y_k = f(u_k + b_k) \end{cases} \quad (4-37)$$

式中，$x_i(i=1,2,\cdots,m)$ 为输入信号，$w_{ik}(i=1,2,\cdots,m)$ 为神经元 k 的权值，当权值取正时为激发状态，取负时为抑制状态；m 为输入信号的数目；u_k 为输入信号线性输出；$f(\ )$ 为激活函数；b_k 为神经元阈值；y_k 为信号输出，若输入之和大于内部阈值 b_k 时，该输出为1，若小于内部阈值 b_k 时，输出为0。

即令：$\sigma = \sum_{i=0}^{n-1} w_i x_i - \theta$，$f(\ )$ 函数的定义如下：

$$y = f(\sigma) = \begin{cases} 1, \sigma > 0 \\ 0, \sigma < 0 \end{cases} \quad (4-38)$$

当 $\sigma > 0$ 时，该神经元被激活，进入兴奋状态，$f(\sigma)=1$；当 $\sigma < 0$ 时，该神经元被抑制，$f(\sigma)=0$。激发函数是神经元及网络的核心，具有非线性特性，它在很大程度上影响网络解决问题的能力和功效。常用的非线性激发函数有阈值型、分线段型和 Sigmoid 函数型（简称 S 型）。

（1）阈值型，为阶跃函数，当函数自变量大于或等于0时，输出为1；当函数的自变量小于0时，输出为0。

$$f(u_i) = \begin{cases} 1, u_i \geq 0 \\ 0, u_i < 0 \end{cases} \quad (4-39)$$

(2) 分线段型：

$$f(u_i) = \begin{cases} 1, u_i \geq u_2 \\ au_i + b, u_i \leq 0 < u_2 \\ 0, u_i < u_1 \end{cases} \quad (4-40)$$

这种形式的激活函数可被看做是非线性放大器的近似。

(3) Sigmoid 函数型：

$$f(u_i) = \frac{1}{1 + \exp(-u_i/c)^2} \quad (4-41)$$

式中，c 为常数。

S 型函数的特点是函数本身及其导数都是连续的。S 型函数反映了神经元的饱和特性，由于其函数连续可导，调节曲线的参数可以得到类似阈值函数的功能，因此，该函数被广泛应用于许多神经元的输出特性中。

2. 网络的学习规则

神经网络的学习也称为训练，指的是通过神经网络所在环境的刺激作用调整网络的自由参数，使神经网络以一种新的方式对外部环境做出反应的一个过程。由于网络的连接模型、输入信息的连续性或离散性、神经元的动态特性及有无监督训练等不同，相应的学习算法也不同。因此，网络一般是根据网络静态输入信息的类型和学习算法中有无监督训练来完成的。这种分类可以用分类树表示，如图 4-24 所示。

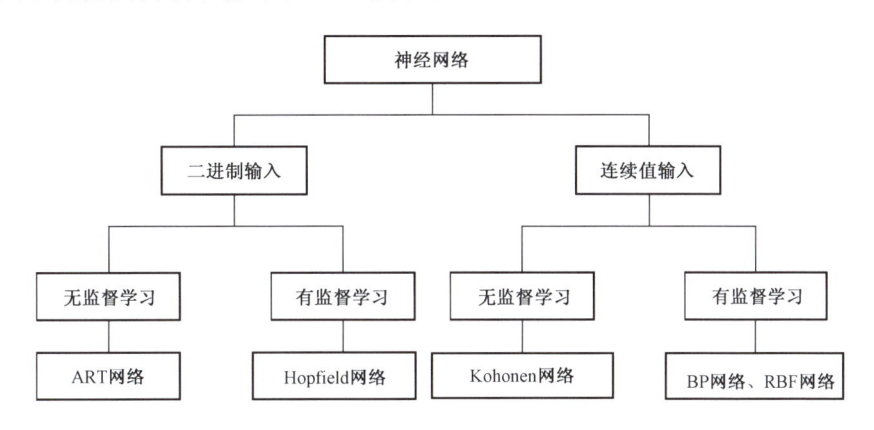

图 4-24 分类树

由图 4-24 可以看出，网络按不同类型的输入值可分为二进制输入和连续值输入，根据学习过程中组织方式的不同，可以分为有监督学习和无监督学习两类。显然有监督学习的网络要具有一定数量的训练样本，同时还要给出输入和正确的输出，网络根据实际输出与期望输出的比较，进行连接权值的调节，使网络做出正确的反应。最典型的有监督学习网络是 BP 网络和 RBF 网络；而无监督学习网络只需要根据其特有的结构和学习法则来进行调整权值或者阈值，使网络逐渐演变，从而对输入的某种模式做出反应。典型的无监督学习网络是 Kohonen 网络。

神经网络有两种运行方式:一种是前馈式,它利用连接强度即神经元的非线性输入输出关系,实现从输入状态空间到输出状态空间的映射。另一种是演化式,在这种网络中,输入作为初态,网络演化的最终状态是输出。神经网络按其基本模式,可以分为前馈型网络、反馈型网络、自组织型网络和随机型网络。其中,Adaline 网络、BP 网络和 RBF 网络属于前馈型网络;Hopfield 网络属于反馈型网络;ART 网络属于自组织型网络;Boltzman 网络属于随机型网络。

通过对上述神经网络方法的分析与总结,可以看出适合故障诊断要求的只有前馈型网络,其中 BP 网络和 RBF 网络是最为典型的代表。虽然 BP 网络和 RBF 网络都是非线性多层前馈型网络,但是它们却存在很多不同点。由于 BP 网络的多层次结构和多次非线性变换,使得 BP 网络在函数逼近方面不及 RBF 网络。另外,无论是从网络结构、学习算法还是网络资源的利用等方面,都可以看出 BP 网络存在一定的不足之处。而径向基网络是近年来应用较多的一种前馈神经网络模型,与 BP 网络一样,RBF 网络也能以任意精度逼近任意函数,且具有较高的精度。

二、径向基函数网络

径向基(RBF)网络是 Moody 与 Darken 于 1988 年提出的,属于前向神经网络类型,它能够以任意精度逼进任意函数,径向基函数网络与多层前向网络相类似,它是一种三层前向网络。信号源接点组成网络的输入层;在中间层(即隐含层),变换函数不是传统的局部响应的激发函数,而是对中心点径向对称且衰减的非负非线性函数;第三层即为输出层,它对输入层的模式做出反应。由此可见,从总体上来说,网络从输入层空间到隐含层空间的变换是非线性的,而网络的输出对隐含层来说却又是线性的。

1. RBF 网络的模型

径向基函数(radial basis function,RBF)方法是在 1985 年 Powell 首次提出的,它是一种多变量插值方法。3 年后,Broomhead 和 Love 率先引用该项技术,提出了一种神经网络结构,即 RBF 神经网络。径向基神经元模型如图 4 - 25 所示。

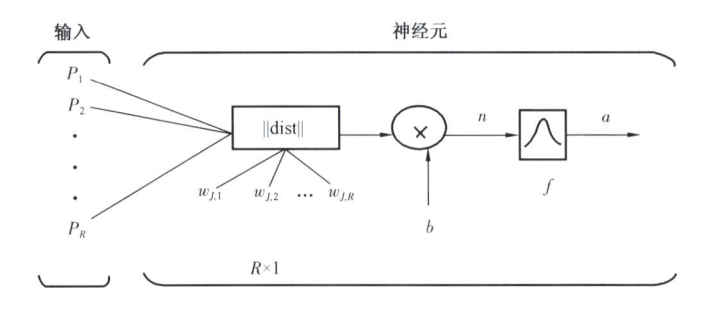

图 4 - 25 径向基神经元模型

由图 4 - 25 可见,径向基网络的激活函数为 radbas,它以权值向量和阈值向量之间的距离 $\| dist \|$ 作为自变量,其中,$\| dist \|$ 是输入向量和加权向量的行向量的乘积。网络的输出为 a,其输出表达式为:

$$a = f(\| W - p \| \times b) = radbas(\| W - p \| \times b) \quad (4 - 42)$$

式中,b 为网络的阈值,用于调节神经元的灵敏度。

radbas 为激活函数,一般情况下为高斯函数,表达式为:

$$a(n) = \text{radbas}(n) = e^{-n^2} \quad (4-43)$$

由式(4-43)看出,当输入自变量为 0 时,函数取最大值为 1,随着 ‖dist‖ 距离的减小,网络递增输出。它的特点是光滑性好,径向对称,形式简单。

径向基神经网络是一种前馈反向传播网络,它由输入层、隐含层和输出层组成。其中隐含层为径向基层,输出层为线性层,如图 4-26 所示,输入层的作用是传输信号,它与隐含层之间的连接可以看做是连接权值为 1 的连接;隐含层的作用是采用非线性优化策略,对激活函数即高斯函数的参数进行调整;而输出层采用的是线性优化策略对线性权进行调整。

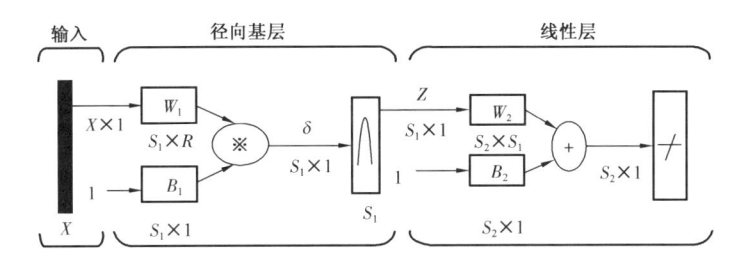

图 4-26 径向基神经网络结构

由图 4-26 可得到网络的输出为:

$$a^2 = \text{purelin}(LW^2 a^1 + b^2) \quad a^1 = \text{radbas}(n^1)$$

$$n^1 = \|IW = P\| \times b^1$$

$$= \{\text{diag}[(IW - \text{ones}(S^1,1) \times P^1)(IW - \text{ones}(S^1,1) \times P')']\}^{0.5} \times b' \quad (4-44)$$

式中,$\text{diag}(x)$ 表示取矩阵向量主对角线上的元素组成的列向量。

图 4-27 为径向基函数即高斯函数的图形表示。

从图 4-27 可以看出,函数分布属于正态分布,关于输出轴对称。当距离为 0.833 时,输出为 0.5,而当距离为 0 时,输出最大为 1.0。若给定函数输入一向量,则径向基函数根据所给定的向量与每个神经元的权值进行比较,根据距离输出结果。从图 4-28 中还可以看出,若输入向量与神经元的距离差值很大时,则输出值趋近于 0,此时可以忽略输出量对神经元的影响;若输入向量与神经元的距离差值很小,接近于 0 时,则输出值趋近于 1,能够对第二层线性神经元的输出权值进行激活。由于输入信号受到隐层单元的影响,所以只有在输入向量与神经元的距离差值很小时,即函数的中央位置处才会产生较大的输出,即径向基网络的局部响应,因此径向基网络具有较好的局部逼近能力,可以任意精度逼近任意非线性函数。

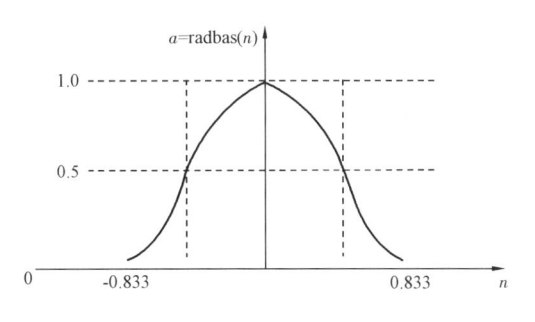

图 4-27 径向基函数

2. RBF 函数的学习过程

径向基函数网络是由输入层、隐含层和输出层构成的三层前向网络,隐含层的激励函数一般为高斯函数,即 $\phi(\delta) = \exp(-\delta^2/B^2)$。隐含层的每一个节点都是 RBF 函数的一个中心向量 $C_k(C_k = [C_{k1}, C_{k2}, C_{k3}, \cdots, C_{kn}]^T k = 1, 2, \cdots, m)$,若径向基函数网络有 m 个隐含层节点数,则网络就会有 m 个相对应的径向基中心,由于网络的隐含层对输入向量进行的是非线性传递(即每个节点接收到的输入向量都没有被改变),所以径向基网络不同于一般的神经网络。

隐含层节点 δ_k 的定义如下:

$$\delta_k = \|X - C_k\|_2 = \sum_{t=1}^{n}(x_t - C_{kt})^2 \tag{4-45}$$

式中,$k = 1, 2, \cdots, m$。

需要注意的是:C_{kt} 并不是 BP 网络中隐含层节点 k 连接至输入节点 i 的权值,而是 RBF 函数的中心向量 C_k 的第 i 个分量,因此,对于 RBF 网络而言,变换后隐含层节点的输出值 Z_k 为:

$$Z_k = \phi(\delta_k) = \phi(\|X - C_k\|_2) = \exp[-\sum_{t=1}^{n}(X - C_R)^2/B^2] \tag{4-46}$$

式中,$k = 1, 2, \cdots, q$。$\| \quad \|$ 表示范数,通常取欧几里德范数;$\phi()$ 为非线性高斯函数;B 是实常数,用以改变高斯曲线的宽度,起到控制 RBF 网络泛化能力的作用,B 值越小,随着 $\|X - C_k\|_2$ 的增大,Z_k 下降得很快,高斯曲线变得很窄;反之,B 值越大,曲线越宽;各隐含层节点的输出 Z_k 代表输入模式 X 离开 RBF 函数中心向量 C_k 的程度,即隐含层的训练任务仅是为每个隐含层节点选择中心向量,而不是对权值矩阵进行调整。

由于网络从隐含层空间到输出层空间是线性映射的,因此网络的输出为:

$$F_j = \sum_{k=1}^{q} W_{jk} Z_k = W_j Z \tag{4-47}$$

式中,$j = 1, 2, \cdots, m$;$W_j = [W_{j1}, W_{j2}, W_{j3}, \cdots, W_{jm}]$ 为隐含层节点 j 的输出权向量;$Z = [Z_1, Z_2, Z_3, \cdots, Z_m]^T$ 为隐含层输出列向量。

RBF 网络的学习训练任务:径向基网络对隐含层是选取 RBF 函数的中心向量,而对输出层是调整网络的线性权矩阵。后者是一个线性优化问题,学习速度较快,且有唯一确定的解;而前者是一个非线性优化问题,求解它的方法较多且复杂,目前可选用的方式主要有随机选取 RBF 函数中心(即直接计算法)、正交最小二乘法(OLS)、无监督学习选取 RBF 函数中心(K-均值聚类法)和有监督学习选取 RBF 函数中心(梯度下降法)等。在故障诊断中,采用直接计算方法是最简单且有效的,因此本文采用此种方法。此方法是随机地在输入样本数据中选取隐含层节点的中心,并且中心是固定不变的,当隐含层节点中心被确定以后,即可以确定隐含层节点的输出。对于这类问题,若给定的样本数据的分布具有代表性,且把输入样本集的各列向量作为径向基的中心,则用此方法设计出的网络就可以精确地输出目标向量;但是若随机选取的样本总数大于径向基中心数,则所获得的目标向量具有一定的误差。因此,在选择样本的输入数据时,只要所确定的样本集的分布具有代表性,就可以采用直接计算方法来设计 RBF 网络,并且所设计出的网络也可以获得满意的效果。

第六节 现场应用实例

RBF 网络故障诊断流程如图 4-28 所示。在整个诊断过程中,借助于科学计算软件 MATLAB 按照图 4-28 所示流程进行编程。示功图诊断是基于其特征的识别,因此要避免量纲和坐标尺度的影响。首先通过远程 RTU 光杆模块将位移数据与载荷数据上传至上位机中的数据库,然后从数据库中读取一个冲程内的位移与载荷数据对 100 组,调用预先调试好的程序来处理图像信息,然后通过 MATLAB 工具箱中的 t = wpdec(s1,3,"db1","shannon")提取第三层从低频到高频的 8 个能量特征向量,把提取的能量特征向量输入训练好的 RBF 网络,通过工具箱中的 newrb() 和 sim() 来进行训练和学习,最终得到诊断结果。

一、输入向量与输出向量的确定

选取了具有代表性的 6 种示功图进行分析,故可确定网络的输出变量;同时提取各种故障类型的 8 个能量特征向量作为网络的输入变量。

1. 输入向量

真正的输入向量应该是从光杆示功仪上采集到的示功图,但是由于组成示功图的像素点很多,若把所有像素点的像素值作为网

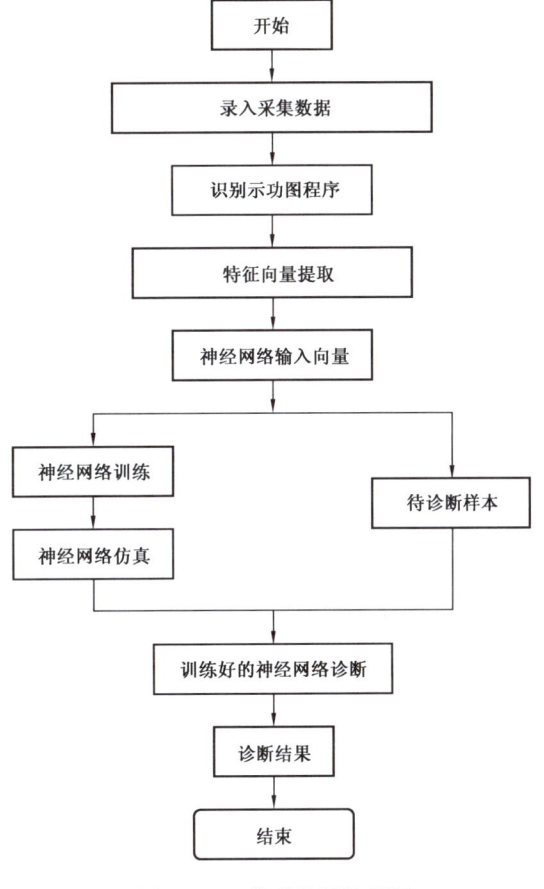

图 4-28 仿真诊断流程图

络的输入向量,势必会使得网络的结构异常庞大,不利于网络的训练和学习,同时也会影响网络的训练速度和结果。因此,本文从能量的角度出发,对采集到的信号进行三层小波包熵分解,提取各个频带内的能量特征向量作为网络的输入量。当能量较大时,所提取的特征向量是一个较大值,在数据分析上有一些不变,所以可以对数据向量进行改进,即对特征向量进行归一化:

$$E = (\sum_{j=0}^{7} |E_{3j}|^2)^{1/2} \qquad (4-48)$$

则 $T' = [E_{30}/E, E_{31}/E, E_{32}/E, E_{33}/E, E_{34}/E, E_{35}/E, E_{36}/E, E_{37}/E]$

向量 T' 即为归一化后的特征向量,作为网络的输入向量输入网络进行训练的学习。

2. 输出向量

输出向量即故障变量：选取6种典型类型进行分析，即正常 F_1、油井结蜡 F_2、气体影响 F_3、油井出砂 F_4、供液不足 F_5 及油杆断脱 F_6，F_1、F_2、F_3、F_4、F_5 和 F_6 的取值范围为 $[-1,1]$。当输出单元值为1或接近1时表示对应的工况存在；当输出单元值为0或接近0时表示工况不存在，所以目标向量 $[1 0 0 0 0 0]^T$ 表示正常示功图，$[0 1 0 0 0 0]^T$ 表示油井结蜡，$[0 0 1 0 0 0]^T$ 表示气体影响，$[0 0 0 1 0 0]^T$ 表示油井出砂，$[0 0 0 0 1 0]^T$ 表示供液不足，$[0 0 0 0 0 1]^T$ 表示油杆断脱。

3. 征兆、故障样本集的确定

神经网络故障诊断的关键是征兆、故障样本集的确定。在有杆抽油系统中，一个故障类型对应着一个样本，本次实验共采集6种工况条件下的样本数据210组，即样本总个数为210个，将其分为两部分，其中一部分作为训练样本（每种工况30组，共180组），用于训练神经网络模型；另一部分作为测试样本（每种工况5组，共30组），用于测试所建立的网络模型对故障的识别能力。

二、示功图特征向量的提取

所有处理数据样本均来自陕北某油田的实测示功图，通过安装在井口的油井多功能测控终端设备对 1-53 井、6-41 井、63-25 井和 72-328 井等10多口油井采集大量的现场示功图数据样本。在所有采集到的示功图样本中，最大载荷为 77.18kN，最小载荷为 39.64kN，最大位移为 3.5m。每幅示功图由100组数据对组成，即光杆载荷与位移变化数据对，采样间隔为 1/100 运动周期。共选取210组数据样本进行测试，其中180组作为训练样本（每种工况30组），30组作为测试样本（每种工况5组），分别为正常、油井结蜡、气体影响、油井出砂、供液不足及油杆断脱6种类别。借助 MATLAB 工程软件对其编程，绘出各种工况下的示功图图形，6种工况下的实测示功图如图4-29所示。

由于不同油井的示功图数据的精度和量纲有可能不一致，给特征向量的提取带来一定的麻烦，所以在提取特征向量之前，需要对数据进行预处理。根据式（4-30）及式（4-36）对上述6种工况示功图进行极差归一化处理，归一化后所有示功图位移数据得到统一，只需对载荷数据进行特征向量提取，归一化后的示功图如图4-30所示。提取出的特征向量见表4-2。

表4-2 训练样本能量特征向量

序号	能量特征向量							
1	0.0722	0.2713	0.1751	0.5509	0.2337	0.6720	0.1161	0.2595
2	0.0835	0.2652	0.1049	0.5893	0.3005	0.7012	0.1260	0.1092
3	0.0794	0.3011	0.1771	0.6001	0.3248	0.6758	0.1009	0.2546
4	0.0726	0.2595	0.1811	0.5493	0.2932	0.7031	0.1030	0.2418
5	0.0938	0.3203	0.2109	0.5987	0.2540	0.6823	0.1129	0.2506
…	…	…	…	…	…	…	…	…
31	0.0604	0.3892	0.4809	0.2241	0.4219	0.2450	0.1047	0.0399
32	0.0661	0.4050	0.6789	0.2287	0.3968	0.2471	0.1548	0.0401

续表

序号	能量特征向量							
33	0.1009	0.4215	0.4814	0.3191	0.5907	0.2479	0.1708	0.0313
34	0.0680	0.3539	0.5990	0.2282	0.3842	0.2482	0.1024	0.0340
35	0.1151	0.4042	0.4808	0.5307	0.3954	0.2452	0.1595	0.0374
…	…	…	…	…	…	…	…	…
61	0.0790	0.7070	0.4002	0.1457	0.5550	0.0668	0.0021	0.0019
62	0.0885	0.7174	0.4538	0.1757	0.4736	0.0267	0.0063	0.0087
63	0.0781	0.6856	0.4759	0.1536	0.4826	0.0232	0.0056	0.0092
64	0.0541	0.7032	0.4019	0.0992	0.5050	0.0464	0.0038	0.0114
65	0.0709	0.6406	0.4772	0.1732	0.4740	0.0265	0.0035	0.0033
…	…	…	…	…	…	…	…	…
91	0.1038	0.4696	0.4804	0.2311	0.5979	0.2991	0.0205	0.0603
92	0.1053	0.4729	0.5006	0.2299	0.6366	0.2917	0.0218	0.0597
93	0.0848	0.4089	0.4489	0.1882	0.5807	0.3019	0.0226	0.0640
94	0.1048	0.4618	0.4750	0.2364	0.6402	0.2189	0.0243	0.0436
95	0.0755	0.4437	0.4770	0.2167	0.6414	0.2899	0.0268	0.0638
…	…	…	…	…	…	…	…	…
121	0.0705	0.5883	0.5143	0.0013	0.5938	0.0027	0.0604	0.0019
122	0.0605	0.4064	0.4549	0.0008	0.6024	0.0034	0.0544	0.0021
123	0.0772	0.5318	0.5892	0.0027	0.4243	0.0025	0.0608	0.0035
124	0.0605	0.4364	0.5051	0.0013	0.5047	0.0043	0.0604	0.0076
125	0.0791	0.4042	0.5899	0.0009	0.5852	0.0033	0.0478	0.0027
…	…	…	…	…	…	…	…	…
151	0.3341	0.1938	0.1073	0.0076	0.1172	0.0923	0.1325	0.7926
152	0.4218	0.2396	0.0719	0.0119	0.1211	0.1026	0.0974	0.9891
153	0.3405	0.2119	0.0897	0.0107	0.1218	0.0947	0.1278	0.7937
154	0.4812	0.3875	0.0907	0.0442	0.1323	0.0892	0.1008	0.7943
155	0.3395	0.2091	0.0903	0.0091	0.1198	0.0937	0.1297	0.8889
…	…	…	…	…	…	…	…	…

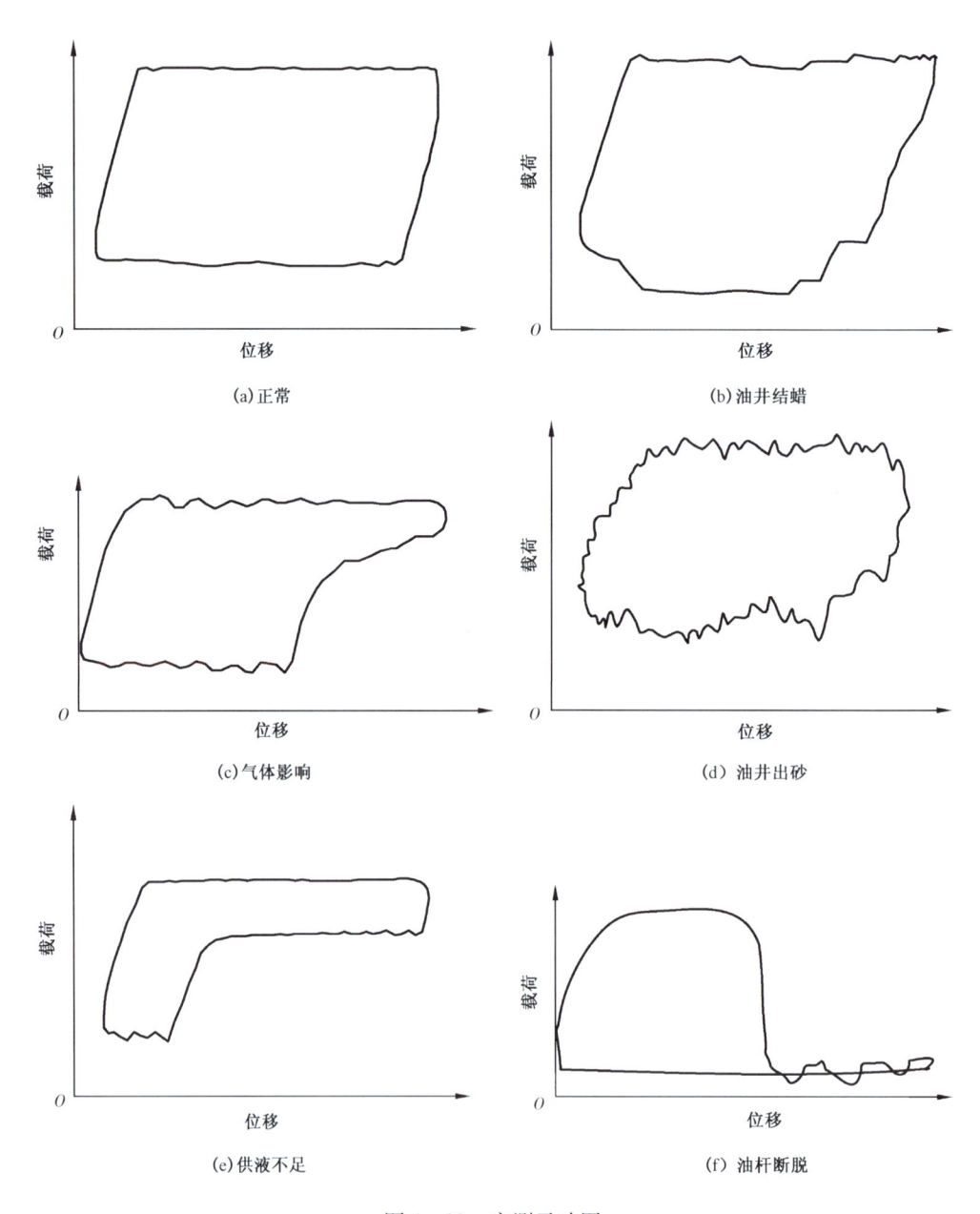

图 4-29 实测示功图

(a) 正常　(b) 油井结蜡　(c) 气体影响　(d) 油井出砂　(e) 供液不足　(f) 油杆断脱

(a) 正常

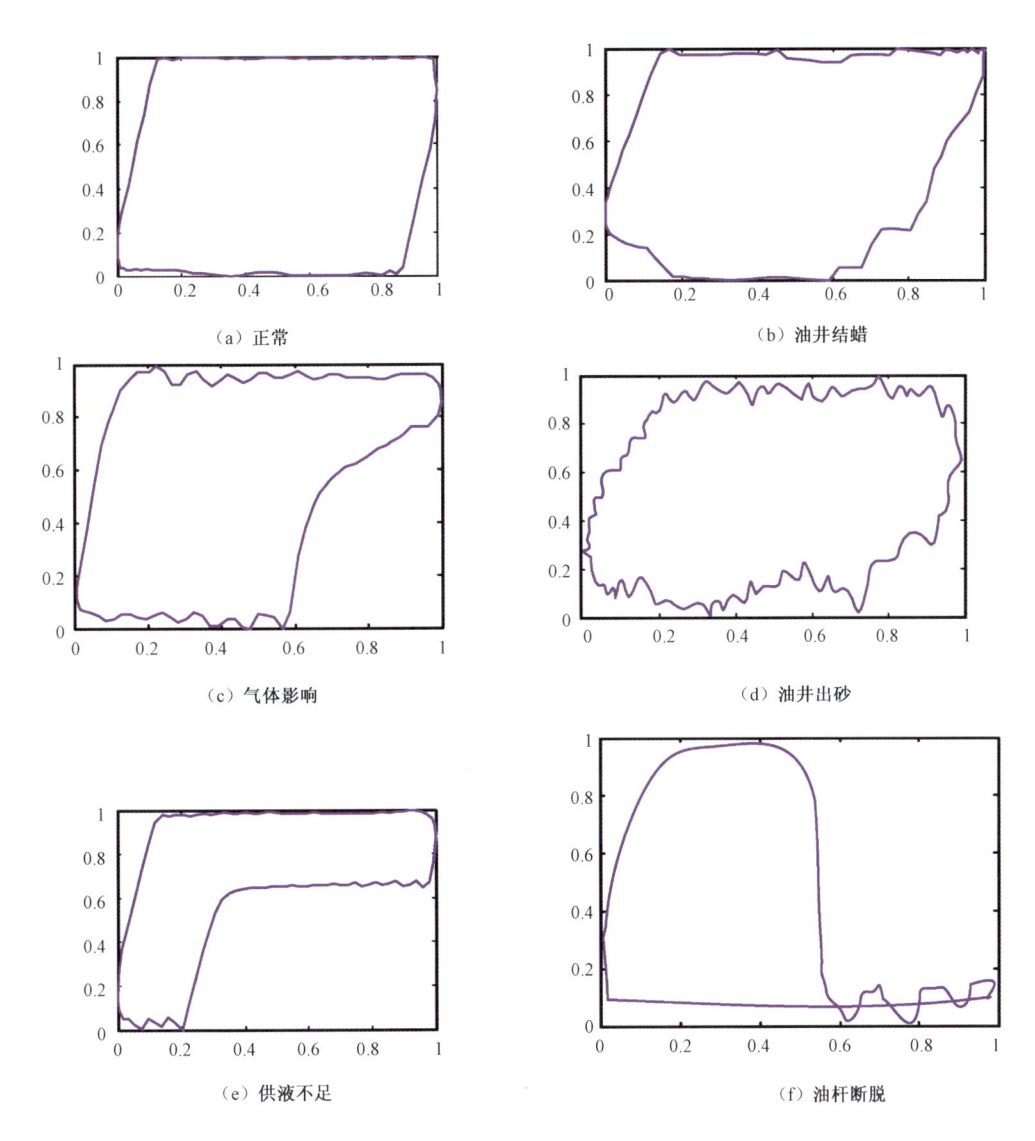

(b) 油井结蜡

(c) 气体影响

(d) 油井出砂

(e) 供液不足

(f) 油杆断脱

图 4-30　归一化后的示功图

三、网络输出结果及实验分析

把表 4-2 中的训练样本能量特征向量作为网络的输入向量,对神经网络进行训练学习。在 RBF 网络的设计过程中,最为重要的是径向基函数网络分布常数的选取。Spread 值越大,输出结果越光滑,但过大的 Spread 值意味着需要非常多的神经元以适应函数的快速变化;如果 Spread 设置得过小,则意味着需要许多神经元来适应函数的缓慢变化,这样一来,设计的网络性能就不会很好。因此,在实际网络设计过程中,一般需要用不同的 Spread 值进行尝试,以确定一个最优值。本文分别选取网络分布常数 Spread = 0.4,Spread = 0.6,Spread = 0.8 和 Spread = 1.0 来进行训练,训练目标 Goal = 0.001,当 Spread 取不同值时,得到的训练误差如图 4-31 所示。

从图 4-31 可以看出，Spread 取不同值时，所需要的隐含层节点数及误差都有很大区别。当 Spread=0.6 时误差最小，所以最终确定 Spread=0.6，网络的隐含层节点数为 14。

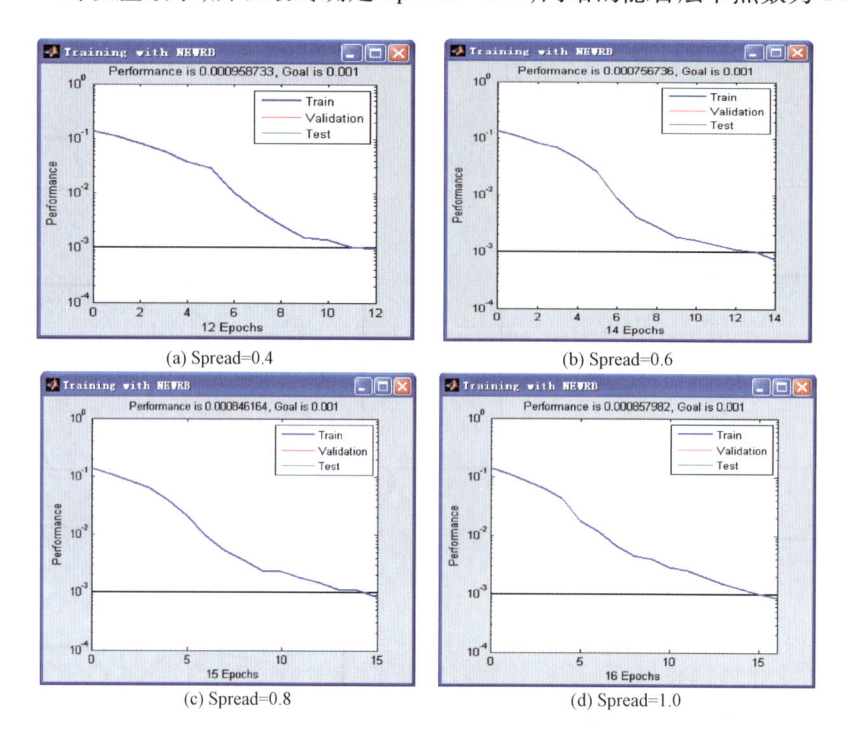

图 4-31 Spread 取不同值时的误差曲线

表 4-3 给出了 6 种工况下的测试样本，把表 4-3 中的测试样本特征向量输入训练好的神经网络进行测试，得到测试样本的诊断结果（表 4-4）。根据网络输出结果，可以做以下规定：若 $0.7500 < F_i < 1.2500$，则认定故障存在，否则故障不存在，由此得到网络的测试结果。

表 4-3 测试样本能量特征向量

序号	能量特征向量							
1	0.1031	0.2681	0.1913	0.5486	0.2845	0.7049	0.1018	0.2739
2	0.0947	0.2916	0.1085	0.6088	0.2358	0.6836	0.1143	0.1489
3	0.0843	0.3249	0.1802	0.5962	0.3295	0.7782	0.1215	0.1095
4	0.0789	0.3026	0.1543	0.5325	0.2732	0.6543	0.1215	0.1095
5	0.1003	0.2846	0.2002	0.5047	0.3046	0.7321	0.1352	0.1849
6	0.0640	0.4874	0.4027	0.2271	0.3011	0.2422	0.1544	0.0322
7	0.0933	0.4218	0.4794	0.4198	0.3887	0.2413	0.1693	0.0395
8	0.0688	0.3859	0.5787	0.2292	0.4299	0.2478	0.1322	0.0440
9	0.0974	0.3548	0.4475	0.3013	0.6012	0.2502	0.1817	0.0326
10	0.1130	0.4341	0.5899	0.3531	0.5043	0.2485	0.1096	0.0431
11	0.0581	0.7147	0.4559	0.1643	0.5226	0.0572	0.0064	0.0102
12	0.0804	0.6085	0.4037	0.0979	0.4878	0.0486	0.0023	0.0029

续表

序号	能量特征向量							
13	0.0790	0.6970	0.4702	0.1717	0.4789	0.0268	0.0061	0.0087
14	0.0596	0.7114	0.5001	0.1432	0.5123	0.0326	0.0059	0.0043
15	0.0631	0.8011	0.4326	0.1589	0.4528	0.0415	0.0046	0.0110
16	0.0943	0.4615	0.5047	0.2356	0.6383	0.2085	0.0244	0.0395
17	0.1042	0.4515	0.4733	0.2078	0.6344	0.2569	0.0226	0.0668
18	0.1027	0.4735	0.4808	0.2230	0.5531	0.3129	0.0272	0.0557
19	0.0974	0.5052	0.4016	0.1723	0.6032	0.2195	0.0302	0.0458
20	0.1026	0.4778	0.5051	0.1984	0.5526	0.3092	0.0267	0.0701
21	0.0601	0.5359	0.5146	0.0032	0.5927	0.0081	0.0613	0.0014
22	0.0895	0.4356	0.4823	0.0012	0.4140	0.0038	0.0519	0.0032
23	0.0595	0.5358	0.5936	0.0014	0.5944	0.0028	0.0610	0.0018
24	0.0713	0.4126	0.4326	0.0007	0.4142	0.0057	0.0476	0.0012
25	0.0808	0.3978	0.4235	0.0042	0.6103	0.0040	0.0701	0.0082
26	0.4416	0.3857	0.0646	0.0335	0.1206	0.0916	0.0773	0.8905
27	0.3789	0.2323	0.1085	0.0102	0.1319	0.1097	0.0915	0.7947
28	0.3509	0.1542	0.0713	0.0137	0.1187	0.0889	0.1321	0.9896
29	0.4082	0.3726	0.0572	0.0096	0.1023	0.0913	0.1401	0.7423
30	0.3052	0.2976	0.0752	0.1011	0.1348	0.0985	0.1215	0.7042

表 4-4 测试样本诊断结果

序号	标准输出	测试输出结果						诊断结果
		F_1	F_2	F_3	F_4	F_5	F_6	
1	100000	0.9718	-0.0244	-0.0293	0.0381	0.0120	0.0318	正常
2	100000	1.0766	-0.0442	0.0762	-0.0540	-0.0289	-0.0257	正常
3	100000	1.0693	0.0089	0.0498	-0.1357	0.0261	-0.0184	正常
4	100000	0.9862	0.1810	-0.0221	-0.0917	-0.0126	-0.0408	正常
5	100000	0.9912	0.1257	-0.0504	-0.0881	0.0175	0.0042	正常
6	010000	0.0624	1.1236	0.4643	-0.5015	-0.1525	0.0037	油井结蜡
7	010000	0.0209	1.1784	0.0957	-0.1761	-0.0901	-0.0287	油井结蜡
8	010000	-0.0038	1.0288	-0.0229	-0.0072	0.0235	-0.0185	油井结蜡
9	010000	-0.0360	1.0582	-0.1311	-0.0114	0.0593	0.0610	油井结蜡
10	010000	-0.0055	0.8201	-0.0101	0.2843	-0.0514	-0.0374	油井结蜡
11	001000	0.0051	-0.0115	0.9570	0.0839	-0.0271	-0.0074	气体影响
12	001000	-0.0118	0.0501	0.9081	0.0137	0.0518	-0.0120	气体影响
13	001000	-0.0003	-0.0124	1.0083	0.0084	-0.0097	0.0058	气体影响
14	001000	0.0027	-0.0351	0.8429	0.0483	0.1412	-0.0000	气体影响

续表

序号	标准输出	测试输出结果						诊断结果
		F_1	F_2	F_3	F_4	F_5	F_6	
15	001000	0.0144	−0.0002	1.2670	−0.2118	−0.1342	0.0649	气体影响
16	000100	−0.0265	0.0222	0.0705	0.9264	0.0232	−0.0159	油井出砂
17	000100	−0.0141	−0.0717	0.0235	1.0487	0.0128	0.0008	油井出砂
18	000100	0.0445	0.0445	0.0531	0.7880	−0.0334	−0.0316	油井出砂
19	000100	−0.0107	−0.0165	0.3208	0.7917	−0.0646	−0.0207	油井出砂
20	000100	0.0361	0.1253	0.0295	0.8241	0.0157	−0.0307	油井出砂
21	000010	0.0012	0.0228	0.0277	−0.0277	0.9853	−0.0094	供液不足
22	000010	0.0013	−0.0341	−0.0355	0.0218	1.0327	0.0137	供液不足
23	000010	0.0008	0.0202	0.0229	−0.0230	0.9884	−0.0093	供液不足
24	000010	−0.0399	0.3548	0.5411	−0.4562	0.5093	0.0908	无诊断
25	000010	−0.0672	0.0061	0.2838	0.0665	0.9359	0.0749	供液不足
26	000001	−0.0012	−0.0043	−0.0371	−0.0033	0.0095	1.0365	油杆断脱
27	000001	0.0035	−0.0003	−0.0013	0.0271	−0.0068	0.9779	油杆断脱
28	000001	−0.0053	−0.0094	−0.0463	−0.0142	0.0224	1.0529	油杆断脱
29	000001	0.0057	−0.0002	0.1103	−0.0431	−0.0151	0.9423	油杆断脱
30	000001	0.0215	0.0189	0.0976	0.0237	−0.0410	0.8793	油杆断脱

通过表4-4中的测试结果与标准输出对比,可以判断出系统是否发生故障以及为何种故障类型,而且还可以看出实测误差非常小,达到了识别故障的预期目的。经过大量示功图的数据诊断,证实该方法的诊断效率可达到97%,可以满足油田的使用要求。此方法应用于油田现场实际,也达到了很好的效果,这表明应用RBF网络对油井进行故障诊断是合适的。

第五章　其他机械采油技术

丛式井、定向井和水平井可以提高特低渗透油藏的采收率,提高原油产量,因此其应用得越来越广泛。这些井的抽油泵需要下放到井斜角较大的位置,如果采用传统有杆泵抽油系统,因抽油杆、油管在井筒内弯曲严重,会加剧偏磨、断杆、抽油泵泵效下降,因此需要开发新的采油方式。无杆采油工艺技术取消了抽油杆,通过电缆等柔性部件将能量传递给井下抽油泵,是一种新的有效采油方式。

第一节　螺杆泵采油技术

螺杆泵是一种技术含量高的容积式泵,具有转动平稳、结构紧凑、液体脉动小等特点,它问世于20世纪30年代,在随后的几十年中,螺杆泵不断发展完善,越来越广泛地应用于船舶、石油、化工等领域。在石油工业中,螺杆泵起到了重要作用,其应用从重油和含砂井发展到稀油井、大排量井和排水采气井,正朝着规范化、系列化方向发展。螺杆泵用于原油开采是最近二十几年的事情。它是为开采高黏度原油而研究设计的,并且随着合成橡胶技术和黏结技术的发展而迅速发展起来。

一、螺杆泵采油系统的组成

地面驱动井下单螺杆泵采油系统(简称螺杆泵采油系统)由电控部分(包括电控箱和电缆)、地面驱动部分(包括减速箱和驱动电动机、井口动密封、支撑架、方卡等)、井下泵部分(包括螺杆泵定子和转子)和配套工具部分(包括专用井口、特殊光杆、抽油杆扶正器、油管扶正器、抽油杆防倒转装置、油管防脱装置、防蜡器、防抽空装置、筛管等)组成,如图5-1所示。

1. 电控部分

电控箱是螺杆泵井的控制部分,控制电动机的启、停。该装置能自动显示、记录螺杆泵井正常生产时的电流、累计运行时间等,有过载、欠载自动保护功能,确保生产井正常生产。

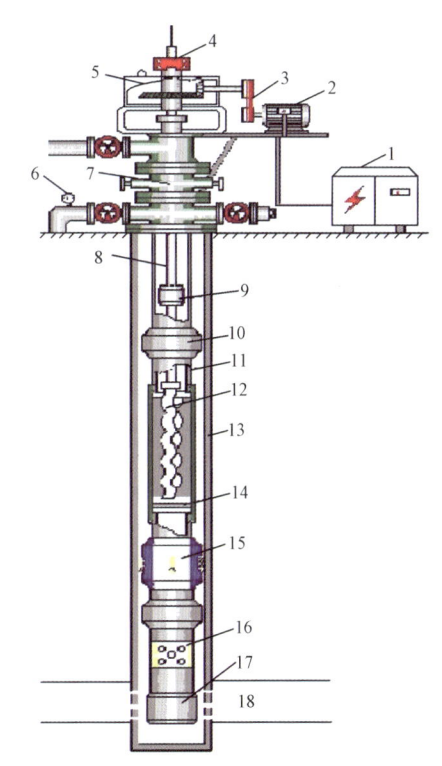

图5-1　螺杆泵采油示意图
1—电控箱;2—电动机;3—皮带;4—方卡子;
5—减速箱;6—压力表;7—专用井口;8—抽油杆;
9—抽油杆扶正器;10—油管扶正器;11—油管;
12—螺杆泵;13—套管;14—定位销;
15—油管防脱器;16—筛管;17—丝堵;18—油层

2. 地面驱动部分

1) 地面驱动装置工作原理

地面驱动装置是螺杆泵采油系统的主要地面设备,是把动力传递给井下泵转子,使转子实现行星运动,实现抽取原油的机械装置。按传动形式分,有液压传动和机械传动;按变速形式分,有无级调速和分级调速。机械传动的驱动装置工作原理示意图如图 5-2 所示。

2) 地面驱动装置种类及优缺点

螺杆泵驱动装置一般分为机械驱动装置和液压驱动装置。

(1) 机械驱动装置传动部分由电动机和减速器等组成,其优点是设备简单、价格低廉,容易管理并且节能,能实现有级调速且比较方便。其缺点是不能实现无级调速。

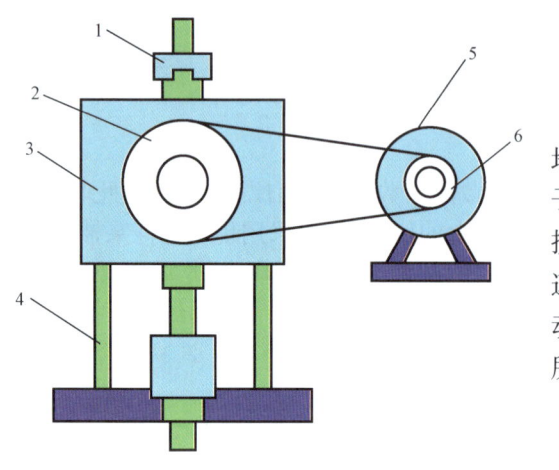

图 5-2 机械传动装置示意图
1—方卡子;2—大皮带轮;3—变速箱;
4—密封盒;5—电动机;6—小皮带轮

(2) 液压驱动装置由原动机、液压电动机和液压传动部分组成。其优点是可实现低转速启动,用于高黏度和高含砂原油开采;转速可任意调节;因设有液压防反转装置,减缓了抽油杆倒转速度。其缺点是在寒冷季节地面液压件和管线保温工作较难,且价格相对较高,不容易管理。

(3) 减速箱的主要作用是传递动力并实现一级减速。它将电动机的动力由输入轴通过齿轮传递到输出轴,输出轴连接光杆,由光杆通过抽油杆将动力传递到井下螺杆泵转子。减速箱除了具有传递动力的作用外,还将抽油杆的轴向负荷传递到采油树上。

(4) 电动机是螺杆泵井的动力源,它将电能转化为机械能。一般用防爆型三相异步电动机。

(5) 井口动密封的作用是防止井液流出,密封井口。

(6) 方卡子的作用是将减速箱输出轴与光杆连接起来。

3. 井下泵部分

螺杆泵包括定子和转子。定子(图 5-3)是由丁腈橡胶浇铸在钢体外套内形成的,衬套的内表面是双螺旋曲面(或多螺旋曲面),定子与螺杆泵转子配合。转子在定子内转动,实现抽汲功能。转子由合金钢调质后,经车铣、剖光、镀铬而成,每一截面都是圆的单螺杆,转子如图 5-4 所示。

定子是以丁腈橡胶为衬套浇铸在钢体外套内形成的,衬套内表面是双线螺旋面,其导程为转子螺距的 2 倍。每一断面内轮廓是由两个半径为 R(等于转子截面圆的半径)的半圆和两个直线段组成的。直线段长度等于两个半圆的中心距。因为螺杆圆断面的中心相对它的轴线有一个偏心距 E,而螺杆本身的轴线相对衬套的轴线又有同一个偏心距值 E,这样,两个半圆的中心距就等于 $4E$。衬套的内螺旋面就是由上述的断面轮廓绕它的轴线转动并沿该轴线移动所形成的。衬套的内螺旋面和螺杆螺旋面的旋向相同,且内螺旋的导程 T 为螺杆螺距 t 的 2

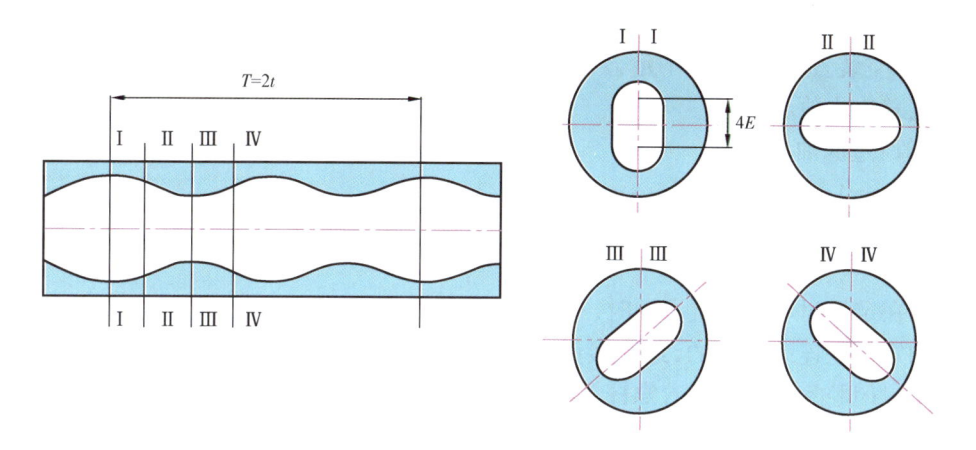

图 5-3 螺杆泵定子示意图

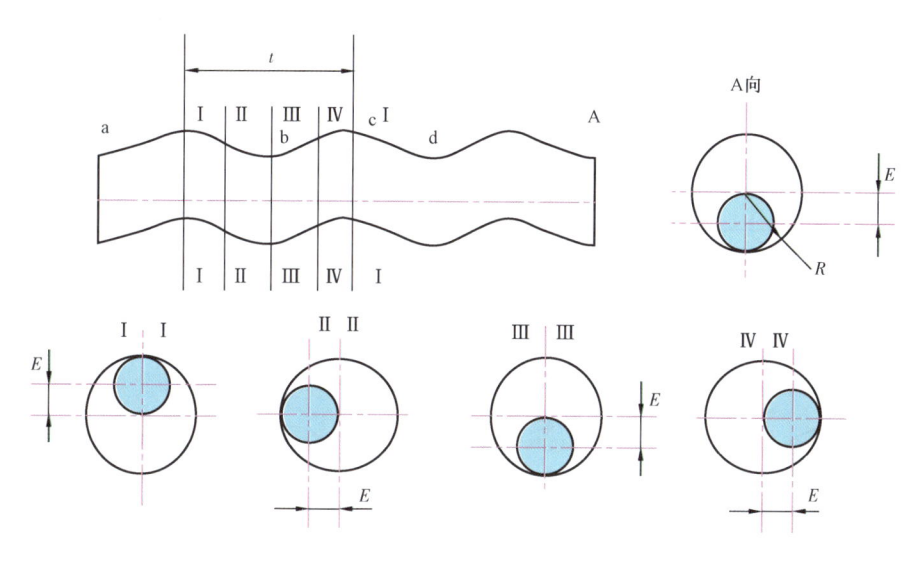

图 5-4 螺杆泵转子示意图

倍,即 $T=2t$。入口面积和出口面积及腔室中任一横截面积的总和始终是相等的,液体在泵内没有局部压缩,从而确保连续、均衡、平稳地输送液体。

4. 配套工具部分

(1)专用井口:简化了采油树,使用、维修、保养方便,同时增强了井口强度,减小了地面驱动装置的振动,起到保护光杆和换密封圈时密封井口的作用。

(2)特殊光杆:强度大,防断裂,光洁度高,有利于井口密封。

(3)抽油杆扶正器:避免或减缓杆柱与管柱的磨损,使抽油杆在油管内居中,减缓抽油杆疲劳。

(4)油管扶正器:减小管柱振动。

(5)抽油杆防倒转装置:防止抽油杆倒扣。

(6)油管防脱装置:锚定泵和油管,防止油管脱落。

(7)防蜡器:延缓原油中胶质在油管内壁沉积的速度。

(8)防抽空装置:地层供液不足会导致螺杆泵损坏,安装井口流量式或压力式抽空保护装置可有效地避免此种现象。

(9)筛管:过滤油层流体。

二、螺杆泵的工作原理及特点

1. 螺杆泵工作原理

当转子在定子衬套中位置不同时,它们的接触点是不同的(图5-5)。液体完全被封闭,由于转子和定子是连续啮合的,这些接触点就构成了空间密封线,在定子衬套的一个导程 T 内形成一个封闭腔室,这样,沿着螺杆泵的全长,在定子衬套内螺旋面和转子表面形成一系列的封闭腔室。当转子转动时,转子—定子副中靠近吸入端的第一个腔室的容积增加,在它与吸入端的压差作用下,举升介质便进入第一个腔室。随着转子的转动,这个腔室开始封闭,并沿轴向排出端移动,封闭腔室在排出端消失,同时在吸入端形成新的封闭腔室。封闭腔室的不断形成、运动和消失,使举升介质通过一个又一个封闭腔室,从吸入端挤到排出端,压力不断升高,排量保持不变,从而将井下液体举升到地面上来。

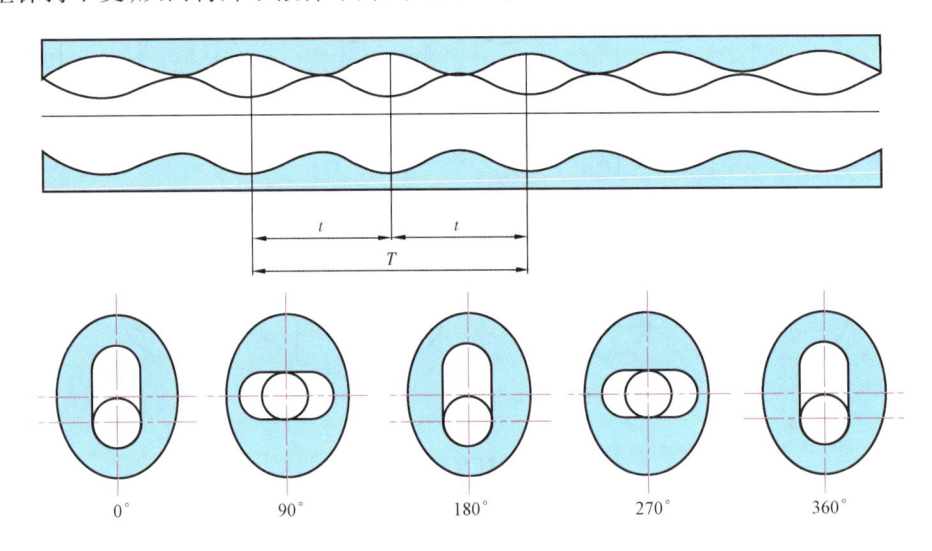

图5-5 螺杆泵密封腔室

2. 螺杆泵特点

螺杆泵就是在转子和定子组成的一个个密闭的、独立的腔室基础上工作的。转子运动时密封空腔在轴向沿螺旋线运动,按照旋向,向前或向后输送液体。由于转子是金属的,定子是由弹性材料制成的,所以两者组成的密封腔很容易在入口管路中获得高的真空度,使泵具有自吸能力,甚至在气液混输时也能保持自吸能力。

根据螺杆泵的工作原理可知,它兼有离心泵和容积泵的优点。螺杆泵运动部件少,没有阀体和复杂的流道,吸入性能好、水力损失小,介质连续均匀吸入和排出,砂粒不易沉积且不怕磨,不易结蜡,因为没有阀门,不会产生气锁现象。螺杆泵采油系统又具有结构简单、体积小、质量小、噪声小、耗能低、投资少,以及使用、安装、维修、保养方便等特点。所以螺杆泵已经成为一种新型的、实用的、有效的机械采油设备。随着配套工艺技术的日益完善,螺杆泵采油技术的发展有着广阔的前景。

3. 螺杆泵采油优点

(1)泵效高,节能,维护费用低。螺杆泵采油是机械采油中能耗最小、效率最高的机械采油方式之一。

(2)一次性投资少。与电动潜油泵、水力活塞泵和抽油机相比,螺杆泵的结构简单,一次性投资最低。

(3)适应高含气井。螺杆泵不会发生气锁,因此较适合于油气混输,但井下泵入口的游离气会影响容积效率。

(4)适合于定向井。螺杆泵可下在斜直井段,且设备占地面积较小。

三、螺杆泵举升性能与影响因素

从本质上讲,螺杆泵的举升性能涉及如下几个方面的含义:从多深的井中往上举升介质(液体、气体或固体),这涉及螺杆泵的工作压力;单位时间内举升的介质数量,这是螺杆泵排量的概念;为系统配备的功率;功率的利用程度(效率)。此外,还必须考虑系统的寿命和优化配套问题。

下面我们从工作压力、排量、功率和效率等参数入手,分析螺杆泵举升性能的影响因素。

1. 螺杆泵的工作压力

螺杆泵的工作压力取决于它的级数和每级能够承受(实现可靠密封)的压力大小。在螺杆泵结构参数确定的前提下,其级数取决于其长度,长度越大,级数越多。而每级能够承受的压力大小,则取决于定子和转子的配合间隙(过盈)。

2. 螺杆泵的排量

螺杆泵的理论排量为:

$$Q_{理} = 1440 \times 4eDTn \tag{5-1}$$

式中,$Q_{理}$为理论排量,m^3/d;e为偏心距,m;D为转子截面直径,m;T为定子导程,m;n为转子转速,r/min。

螺杆泵的实际排量为:

$$Q = Q_{理} \eta \tag{5-2}$$

式中,Q为实际排量,m^3/d;η为容积效率。

上述两式中,偏心距e、转子截面直径D和定子导程T都是螺杆泵的结构参数。结构参数确定后,螺杆泵的排量就只与转速n和容积效率η有关,而容积效率主要与泵的内部泄漏量有关,亦即与定子和转子的配合间隙(过盈)以及所举升介质的黏度有关。

3. 泵的功率

(1)螺杆泵的水力功率为:

$$N_H = \frac{\gamma QH}{86400 \times 102} \tag{5-3}$$

式中，N_H 为水力功率，kW；γ 为流体密度，kg/m³；H 为有效举升高度，m；Q 为泵的排量，kg/m³。

（2）泵的轴功率为：

$$N_A = \frac{N_H}{\eta} = \frac{\gamma Q H}{86400 \times 102 \eta} \quad (5-4)$$

式中，N_A 为轴功率，kW。

分析上述两个功率公式，其影响因素除了定子和转子的配合间隙（过盈）之外，还与所举升介质的特性（黏度、重度）以及下泵的深度（决定 H）有关。

4. 螺杆泵的系统效率

螺杆泵系统效率的计算公式为：

$$\eta_P = \frac{2eDT}{\pi M} \Delta p \times 10^{-3} \quad (5-5)$$

$$\Delta p = p_{排出} - p_{吸入} \quad (5-6)$$

式中，η_P 为泵的系统效率，%；Δp 为压差，MPa；$p_{排出}$ 为排出压力；$p_{吸入}$ 为吸入压力；M 为转子的工作扭矩；N·m，e 为偏心距。

上述系统效率公式中排出压力 $p_{排出}$ 与下泵的深度有关；$p_{吸入}$ 取决于泵的沉没度，也与下泵深度有关系；转子的工作扭矩 M 与定子和转子的配合间隙（过盈）有关，配合得越紧，摩擦阻力矩越大。

通过上述的分析可知，转子的转速、定子与转子的配合间隙、下泵深度，以及介质的黏度是影响螺杆泵举升性能的主要因素。在油井具体工况、地质条件确定的情况下，温度就直接成为影响介质的黏度的因素。

四、影响螺杆泵漏失的因素

在实际运动过程中橡胶衬套与转子间处于过盈状态，正是利用这种过盈接触来避免流体的漏失。当在内壁压力、密封腔室间的压差与液压力对转子的作用的共同影响下，如果这种接触压力减小到一定值，那么就会产生泄漏。

1. 泵腔室中内压力对漏失的影响

腔室压差和内压力对橡胶变形的影响如图 5-6 所示。从图 5-6 中可以看出，腔室内压力和压差对螺杆泵橡胶衬套变形的影响明显不一样。腔室压差使得橡胶从压力高的腔室向压力低的腔室移动，而腔室内压力只会使得橡胶压缩变形。在螺杆泵截面上下腔室中同时加载相同压力，过盈量为 0.2mm，橡胶衬套的弹性模量 $E=4$MPa，泊松比 $\mu=0.49$，上下腔室的压力从 0MPa 开始逐渐升高，两种泵在不同内压力时的最大接触压力如图 5-7 所示。

从图 5-7 中可以得出以下几点结论：

（1）螺杆泵定子橡胶衬套与转子之间是过盈配合，橡胶衬套在过盈配合作用下产生变形，此变形抗力在衬套与螺杆密封处产生接触压力，从而使相邻腔室间密封。随着螺杆泵腔室中内压力增加，最大接触压力不断减小。

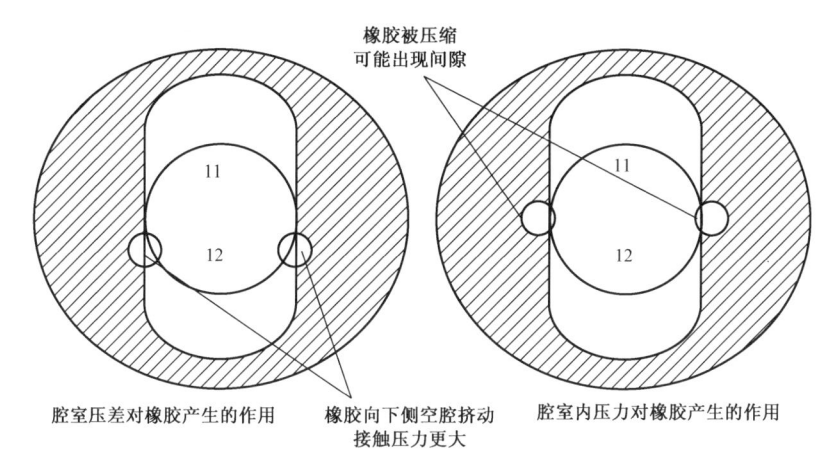

图 5-6 腔室压差和内压力对橡胶产生的作用

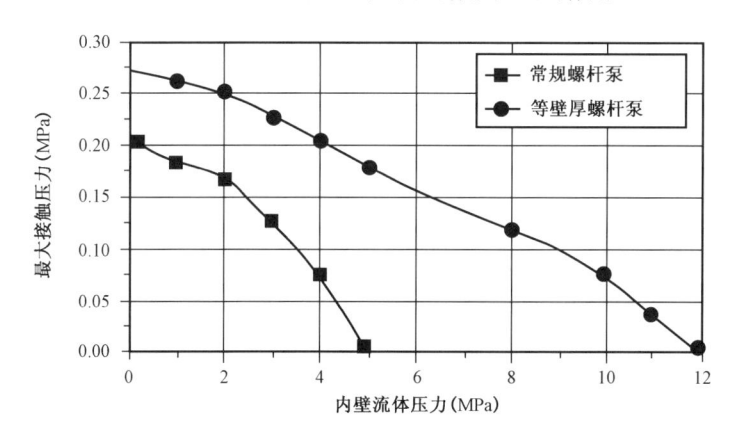

图 5-7 两种螺杆泵在不同腔室内壁流体压力时的最大接触压力

(2)两种泵在相同过盈量时,等壁厚螺杆泵的最大接触压力比常规螺杆泵的最大接触压力高。

(3)如果以接触压力为零来说明密封极限,在过盈量为 0.2mm 时,常规泵螺杆泵的极限内压力是 5MPa,等壁厚螺杆泵的极限内压力是 12MPa。

(4)最大接触压力随着密封腔室内压力增大而减小,主要是由于腔室内压力的增加使橡胶材料发生体积压缩,导致腔室内压力上升,接触压力进一步减小时就可能产生漏失。

2. 泵腔室中压差对漏失的影响

在螺杆泵截面上下腔室中同时加载不同压力,过盈量为 0.3mm,橡胶衬套的弹性模量 $E = 4MPa$,泊松比 $\mu = 0.49$,两腔室中最小的压力确定不变,另一边压力不断增加,计算不同压差时的最大接触压力,讨论压差对漏失的影响,如图 5-8 所示。

从图 5-8 中可以得出以下几点结论:

(1)随着螺杆泵腔室中压差的增加,最大接触压力也在不断增加。

(2)最大接触压力随着密封腔室内压差增大而增大,主要是由于腔室内压差的增加使橡胶发生变形,从而使橡胶从压力大的一方向压力小的一方挤动。这会导致接触压力更大。

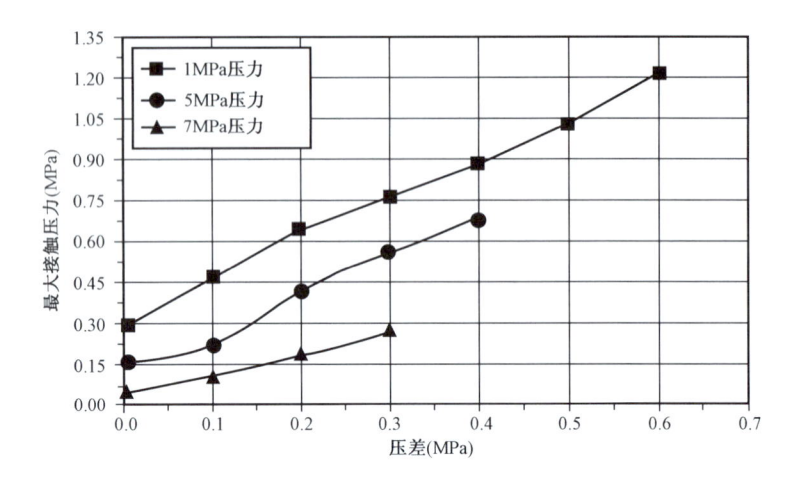

图 5-8 不同压差时的最大接触压力

(3)对比腔室内压力和压差对最大接触压力的影响,我们发现导致螺杆泵漏失的原因是腔室内压力的大小,而不是腔室压差,在一定范围内,腔室压差不会导致漏失,反而会增强密封性能。

3. 结论

(1)最大接触压力随着密封腔室内压力增大而减小,主要是由于腔室内压力的增加使橡胶材料发生体积压缩,螺杆泵密封性能变差,容易产生漏失。

(2)在一定程度内,最大接触压力随着密封腔室内压差增大而增大,主要是由于腔室内压差的增加使橡胶从压力大的腔室向压力小的腔室挤动,这会导致接触压力变大,在一定程度内,螺杆泵密封性能增强。

(3)三维空间中,腔室液压力产生的力和力矩会使得转子向橡胶衬套的一个方向挤压,这会导致另一边的接触压力减小,从而容易产生漏失。

(4)螺杆泵的漏失是在腔室内压力、压差和腔室液压力间接作用的共同作用下产生的。

(5)在相同橡胶性能和过盈量的情况下,等壁厚螺杆泵极限内压力为12MPa,常规螺杆泵极限内压力为5MPa,这说明等壁厚螺杆泵的密封性能更好。

(6)在腔室压差和内压力的综合作用下,腔室压差一定时,腔室内压力越小,密封性能越强。在螺杆泵系统中,泵出口的内压力大于入口的内压力,这意味着泵出口的密封性能可能会不如泵入口的密封性能,为使得出入口的密封性能和磨损程度一致,可以尝试将转子轴向的尺寸做成不相等的,即把出口端的转子直径适当地加大。

五、螺杆泵定子失效原因分析及预防措施

井下螺杆泵定子的失效形式主要可归纳为磨损、烧泵、定子撕裂、脱胶等形式。其中,磨损为井下螺杆泵定子最主要的失效形式。

1. 磨损

造成螺杆泵定子磨损的原因主要有定转子之间摩擦产生的磨损和采出液磨粒对定子的磨损。

螺杆泵在工作过程中,定转子之间需要一定的过盈配合,这种过盈使定转子之间产生挤压摩擦,随着工作时间的延长,定子逐渐被磨损,这种磨损与螺杆泵的几何尺寸、压差和工作转速有关。另外,定子橡胶的化学溶胀和温胀作用引起的附加过盈会加剧定转子之间的磨损。

采出液中含砂会对定子产生磨损,这种磨损主要与砂粒大小、泵的转速和级数、砂粒的含量、砂粒的硬度及砂粒通过泵的速度有关。

2. 烧泵

造成烧泵的主要原因是泵的沉没度太低,螺杆泵井的泵效与供液能力有直接关系,沉没度过低,泵效下降,甚至导致泵干抽。这时进入泵内的采出液减少,定转子之间得不到很好的润滑,产生大量的热,而少量的采出液又无法及时地将热量带走,使泵内产生高温,将定子橡胶烧毁。另外,泵的入口处自由气的含量过高也会导致定子橡胶和转子直接接触,产生高温,在泵效较低时,摩擦生热散发不出去导致温升较快,长期运转也会烧泵。

3. 定子撕裂

造成井下螺杆泵定子撕裂的原因主要有橡胶的滞后作用、气侵和橡胶分层。滞后现象作为橡胶的一种特性,它通常发生在定子的小直径处(橡胶较厚的部分),这是由橡胶超压造成的。当螺杆泵由于超压或超载工作而产生大量的热时,通过泵的采出液不能将在定子最小直径区域产生的热量消耗,这使橡胶的强度降低,并最终被撕裂。气侵是由特定气体组分和特殊橡胶的渗透率引起的,在合适的环境下(例如合适的温度和压力),气体能够渗透到橡胶的基体里面,橡胶内的气体膨胀引起橡胶膨胀,气侵通常会导致在橡胶中形成气泡,以气泡形式存在于橡胶基体中的气体膨胀会把橡胶撕裂。注胶过程中,温度低的地方使橡胶局部永久变冷,热橡胶从它上面流过去形成层。这些层在橡胶内部产生弱化面,在压力下降时,进入这些弱化面的气体产生膨胀从而把这些弱化面撕开。

4. 脱胶

胶结失效多数是由于注胶过程中产生的生产缺陷造成的,脱胶可能在两个界面上发生,第一个界面是黏合剂和橡胶之间的界面,第二个界面是黏合剂和泵筒之间的界面。

5. 预防措施

1)合理选配杆柱规格和转速

根据泵型及井况分析计算杆柱的受力,用第四强度理论校核杆柱的强度并选配杆柱,从而避免了载荷较大、杆柱承载能力不足而发生断杆和撸扣。螺杆泵转速越高,理论排量越大,在供液能力充足的情况下,泵效就越高,但在供液不足的情况下,容易造成泵抽空而引起烧泵。因此,选择泵的适当转速是很必要的。

2)预防定子过早失效的对策

(1)确定油井是否出砂,如果油井含砂量大于3%,应首先采取适当的防砂措施,降低采出液中的含砂量;在设计螺杆泵时,在相同产液量的情况下通过选择大排量泵来降低泵速,同时也就降低了泵内磨损颗粒的速度,也就降低了磨损颗粒对定子的磨损;取油井中油样做定子橡胶适应性试验,尽可能准确地确定橡胶在采出液中的溶胀,计算出相应的定子橡胶的温胀,在设计螺杆泵初始过盈量时,就预先考虑到定子橡胶的溶胀和温胀,也能够在一定程度上降低螺杆泵的磨损。

（2）引进等壁厚定子螺杆泵，由于等壁厚定子螺杆泵定子橡胶层厚度均匀，泵工作时，橡胶膨胀也均匀，产热较少，并具有更加优良的散热能力，避免了定子内橡胶材料最薄处有害的热积聚，同时采用等壁厚空心转子匹配，减小了转子对定子橡胶的侧向挤压力，从而使定子的损坏明显减少，延长了泵的工作寿命。

3）加强现场施工管理

一方面是保证施工质量、严格执行施工作业标准，可杜绝转子下泵造成杆柱脱扣以及螺纹质量不合格造成撸扣的现象；另一方面是及时掌握油井生产动态，及时采取清蜡、解堵等措施，从而有效控制杆柱工作载荷非正常增大，避免过载现象的发生，严格执行操作规程也可杜绝误操作，以避免人为因素造成断脱现象的发生。

六、螺杆泵应用关键技术

1. 无级调参驱动技术

由于螺杆泵采油井的产液量跟螺杆泵转子的转速成正比，所以通过与螺杆泵系列相配套的变频无级调速控制系统调节地面驱动装置转速可完成螺杆泵采油井的工况调整（图5-9）。采用转矩、转速、运行电流及井口液量压力等实时检测信号和变频器控制系统可实现上述要求，并满足井下螺杆泵运动和动力的要求，同时具有过载与欠载保护、过载与欠载停机、降压启动和降速启动等功能。

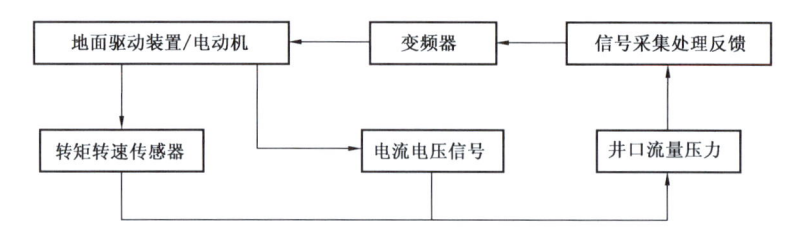

图5-9 螺杆泵电流无级调参原理

1）电流调参法

根据供液要求和能力，通过在线实测电流与工频运行电流进行比较。当液面下降时电流增加，根据预先设定变频器会自动调小频率；当液面上升时电流会减小，变频器自动调高频率，实现螺杆泵转速在一定范围的自动调节。

2）转矩调参法

转矩是螺杆泵采油必备的特征参数，针对采用电流法对其进行间接计算，因受电网影响产生误差等缺点，采用转矩作为控制参数。装在地面驱动螺杆泵扭矩卡子下的光杆转速——扭矩传感器把实时测得的光杆转速、扭矩等生产参数经过信号调理、转换转变成为数据采集器可以接收的数字信号，并存储于存储器中；将采集处理过的转速、扭矩信号送至调节器，与预先根据油井的提液要求设定的光杆转速、扭矩值进行比较，当螺杆泵井的光杆扭矩远低于设定时，变频装置将自动提高螺杆泵转速；当实际扭矩接近或达到设定值时，螺杆泵转速保持平稳；当光杆承受的实际扭矩远超过设定值时，变频装置自动将螺杆泵转速减小，使螺杆泵井能安全、高效地生产。该自动控制系统具有软启动、软停机功能。

2. 变频调速控制系统

1) 变频器

变频调速控制系统包括变频器、主控电路和辅助电路。

变频器是将频率固定的(通常为工频50Hz)交流电(三相或单相)变成频率连续可调(通常为0~400Hz)的三相交流电源,它的主电路采用交—直—交电路。

主控电路由变频控制电路和工频控制电路两部分组成,主要根据螺杆泵井的生产工况需要,通过切换变频控制部分和工频控制部分来控制螺杆泵电动机的运行状态。

辅助电路是利用直流24V继电器来控制变频器的输入信号端,对螺杆泵电动机实施软启动、软停机,还装有缺相保护器。

变频器主要由主电路,保护电路,计算机数字控制电路,数字显示和故障诊断电路,数字与模拟量输入、输出电路等部分组成,其原理如图5-10所示。

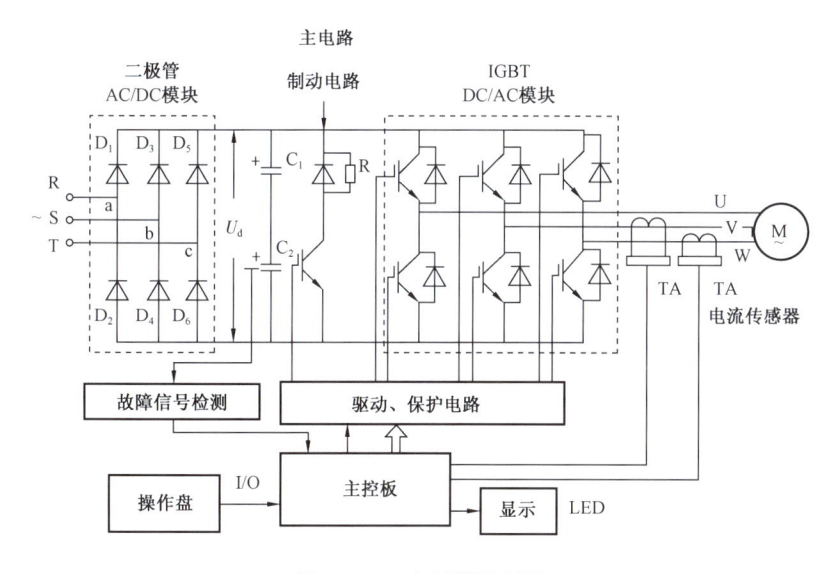

图 5-10 变频器原理图

(1) 主电路:为电压型交—直—交电路。它由三相桥式整流器(即 AC/DC 模块)、滤波电路、制动电路(晶体管 V 及电阻 R)、三相桥式逆变电路(IGBT 模块)等组成。

(2) 保护电路:通过霍尔效应电流传感器、电压传感器以及检测温度的温度传感器形成完整、可靠、快速的保护系统。

(3) 数字显示和故障诊断电路:通过触摸式面板,可以进行功能码、数字码的数字设定和故障复位。

(4) 数字与模拟量输入、输出电路:针对不同用户的控制水平和控制方式,变频器可以采用数字或模拟输入数据方式,也可以向用户提供某种数字量或模拟量的数据与指令。

2) 变频调速系统主控电路

螺杆泵变频调速系统主控电路原理图如图5-11所示。图中380V工频电压经过空气开关给变频器供电,变频器输入端子为R,S和T,变频器多功能端子为各种反馈变量(井口流量压力），变频器按照控制算法，输出某一频率的电压至电动机 M。反馈信号通过电动机输入端子导线上的电流互感器检测，并通过电流变送器转换为 0~10mA 的电流信号。变频器的启动和关闭是通过空气开关 DZ1 控制的，空气开关 DZ1 的闭合与断开由 SB2 常开按钮实现。当变频器出现故障时，其 30A 端子输出信号，30B 触点闭合，HL3 指示灯亮。

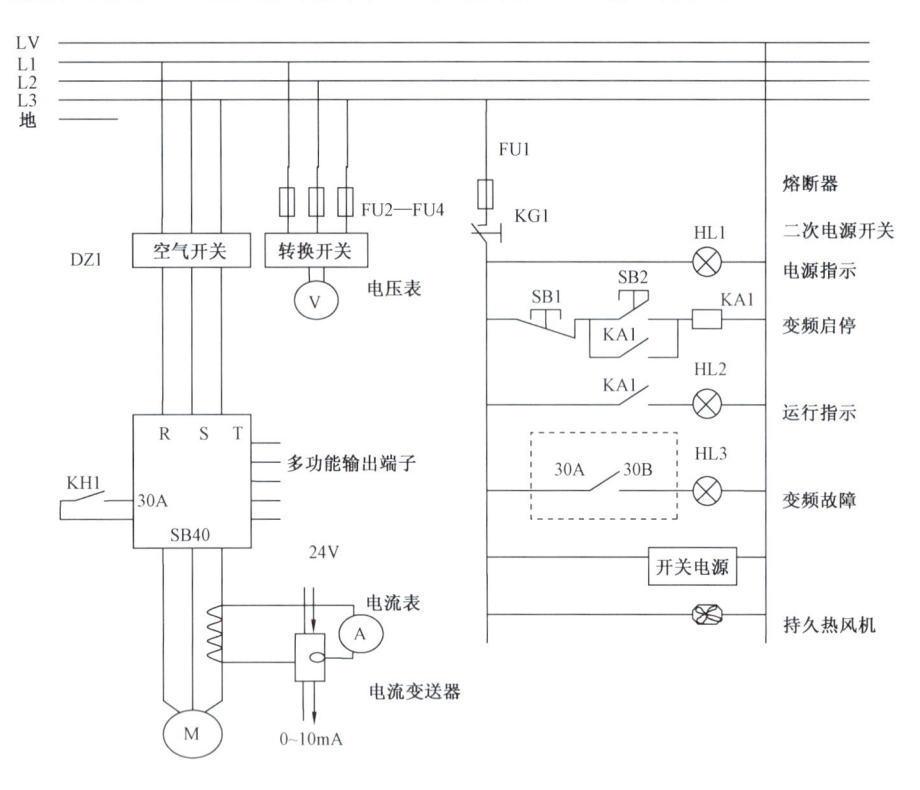

图 5-11 螺杆泵变频调参电气控制原理图

3）变频调速控制系统功能

（1）自动功能：根据变频器输出电流以及设定自动调节电动机的频率，调节转速。

（2）手动功能：可手动调节变频器的转速，无级地调节螺杆泵的转速。

（3）显示输出频率、输出电压、输出电流、功率、报警等参数。

（4）实现过流保护、过压保护、欠压保护、过热保护、过载保护、缺相保护等。

4）变频调速控制系统技术参数

调速范围：0~400r/min。

输入额定电压频率：三相 380V，50Hz/60Hz。

变动容许值：电压 ±20%，电压失衡率小于 3% 频率 ±5%。

输出额定电压频率：三相 380V，频率 15~100Hz。

过载能力：150% 额定电流 1min。

环境温度：设备运行温度为 -20~65℃。

5) PLC 系统

PLC 系统主要由主控模块、输入/输出模块和电源模块组成。

(1) 主控模块。

主控模块是 PLC 系统的核心,包括 CPU、存储器和通信接口等部分。

CPU 的具体作用:执行接收、存储用户程序的操作指令;以扫描的方式接收来自输入单元的数据和状态信息,并存入相应的数据存储区;执行监控程序和用户程序,完成数据和信息的处理,产生相应的内部控制信号,完成用户指令规定的各种操作;响应外部设备(如编程器、打印机)的请求。

存储器:PLC 系统中的存储器主要用于存放系统程序、用户程序和工作状态数据。

通信接口:主控模块通常有一个或一个以上的通信接口,与计算机和编程器相连,实现编程、调试、运行、监控等功能。

(2) 输入/输出模块。

输入/输出模块有数字量输入/输出模块,开关量输入/输出模块,模拟量输入/输出模块,交流信号输入/输出模块,220V 交流输入/输出模块。

(3) 电源模块。

电源模块的作用是将 220V 交流电转变为 24V 直流电,给 PLC 供电。一般采用开关电源,其滤波性能更好,适用于工业环境。

(4) PLC 的编程。

目前 PLC 种类很多,但西门子 S 系列 PLC 以其强大的功能和高可靠性,广泛应用于工业现场,研究采用 S7-300PLC,其编程语言是 STEP7。

STEP7 采用模块化的程序设计方法,它采用文件块的形式管理用户编写的程序及程序运行所需的数据。STEP7 在编程开发中的应用如图 5-12 所示。

(5) PLC 和变频器的连接。

变频器提供串行通信技术的支持。它所支持的串行通信技术包括标准 RS-485、PROFIDRIVE 和 LONWORKS 在内的多种现场总线方式。

3. 螺杆泵专用抽油杆及扶正技术

地面驱动螺杆泵是由地面动力驱动抽油杆带动其螺杆在衬套内旋转,实现将原油从井下举升到地面。抽油杆柱是连接地面与泵的唯一的转动件,是抽油系统中的关键部分,在正常工作时受拉压、扭、摩、疲劳等作用力和腐蚀影响,尤其是在定向井中抽油杆柱在油管内旋转由于离心力及惯性力作用会产生振动和弯曲,在井斜较大的井或斜直井,抽油杆杆柱与油管管柱将产生偏磨的问题,因此必须对抽油杆柱采取扶正措施避免杆柱与油管直接接触产生偏磨,消除振动。从抽油杆受力、设计、保护等不同的角度,通过三维井眼轨迹模拟、螺杆泵专用抽油杆与扶正器等选型设计方面入手,对杆柱组合、扶正位置个数进行设计。

1) 抽油杆负载扭矩

抽油杆负载扭矩既要受到轴向的载荷作用,又要受到周向扭转载荷的作用,受力比较复杂。总的扭矩可表示为:

$$M = M_1 + M_2 + M_3 + M_4 + M_5 \tag{5-7}$$

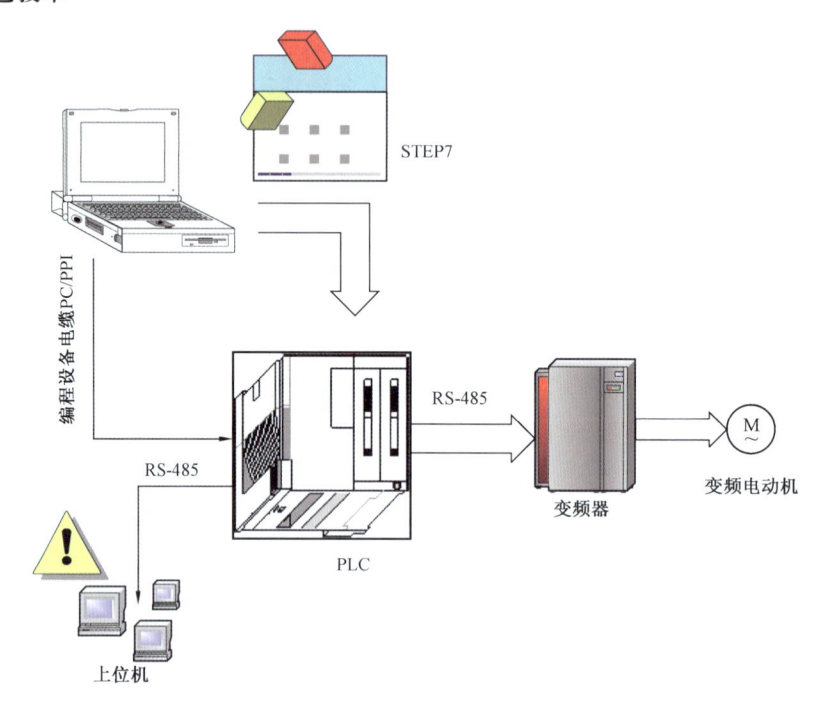

图 5-12　STEP7 在 PLC 编程开发过程中的应用

式中，M_1 为螺杆的有功扭矩，$N \cdot m$；M_2 为衬套与螺杆间的摩擦扭矩，$N \cdot m$；M_3 为抽油杆柱与井液的摩擦扭矩，$N \cdot m$；M_4 为抽油杆柱与油管间的摩擦扭矩，$N \cdot m$；M_5 为抽油杆的惯性扭矩，$N \cdot m$。

2）轴向力

螺杆泵抽油井工作过程中，管柱受力状况与抽油机井不同，由于螺杆泵连续稳定地抽汲原油，管柱不承受交变的液柱载荷。抽油杆所承受的轴向力有 5 种：

$$F = F_1 + F_2 - F_3 - F_4 - F_5 \tag{5-8}$$

式中，F_1 为抽油杆自重，N；F_2 为流体压力作用在螺杆的轴向力，N；F_3 为抽油杆浮力，N；F_4 为采出液流动时对抽油杆的轴向摩擦力，N；F_5 为温度效应产生的轴向力，N。

3）井眼轨迹及扶正器布置

防止管杆偏磨的最有效手段就是应用扶正器限位技术，通过井眼轨迹、受力、变形等计算，以及专用柔性短节、扶正器等工具的应用和优化达到扶正防偏磨的目的。

扶正器采用分段计算法并结合井眼轨迹，将井段按造斜点分为上下两段，在造斜点处开始安装专用短节扶正器并考虑方位角的变化程度进行受力分析和变形计算。

4. 选泵与单井设计技术

螺杆泵采油的选井选泵技术是根据油井的产能、原油物性、油层深度、螺杆泵特性等来合理选择螺杆泵的泵型，确定泵的工作参数，使螺杆泵处于高效工作区、机杆泵井达到最佳匹配，使螺杆泵采油系统既实现了合理举升，又达到了节能降耗的目的，并根据单井生产动态及时进行工作参数的调整，确保螺杆泵在合理区域内工作。

5. 工况检测

螺杆泵采油井的常见故障有抽油杆断脱、油管断脱、油管漏失严重、油井结蜡严重、螺杆泵定子脱落、螺杆泵定子磨损严重、油井漏失、螺杆泵定子溶胀、工作参数设置偏低、工作参数偏高等,利用扭矩测试仪直接测试扭矩、转速使得螺杆泵工况分析从定性走向了定量。

螺杆泵及配套设备主要故障及原因和措施见表 5-1。

表 5-1 螺杆泵常见故障及原因和措施

故障现象	原因	措施
地面驱动正常但没有排量	油井产液量不足,动液面低	通过测动液面判定,关井间抽
	泵转子未下到定子内	通过测扭矩判定,修井作业
	抽油杆断脱	
有排量但排量太低	油井供液不足	间抽
	泵磨损大	对泵做地面实验
	油管漏	井口加压实验
驱动头减速箱噪声太大或发热	润滑不良	检查油标油量不足应及时补充
	超负荷	降低转速
	轴承损坏	停泵检修
	轴承油隙调整不合理	
驱动器皮带烧坏或打滑	负荷太大	降低转速
	皮带没有张紧	张紧皮带
驱动器防倒转失灵	刹车带失效	更换刹车带
	棘爪折断或棘轮轮齿折断	更换棘爪、棘轮及棘爪
	棘爪轴折断	
电控箱电流过大	油液黏度太高	洗井作业
	油井含蜡量高	
	含砂量高或粉煤导致卡泵	修井作业
	防冲距没有提到位	上吊车、上提光杆
溜杆	方卡未打牢	上吊车,上提光杆,重新打牢方卡(原位置)

螺杆泵采油井其他常见故障及措施:

(1)保护器断电。变频控制柜接入电源不可接入电流保护器,请直接接入电源;若接入电源过电流保护器,则会发生电流保护器断电现象。

(2)反转。供电线路发生调整后,重新启动变频控制柜和电动机,若发生反转,请将变频控制柜左下部分的"输出"线中的任意两线进行调换。

(3)"变频故障"指示灯亮。在"变频运行"工作时,若发生故障,则"变频故障"指示灯会亮,此时请停止运行,并将变频控制柜的"功能显示仪表"中左下端红色"停止/复位键"按钮按下,变频控制柜会自动处理故障,再次运行"变频运行",变频控制柜将正常运行。

(4)电流变大。螺杆泵井运行正常,但变频器显示电流持续增大,产液量有所下降,说明地层供液能力不足,应降低转速运转,即下调变频器工作频率。

(5)电流变小。螺杆泵井运行正常,但变频器显示电流持续降低,产液量有所增加,说明地层供液能力充足,应提升转速运转,即上调变频器工作频率。

七、现场应用评价

在延长油田(中部)杏子川采油厂化87井、化87-3井、化87-5井、化87-7井和化87-8井5口井以及延长油田(西部)的定边采油厂3002井、3102井、3121井、3156-1井和3166-1井5口井进行螺杆泵采油先导性试验。现场试验情况如图5-13所示。

图5-13 螺杆泵现场试验情况

1. 现场试验效果分析

杏子川采油厂5口螺杆泵井措施前后电量参数及系统效率分析分别见表5-2和表5-3。

表5-2 杏子川采油厂螺杆泵井措施前后电量参数及分析

井号	措施前抽油机					措施后螺杆泵				
	日期	有功功率(kW)	无功功率(kVar)	功率因数	日耗电(kW·h)	日期	有功功率(kW)	无功功率(kVar)	功率因数	日耗电(kW·h)
化87	9.19	6.84	4.14	0.76	137.84	10.16	3.22	2.62	0.77	75.12
	9.20	5.45	4.07			10.17	3.04	2.65		
	9.23	4.94	6.47			平均	3.13	2.6		
	平均	5.74	4.89							
化87-3	9.19	4.76	6.78	0.61	95.04	10.16	2.29	3.93	0.65	65.28
	9.20	4.11	4.81			10.17	2.45	2.36		
	9.23	3.01	3.71			平均	2.72	3.15		
	平均	3.96	5.10							
化87-5	9.19	5.15	7.96	0.47	105.04	10.16	2.3	3.15	0.58	54.96
	9.20	4.55	7.19			10.17	2.27	3.24		
	9.23	3.43	9.57			平均	2.29	3.2		
	平均	4.38	8.24							

续表

井号	措施前抽油机					措施后螺杆泵				
	日期	有功功率(kW)	无功功率(kVar)	功率因数	日耗电(kW·h)	日期	有功功率(kW)	无功功率(kVar)	功率因数	日耗电(kW·h)
化87-7	9-19	4.53	4.59	0.63	103.76	10-16	2.49	2.42	0.91	71.04
	9-20	3.82	4.72			10-17	3.42	0.28		
	9-23	4.62	6.47			平均	2.96	1.35		
	平均	4.32	5.26							
化87-8	9-19	5.38	3.64	0.83	119.28	10-16	3.51	1.21	0.94	84.48
	9-20	3.80	4.40			10-17	3.53	1.35		
	9-23	5.73	1.98			平均	3.52	1.28		
	平均	4.97	3.34							

表5-3 杏子川采油厂螺杆泵井措施前后系统效率分析

参数	井号	产量(m³/d)	动液面(m)	套压折算高度(m)	回压折算高度(m)	密度(kg/m³)	水功率(kW)	输入功率(kW)	机采系统效率(%)	系统效率平均(%)
措施前抽油机	化87	10.5	850	0	0	0.83	0.84	5.74	14.64	13.66
	化87-3	5.54	900	0	0	0.83	0.47	3.96	11.85	
	化87-5	7.9	920	0	0	0.83	0.68	4.38	15.62	
	化87-7	7.5	880	0	0	0.83	0.62	4.32	14.38	
	化87-8	6.8	915	0	0	0.83	0.59	4.97	11.79	
措施后螺杆泵	化87	10.00	840	0	0	0.83	0.79	3.13	25.27	22.67
	化87-3	6.48	890	0	0	0.83	0.54	2.72	19.96	
	化87-5	9.70	860	0	0	0.83	0.79	2.29	34.29	
	化87-7	6.48	864	0	0	0.83	0.53	2.96	17.81	
	化87-8	7.00	855	0	0	0.56		3.52	16.01	

杏子川采油厂5口螺杆泵井措施前后试验效果分析见表5-4。

表5-4 杏子川采油厂螺杆泵前措施前后试验效果分析

	井号	化87	化87-3	化87-5	化87-7	化87-8	平均
措施前抽油机	有功功率(kW)	5.74	3.96	4.38	4.32	4.97	4.67
	无功功率(kW)	4.89	5.1	8.24	5.26	3.34	5.37
	功率因数	0.76	0.61	0.47	0.63	0.83	0.66
	日耗电(kW·h)	137.84	95.04	105.04	103.76	119.28	112.19
	机采系统效率(%)	14.64	11.85	15.62	14.38	11.79	13.66

续表

	井号	化87	化87-3	化87-5	化87-7	化87-8	平均
措施后螺杆泵	有功功率(kW)	3.13	2.72	2.29	2.96	3.52	2.92
	无功功率(kW)	2.64	3.15	3.2	1.35	1.28	2.32
	功率因数	0.77	0.65	0.58	0.91	0.94	0.77
	日耗电(kW·h)	75.12	65.28	54.96	71.04	84.48	70.18
	机采系统效率(%)	25.27	19.96	34.29	17.81	16.01	22.67
对比	日节电(kW·h)	62.72	29.76	50.08	32.72	34.8	42.01
	节电率(%)	45.5	31.31	47.68	31.53	29.18	37.45
	机采系统效率提高(%)	10.63	8.11	18.67	3.43	4.22	9.01

2. 螺杆泵和抽油机一次性设备投资对比

如果螺杆泵和抽油机泵挂深度按1600m、抽油机按800m(22mm)+800m(19mm)杆挂组合来计算抽油杆,螺杆泵按1600m(25mm)杆柱计算,螺杆泵和抽油机一次性设备投资对比见表5-5。

表5-5 螺杆泵和抽油机一次性设备投资对比

举升方式	抽油机				螺杆泵			
构成	抽油机	井下泵	抽油杆	配套工具	驱动装置	井下泵	抽油杆	配套工具
型号	8型	CYB38	800m(22mm)+800m(19mm)	扶正器、油管锚等	LBQ15	LGB100-45	1600m(25mm)	转矩、转速传感器、电流、流量、压力变送器、变频器、采集控制系统、控制柜、扶正器、柔性短节、油管锚等
费用(万元)	18	0.6	3.52	1.2	3.5	2.5	4.4	6.3
节约	螺杆泵一次性设备投资比抽油机节约6.62万元,设备投资减少28.4%							

第二节 水力射流泵采油技术

射流泵是一种流体机械,它是一种利用工作流体的射流来输送流体的设备。根据工作流体介质和被输送流体介质的性质是液体还是气体,而分别称为喷射器、引射器、射流泵等不同名称,但其工作原理和结构形式基本相同。通常把工作液体和被抽送液体是同一种液体的设备称为射流泵。射流泵井下无运动部件,对于高温深井,高产井,含砂、含腐蚀性介质、稠油以及高气液比油井条件具有较强的适应性。

一、工作原理及优缺点

1. 射流泵的结构

射流泵是通过两种流体之间的动量交换实现能量传递来工作的。典型的套管自由式井下射流泵装置如图 5-14 所示。射流泵的主要特点之一是没有运动部件。射流泵的工作元件是喷嘴、喉管和扩散管。

(1)喷嘴:喷嘴的作用相当于射流泵的马达,与孔板流动相似。

(2)喉管:喉管一般是一个直的长圆筒,可以有一定的张角。喉管的作用是使产液和动力液在其中完全混合,交换动量,它实质上是一个混合管。在喷嘴出口和喉管入口之间有一定距离,称为喷嘴—喉管距离。喉管直径要比喷嘴出口直径大,喷嘴和喉管之间的环形面积是产液进入喉管时的吸入面积。

(3)扩散管:扩散管的截面积沿流动方向逐渐增大,一般采用一个张角,也可采用多个张角,扩散管是一个将动能转换成压力的能量转换器。

2. 射流泵工作原理

射流泵的工作原理是:射流泵通过喷嘴将动力液高压势能转变为高速动能;在喉管内,高速动力液与低速产液混合,进行动量交换;通过扩散管将动能转变为静压,使混合物采到地面。

3. 射流泵的优缺点

射流泵有许多优点:第一,没有运动部件,适合于处理腐蚀和含砂流体;第二,结构紧凑,适用于倾斜、水平井;第三,自由投捞作业,维护费用低;第四,产量范围大,控制灵活方便;第五,能用于稠油开采,容易对动力液加热;第六,能处理高含气流体;第七,适用于高温深井;第八,对非自喷井,可用于产能测试和钻杆测试。射流泵为了避免气蚀,必须有较高的吸入压力,致使射流泵的应用受到限制。

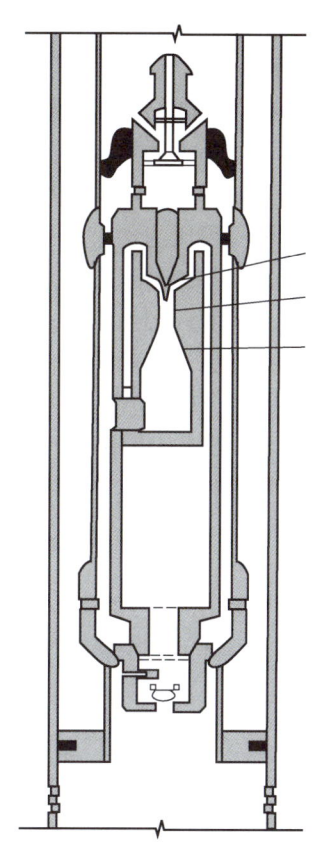

图 5-14 射流泵装置

由于射流泵是依靠液体质点间的相互撞击来传递能量的,因此在混合过程中产生大量旋涡、在喉管内壁产生摩擦损失以及在扩散管中产生扩散损失都会引起大量的水力损失,因此射流泵的效率较低,特别是在小型或输送高黏度液体时效率更低,一般情况下射流泵的效率为 25%~30%,这是它的缺点。但由于射流泵的使用条件不同,它的效率也不一样。在有些情况下,它的效率不低于其他类型泵,因此如何合理使用射流泵,以便得到尽可能高的效率是一个很重要的问题。目前国内采用的多股射流泵、多级喷射、脉冲射流和旋流喷射等新型结构射流泵,在提高传递能量效率方面取得了一定进展。

二、射流泵的型号

在美国有 National、Kobe 和 Guiberson 三个著名的射流泵生产厂家。在国内,胜利、辽河和玉门等油田也生产这种泵。各个射流泵厂家提供的喷嘴、喉管尺寸及其组合不相同,泵的动态特性差别很大,但各个厂家生产的射流泵用于举升的覆盖范围基本相同。

National 的射流泵是按固定的等比数列递增喷嘴和喉管面积,公比为 $4/R$,见表 5-6。喷嘴和不同喉管的面积比是固定的,一个喷嘴可以与六个不同的喉管组合。一个给定的喷嘴与相同编号的喉管组合,喷嘴和喉管面积比恒定为 0.380,该比值称为 A 比值,依次把这个喷嘴与更大喉管编号组合,可得出 B,C,D 和 E 比值。射流泵的型号由喷嘴编号和上述比值来标定,例如,10A 泵表示由 10 号喷嘴和 10 号喉管组成,7B 泵表示由 7 号喷嘴和 8 号喉管组成。表 5-6 中同时列出了喷嘴和喉管之间的环形吸入面积,便于在气蚀计算中使用。面积比较高的射流泵产生的压头较高、排量较低,由于环形吸入面积相对较小,井液流量较少,动力液的能量传给较少的井液将产生高压头。相反,面积比较低的射流泵产生的压头较低、排量较高。最常用的面积比为 0.235~0.400,面积比大于 0.400 的泵主要用于深井,也可在地面动力液压力很低又需要较高返出压头时使用,面积比小于 0.235 的泵常用于浅井,也可用于井底压力较低需要较大的环形面积防止气蚀的井中。对于实际的一口井,必须选择能满足其流量和举升高度的泵。如果泵的面积比和排量都大,由于井液快速流过较小的环形吸入面积,将产生较大的摩阻损失,效率很低;如果泵的面积比和排量都小,则由于动力液和低速井液间产生高度紊流混合损失,效率也很低。选择最佳射流泵就是要使摩阻损失和混合损失之和最小。射流泵的喷嘴和喉管尺寸还受实际井油套管尺寸以及井下总成的限制。

表 5-6 喷嘴和喉管参数表

喷嘴编号	喉管面积(in^2)	编号	面积(in^2)	喷嘴和喉管环形面积(in^2) 比率					
1	0.0024	1	0.0064	—	0.0040	0.0057	0.0080	0.0108	0.0144
2	0.0031	2	0.0081	0.0033	0.0050	0.0073	0.0101	0.0137	0.0183
3	0.0039	3	0.0104	0.0042	0.0065	0.0093	0.0129	0.0175	0.0233
4	0.0050	4	0.0131	0.0054	0.0082	0.0118	0.016	0.0222	0.0296
5	0.0064	5	0.0167	0.0068	0.0104	0.0150	0.0208	0.0282	0.0377
6	0.0810	6	0.0212	0.0087	0.0133	0.0191	0.0265	0.0360	0.0481
7	0.0103	7	0.0271	0.0111	0.0169	0.0243	0.0338	0.0459	0.0612
8	0.0131	8	0.0346	0.0141	0.0215	0.0310	0.0431	0.0584	0.0779
9	0.0167	9	0.0441	0.0179	0.0274	0.0395	0.0548	0.0743	0.0992
10	0.0212	10	0.0562	0.0229	0.0350	0.0503	0.0698	0.0947	0.1264
11	0.0271	11	0.0715	0.0291	0.0444	0.0639	0.0888	0.1205	0.1608
12	0.0346	12	0.0910	0.0369	0.0564	0.0813	0.1130	0.1533	0.2046
13	0.0441	13	0.1159	0.0469	0.0718	0.1035	0.1438	0.1951	0.2605
14	0.0562	14	0.1476	0.0597	0.0914	0.1317	0.1830	0.2484	0.3316
15	0.0715	15	0.1879	0.0761	0.1164	0.1677	0.2331	0.3163	0.4223
16	0.0910	16	0.2392	0.0969	0.1482	0.2136	0.2968	0.4028	0.5377
17	0.1159	17	0.3046	0.1234	0.1888	0.2720	0.3779	0.5128	—
18	0.1476	18	0.3878	0.1571	0.2403	0.3463	0.4812	—	—
19	0.1879	19	0.4939	0.2000	0.3060	0.4409	—	—	—
20	0.2392	20	0.6287	0.2546	0.3896	—	—	—	—
N 号喷嘴与喉管的组合				$N-1$	N	$N+1$	$N+2$	$N+3$	$N+4$
喷嘴与喉管面积比				0.483	0.380	0.299	0.235	0.184	0.145

三、射流泵的理论基础及射流泵基本方程

射流技术在许多工程技术部门都得到应用。只有当射流速度不太大,雷诺数非常小时射流为层流射流。一般来说,工程上所遇到的液体射流大多为湍流射流。湍流射流理论是射流泵的理论基础,随着电子计算机和计算流体力学的发展,用射流理论可以更深刻地揭示射流泵内液体运动规律,并对它的性能及几何尺寸给出较精确的定量解答。

1. 湍流射流的分类

射流从喷嘴射出后,射入与它本身相同的介质,如水射流射入水中,称为淹没射流,射入与本身不同的介质中,如水射流射入空气中,称为非淹没射流。射流射入空间很大,以致距离射流较远的地区,很少受到射流的影响,这种射流称为无限空间射流,反之称为有限空间射流,或称为有界射流。射流射入流动的流体,称为伴随射流。射流射入静止的液体称为自由射流。射流泵内的液体运动情况,属于有界伴随射流。

2. 射流流动结构

在射流泵内的有界伴随射流流动结构如图 5-15 所示。它由起始段和基本段组成。

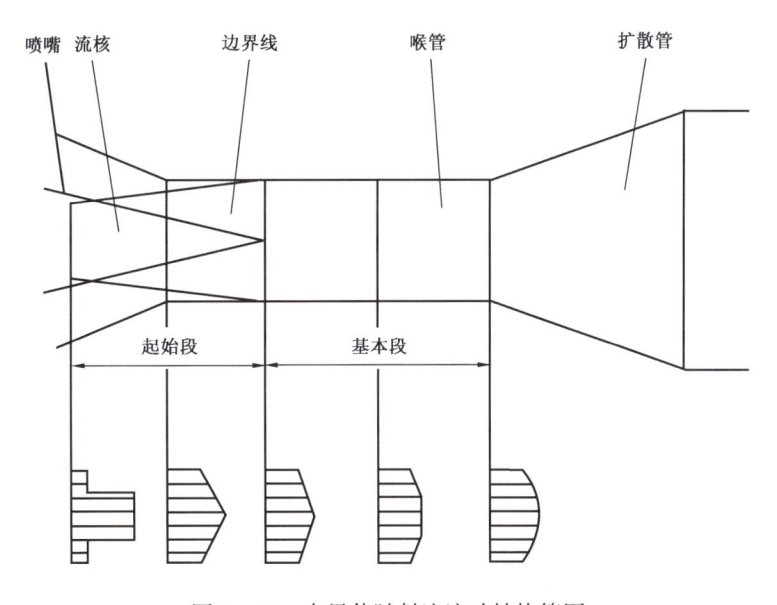

图 5-15 有界伴随射流流动结构简图

起始段分为流核区和边界层区。流核区的流速等于喷嘴出口流速。边界层区的内表面流速与流核区流速相同,其外表面速度与周围的流体流速(伴随流速)相等。基本段的各个横断面的速度分布都不相同,沿射流轴向其速度递减,每个断面的速度沿径向向外递减直至与伴随流速相等。

3. 主要无量纲参数及系数定义

射流泵的基本参数见表 5-7。通常在描述射流泵的性能、性能曲线、射流泵基本方程以及射流泵的相似律时均采用无量纲参数比较方便。下面就主要的无量纲参数及系数给以说明:

表 5 – 7　射流泵的基本参数

q_1	工作液体的体积流量
q_2	被抽送液体的体积流量
H_1	工作扬程,它指每千克工作液体在射流泵入口处所具有的能量
H_2	射流泵的扬程,它指每千克被抽送液体流过射流泵所得到的能量
f_o	喷嘴出口断面面积
f_b	喉管断面面积
φ_1	喷嘴流速系数
φ_2	喉管流速系数
φ_3	扩散管流速系数
φ_4	喉管入口段流速系数
η	射流泵的效率,$\eta = \dfrac{\text{被抽送液体所得到的有用功率}}{\text{工作流体所付出的功率}} = \dfrac{p_2 g q_2 H_2}{p_1 g q_1 (H_1 - H_2)}$

$$\text{流量比 } q = \frac{\text{被抽送液体流量}}{\text{工作流体流量}} = \frac{q_2}{q_1}$$

$$\text{扬程比 } h = \frac{\text{射流泵的扬程}}{\text{工作扬程}} = \frac{H_2}{H_1}$$

$$\text{面积比 } m = \frac{\text{喉管断面面积}}{\text{喷嘴出口断面面积}} = \frac{f_b}{f_o}$$

$$n = \frac{f_b}{f_b - f_o} = \frac{m}{m - 1}$$

当工作液体与被抽送液体为同一种液体时,效率为:$\eta = q \times \dfrac{h}{1 - h}$。

4. 射流泵基本方程

射流泵基本方程 $h = f(mq)$ 以无量纲参数扬程比 h,流量比 q 和面积比 m 来表征射流泵内的能量变化,以及各基本零件(喷嘴、喉管、扩散管和喉管进口)对性能的影响。它的作用和叶片泵基本方程相似,是设计、制造、运行与改进射流泵的理论依据。

液流在射流泵内的运动比较复杂,属于有界伴随射流。推导射流泵基本方程的方法是根据射流泵的边界条件,运用水力学和流体力学基本定理,导出基本方程,并通过一定数量的试验资料确定方程中的流速系数或阻力系数。在近百年对射流泵研究的历史中,国内外的学者根据对实际流动做不同的简化假设,而得出形式不同的基本方程表达式,但其本质是相同的。

四、射流泵的气蚀及对采油的影响

1. 射流泵的气蚀

射流泵的气蚀是指射流泵在工作中当泵体内某处的压力降低到液体在该温度下的汽化压

力以下时,产生了气泡,当气泡破裂时,液体质点从四周向气泡中心加速运动,以极高的速度连续打击泵体内表面,金属表面逐渐因疲劳而破坏。伴随着这一过程,掺杂在液体中的某些活泼气体(如氧气等),又对金属起着腐蚀作用,这种双重作用称为射流泵的气蚀。

射流泵的气蚀性能一般常用气蚀流量比 q_k 来表示。气蚀流量比是指当液体射流泵的工作流量比 q 增大到某一程度时,射流泵内部压力降至当时液体的汽化压力,射流泵性能急剧变坏,特性曲线上扬程比迅速下降,而流量比没有显著改变,射流泵产生剧烈的振动和噪声,我们将射流泵汽蚀刚刚发生,不能正常工作的起始点的流量比定为气蚀流量比 q_k,同时把与 q_k 相对应的扬程比称为气蚀扬程比 h_k。

由于油井产出流体必须加速到相当高的速度才能进入喉管,因此潜藏在着气蚀的问题。喷嘴和过流面积决定喉管入口处的环空流道。环空过流面积越小,给定的油井产出流体流过该面积的速度就越高。流体的静压力随其流速增加的平方而下降,在高流速下静压力将下降到流体的蒸气压。这个降低的压力将导致蒸气穴的形成,这个过程称为油井中射流泵的气蚀。

气蚀的出现对进入喉管的液流起节流作用。即使增加动力液的流量和压力,在这种泵吸入压力下也无法提高油井产量。随着泵内压力的增加,气穴随后破坏,可导致冲蚀,即气蚀损害。因此,对于一个给定的油井产量和泵吸入压力来讲,存在一个最小的环空过流面积,这可以将流速保持到足以防止气蚀现象的出现。由于气蚀影响给泵的工作状况带来严重危害,所以总想找到一个如何在泵工作时计算其吸入口压力的方法。计算其他类型人工举升设备之前,应先确定泵排出压力。

2. 射流泵的气蚀计算

气蚀计算的目的是求得各工况下,射流泵不气蚀,能稳定工作的最大允许吸入高度。实验表明,最低压力区一般都处在喉管内部一定范围内。射流泵发生气蚀时,流态比较复杂,影响气蚀的因素比较多,因此气蚀最低压力点距喉管入口的位置也是不同的,其精确位置只能通过实验测得。为了便于公式的计算,可以假设低压区在射流边界与喉管壁面相交处 k—k 断面附近,如图 5 – 16 所示。以吸入液面 h—h 为基准面,列 h—h 和 k—k 面的伯努利方程式:

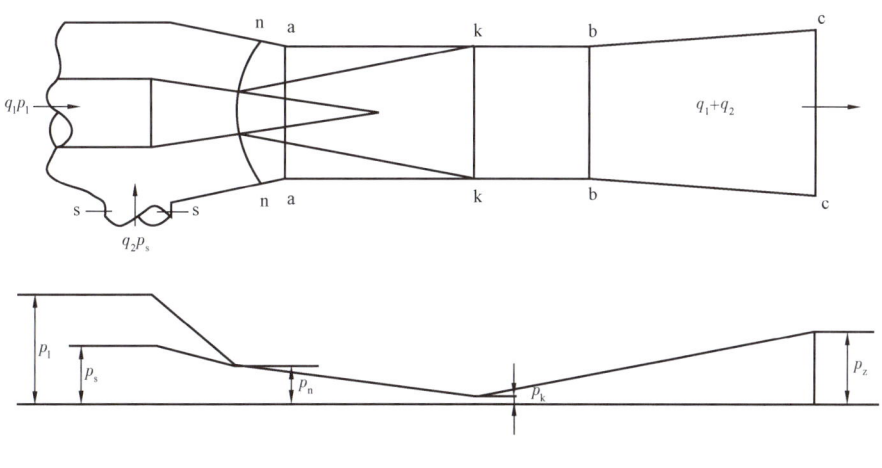

图 5 – 16 射流压力变化图

$$\frac{p_a}{pg} = H_{SZ} + \sum h_2 + h_a + \frac{v_2^2}{2g} + \Delta \frac{v_2^2}{2g} + \frac{p_k}{pg} \qquad (5-9)$$

式中,H_{SZ} 为吸入液面到喷嘴中心线的高度;$\sum h_2$ 为吸入管路中损失的总和;h_a 为喉管进口水力损失;$\Delta \frac{v_2^2}{2g}$ 表示射流是湍流,当速度为 v_2 的流体与速度为 v_1 的流体相遇时,一定会产生很大的旋涡,因而可能导致部分压力降低,这一部分用 $\Delta \frac{v_2^2}{2g}$ 来表示;Δ 是经验比例常数。

当 $p_k = p_v$ 时,就开始气蚀,即:

$$\frac{p_a}{pg} = H_S^{CR} + h_a + \frac{v_2^2}{2g} + \Delta \frac{v_2^2}{2g} + \frac{p_v}{pg} \qquad (5-10)$$

$$\frac{p_a}{pg} = \frac{p_v}{pg} + H_S^{CR} + (1 + \Delta + \xi_4) \frac{v_2^2}{2g} \qquad (5-11)$$

式中,H_S^{CR} 为临界吸入高度;p_v 为液体的汽化压力;ξ_4 为喉管进口阻力系数;v_2 为被抽液体在喉管进口处的流速。

令 $\frac{p_a}{pg} - \frac{p_v}{pg} = A$,则得:

$$A - H_S^{CR} = \frac{v_2^2}{2g}(1 + \Delta + \xi_4) \qquad (5-12)$$

上式亦可写成:

$$A - H_S^{CR} = \left(\frac{1 + \Delta + \xi_4}{2gf_n^2}\right) q_{2\max}^2 \qquad (5-13)$$

式中,$q_{2\max}$ 为射流泵不发生气蚀时最大的被抽液体流量。

但为了方便,常把式(5-13)写为:

$$A - H_S^{CR} = \varepsilon \left(\frac{1 + \xi_4}{2gf_n^2}\right) q_{2\max}^2 \qquad (5-14)$$

$$f_n = \frac{\pi}{4}(d_b^2 - d_0^2) \qquad (5-15)$$

式中,ε 为经验常数;f_n 为环状面积。

这表明 H_S^{CR} 是 $q_{2\max}$ 的函数,$H_S^{CR} = f(q_{2\max})$ 即是每一个流量 q_2 有一个临界吸入高度。

已知 $q_2 = qq_1$,又

$$q_1 = \frac{f_0 \sqrt{2gH_1}}{\sqrt{(1 + \xi_1) - \frac{q^2}{m^2}(1 + \xi_4)}} \qquad (5-16)$$

代入式(5-14),得到:

$$A - H_S^{CR} = \varepsilon \frac{1+\xi_4}{f_n^2}\left[\frac{f_0^2 H_1 q_1^2}{(1+\xi_1) - \frac{q^2}{m^2}(1+\xi_4)}\right] \quad (5-17)$$

或

$$\frac{A - H_S^{CR}}{H_1} = \frac{\varepsilon q^2}{m^2\left(\frac{1+\xi_1}{1+\xi_4} - \frac{q^2}{m^2}\right)} \quad (5-18)$$

因为 ξ_1 与 ξ_4 是非常相近的，所以 $\frac{1+\xi_1}{1+\xi_4}$ 可约去，得：

$$\frac{A - H_S^{CR}}{H_1} = \frac{\varepsilon q^2}{m^2 - q^2} \quad (5-19)$$

令 $\sigma = \frac{\varepsilon q^2}{m^2 - q^2}$，如果知道 ε 之后，就得到 $\sigma = f(q,m)$；而对于同一系列 $m = \text{const}$，$\sigma = f(q)$。对于设计良好的喷嘴和进口部分，这种射流泵的 $\varepsilon = 1.27$，这样就可得到与 σ 和 q 的关系，把 σ 作在无量纲特性曲线上，如图 5-17 所示。

于是有了这样的特性曲线，且有了 H_1，根据设计的 q 就可以求到临界吸入高度 H_S^{CR}。

$$H_S^{CR} = A - \sigma H_1 \quad (5-20)$$

若没有气蚀现象，则要求 $H_S < H_S^{CR}$。

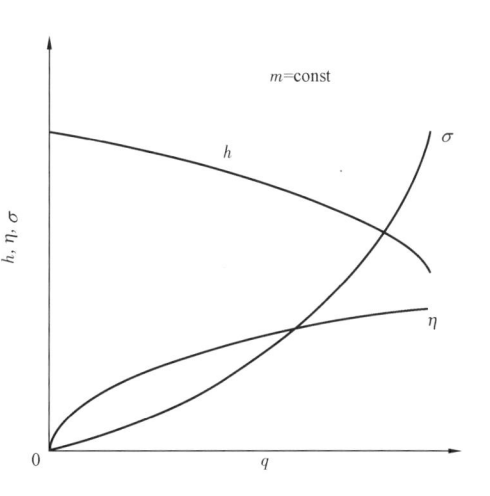

图 5-17 射流泵的 $h = f(q, \eta, \sigma)$ 曲线

五、水力射流泵油井生产系统射流泵选型设计

（1）计算喷嘴入口处工作压力 p_1：

$$p_1 = h_1 G_1 + p_s - F_1 \quad (5-21)$$

$$G_1 = 0.0098 r_e \quad (5-22)$$

$$F_1 = 5 \times 10^{-4} r_e \lambda L v^2 / D_g \quad (5-23)$$

式中，h_1 为泵挂深度，m；G_1 为动力液压力梯度，MPa/m；r_e 为动力液相对密度，无量纲；p_s 为井口工作压力，MPa；F_1 为动力液油管柱摩阻，MPa；v 为动力液流速，m/s；λ 为阻力系数，无量纲；D_g 为过流断面当量直径，m；L 为管线长度，m。

（2）计算混合液排出压力 p_3：

$$p_3 = h_1 G_3 + F_3 + p_{wh} \quad (5-24)$$

$$G_3 = 0.0098(Q_e r_e + q_o r_o + q_w r_w)/(Q_e + q_o + q_w) \quad (5-25)$$

式中，G_3 为混合液压力梯度，MPa/m；q_o 为产油量，m³/d；r_o 为油相对密度，无量纲；q_w 为产水量,m³/d;r_w 为水相对密度,无量纲;F_3 为油套管环空内液体摩阻,MPa,F_3 计算方法与 F_1 相同。

(3)吸入压力 p_4:

吸入压力 p_4 即为流压,每口井的流压为已知参数。

(4)计算举升率 H:

$$H = \frac{p_3 - p_4}{p_1 - p_3} \quad (5-26)$$

(5)计算动力液流量 Q_e:

$$Q_e = \sigma A_1 \sqrt{\frac{(p_1 - p_3)}{r}} \quad (5-27)$$

式中,σ 为流量系数,取 $\sigma = 13.6$;r 为动力液重度,N/m³;A_1 为喷嘴面积,m²;Q_e 为动力液流量,m³/d。

(6)计算喷射率 M:

$$M = Q_4/Q_e \quad (5-28)$$

(7)计算面积比 R:

根据 H 和 M 值查表 5-8 得面积比 R。

表 5-8 射流泵关键参数的经验数据

举升率 H	喷射率 M	面积比 R
<0.15	>1.5	0.17
0.15~0.25	1.5~1.0	0.21
0.25~0.30	1.0~0.7	0.26
0.45~0.80	0.50~0.10	0.41

(8)计算喉管直径 d_2:

$$d_2 = \sqrt{\frac{d_1^2}{R}} \quad (5-29)$$

式中,d_1 为喷嘴直径,mm;d_2 为喉管直径,mm。

(9)选择标准喷嘴、喉管:

根据 d_1 和 d_2 查表 5-9,选择接近标准的喷嘴、喉管尺寸。

表 5-9 SPB 型射流泵喷嘴、喉管规格

喷嘴直径(mm)	1.8	2.1	2.3	2.7	3.0	3.4	3.9	4.2
喉管直径(mm)	2.9	3.3	3.7	4.2	4.8	5.4	6.2	6.8
喷嘴直径(mm)	4.7	5.3	6.0	6.8	7.7	8.6	9.8	10.9
喉管直径(mm)	7.7	8.6	9.8	11.0	12.4	14.0	15.8	17.2

(10)校核 $M_C > M$：

$$M_C = \frac{1-R}{R}\sqrt{\frac{p_4}{1.3(p_1-p_4)}} \quad (5-30)$$

(11)计算效率 η：

$$\eta = MH \quad (5-31)$$

若选择不合适,重复步骤(4)至(9)。

六、水力射流泵泵效影响因素

1. 气体影响

气体对射流泵主要有三个方面的影响:第一,气体要占据一定的体积,使泵的液体体积排量下降,同时需要更大的气蚀面积;第二,气体对泵内压力损失产生影响,吸入腔室的压力下降会脱出溶解气,喉管两相混合过程的速度、浓度分布极不均匀,同时气液相间要产生滑脱,扩散管的压力回升会使游离气重新溶解在液体中,泵的结构不同,其影响程度差别较大,一般气体会使泵效下降;第三,气体要影响排出管柱的压力损失,对于合理的排出管的尺寸,气体的举升作用有利于降低排出管压力损失,如果气液比较大,排出管柱的压力损失应采用多相流理论计算。对气体的近似处理使模型的适用范围受到限制。当吸入条件下气体体积含量大于83%时,模型的预测精度开始变差。当游离气量超过模型适当范围时,建议采用有排气系统的装置。

2. 排出口回压

不同面积比值泵的无量纲特性曲线相互交叉。例如,A、B 两种面积比值泵的工作特性相同,但两种泵的气蚀特性不会相同。同样,由于两种泵的面积比值不同,排出压力的变化对其影响程度也不会相同。假设 A、B 两面积比值泵的工作压力：$p_1 = 413.79\text{MPa}$,$p_2 = 206.9\text{MPa}$,$p_3 = 152.07\text{MPa}$。当举升率 H 为 0.332 时,A 面积比值泵工作时的喷射率 M 值为 0.64,而 B 面积比值泵的 M 值只有 0.16。当把 A 面积比值泵的排出压力增加5%时,M 值以及地层液流量下降9%。但是,当 B 面积比值泵的排出压力同样增加5%时,地层液流量则下降77%。

第三节　井下直线电动机无杆采油技术

近年来,国内大多数油田都在积极寻找低能耗、适合自身特点的采油方式。直线电动机无杆采油工艺技术以其无杆管偏磨、自动化程度高、参数变频调整、地面设备简单、维护费用低、能耗低、效率高、适合低产油井等特点,在全国各大油田得到较广泛的应用。

一、直线电动机系统概述

目前,许多的直线运动系统都是经过中间转换装置将电动机的旋转运动转换为直线运动。比如,抽油机悬点的上下往复运动是由减速箱输出轴的旋转运动经抽油机四连杆机构转换而来的。中间机械转换装置的存在,导致这些系统的整体体积庞大,出现了效率低、能耗大、精度低等一系列问题。随着直线电动机技术的出现和不断发展完善,运用直线电动机驱动而产生直线运动的系统,可以彻底去除中间转换装置,这样就可以缩小直线运动系统的总体体积,减少转换环节,将系统的输入能量直接转换为直线运动,使得系统的效率提高,运行可靠,控制简单方便。

采用直线电动机驱动的新型直线驱动装置与系统和其他非直线电动机驱动的装置与系统相比,具有如下一些优点:

(1)启动性能好。由于直线电动机具有软特性功能,刚一接通直线电动机的电源,就立即会产生接近额定值的电磁推力,而启动电流与额定电流值差别不大。因此,直线感应电动机的正反转和频繁启动对电网几乎无冲击,它靠行波磁场传递推力,摩擦系数和黏着力等因素的影响较小。

(2)电动机自身有良好的防护性能,可以在较恶劣条件下工作。直线电动机过载能力强,在启动、运行和堵转情况下,电流基本稳定;初级线圈采用环氧密封,能够进一步增强电动机电气绝缘性能。这些性能特点对油井复杂生产条件有着现实意义。

(3)无污染、噪声低、结构简单。直线电动机依靠电磁力工作,工作中不排放废气。因为直线电动机取消了诸如齿轮、皮带轮等中间传动装置,这就消除了由它们造成的噪声;直线感应电动机只有初级和次级两大部分,是机电一体化产品。电动机的次级或者初级也是工作机械,可以直接和抽油泵连接,它省去了中间传动转换装置,是绿色环保型产品。

(4)使用灵活性较大。改变直线感应电动机次级材料(如使用钢次级或复合次级)或是改变电动机气隙的大小均可获得各种不同的电动机特性。直线电动机结构形式较多,如有平面形、双边平面形、圆筒形和圆弧形等,可满足不同工况要求,使用灵活性较大,且为机电一体化产品。圆筒形直线电动机就很适合在油井中工作。

(5)节能。在频繁启动短时断续工作时,电动机几乎始终处于启动工作状态。直线感应电动机处于启动状态工作时,由于其具有软特性,一般启动电流只相当于额定电流的110%～150%,而旋转感应电动机具有硬特性,启动电流为额定电流的5～7倍,所以,在此工况下,直线感应电动机较旋转感应电动机在启动时具有明显的节能效果,属环保型产品。如果采用永磁材料,节能效果更加明显。

(6)运行条件好。常规旋转电动机由于离心力的作用,在高速运行时,转子将受到较大的应力,因此转速和输出功率都受到限制。而直线感应电动机不存在离心力问题,并且它的运动部分是通过电磁推力来驱动的,与固定部分没有机械联系。直线电机初级和次级之间有气隙,运动部分就无磨损。从其特点来说,直线电动机能够胜任几百到几千米油井的工作条件。

二、井下直线电机无杆采油的工作原理

直线电动机无杆采油技术是一种新型的采油方式,它通过置于井下的直线电动机带动抽油泵柱塞上下往复运动实现举升抽油的目的。它省去了地面抽油机、抽油杆等中间传动环节,提高了抽油效率,能有效解决斜井采油、油管杆偏磨的难题,并降低了井筒治理的费用,有很好的节能效果。

1. 直线电动机的基本工作原理

直线电动机在结构上相当于是从旋转电动机演变而来的,而且其工作原理也与旋转电动机相似。但是值得注意的是,初级的长度是有限的,它有一个始端和一个终端。这两个端部的存在,引起了端部效应(边缘效应),这种现象只在直线电动机里才有,而在常规的旋转电动机里根本不存在,端部效应的大小取决于直线电动机的速度(这只是其中的一个因素),这种速度依赖关系,在相应的旋转电动机里是没有的。

通常,我们评价一台旋转电动机,只满足于它有高效率和高功率因素,当然还有别的依据来衡量这类电动机。然而,由于有端部效应,不能再以同样方式把这些指标用来衡量直线电动机。这使得直线电动机的设计规范要做些改变。

图 5-18 所示的直线电动机,其三相绕组中通入三相对称正弦电流后,会产生气隙磁场。当不考虑纵向边端效应时,这个气隙磁场的分布情况与旋转电动机相似,当三相电流随时间变化时,气隙磁场将按 A,B,C 相序沿直线移动。这个磁场是平移的,而不是旋转的,因此被称为行波磁场。行波磁场的移动速度与旋转磁场定子内圆表面上的线速度是一样的,即为同步速度 v_s,且:

$$v_s = 2f\tau \tag{5-32}$$

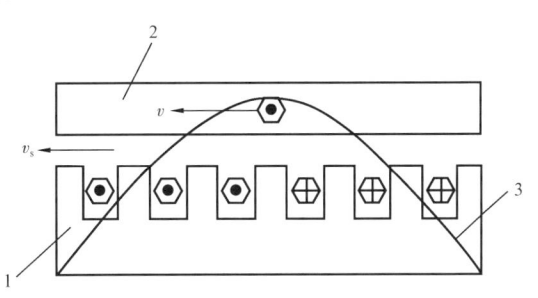

图 5-18 直线电动机的基本工作原理
1—电动机初级;2—电动机次级;3—行波磁场

式中,f 为电流频率,Hz;τ 为极距,m;v_s 为同步速度,m/s。

假定次级为栅形次级,图 5-18 中仅画出其中的一根导条。次级在行波磁场切割下,将感应电动势产生电流。所有导条的电流和气隙磁场相互作用便产生电磁推力,在其作用下,如果初级固定不动,那么次级将顺着行波磁场运动的方向作直线运动。若次级移动速度用 v 表示,滑差率用 s 表示,则有:

$$s = \frac{v_s - v}{v_s} \tag{5-33}$$

在电动机运行状态下,s 在 0 和 1 之间。应该指出,直线电动机的次级大多采用金属板或复合金属板,因此并不存在明显的导条。旋转电动机通过对换任意两相的电源线,可实现反向旋转。同样,直线电动机对换任意两相电源后,运动也会反过来,这样可使直线电动机往复运动位引。直线电动机与旋转电动机参数的比较见表 5-10。

表 5-10 直线电动机与旋转电动机参数的比较

参数	旋转电动机	直线电动机
同步速度	$n_s = \frac{60f}{p}$ (r/min)	$v_s = 2f\tau$ (m/s)
滑差率	$s = \frac{n_s - n}{n_s}$	$s = \frac{v_s - v}{v_s}$
运行速度	$n = (1-s)n_s$	$v = (1-s)v_s$

2. 直线电动机抽油泵系统工作原理

直线电动机抽油泵系统中的柱塞泵不但结构与传统的有杆抽油泵相似,其采油原理也相似。有杆抽油泵的基本工作原理如图 5-19 所示。有杆抽油泵是一种往复泵,其动力经过四连杆机构后产生抽油机悬点的直线往复运动,然后经过抽油杆将其传递到井下,从而使抽油杆带动抽油泵的柱塞做上下往复运动,将井下原油经油管举升到地面,完成人工举升采油过程。

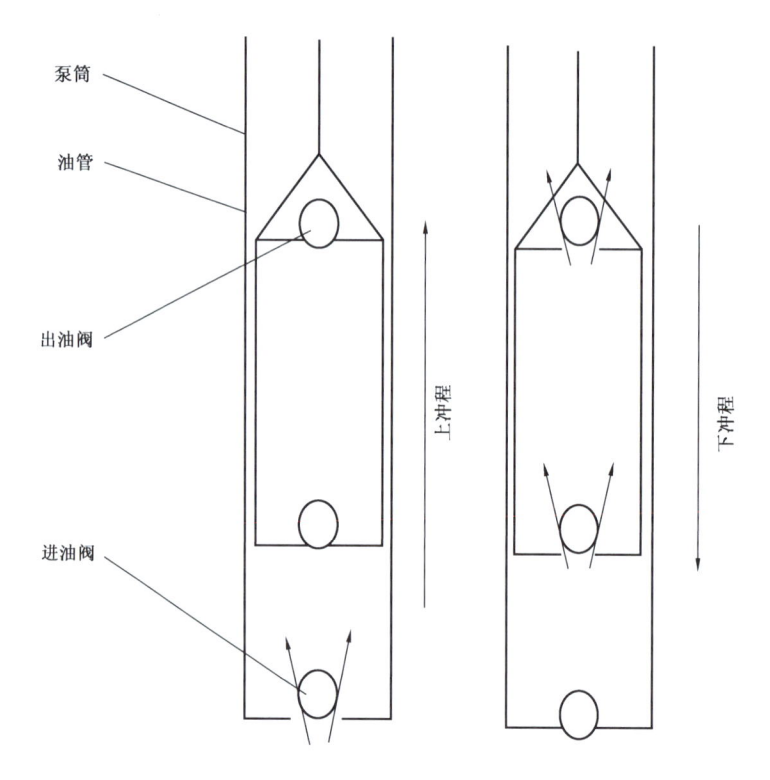

图 5-19 抽油泵工作原理图

有杆抽油泵上冲程过程中,柱塞下面的下泵腔容积增大,压力减小,进油阀在其上下压差的作用下打开,原油进入下泵腔;而与此同时,出油阀在其上下压差的作用下关闭,柱塞上面的上泵腔内的原油沿油管排到地面。同理,下冲程过程中,柱塞压缩进油阀和出油阀之间的原油,关闭进油阀,打开出油阀,下泵腔原油进入上泵腔;这样柱塞一上一下运动,抽油泵就完成了一次抽汲。如此周而复始进行循环,不断将原油举升到地面,完成原油的开采。

直线电动机抽油泵系统简化了传统抽油机系统抽汲原油的过程,它彻底消除了抽油杆及地面传动机构,不再通过地面的各种转换机构将地面旋转电动机的高速旋转运动转换成抽油机悬点的低速直线往复运动,而是通过直线电动机将电能直接转换成带动柱塞做往复直线运动的机械能。直线电动机动子直接带动抽油泵短柱塞做上下往复直线运动,从而达到举升原油的目的,试验直线电动机抽油泵系统的工作原理图如图 5-20 所示。

在直线电动机初级的三绕组中通入三相正弦交流电后,将产生行波磁场,行波磁场与永磁

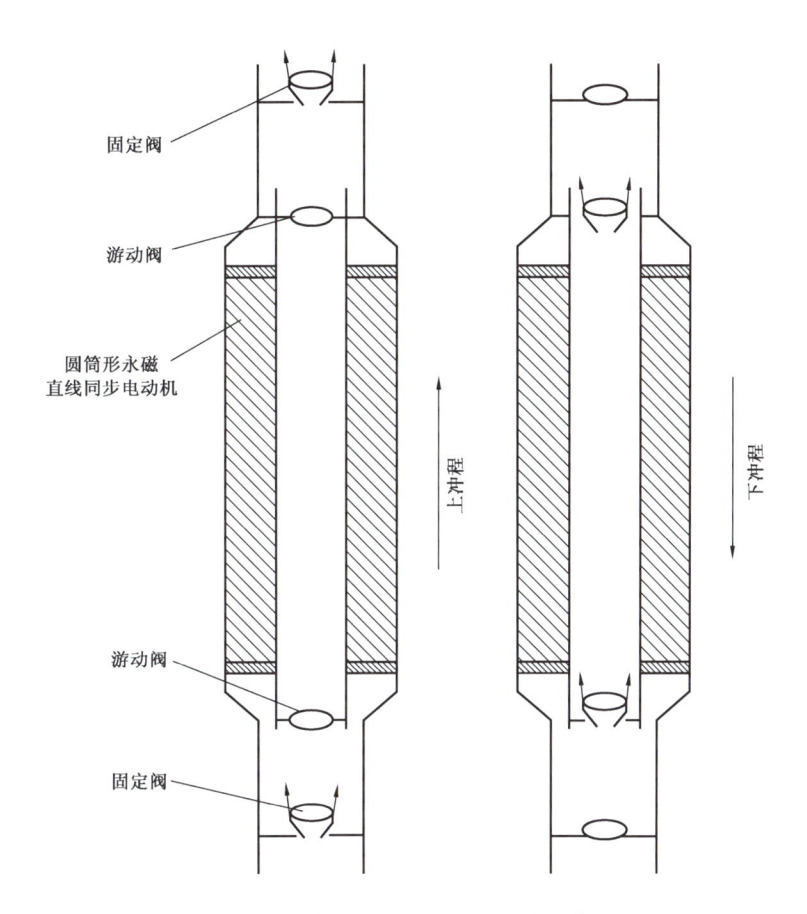

图 5-20　试验直线电动机抽油泵系统工作原理图

体的励磁磁场相互作用便会产生电磁推力,在此推力作用下,直线电动机抽油泵系统次级带动短柱塞做直线运动。当任意对换三相交流电的两相时,产生的电磁推力也随之换向,带动短柱塞做反向的直线运动。这样圆筒形永磁直线同步电动机一正一反的往复运动,就带动柱塞完成一正一反的往复运动,也就完成了一次抽汲循环。如此周而复始,完成柱塞的往复运动,完成原油的抽汲。

　　当直线电动机次级向上运动时,带动柱塞向上运动,直线电动机抽油泵做上冲程运动。此时,下短柱塞下面的下泵腔容积增大,压力减小,在压差的作用下,下游动阀关闭,下固定阀打开,原油进入下泵腔,而上短柱塞上面的上泵腔容积减小,压力增大,在压差的作用下,上游动阀关闭,上固定阀打开,上泵腔原油被举升进入油管,然后排出;同理,当直线电动机次级向下运动时,带动柱塞向下运动,直线电动机抽油泵做下冲程运动。此时,柱塞压缩下泵腔中的原油,下短柱塞下面的下泵腔容积减小,压力增大,而上短柱塞上面的上泵腔容积增大,压力减小,在压差的作用下上下两个固定阀关闭,游动阀均打开,下泵腔原油进入上泵腔。这样的直线电动机次级一上一下带动短柱塞做直线往复运动,直线电动机抽油泵就完成了一次抽汲。重复进行循环,不断地将原油排出,从而完成原油举升的目的。

三、井下直线电动机的设计要求及选择

1. 井下电动机的特殊性

从适应井下严酷的环境条件及生产的实际需要出发,井下特殊电动机的选型、结构、材料、工艺、配套等都有独特之处:

(1)细长形结构。用在井下的电动机外径要受井径限制,因此电动机呈细长形,其长度对外径之比高达 20~50,甚至更大。

(2)严酷的环境条件。井下电动机通常潜浸在上千米以下深井的井液中,除大量的水、卤水、油、泥沙、石蜡等以外,往往还有大量的硫化氢、天然气类腐蚀性物质,有的电动机还会经常遇到强烈的机械震动和冲击、高速流体的冲刷。另一个令人关注的问题是井下的环境温度,深井的实际温度可高达 80~100℃。

(3)可靠的密封装置。潜浸式电动机大多采用机械密封装置,以保证电动机正常的绝缘性能。某些井下特殊电动机,在泵与电动机之间装置液体保护器,用以平衡电动机内外压力,防止外界介质泄入电动机内部。

(4)成套性。井下特殊电动机与专用的工作机械组合,除了要求电动机的结构和性能满足专业生产的工艺要求外,还要求配备专用的变压器、电缆以及电控、保护、监测装置与之配套,完善的配套设备对井下电动机可靠地运行极为重要。

(5)可靠性被置于一切技术经济指标的首位。由于井下电动机工作于操作人员不能直接接触的严酷环境之中,而且又多是用于生产流程的重要环节,因此其长期安全运行有突出的意义。

2. 直线电动机作为井下动力系统的优势

与旋转电动机相比,直线电动机是一种利用电能产生直线运动的电动机,它可以直接驱动机械负载做直线运动。其最大优点是取消了从电动机到工作"驴头"之间的中间环节,把"驴头"上下运动传动链的长度缩短为零,即零传动或直接传动。

(1)直线电动机可将电能直接转换成举升原油的动力,中间转换环节少,而游梁式抽油机则须通过皮带、连杆机构、减速箱及游梁等转换环节,因而具有较少的能耗和较高的系统效率。

(2)直线电动机作为井下泵动力系统,易进行机泵一体化设计,可简化井下工具结构,降低施工难度。

(3)由于去掉了抽油杆,可彻底解决杆管摩擦及油管偏磨问题,使油管寿命大大增加。并且由于消除了杆管摩擦及油管偏磨造成的系统失效问题,检泵周期也将增加。

(4)由直线电动机构成的采油系统易于控制,可以随油井的实际情况动态调节泵的冲程、冲次,使整个系统处于一个协调的开采状态,更加充分地利用地层的能量,提高原油采收率。

(5)采用直线电动机和泵的一体化设计,可以更加方便地实施油层分采工艺,达到一层一泵精确分采的目的。

(6)可以充分利用电动机运转过程中产生的热量来提高原油的温度,有效地防止原油中蜡的析出。

我们可以选用圆筒形直线电动机来驱动泵柱塞,圆筒形直线电动机具有体积小、易于进行机泵一体化设计的优点,并且由于其外形是圆柱形,适合在油井中起下。因此,采用圆筒形直线电机作为井下动力系统是最佳选择。

3. 井下直线电动机抽油泵仍存在的问题

1) 地面控制系统与井况的矛盾

抽油泵长期工作于井下,井底系统结构应尽量简单、耐用、可靠,将监测装置置于抽油泵以下,由于井底环境相对恶劣,一方面监测部件容易受损,信号损失相对较大,控制精度降低;另一方面,泵挂深度同时受到制约,从而形成智能控制和耐受性要求的矛盾。

2) 电动机的工作方式

与同容量旋转电动机相比,直线电动机的效率和功率因数要低,尤其在低速时比较明显,采用电动机动子直接推动柱塞工作,电动机输出功率、出力要求相对较大,假设泵挂深度达到1500~2000m,电动机功率就要高达30kW,出力要求大于19kN,因此,电动机动子的承载方式不甚合理。

3) 电动机的结构与泵的结构限制

一般方案中采用的电动机结构与柱塞泵结合使用,泵挂深度受到限制。计算分析表明,直线电动机的推力与电动机的体积、质量成正比,泵挂深度过大,直线电动机的长度、质量增加,以相同泵径的柱塞泵为例,下泵深度超过1000m,直线电动机长度就要达到9~12m,而且冲程、冲次受到限制,实际泵挂深度均为600~1000m,直线电动机的长度为6~9m。增大电压可以提高电动机推力,但达到磁饱和时再增加电压,推力增加不明显,随着电流的增加,电动机温度升高,容易烧损电动机。因此,电动机的结构应当适当改进,同时根据电动机的工作特点合理设计抽油泵的结构。

4) 电动机的保护措施尚待完善

直线电动机特别是直线感应电动机的启动推力受电源电压的影响较大,需要采取相关措施保证电源的稳定或改变电动机的有关特性来减少或消除这种影响。

5) 直线电动机耐温要求、密封性能以及散热性能的相互关系

泵挂深度达到3000m时,直线电动机的耐温等级就要达到H级或更高,电缆和电动机绝缘效果要求同时提高,密封耐压大于20MPa。目前的技术条件已经能够解决电动机本身的散热与密封问题,控制系统能够满足对井下液位、压力等参数的实时监控,但上述电动机工作方式不利于散热,同时采用直线电动机直接驱动柱塞工作,会加剧动子对定子的损伤,缩短使用寿命。试验表明,对系统影响最大的是柱塞泵的泵效问题,柱塞泵的泵阀直接关系到系统的工作性能优劣,密封失效、气堵使系统工作效率降低或者根本就不出油。

6) 其他方面的问题

潜油电动机与抽油泵中存在的问题,在直线电动机抽油泵中也同时存在。潜油电动机的地面监测与控制问题、线路损失、抽油泵中的泵阀失效以及偏磨问题的解决有助于直线电动机抽油泵类似问题的解决。相比之下,潜油电泵和其他抽油泵的研究相对成熟,直线电动机抽油泵的研发应当借助目前较为成熟的实用技术。由于其兼具潜油电泵和普通抽油泵的优势,从理论上讲,直线电动机抽油泵的泵挂深度完全可以达到6000m甚至更高。

第六章　注水工艺技术

油田可以只利用油层的天然能量进行开发,也可以采用保持压力的方法进行开发。深埋在地下的油层具有一定压力,当开发时,油层压力驱使原油流向井底,经井筒举升到地面,地下原油在流动和举升过程中,受到油层的细小孔隙和井筒内液柱重力及井壁摩擦力等阻力。如果仅靠天然能量采油,采油过程就是油层压力和产量下降的过程。当油层压力大于这些阻力时,油井就可以实现自喷开采,当油层压力只能克服孔隙阻力而克服不了井筒液柱重力和井壁摩擦力时,就要靠抽油设备来开采,如果油层压力下降到不能克服油层孔隙摩擦力时,油井就没有产出物了。

注水之所以被广泛地应用于商业性开采石油,主要出于下列原因:

(1)水易于获得。
(2)水对于低相对密度和中等相对密度的原油是一种有效的驱扫媒介。
(3)注水的投资和操作费用低。
(4)水注入地层相对容易。
(5)水在油层中容易流动。

从1954年开始在玉门油田首先采用注水以来,国内的各大主要油田先后都进行了油田的注水开发。在世界范围内,注水保持压力开采方法已得到大面积使用。

低渗透储层由于孔隙度和渗透率都很低,吸水能力差,注水难度大,容易被污染堵塞,因此必须要有一套适应低渗透油田注水开发特点的注水工艺技术,才能实现早注水、注够水、注好水,以提高低渗透油田注水开发效果。

本章就水源与水质处理、注水水质标准、注水方式选择、分层注水工具及管柱、注水井分层测试技术、注水井增注工艺技术、注水井井筒防护技术及注水井日常管理等基本问题加以介绍。

第一节　水源与水质处理

一、水源

油田注水对水源的要求是水量充足、水质稳定。目前作为注水用的水源有以下几类。

1. 地面水源

江、河、湖、泉的地面淡水已广泛应用于注水。随着国家建设的发展,工农业对这种水源使用也愈来愈广,加上可能遇到自然干旱,对注水可能供不应求。所以使用这种水源要得到有关部门的批准。地面水源的特点是:水质随着季节变化很大,含氧量大,携带大量悬浮物和各种微生物。

2. 来自河床等冲积层水源

它是通过在河床打一些浅井到冲积层的顶部而得到的淡水水源。其特点是:水量稳定,水质变化不大,通常无腐蚀性;由于自然过滤,混浊度不受季节影响;水中含氧量稳定便于处理,但由于硫酸盐还原菌深埋地下,这种水仍可能受到污染。

3. 地层水水源

地层水水源是根据地质资料,通过钻探而找到的地下淡水或盐水水源。能找到高压、高产量的淡水层最好,盐水层也行。若找不到单一水层,多层水也可以,但应注意,不同水层的水彼此不能产生化学反应而结垢。盐水的好处在于,可以防止注水所引起的黏土膨胀。

4. 油层采出水

有些油田可能随同原油采出很多地层水或注入水,对这些水考虑回注是合理的。当然,这些水必须满足注水水质要求。

二、水质处理

在水源确定的基础上,一般要进行水质处理。水源不同,水处理的工艺也就不同,现场上常用的水质处理措施有以下几种。

1. 沉淀

地表水总是含有一定水量的机械杂质,因此在处理上首先是沉淀,以便除去机械杂质。其方法就是让水在沉淀池(罐)内放置一定的时间,近而使其中悬浮的固体颗粒在其重力的作用下沉淀下来。反应沉淀池结构如图6-1所示。

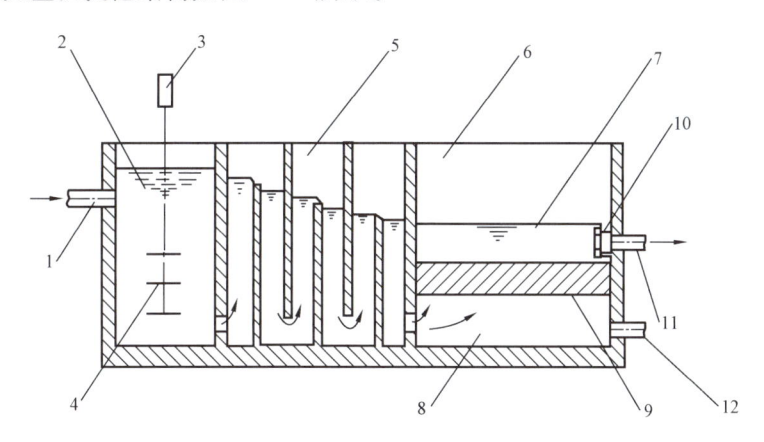

图6-1 反应沉淀池结构示意图
1—进水管;2—机械反应池;3—搅拌机;4—叶轮;5—隔板反应池;
6—斜板沉淀池;7—清水区;8—积泥区;9—斜板;10—集水槽;11—出水管;12—排泥管

沉淀时要有充分的沉降时间,以使固体颗粒凝聚并沉淀下来。一般在沉淀池内还配有迂回挡板,这样有利于颗粒凝聚与沉淀。此外,为了加快水中的悬浮物及非溶性化合物的沉淀,在沉淀的过程中往往加入聚凝剂。常用的聚凝剂为硫酸铝,它和碱性盐如碳酸氢钙作用后形成絮状沉淀物,其化学反应式如下:

$$Al_2(SO_4)_3 + 3Ca(HCO_3)_2 = 2Al(OH)_3 + 3CaSO_4 + 6CO_2$$

加入聚凝剂后形成的絮状沉淀物带着悬浮物一起下沉,缩短了沉降时间。除了常用的硫酸铝外,还有硫酸铁[$Fe_2(SO_4)_3$]、三氯化铁($FeCl_3$)和偏铝酸钠($NaAlO_2$)等絮凝剂。

2. 过滤

经过沉淀处理过的水一般含有少量粒径很小的悬浮物和细菌,为了除去这些物质必须进行相应的过滤处理。此外,地下水也要进行过滤处理。采用过滤措施就是要将水中的悬浮杂质、聚凝物和细菌等拦阻在滤料层表面,形成一个软泥薄层"滤膜",这层滤膜起着附加滤料层的作用。

常用的过滤设备为过滤池或过滤器,内装石英砂、大理石屑及硅藻土等。水从上向下经砂层、砾石支撑层,然后从池底出水管流入澄清池加以澄清。油田常用的是压力滤罐(图6-2),由滤料层、支撑介质和进水管、排水管、洗水管等组成。

正确选用过滤材料,对滤池的正常工作具有重要的意义。滤料颗粒的大小、形状、组成以及滤料层厚度,对过滤池的过滤速度、滤污能力、工作周期等有着直接的影响。使用的过滤材料,必须符合以下要求:有足够的机械强度,以免冲洗时颗粒过度磨损和破碎而降低滤池或滤器的工作周期;对于过滤的水有足够的化学稳定性;价格低廉等。

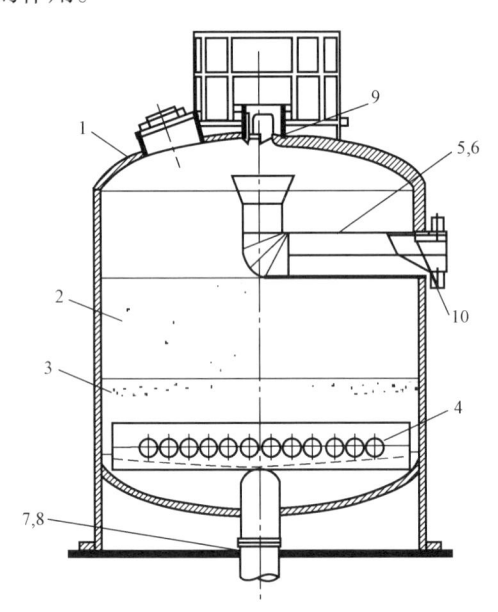

图6-2 压力式滤罐示意图
1—罐体;2—滤料层;3—垫料层;4—集配水器;
5—进水管;6—反冲洗排水管;7—出水管;
8—反冲洗进水管;9—自动排气阀;10—排气管

3. 杀菌

地表水一般含有藻类、粪类、铁菌或硫酸盐还原菌,在进行水质处理时必须将这些物质除掉,以防止堵塞油层和腐蚀管柱。考虑到细菌的适应性强,一般选用两种以上的杀菌剂,以免细菌产生耐药性。

常用的杀菌剂有氯或其他化合物,如次氯酸、次氯酸盐及氟酸钙。氯气杀菌时,与水反应生成次氯酸,而次氯酸是一种不稳定的化合物,分解后产生新生态的[O],[O]是强氧化剂,可以杀菌。

$$Cl_2 + H_2O \Longleftrightarrow HCl + HClO$$

$$HClO \Longleftrightarrow HCl + [O]$$

4. 脱氧

氧是造成注水系统腐蚀最主要、最直接的因素,也是其他水质指标能否达到标准的关键。地面水和雨水与空气接触,会溶有一定量的氧,有的水源中还含有碳酸气和硫化氢气体,在一定条件下,这些气体对金属有腐蚀性,应设法除去。下面将脱氧方法作一简单介绍,除去碳酸气和硫化氢气体在原理上和脱氧的方法比较相似。

1)化学脱氧

将化学药剂(氧化剂)加入水中,药剂与氧反应生成无腐蚀性产物,以达到除去水中溶解氧的目的。常用的化学除氧剂有亚硫酸钠(Na_2SO_3)、二氧化硫(SO_2)和联氨(N_2H_4)等。最常

用的是亚硫酸钠,其具有价格低廉、处理方便的优点,反应式如下:

$$2Na_2SO_3 + O_2 =\!=\!= 2Na_2SO_4$$

如水温低、含氧量低时,上述反应慢,可加催化剂硫酸钙促进反应。

2)汽提脱氧

用天然气或者惰性气体对水进行逆流冲刷以提出水中的溶解氧。其原理是:当天然气逆流冲刷时冲淡了空气中的氧,从而使水表面氧的分压降低,水中的氧便从水中分离出来,被天然气带走,随后又冲淡又带走,最后把水中的氧除掉。另外,天然气还有吸收氧的能力,在不断的冲刷过程中把氧带走。

3)真空除氧

由于气体在液体中的溶解能力与系统的压力成正比,所以降低压力就降低了溶解氧量。真空脱氧的原理是:用抽空设备将脱氧塔抽成真空,从而把塔内水中的氧气分离出来并抽掉,如图6-3所示。通过喷嘴的高速空气在喷射器内造成低压,使塔内水中的氧分离出来并被蒸汽带走。为了使水中的氧气容易脱出,塔内装有许多小磁环。

5. 除油

含油污水是油田开发过程中不可避免的产物。随着油田开发时间的延长,产出的污水也随之增加,但采出水中含有少量油滴状的悬浮烃类,且这些油粒的直径很小,在管流中油珠处于分散状态,而在大罐中油珠处于聚合状态。采出水停留时间加倍,会使油珠尺寸增加19%。重力分离和气体浮选是其基本的除油方法,必要时可加混凝剂。

1)重力分离

大多数水处理设备采用重力分离油珠。设计重力分离时,需要知道流出水中的油的浓度和粒径的分布,一般油珠的大小随油浓度的降低而变小。重力除油装置(图6-4)主要是提供足够的停留时间以便油珠聚结和重力分离。

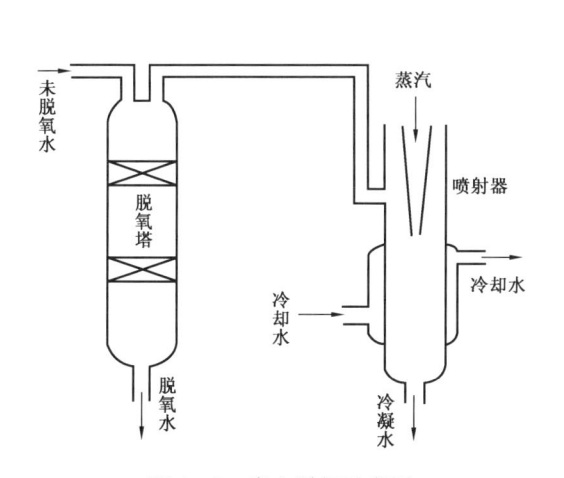

图6-3 真空脱氧示意图

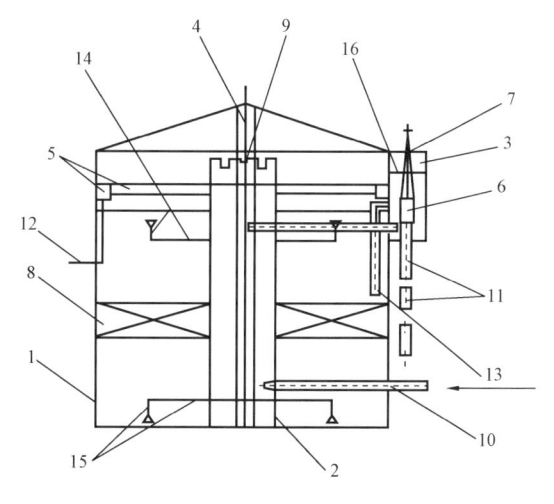

图6-4 反应沉淀池结构示意图
1—罐体;2—中心筒;3—水箱;4—中心柱;5—油槽;6—调节堰;
7—调节杆;8—斜板;9—通气孔;10—进水管;11—出水管;
12—出油管;13—溢流管;14—配水管;15—集水管;16—溢流堰板

2）气体浮选

将大量的小直径气泡注入水中，气泡与悬浮在水流中的油滴接触，进而使油滴像泡沫一样上升到水面，如图 6-5 所示。

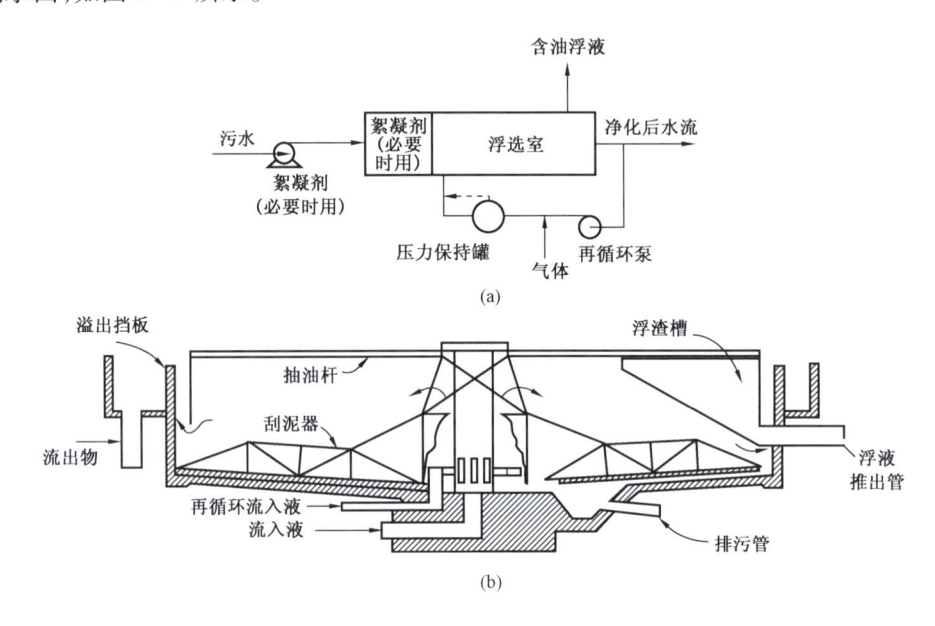

图 6-5 气浮选槽示意图

污水中的含油分散情况主要有三类：浮油（粒度中值大于 $100\mu m$）和分散油（粒度中值 $10 \sim 100\mu m$）及乳化油（粒度中值小于 $10\mu m$）。浮油稍加静置就会浮到水面，分散油如果有足够的静置时间，也能浮升至水面。处理合格的水中含油主要是乳化液。对特定油水体系中含油浓度与油珠粒径中值也存在某一定量关系。如某一乳液体系中，含油浓度为 $35mg/L$ 时，油珠粒径中值为 $0.57\mu m$，含油 $50mg/L$ 时油珠粒径中值为 $1.2\mu m$。

当水源含有大量的过饱和碳酸盐（如重碳酸钙、重碳酸镁和重碳酸亚铁等）时，由于其化学性质不稳定，注入油层后因温度升高可能产生碳酸盐沉淀而堵塞油层，因此需预先进行曝晒处理将碳酸盐沉淀下来。

第二节 注水水质标准

一、注水水质

注水水质指标是油气田开发的重要指标，是决定地面水处理系统和注水系统建设的重要依据，是影响注水效果和成本的重要因素。注水水源一般具备水量充足、取水方便、经济合理等条件，同时也要符合以下要求：

（1）水质稳定，与地层水混合后不产生沉淀。

（2）注入油层后不使黏土矿物产生水化膨胀或产生悬浊物。

（3）水中不应携带大量悬浮物，以防堵塞注水井渗滤端面及渗流孔道。

(4)对注水设备设施腐蚀性小。

(5)当采用两种水源进行混合注水时,应先进行室内实验,证实两种水的配伍性好,且对油层无伤害。

二、常用注水水质标准

1. 推荐水质主要控制指标

1995 年 1 月,中国石油天然气总公司颁布了 SY/T 5329—1994《碎屑岩油藏注水水质推荐指标及分析方法》,规定了碎屑岩油藏注水水质的基本要求,推荐指标及水质的分析方法,评价注水水源、确定注水水质应按 SY/T 5329—1994 标准进行,见表 6–1。

表 6–1 推荐水质主要控制指标(SY/T 5329—1994)

注入层平均空气渗透率(D)		<0.1			0.1~0.6			>0.6		
标准分级		A1	A2	A3	B1	B2	B3	C1	C2	C3
控制指标	悬浮固体含量(mg/L)	<1.0	<2.0	<3.0	<3.0	<4.0	<5.0	<5.0	<6.0	<7.0
	悬浮物颗粒直径中值(μm)	<1.0	<1.5	<2.0	<2.0	<2.5	<3.0	<3.0	<3.5	<4.0
	含油量(mg/L)	<5.0	<6.0	<8.0	<8.0	<10.0	<15.0	<15.0	<20	<30
	平均腐蚀速率(mm/a)	<0.076								
	点腐蚀	A1,B1,C1 级:试片各面都无点腐蚀 A2,B2,C2 级:试片有轻微点腐蚀 A3,B3,C3 级:试片有明显点腐蚀								
	硫酸盐还原菌(个/mL)	0	<10	<25	0	<10	<25	0	<10	<25
	铁细菌(个/mL)	$n \times 10^2$			$n \times 10^3$			$n \times 10^4$		
	腐生菌(个/mL)	$n \times 10^2$			$n \times 10^3$			$n \times 10^4$		

2. 延长油田注水水质标准

我国各油田基于水质标准具有较强针对性的特点,根据生产实践经验积累和总结,结合各自的油田实际情况具体分析、具体研究,也提出了适合于各自油田特点的水质标准体系,因此延长油田根据其油田地层特点,制定了油田的企业标准,见表 6–2。

表 6–2 延长油田主力油层注水实用水质指标

项目	延长油区延安组油层	延长油区长 2 油层	延长油区长 6 油区	行业标准(A3)
悬浮物固体含量(mg/L)	≤2.0	≤1.0	≤1.0	≤1.0
悬浮物颗粒直径中值(μm)	≤2.0	≤1	≤1	≤1.0
含油量(mg/L)	≤8.0	≤5.0	≤1.0	≤5.0
平均腐蚀速率(mm/a)	≤0.076	≤0.076	≤0.076	≤0.076
硫酸盐还原菌(个/mL)	≤25	≤10	≤10	≤10
腐生菌(个/mL)	≤10^2	≤10^2	≤10^2	≤10^2

续表

项目	延长油区延安组油层	延长油区长2油层	延长油区长6油区	行业标准(A3)
铁细菌	$\leq 10^3$	$\leq 10^2$	$\leq 10^2$	$\leq 10^2$
S^{2-}(mg/L)	≤ 5.0	≤ 3.0	0	≤ 5.0
溶解氧(mg/L)	≤ 0.5	≤ 0.3	≤ 0.1	≤ 0.5
游离CO_2(mg/L)	≤ 1.0	$-1.0 < CO_2 < 1.0$	$-1.0 < CO_2 < 1.0$	≤ 1.0
Fe^{3+}(mg/L)	≤ 0.5	≤ 0.4	≤ 0.1	≤ 0.5
配伍性	良好	良好	良好	良好
平均渗透率(mD)	59.48	6.99~11.90	0.52~1.26	<100

注:注水 pH 值应控制在 7±0.5 为宜。

3. 注水水质辅助性指标

(1)水质的主要控制指标已达到注水要求,注水又较顺利,可以不考虑辅助性指标;如果达不到要求,为查其原因可进一步检测辅助性指标。指标包括溶解氧、硫化氢、侵蚀性 CO_2、铁、pH 值等。

(2)水中有溶解氧时可加剧设备腐蚀,当腐蚀速率不达标时,应首先检测溶解氧,油层采出水中溶解氧浓度最好是小于 0.05mg/L,不能超过 0.10mg/L,清水中的溶解氧要小于 0.50mg/L。

(3)侵蚀性 CO_2 含量等于零时此水稳定;大于零时此水可溶解碳酸钙并对注水设施有腐蚀作用;小于零时出现碳酸盐沉淀。侵蚀性 CO_2 含量要求:大于或等于 -1.0mg/L 且小于或等于 1.0mg/L。

(4)系统中硫化物增加是细菌作用的结果。硫化物过高的水也可导致水中悬浮物增加,清水中不应含硫化物,油层采出水中硫化物浓度应小于 2.0mg/L。

(5)水的 pH 值应控制到 7±0.5 为宜。

(6)水中含亚铁离子时,由于铁细菌作用可将二价铁转化为三价铁而生成氢氧化铁沉淀。当水中含硫化物(S^{2-})时,可生成硫化亚铁沉淀,使水中悬浮物增加。

三、注水指标超标的危害

1. 悬浮物含量

悬浮物含量是注水结垢和地层堵塞的重要标志,如果注水中悬浮物含量超标,就会堵塞地层孔隙通道,导致地层吸水能力下降。

2. 含油量

如果注水中含油量超标,将会降低注水效率,它能在地层中形成"乳化塞段",堵塞油层孔隙通道,导致地层吸水能力下降,且它还可以作为某些悬浮物(如硫化亚铁等)很好的胶结剂,进一步增加堵塞效果。

3. 溶解氧

溶解氧对注水的腐蚀性和堵塞性都有明显的影响。如果注水中硫化物含量超标,它不仅直接影响注水对注水油管、套管等设施的腐蚀,而且当注水中存在溶解的铁离子时,氧气进入系统后,就会生成不溶性的铁氧化合物沉淀,从而堵塞油层。在高矿化度的含油污水中,溶解氧由 0.02mg/L 增加到 0.065mg/L,腐蚀速率约增加 5 倍,当溶解氧达到 1.0mg/L 时,则腐蚀速率约增加 20 倍;当溶解氧与硫化氢并存时,溶解氧又加剧硫化氢对注水金属设施的腐蚀。因此,溶解氧是注水产生腐蚀的一个重要因素。

4. 硫化物

油田含油污水中的硫化物(主要是硫化氢)有的是自然存在于水中的,有的是由硫酸盐还原菌产生的。如果注水中硫化物含量超标,则注水中硫化氢就会加速注水金属设施的腐蚀,生成腐蚀产物硫化亚铁,导致油层堵塞。

5. 细菌总数

如果注水中细菌总数超标,就会引起金属腐蚀,腐蚀物就会导致油层堵塞;油田含油污水中若存在大量细菌,就会加剧对金属设备的腐蚀,导致油层堵塞。

6. Ca^{2+} 和 Mg^{2+}

油田污水中的 Ca^{2+} 和 Mg^{2+},在一定条件下与水中的 CO_3^{2-} 和 SO_4^{2-} 发生化学反应,生成 $CaCO_3$、$MgCO_3$ 或 $CaSO_4$ 沉淀。有的随注水注入地层,对地层形成堵塞;有的不断沉积形成水垢,牢固地附着在设备和管壁上,当结垢厚度过大时,注水管网管径截面变小,使注水设备使用寿命缩短,注水系统效率降低,能耗增大。

7. Fe^{2+} 和 Fe^{3+}

油田污水中的 Fe^{2+} 结构不太稳定,易与水中的溶解氧作用生成不溶于水的 $Fe(OH)_3$ 沉淀;Fe^{2+} 还易与水中的硫化氢发生化学反应,生成硫化亚铁沉淀,从而堵塞油层,导致吸水指数下降。

第三节 注水方式选择

注水方式就是指注水井在油藏中所处的部位和注水井与生产井之间的排列关系,也就是指注水井在油田的布局和油水井的相对位置。在实际的开发方案制定过程中,注水方式的选择将会对油田的开发产生重要的影响。

油田注水方式的选择要根据国内外油田的开发经验和该油田的地质特征来确定。不同的油田所要选择的注水方式也不相同,油藏的构造特征和油层属性是确定注水方式的主要依据。在注水方式选择时,油藏类型、油水过渡带大小、地层原油黏度、地层水的黏度、储层类型、储层物性(尤其是岩石的渗透率)、地层非均质性及油水过渡带和断层的展布都是要考虑的地质因素。

对具有不同特征的原油和开发层系采用不同注水方式,必然会形成注水方式的多样化,其中每一种只是在一定地质条件下才是有效的。目前,国内外油田采用的注水方式归纳起来主要分为边缘注水、切割注水和面积注水三种,以下对各种注水方式分别进行介绍。

一、边缘注水

边缘注水包括缘外注水、缘上注水和缘内注水等注水方式。一般将注水井部署在油水过渡带地区,它们大体上平行于油水边缘成排地钻注水井。

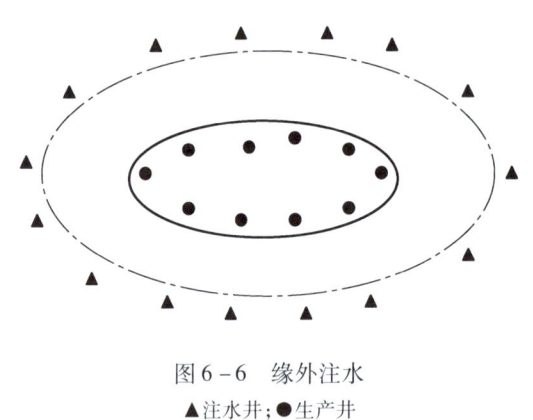

1. 缘外注水

注水井部署在外含油边界以外含水区内进行注水,与等高线平行,按一定井距环状排列。一般适用于过渡带区域内渗透性较好,含水区与含油区不存在低渗透带或断层的油田(图6-6)。可保持过渡带地层的压力、防止原油外流,减少注水的损失,提高开发效果。

2. 缘上注水

注水井部署在外含油边界上或在油藏内距外含油边界较近处,按一定井距环状排列。一般适用于过渡带区域内渗透性较差的油田(图6-7)。可提高注水井的注入能力和驱油效果。

图6-6 缘外注水
▲注水井;●生产井

3. 缘内注水

注水井部署在内含油边界以内,按一定井距环状排列。一般适用于过渡带区域内渗透性很差无法注水的油田(图6-8),可以防止原油外流,减少注水的损失。

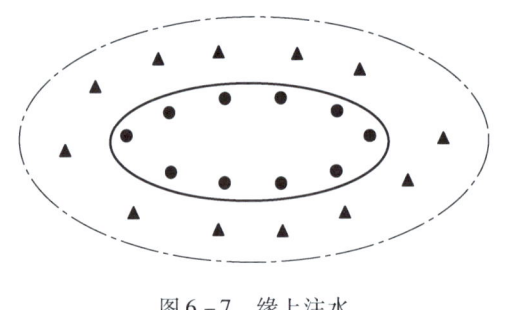

图6-7 缘上注水
▲注水井;●生产井

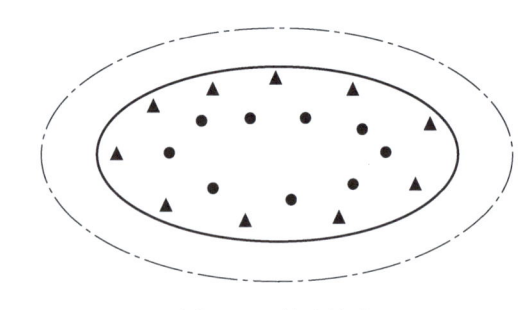

图6-8 缘内注水
▲注水井;●生产井

如上所述,边缘注水适用于油田边水比较活跃、油水界面清晰、油田规模较小、地质构造完整、油田边部和内部连通性好、油层渗透率较高、油层稳定的油田。其优点是油水界面比较完整,油水界面逐步向内推进,因此控制较容易,无水采收率和低含水采收率高,与其他注水方式相比,最终采收率往往高出许多。但是,这些注水方式有个根本的缺点,就是能够受到注水效果影响的采油井排太少,只是靠近注水井排的第一、第二排采油井,可以有效地保持住油层压力,而远离注水井排的油井受不到注水效果的影响,压力和产量过低,开采效果很差。此外,注水利用效率不高,一部分注水向边外四周扩散;对于较大的油田,其顶部由于不能有效受到注水能量补充的作用,易形成低压区,出现弹性驱或溶解气驱。因此,这些注水方式都只适用于小油田(宽度为2~3km)。

二、行列切割注水

行列切割注水是把一个油田用注水井切割成若干小的开发区,每个区块可视为一个独立的开发单元,分区进行开发和调整。两排注水间可以布置三排、五排生产井,采油井排与注水井排基本平行,称为行列切割注水。切割注水方式又有纵切割、横切割和环状切割(图6-9)。

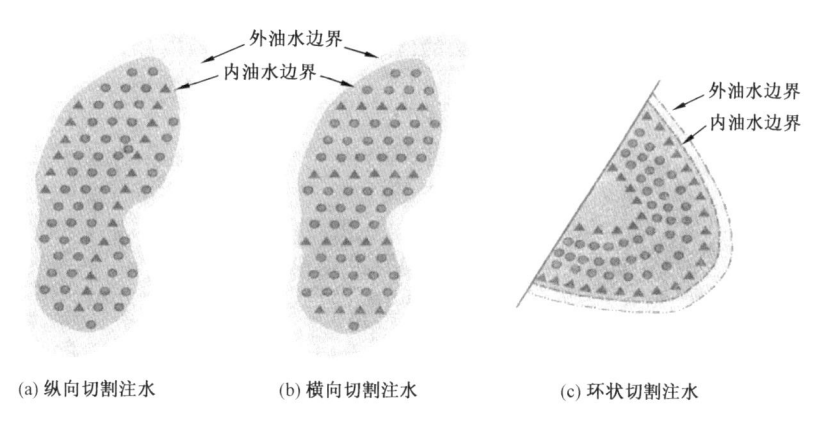

(a) 纵向切割注水　　(b) 横向切割注水　　(c) 环状切割注水

图6-9　行列切割注水示意图
●注水井;▲生产井

行列切割注水一般只适用于大面积油藏、储量丰富、油层性质好、分布相对稳定、连通状况较好的油田,一般不适用于非均质程度较高的油藏。其优点是:一个大油田可以分块分批地投入开发,管理上比较方便。对于那些渗透率高、大片分布的好油层,用这种方式开发可以保持一定的采油速度。行列注水要求注进油层的水,成排地向生产井排推进,一排一排地见水、水淹。但实际上,油层在平面上渗透性差异很大,油层内部结构性质的变化就更大了,注进去的水主要还是受油层性质影响,哪里容易流动就先向哪里突进,那种一排一排地、整齐地见水、水淹的想法是不可能的。为发挥切割注水的优点,减少其不利之处,就要求更好地选择合理的切割宽度,确定最优的切割井排位置,辅以点状注水,发挥和强化切割注水系统,提高注水线同生产井井底之间的压差。

三、面积注水

面积注水是将生产井和注水井按一定几何形状均匀分布在整个开发区上,同时进行注水和采油。这种注水方式实质上是把油层分割成许多小单元,在每个单元内同时布置注水井和采油井。由于注水井均匀分布,油、水井直接靠近。因此,这种注水方式加快了油井的见效时间,使油层能长期保持一定的压力。

不同性质的油层要求不同的油、水井井数比和不同的井网形式。根据生产井和注水井相互位置及构成的井网形状不同,面积注水可分为四点法、五点法、七点法、九点法、反七点法和反九点法等。

1. 四点法面积注水

四点法面积注水井网的特点为等边三角形,注水井按一定的井距布置在等边三角形的3

个顶点上,生产井在三角形的中心,一口注水井给周围 6 口生产井注水,一口生产井受周围 3 个方向注水井的影响。注水井与每口生产井距离相等,生产井与注水井的比例为 2∶1,显然,这样的井网注水强度大。四点法面积注水也称为反七点法面积注水(图 6 – 10)。

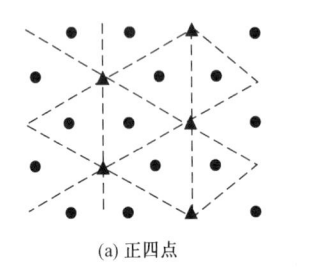

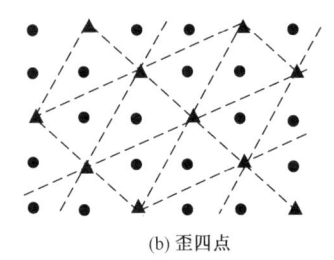

(a) 正四点

(b) 歪四点

图 6 – 10　四点法注水示意图
▲注水井;●生产井

2. 五点法面积注水

注水井网为正方形,一口生产井受周围 4 口注水井的影响,同样一口注水井给周围 4 口生产井注水。这是一种强控强采的布井方式,生产井与注水井的比例为 1∶1,注水井数占总井数比例较大(图 6 – 11)。注水井与每口生产井距离相等,注水比较均匀,生产井受效良好,其最终采收率也较高。五点法面积注水也称为反五点法面积注水。

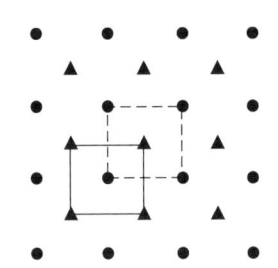

图 6 – 11　五点法注水示意图
▲注水井;●生产井

3. 七点法面积注水

七点法面积注水井网的特点为等边三角形,生产井布置在三角形的 3 个顶点上,单元面积为正六边形,6 个顶点为注水井,中心为生产井,一口生产井受 6 口注水井的影响,一口注水井给周围 3 口生产井注水,生产井与注水井的比例为 1∶2(图 6 – 12)。因为注水井是生产井井数的两倍,所以注水强度较高,最终采收率也较高。

4. 九点法面积注水

九点法面积注水井网为正方形,由 8 口注水井组成一个正方形,正方形的中心是一口生产井,每口生产井受周围 8 口注水井的影响,生产井与注水井的比例为 1∶3(图 6 – 13),也是注水强度很高的一种井网。

5. 反九点法面积注水

反九点法面积注水井网为正方形,由 8 口生产井组成一个正方形,正方形的中心是一口注水井,每口注水井给周围的 8 口生产井注水,生产井与注水井的比例为 3∶1(图 6 – 14)。

(a) 七点 (b) 反七点

图 6-13 七点法注水示意图
▲注水井；●生产井

图 6-13 九点法注水示意图
▲注水井；●生产井

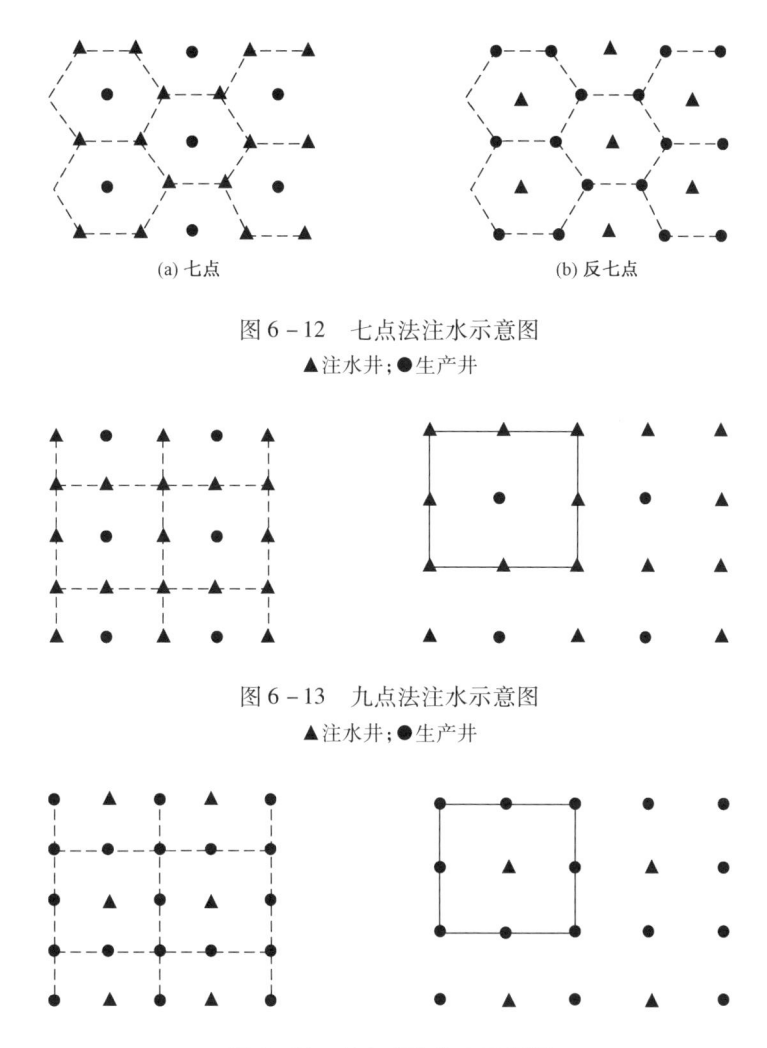

图 6-14 反九点法注水示意图
▲注水井；●生产井

综上所述，采用面积注水具有储量动用充分、注采强度较高的特点。该方法一般适用于油田面积大、地质构造不够完整、断层分布复杂的油田。

通过以上对各种注水方式的分析发现，油藏注水方式多种多样，不同性质油层所适应的注水方式不同。一般来说，分布稳定、含油面积大、渗透率较高的油层，行列注水或面积注水都能适应。但分布不稳定、含油面积小、形状不规则、渗透率低的油层，面积注水方式比行列注水方式适应性更强。

一个油藏的注水方式也不是一成不变的。在油田开发过程中，由于不断取得新资料及对产量要求的变化，注水方式也要随之不断改变。因此，在编制注水开发设计时，注水方式的选择要为后期的调整留有较大的余地。在满足一定采油速度的前提下，注水井数不宜定得太多。

第四节 分层注水工具及管柱

一、分层注水工艺的发展历程

注水是及时补充地层能量最经济、最有效的方法，而分层注水又是不同油藏根据开发目的层对能量的需求进行分层补充，以满足油田开发要求，随着油藏精细化管理技术的不断提高，油田注水工艺技术发展先后经历了笼统注水阶段、同心活动式注水阶段、偏心注水阶段和新型分注阶段四个阶段。

开发初期油田注水采取笼统注入方式，保持了地层压力，油井自喷能力旺盛。但由于多油层非均质性产生的层间、层内、平面三大矛盾，出现了主力油层单层突进、过早见水的现象，因此，油田提出了分层注水的技术要求。

20世纪60年代，为解决分层水量控制，大庆油田研制出655同心活动式分层配水器，水嘴装在可以投捞的堵塞器上，堵塞器位于油管中心，堵塞器自上而下逐级缩小，调配水量时只需捞出堵塞器就可更换水嘴，但每捞一级堵塞器，其上部各级堵塞器都必须全部捞出，投捞测试工作量大，且分层测试时各层互相干扰，测试资料准确率低。该技术虽然可通过更换水嘴来控制分层注水量，但无法进行分层压力测试。

20世纪70年代，随着油田开发规模扩大，注水井数增多，为简化分注工艺、提高分注合格率，大庆油田研制了656-2偏心式配水器，该技术是水嘴装在可以投捞的堵塞器上，堵塞器坐在工作筒轴线的一侧，调配水量时通过配套工具可投捞任意一级堵塞器，偏心注水工艺不但可以通过投捞器调配分层注水，而且可进行封隔器验封和分层压力、流量测试等，使水井分注技术达到了比较完善的程度，是目前国内水井分注的主导工艺技术。

20世纪80年代，油田进入中高含水期，由于长期注水，套损井数逐年增加，大庆油田又形成了一套小直径分层注水技术。

20世纪90年代，为适应油田细分层注水的需求，胜利油田研究出了空心分注工艺、河南油田研究出了液力投捞分注工艺、大庆油田研究出同心集成分注工艺，每种分注工艺各有各自的优缺点。如空心分注带水嘴坐封、液力投捞、分注靠液力反冲进行调试，同心集成分注具有封隔器与配水器一体化设计等特点。同时推广应用注水井化学调剖技术，为注水井机械细分提供了有力的补充手段，特别是，为进一步地解决小通径套变注水井分层注水问题提供了新的有效途径；为了保证分层注水质量，发展完善了注水井验封技术。

二、分层注水工具

注水井井下工具作为分层注水工艺的主要组成部分，在近几年来有了很大的发展。新型封隔器、恒流配水堵塞器、磁性双作用投捞器、注水井除垢器、免投捞式射流洗井器、注聚合物井大通径封隔器工艺管柱等技术的现场试验、推广，为注水井的分层注水提供了可靠的技术保证。

1. 封隔器

1）扩张式封隔器

扩张式封隔器是油田应用较早、应用最为广泛的分层注水封隔器，其结构简单、使用方便，常用的为K344型。

(1)结构。K344型扩张式封隔器结构如图6-15所示。

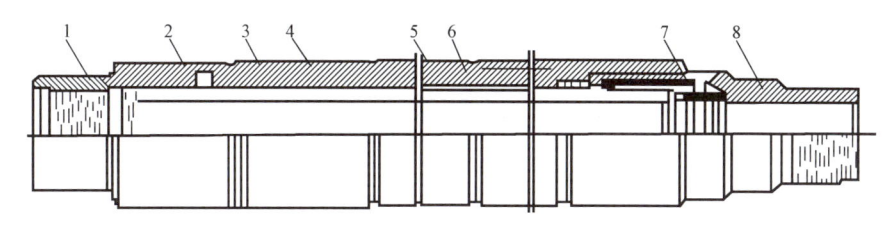

图6-15 K344型封隔器示意图
1—上接头;2—O形密封圈;3—胶筒座;4—硫化芯子;5—胶筒;6—中心管;7—滤网罩;8—下接头

(2)工作原理。从油管内加液压,当管内外压差达到0.5~0.7MPa时,液压经滤网罩、下接头的孔眼和中心管的水槽作用于胶筒的内腔,使胶筒胀大,密封油管、套管环形空间;放掉油管内的压力,当油管内外压差低于0.5~0.7MPa时,胶筒即收回解封。

(3)技术规范见表6-3。

表6-3 K344型封隔器技术规范

项目		型号		
		K344-110	K344-135	K344-95
最小内径(mm)		62	62	50
长度(mm)		930	920	870
油管内外压差(MPa)		0.5~0.7	0.5~0.7	0.5~0.7
封隔器	全长(mm)	500	520	490
	工作面长度(mm)	240	280	240
工作压差(MPa)		12	12	12
工作温度(℃)		50	50	50
适应套管内径(mm)		117~132	140~154	102~127

2)压缩式封隔器

分层注水常用的压缩式封隔器有Y141-114型封隔器和Y341-114型封隔器。

(1)Y141-114型封隔器。

① 结构。Y141-114型封隔器结构如图6-16所示。

② 工作原理。

a. 坐封。该封隔器与偏心配水器、球座及筛管等工具组成分层注水管柱,将尾管支撑到人工井底。上接头及连接管在管柱重力作用下下移,钢球沿连接管锥面被挤出并紧贴套管内壁,使封隔器坐封前在套管内居中。当油管内加液压大于15MPa时,液压经上中心管的孔眼作用在坐封活塞上,坐封锁钉被剪断,坐封活塞和活塞套上行。压缩胶筒使胶筒直径变大,封隔油管、套管环形空间。放掉液压,由于活塞套被大卡簧卡住,胶筒始终处于封隔坐封状态。

b. 洗井。反循环进行洗井,使洗井液作用于洗井阀,推动洗井阀上行而打开洗井通道,进行洗井。洗井完毕,洗井阀在静液压作用下自动关闭,封隔器恢复密封。

c. 解封。上提管柱，连接管上移。钢球失去内支撑，并带动钢球套、中间接头、上下中心管和键上运动。因坐封时活塞已上行，使卡块失去外支撑，结果卡块被挤出，胶筒复原。

（2）Y341-114型可洗井封隔器。

① 结构。Y341-114型可洗井封隔器结构如图6-17所示。

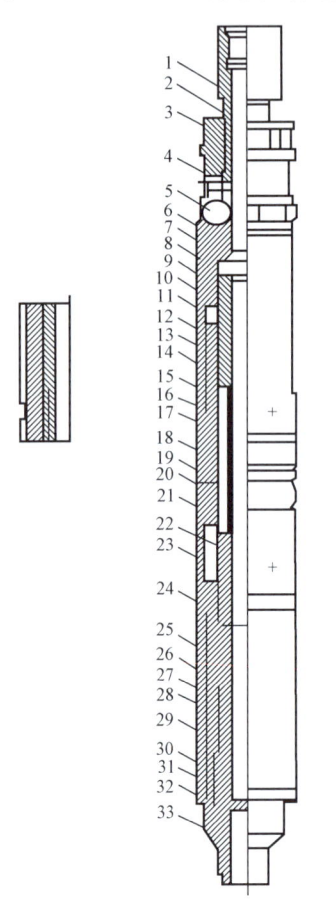

图6-16 Y141-114型压缩式封隔器结构示意图
1—上接头；2—连接管；3—挡环；4—防转销钉；5—钢球；
6,25—销钉；7,9,14,15—密封圈；8—挡套；10—中间接头；
11—阀套；12—上中心管；13—洗井阀；16—压帽；17—阀座；
18—长胶筒；19—中胶筒；20—隔环；21—衬管；22—弹簧；
23—挡套；24—坐封活塞；26—卡块；27—活塞套；28—悬挂体；
29—中心管；30—大卡簧；31—键；32—保护环；33—下接头

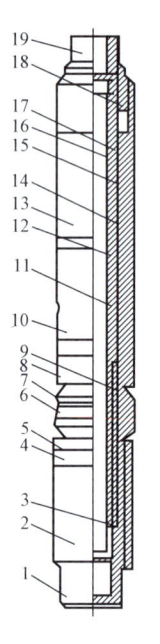

图6-17 Y341-114型可洗井封隔器
1—上接头；2—调节环；3—中心管；4—斜隔环；
5—上胶筒；6—中胶筒；7—锥环；8—下胶筒；
9—外中心管；10—承压套；11—洗井活塞；
12—承压接头；13—活塞套；14—销钉挂；
15—卸压活塞；16—卡簧；17—下活塞套；
18—下接头；19—锁块支撑套

② 工作原理。

a. 坐封。当封隔器随着管柱下到井内预定深度后，坐好井口。从油管加液压，高压液体经中心管的水眼进入活塞腔内，推动洗井活塞，洗井活塞又推动承压座、辅助胶筒、锥环上行。这时，压缩中胶筒，使其直径变大，封隔油管、套管环形空间。同时辅助胶筒被锥隔环锥开，其端面压在中胶筒上起支撑保护作用。在压缩胶筒的同时，工作筒上行卡在大卡簧上，这时封隔器处于工作状态。

b. 洗井。接好洗井管线，倒流程，关闭生产阀门，打开洗井阀门。当洗井排量达到 $25m^3/h$ 左右时，压力要保持稳定，最高不得超过 6MPa，当洗井合格后倒流程，恢复正常注水。

c. 解封。当需要更换管柱时，在井口投入 $\phi50mm$ 的钢球坐于泄压密封段上，再打开生产阀门，进行憋压，当压力超过 10MPa 时，即可剪断固定销钉，此时密封段下移，锁块失去内支撑。这时，上提管柱拉断泄压销钉，胶筒恢复原状，封隔器解封，管柱就可以顺利起出。

2. 配水器

根据注水井配注量调整的需要，配水器及其配套的工具应具备可以更换水嘴等特点。根据其结构特征，一般可分为同心配水器和偏心配水器两种规格。

1）同心配水器

（1）结构。同心配水器的结构如图 6-18 所示。

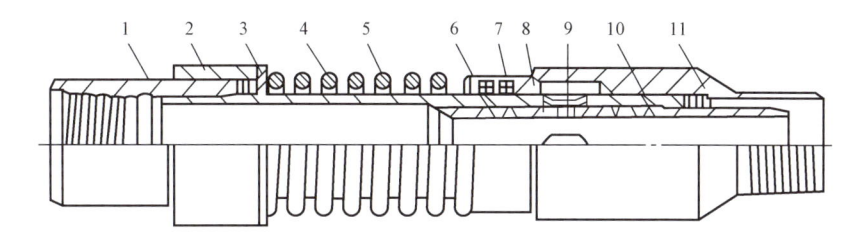

图 6-18 同心配水器
1—上接头；2—调节环；3—垫圈；4—弹簧；5—工作筒；6,7—O 形圈；8—启开阀；9—水嘴；10—芯子；11—下接头

（2）工作原理。油管加压经水嘴作用在启开阀上，当液压力大于压簧的弹力时，启开阀压缩弹簧，阀打开，水流经过油管、套管环形空间注入地层。调节环用来调节压簧的松紧，以控制启开阀的启开压力。捞出芯子，就可更换水嘴以调节水量。

2）KPX 型偏心配水器

（1）结构。KPX 型偏心配水器结构如图 6-19 所示。

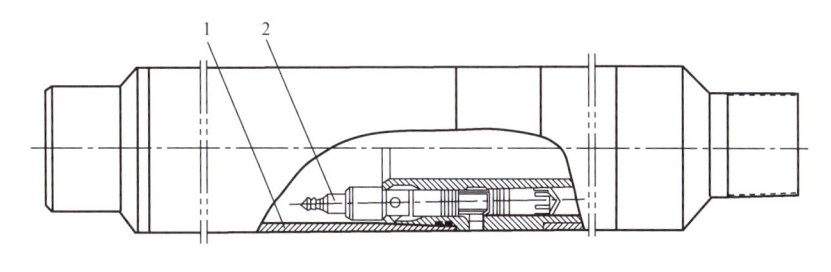

图 6-19 偏心配水器
1—工作筒；2—堵塞器

（2）工作原理。正常注水时，堵塞器坐于配水器主体的偏孔上。堵塞器主体上下两组四道 O 形胶圈封住偏孔的出液槽。注水经工作筒主通道，再经堵塞器滤罩、水嘴、堵塞器主体的出液槽和工作筒主体的偏孔进入油管、套管环形空间后注入地层。

测试、测压时，测试密封段坐入层段配水器工作筒的主通道中，测试密封段上下两组四道 O 形胶圈封住工作筒的偏孔，测试层段以下的层段注水通过桥式过水孔，再进入层段配水器。

三、分层注水管柱

分层注水管柱是实现同井分层注水的重要技术手段。分层注水的实质是在注水井中下入封隔器,将各油层分隔,在井口保持同一压力的情况下,加强对中—低渗透层的注入量,而对高渗透层的注入量进行控制,防止注水单层突进,实现均匀推进,提高油田的采收率。我国油田大规模应用的分层注水管柱有同心式和偏心式两种。前者可用于注水层段划分较少、较粗的油田开发初期,后者适用于注水层段划分较多、较细的中—高含水期。

1. 固定式同心注水管柱

1)结构

固定式同心注水管柱主要由扩张型封隔器和固定式配水器、底球、油管等组成(图6-20)。该管柱是最早的分层注水管柱,结构简单,作业施工简便。

2)技术要求

各级配水器(节流器)的起开压力必须大于0.7MPa,以保证封隔器的坐封。

3)存在的问题

由于水嘴固定在配水器上,在下分注管柱前,必须单独下一趟分层测试管柱确定分层吸水量以选择相应的水嘴,调整水嘴时必须起管柱,井下作业工作量大。

2. 活动式同心注水管柱

1)结构

活动式同心注水管柱由扩张式封隔器及空心配水器、油管、底球、筛管等构成,如图6-21所示。

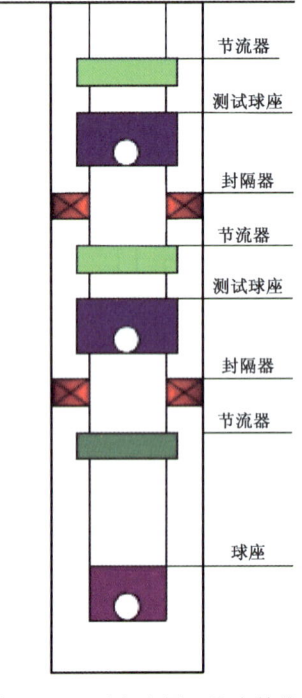

图6-20 固定式同心注水管柱 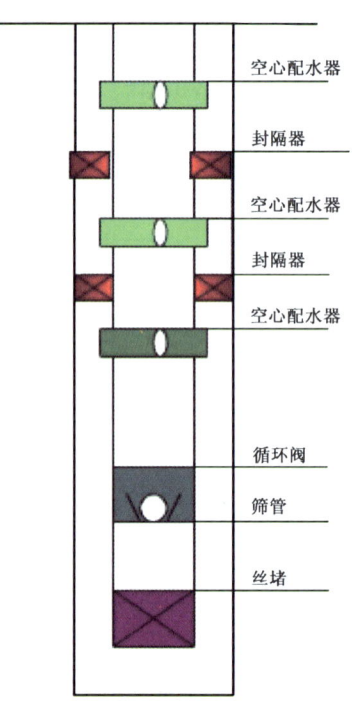　　图6-21 活动式同心注水管柱

2)技术要求

各级空心配水器的芯子直径是由上而下、从大到小,故应从下而上逐级投送,由上而下逐级打捞。

3)管柱特点

该管柱的特点是结构简单,成本低,作业施工简单,洗井较方便,出砂对管柱影响不大。但因封隔器分层时配水器要投捞死芯子,工艺复杂,受内通径的限制。一般三级,最多五级。

3. 偏心注水管柱

1)结构

偏心注水管柱由偏心配水器、封隔器、球座和油管组成(图6-22)。

2)技术要求

(1)筛管应下在油层以下10m左右。

(2)封隔器(压缩式)应按编号顺序下井。

(3)各级偏心配水器的堵塞器编号不能搞错,以免数据混乱,资料不清。

3)管柱特点

(1)可实现多级细分配水,不受级数的限制,一般可分4~6个层段,最高可分11个层段。

(2)可实现不动管柱任意调换井下配水嘴和进行分层测试,能大幅度降低注水井调整和测试作业工作量。

(3)测试任意层段注水量时,不影响其他层段注水。

4. 同心集成式注水管柱

1)结构

同心集成式注水管柱主要由内径为 $\phi60mm$ 的 Y341-114 型不可洗井封隔器、内径为 $\phi55mm$ 和 $\phi52mm$ 不可洗井配水封隔器、射流洗井器、$\phi55mm$ 和配水器 $\phi52mm$ 配水器等组成。

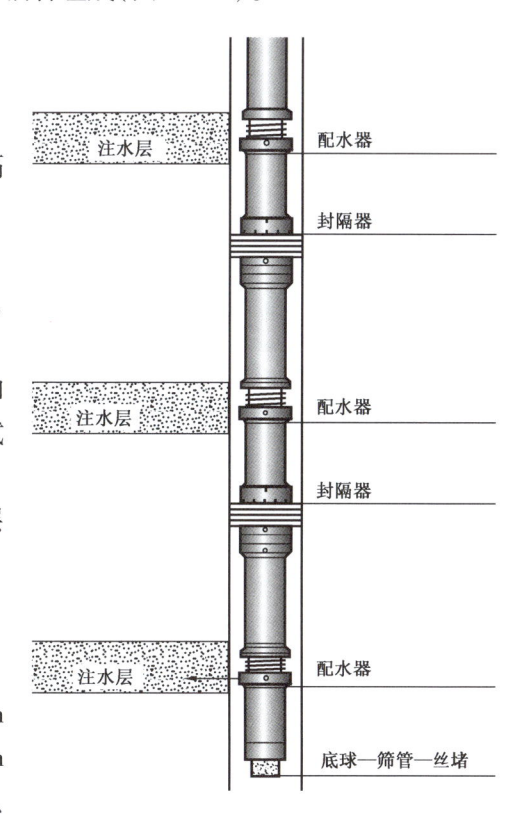

图6-22 偏心注水管柱

2)工作原理

其原理是封隔器将全井分成若干层段,配水封隔器的中心管作为配水器的工作筒,配水器位于相应的配水封隔器中,一级配水器可同时对两个层段进行分层注水,并能实现投捞一次同时更换两个层段的水嘴。采用小直径电子存储浮子流量计进行分层流量测试,测试时只需将配水器捞出,投入配套的分层流量测试仪,待流量稳定后,在地面控制注入压力,就可获得实际工况下不同压力点的分层流量。采用分层测压验封仪,下井一次即可验证全井封隔器的密封性,也可以进行分层静压测试,同时还可获得井温资料,与同位素吸水剖面测试工艺配套。

3）特点

（1）可使封隔器卡距由8m降至2m，并且工艺上最适合于4个层段的分层注水，满足细分注水要求。

（2）分层注入量实现了同步测试，避免了递减法误差，资料准确，并且可同时测得分层段静压，为储层分析提供可靠的资料。

（3）测试工艺简单，效率高。

5. 桥式偏心注水管柱

1）结构

桥式偏心注水管柱由桥式偏心配水器、Y341型可洗井封隔器、配水堵塞器、球座和油管等组成。

2）工作原理

桥式偏心分层注水管柱在正常注水时和普通偏心分层注水管柱的分层注水原理是一样的。注水通过各级配水器中的堵塞器里的水嘴进入地层，进行各层段配水。但是，桥式管柱的偏心配水器与普通偏心配水器不同，它的过水通道除原来一个中心管（主通道）外又在外圈增加了4个过水孔。当测试、测压仪器坐在配水器工作筒内进行测试、测压时，将主通道上下封住，这时注水通过测试仪器的流量、压力仅是被测试层段的水量、压力。而测试层段以下层段的注水是通过外圈增加的过水孔来实现的。

3）特点

（1）该管柱继承了常规偏心式分层配水管柱的所有优点。

（2）通过桥式偏心主体与测试密封段的创新设计，解决了注水井测试时测试密封段过孔刮皮碗和憋压问题，实现了双卡测单层。

（3）不用递减法测得实际工况下的分层注入量，消除了递减法测试的层间干扰和系统误差，提高了流量测试调配效率和资料准确程度。

（4）测压功能完善，不用投捞堵塞器，不改变正常的注入状态，直接测得分层压力，使测试资料更准确、测试更快捷。

第五节 注水井分层测试技术

分层测试就是采用测试仪器定期测量注水井各注水层段在不同压力下的吸水量。根据测试的结果了解注水层段的吸水能力，鉴定分层配水方案的准确性，检查封隔器是否密封，配水器工作是否正常，检查井下作业施工质量等。目前，注水井测试的主要参数是封隔器验封、分层压力、分层注入量及同位素吸水剖面测试，下面仅就封隔器验封技术进行介绍。

井下封隔器主要用来封隔密封井筒内工作管柱与井筒内壁环形空间，它在井下的密封状态直接决定着分层注水的质量。封隔器密封不严会导致全井不能正常分水，降低分层注水质量，甚至加剧层间矛盾，影响油田注水开发效果。因此，检查注水井井下封隔器的密封性能非常重要。

一、流量式验封技术

该技术主要应用外流式电磁流量计,通过检测封隔器上下段注水流量这一参数验封。主要由外流式电磁流量计、地面回放仪等组成。

现场验封操作:外流式电磁流量计可以在油管内的任一位置停点测试,利用这一特点进行验封测试。在正常注水的状态下,用试井钢丝携带流量计下井,先在封隔器下部油管内停留5min,测得该处的注水流量,然后上提流量计至封隔器上部油管内停留5min,测得该处的注水流量;若封隔器密封良好不漏失,则这两个流量值应该一致或相同。

定压开启水嘴流量验封工艺,在利用流量参数验封方面较为先进。该工艺验封机理是:分析配水器堵塞器定压开启机构销钉剪断情况,通过逆推法进行分层验封。多级分注管柱带水嘴坐封时,当某个配水器定压开启销钉剪断时,水嘴通道打开,注水进入对应的地层;如果封隔器密封,注水不进入相邻层,相邻层压力不会升高,该层对应的配水器内外压差随着注水压力的升高而增大,堵塞器定压开启销钉剪断,水嘴通道打开;反之,如果封隔器不密封,注水将进入相邻层,相邻层压力会升高,该层对应的配水器内外压差将达不到开启压力,堵塞器销钉不会剪断,水嘴通道堵死。因此,进行分层流量测试时,如果各层均有水量,表明封隔器密封;如果某个层没有水量,排除该层不吸水因素,表明该层上下封隔器有不密封(或套管窜)的,通过分析,便可判断封隔器是否密封。

优点:适合对分注作业完井后的验封;完井时先下入定压水嘴。

缺点:正常注水状态下的验封投捞工作量较大,需重新投捞水嘴,下入定压堵塞器验封,验封后需再次投入水嘴恢复正常注水。

二、堵塞器式压力验封技术

该技术主要应用堵塞器式压力计进行封隔器验封。通过检测封隔器上下段注水压力这一参数验封。主要由井下测压堵塞器、投捞工具、地面回放仪等组成。

1. 测压堵塞器

测压堵塞器(图6-23)由密封塞、压力计、传压孔、堵塞器密封段组成,与普通堵塞器形状相同,但是个死嘴。它是井下仪器的心脏部分,用螺纹连接在电缆投捞器上。所用压力计有良好的抗震性能,不怕撞击,同时具有较高的测压精度,精度可达0.1%,量程30~40MPa不等,耐温可达80℃。

2. 电缆投捞器

电缆投捞器(图6-24)的结构原理和水井用的提挂式双作用投捞器基本一致,但中间开有压力信号走线孔、槽,其上部支爪可装打捞头或压送头,下部支爪接测压堵塞器。全部动作由机械结构部件控制,简单、灵活、可靠。该投捞器与钨合金加重杆配套使用,可在注水井中顺利起下,实现密闭测井。

3. 地面记录仪表

地面记录仪表由转接仪、便携式计算机和打印机三部分组成。转接仪对来自井下压力计的信号进行转换,变为数字信号,再送至计算机。计算机用于数据采集、显示和处理,打印机打印数据,并绘制时间与压力的关系曲线。

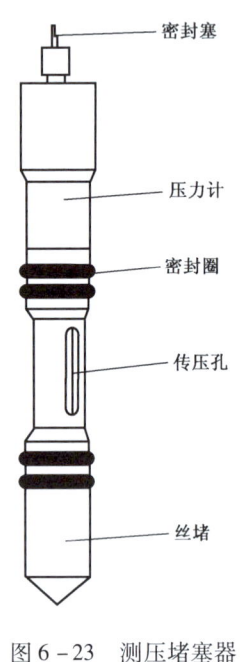

图 6-23　测压堵塞器 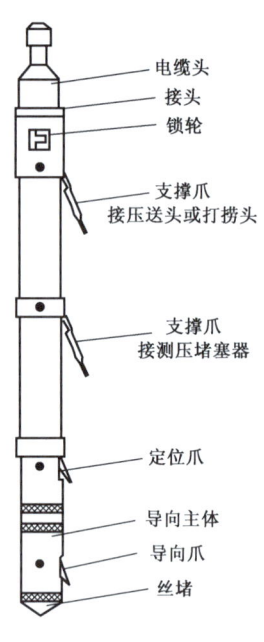　　　　　　图 6-24　投捞器

4. 现场操作

利用投捞器把测压堵塞器下入偏心配水器的偏孔内,井口开始注水,并使注水油压稳定 5~10min,然后关井停止注水并稳定 5~10min,再次开井注水并使注水油压稳定 5~10min,最后关井起出压力计,在回放仪上进行数据处理回放,从而判断出封隔器的密封性能。若封隔器密封良好,压力不会随着地面"开—关—开"操作的压力改变而改变;若压力随着改变,可判断该封隔器不密封或密封不好。

第六节　注水井增注工艺技术

地层吸水能力的降低,往往是由于地层被堵塞引起的。因此,恢复和改善地层吸水能力必须从解除堵塞入手,通常所采用的措施有压裂、酸化增注和水力振荡解堵等。

一、注水井压裂增注技术

压裂是实现油层增注的常用手段之一,对于水井通常采用清水作为压裂液。携砂液和顶替液应根据油层的岩性,选择适当的防膨剂加入工作液中,以防止水敏矿物膨胀或迁移。压裂可分为普通压裂和分层压裂。

普通压裂适用于吸水指数低、注水压力高的低渗透层及严重伤害的油层,以实现压裂增注为目的。分层压裂适用于层内岩性差异大的厚油层及层间差异大的多套薄油层,以改善层间矛盾为目的。

在注水井采取压裂增注时,通常以清水作为压裂液,并根据油层的岩性选择适当的防膨剂加入工作液(前置液、携砂液和顶替液)中,以防止水敏性矿物水化膨胀或分散迁移。压裂规模不宜过大,避免引起水窜而降低波及系数。

注水井压裂后,注水从原来的井底流向油层的径向流变为从井底线性地流向裂缝,然后是再从裂缝中径向地流入油层的线性流。由于裂缝的产生使得注水渗流面积增大,并且裂缝中的渗透性远远大于油层的渗透性,所以注水从井底流向裂缝,再从裂缝中流向油层的流动阻力,远远小于注水从井底径向地流入油层的阻力。因此,在注入条件相同的情况下,注水井经过压裂后的注入量将大幅度提高。

（1）降低井底附近的地层渗流阻力,增加渗流面积。

（2）改变了流动形态,由径向流变为双线性流（地层线性流向裂缝,裂缝内流体线性流入井筒）。

注水井采取压裂增注措施时,其压裂规模不宜过大,并需注意裂缝的方位,以防止引起水窜,降低波及效率。

二、酸化增注技术

酸化是注水井解堵增注的重要措施之一。它是通过井眼向地层注入一种或几种酸液或酸性混合液,利用酸与地层中部分矿物的化学反应,溶蚀储层中的连通孔隙或天然（水力）裂缝壁面岩石,增加孔隙和裂缝的导流能力,一方面可用来解除井底堵塞物;另一方面可用来提高中—低渗透层的绝对渗透率。

注水井酸处理的方法,除一般的盐酸处理和土酸处理之外,还可根据油层具体情况采用其他的酸处理方法。

1. 稀酸活性液不排液增注

在注水井中注入浓度较低的盐酸和氢氟酸混合液,其特点是酸液挤入后不排酸。由于酸液浓度低,反应产物少,且靠注水挤入油层深部而扩散,故工艺上比较简单。在酸液中,盐酸2%~5%,氢氟酸0.5%,甲醛0.5%~1%,表面活性剂0.2%~0.5%。酸液的用量一般是每米厚度的油层为$2\sim5m^3$。此法一般有效期短,增注幅度不大。

2. 醋酸缓冲—稀酸活性液增注

先注入pH值为4的前缘缓冲酸,其中乙酸15%,氢氧化钠1.56%;接着注入稀酸活性液,其中盐酸0.5%,氢氟酸0.5%,甲醛0.5%~1%,表面活性剂0.2%~0.5%;最后再注入后置缓冲液（成分同前缘缓冲液）。

稀酸活性液的作用是解除井底堵塞。根据对注水井排出液取样分析,固体沉淀物中硫化铁、氧化铁、碳酸钙、泥质的总质量分数可达70%~90%,它们大多是可以被盐酸溶解的物质,如$2HCl + FeS \xrightarrow{\quad} FeCl_2 + H_2S$。可见,将反应物排出油层即可达到解堵的目的。

该措施也是不排液法酸化。在反应产物随水推进的过程中,为防止酸液稀释（pH>3.5）造成已被溶解的堵塞物一部分又被重新析出,在注入稀酸活性液之间和之后所注入的乙酸缓冲液使得酸液在一定的推进范围内始终保持酸性。缓冲液在被水稀释380~400倍时,其pH值仍低于3.5。

乙酸缓冲—稀酸活性液增注工艺的特点是:工艺简便（不动井口、不停注、不排液）,节省人力和设备,并初步解决了硫化铁在井底附近重新沉积的问题。施工时,只需先进行大排量（$20\sim40m^3/h$）洗井。实践证明,对于胶结疏松、用一般酸化措施处理后易出砂的地层,该工艺是一项行之有效的增注、抑砂措施。

3. 逆土酸增注

逆土酸增注法与土酸处理法的原理相同,即用盐酸溶解碳酸钙,用氢氟酸溶解泥质、石英砂等。但不同的是,氢氟酸的用量大于盐酸,酸液中盐酸2%、氢氟酸6%,因此称这种酸液为逆土酸。酸液中氢氟酸的质量分数较大,使得岩石中的泥质胶结物易于溶解而导致出砂,因此,施工时在井壁附近留有不用酸液浸泡的 $0.5\sim1m$ 井壁防砂环。该工艺适用于低渗透泥质胶结地层,其增注效果明显,并未发现出砂现象。

4. 胶束或活性柴油逆土酸增注

它是针对稠油、低渗透层试验成功的一种增注方法。其工艺过程是:先用胶束或活性柴油溶解、驱替稠油,解除稠油堵塞,然后用逆土酸溶解泥质等,以提高地层的绝对渗透率。

胶束是表面活性剂、油、水三者在一定条件下组成的互溶性单相透明体系,对于稠油、蜡、胶质和沥青质等均有较强的增溶能力。

活性柴油是往柴油中加入一定量表面活性剂配制而成的,对油也有很好的溶解能力。室内试验和现场试验均证明,胶束(活性柴油)逆土酸联合施工比单独胶束(活性柴油)或单独用逆土酸增注的效果都好。这是因为联合作用既可解除稠油的堵塞,也可提高地层的绝对渗透率。在试验中曾因氢氟酸的质量分数大(7.4%)、处理液量大($5m^3/m$)而引发水井出砂。改用氢氟酸6%,处理液量为 $1\sim2m^3/m$,在施工后未发生出砂现象。

三、水力振荡解堵技术

利用液体的振动原理在井底产生压力脉冲,并直接作用于油层,以解除油田钻井、开采和修井过程中井下地层液体乳化、黏土颗粒运移、沉淀析出及机械杂质堵塞等对地层造成的伤害,恢复近井地带地层渗透率,改善其流体的流动状态,达到提高水井的注水量、生产井的产油量的目的。

1. 水力振荡器的工作原理

水力振荡器的种类不同,其工作原理也不同。现介绍目前国内常用的赫姆霍尔兹(Helmholtz)腔形水力振荡器的工作原理。

水力振荡器的振荡作用是在赫姆霍尔兹空腔内发生的,如图6-25所示。当一股稳定的连续高压水射流由喷嘴 d_1 射入,穿过一轴对称腔室,经喷嘴 d_2 喷出时,由于腔室内径 d 比射流直径大得多,因此,腔内流体流动速度远小于中央射流速度,在射流与腔内流体的交界面上存在剧烈的剪切运动。如果是理想流体,则在交界面上速度不连续,存在速度间断面。而对于实际流体由于黏性的存在,交界面两侧的流体必然会产生质量交换与能量交换,交界面上速度是连续的,但在其附近存在一个速度梯度很大的区域。在此区域内因剪切流动而产生涡流。由于是轴对称的圆孔射流,故涡流线将构成封闭的圆环,

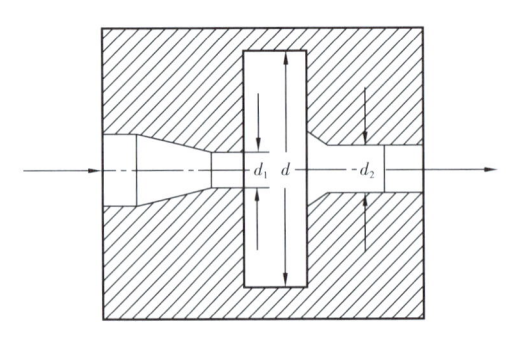

图6-25 赫姆霍尔兹腔形结构体示意图

涡流以涡环的形式生成和运动。

在剪切层区产生了涡流,射流中心处(剪切内层)的流速会更高,腔室壁面附近(剪切外层)的流速将更低,根据伯努利方程,内层压力降低,外层压力升高,在压差作用下,促使腔室壁面流体向心流动,旋涡将随射流向下游移动。

射流剪切层内的有序轴对称扰动(如涡环等)与喷嘴 d_2 的边缘碰撞时,产生一定频率的压力脉冲,在此区域内引起涡流脉动(这也是一种扰动)。剪切层的内在不稳定性对扰动具有放大作用,但这种放大是有选择的,仅对一定频率范围内的扰动起放大作用,如扰动频率满足这个范围,则该扰动将在剪切层分离和碰撞区之间的射流剪切层得以放大。经过放大的扰动向下游运动,再次与喷嘴 d_2 的边缘碰撞,又重复上述过程。碰撞产生的扰动逆向传播,实际上是一种信号反馈现象。因此,上述过程构成了一个信号发生、反馈、放大的封闭回路,从而导致剪切层大幅度振动,甚至波及射流核心,在腔内形成一个脉动压力场。从喷嘴 d_2 喷出的射流的速度、压力均呈周期性变化,从而形成脉动射流。这种流体动力振荡的产生不需加任何外界控制和激励条件,故称自激振荡。根据流体流过赫姆霍尔兹空腔时产生的周期性压力振荡频率与射流速度、腔体尺寸的关系,可将赫姆霍尔兹腔内的振荡分为流体动力振荡和声谐驻波振荡。

流体动力振荡表现为剪切层自持反馈式振荡,其振荡频率近似与射流速度成正比,而与腔深关系不大;声谐驻波振荡表现为腔室内剪切层中声谐波的强烈耦合作用,即腔室内产生的表现为声波形式的高频压力脉冲信号的反射波与入射波叠加的结果,其振荡频率与速度关系不大,而与腔深近似成正比。

2. 水力振荡工艺

1) 工艺原理

该工艺是把水力振荡器对准油层,在地面将液体泵入井下并通过水力振荡器产生高频水力脉冲波。水力脉冲波可在流体内建立起振动场,以强烈的交变压力用于油层,在油层内产生周期性的张应力和压应力,对岩石孔隙介质产生剪切作用,使岩石孔隙表面的黏土胶结物被振动脱落,解除孔喉堵塞。对于堵塞于近井地层孔道中的机械杂质,在脉冲振荡波的作用下,杂质与孔道壁间的结合力将在疲劳应力下遭受破坏,使其振动脱落,并在洗井过程中被排出井筒,达到解除油层杂质堵塞的目的。当压力波幅度和强度达到或接近岩石破裂压力时,地层近井地带就会形成微裂缝网,在周期性压力作用下,随着波动的深入,逐渐撑开地层深处的裂缝。高频压力波对油层流体的物性和流态也会产生影响,可改变固液界面动态,克服岩石颗粒表面原油的吸附亲和力,使油膜脱落、破坏或改变微孔隙内毛细管力的平衡,克服毛细管力的束缚滞留效应,减小流动阻力。

与此同时,振荡波也会对地层中的原油产生影响。在交变应力作用下,可以改变原油结构,降低其黏度,加快原油向井底的流动速度。此外,振荡波还可提高驱油效率,缩短驱油时间。

2) 工作液的选择

工作液是振动系统的工作介质,它涉及传递振动能量的效率、排除油层堵塞物的难易程度、与地层的配伍性及洗油效果等,一般要求工作液黏度低、密度低,不与地层及地层流体发生沉淀反应,不使地层发生黏土膨胀,不与地层流体乳化并能降低界面张力。目前,现场使用的工作液有清水、注水、活性水、原油、活性原油和复配工作液等,应根据油层性质及油层流体性质进行选择。

利用赫姆霍尔兹腔的井下水力振荡解堵技术的适应性强、有效率高,但由于受腔体尺寸限制,其振荡频率较高(4kHz),有效作用半径较小,一般用于解除井底附近的堵塞。此外,利用赫姆霍尔兹腔或风琴管谐振腔制成的注水嘴,也可起到增注效果。

第七节 注水井井筒防护技术

注水开发作为保持地层压力和提高采收率的有效手段,已为国内外广泛采用。然而在注水过程中引起的油层原有平衡被破坏,由此造成的各种油层伤害问题也接踵而至。在油田开发过程中,油水井井下设备结垢是个普遍的问题。最常见的是碳酸钙垢。油田结垢的主要原因是,油田开采时注水与地层水不配伍,导致注水中所含的成垢阴离子与地层水中的成垢阳离子相遇而产生沉淀,并沉积在油层中以及集输管道内,形成各种类型的结垢。随着原油含水率的升高,油井井下管柱及工具的腐蚀日益严重。杆管本体、螺纹、套管内壁均会出现不同程度的腐蚀。注水井的腐蚀主要是油管和套管的腐蚀,油管内外腐蚀都存在,套管内壁腐蚀。

一、结垢机理及影响因素

结垢是油田水质控制中遇到的最严重问题之一。结垢可以发生在地层和井筒的各个部位,有些井的油层由于结垢在井筒炮眼的生产层内沉积而过早地废弃;结垢也可以发生在砾石填充层、井下泵、油管管柱、油嘴及储油设备、集输管线和注水及排污管线等设备,以及水处理系统的任何部位。结垢会给生产带来严重的危害。由于水垢是热的不良导体,因此水垢的形成大大降低了传热效果;水垢的沉积会引起设备和管道的局部腐蚀,在短期内穿孔而破坏;水垢还会降低水流截面积,增大了水流阻力和输送能量,增加了清垢费用和停产检修时间。下面主要以碳酸钙垢为例讲述。

表 6-4 油田水常见的水垢及影响因素

名称	化学式	结垢的主要因素
碳酸钙	$CaCO_3$	CO_2 分压、温度、含盐量、pH 值
硫酸钙	$CaSO_4$	温度、压力、含盐量
硫酸钡	$BaSO_4$	温度、含盐量
硫酸锶	$SrSO_4$	温度、含盐量
碳酸亚铁	$FeCO_3$	腐蚀、溶解气体、pH 值
硫化亚铁	FeS	腐蚀、溶解气体、pH 值
氢氧化亚铁	$Fe(OH)_2$	腐蚀、溶解气体、pH 值
氢氧化铁	$Fe(OH)_3$	腐蚀、溶解气体、pH 值
氧化铁	Fe_2O_3	腐蚀、溶解气体、pH 值

1. **碳酸钙结垢机理**

碳酸钙垢($CaCO_3$)是由于钙离子与碳酸根或碳酸氢根结合而生成的,反应如下:

$$Ca^{2+} + CO_3^{2-} \rightleftharpoons CaCO_3 \downarrow$$

$$Ca^{2+} + 2HCO_3^- \rightleftharpoons CaCO_3 \downarrow + CO_2 \uparrow + H_2O$$

碳酸钙垢是油田生产过程中最为常见的一种沉积物。常温下,碳酸钙溶度积为4.8×10^{-9},在25℃溶解度为0.053g/L。在油井生产过程中,当流体从高压地层流向压力较低的井筒时,CO_2分压下降,水组分改变,就成为碳酸钙溶解度下降并析出沉淀的主要原因之一。

2. **影响碳酸钙结垢的因素**

(1)CO_2的影响。当油田水中CO_2含量低于碳酸钙溶解平衡所需要的含量时,反应式向右边进行,油田水中出现碳酸钙沉淀,碳酸钙附在岩隙、管柱和用水设备表面上,产生了垢。所以水中CO_2的含量对碳酸钙的溶解度有一定的影响。

(2)温度和压力的影响。温度是影响碳酸钙在水中溶解度的另一个重要因素。绝大部分盐类在水中的溶解度都随温度升高而增大。但碳酸钙、硫酸钙和硫酸锶等是反常溶解度的难溶盐类,在温度升高时溶解度反而下降,即水温较高时析出更多的碳酸钙垢而提高CO_2压力,可以使碳酸钙在水中的溶解度增大,所以升高温度和压力对碳酸钙在水中的溶解度有着相反的作用。

(3)pH值的影响。地下水或地面水一般均含有不同程度的碳酸,水中三种形态的碳酸在平衡时的浓度比例取决于pH值。

(4)盐量的影响。油田水中的溶解盐类对碳酸钙的溶解度有一定的影响。在含有氯化钠或除钙离子和碳酸根离子以外的其他盐类的油田水中,当含盐量增加时,便相应提高了水中离子的浓度。

3. **防垢措施**

控制结垢的方法主要是控制油田水的成垢离子或溶解酸气,也可以投加化学药剂以控制垢的形成过程。可以采用不同的措施,改变系统条件,以增大盐的溶解度。控制结垢的措施有以下几种。

1)控制pH值

降低水的pH值会增加铁化合物和碳酸盐垢的溶解度,pH值对硫酸盐垢溶解度的影响很小。然而,过低的pH值会使水的腐蚀性增大而出现腐蚀问题。控制pH值来防止油田水结垢的方法必须做到精确控制pH值,否则会引起严重的腐蚀和结垢。

2)去除溶解气体

水中的溶解气体如O_2、CO_2、H_2S等可以生成不溶性的含铁化合物、氧化物和硫化物。这些溶解气体不仅是影响结垢的因素,又是影响金属腐蚀的因素,采用物理法或化学法可以去除水中溶解气体。

3)采用防垢剂进行防垢

油田使用防垢剂为常用的控制结垢措施。这种方法简便、易行,使用时需对防垢剂进行合理的评价与优化。

二、井筒腐蚀机理分析

1. CO_2 腐蚀

CO_2 溶于水后对钢铁及水泥环都有极强的腐蚀性。CO_2 腐蚀最典型的特征是呈现局部点蚀、台面状坑蚀,其中,台面状坑蚀是腐蚀过程最严重的情况。这种腐蚀穿孔率很高,从而使管柱使用寿命大大降低。CO_2 腐蚀的本质是气相 CO_2 遇水形成碳酸,金属在碳酸溶液中遭受电化学腐蚀。

CO_2 腐蚀可以分为全面腐蚀和局部腐蚀两大类,且随着温度、金属材质等不同有不同的腐蚀形态。根据金属表面产生的腐蚀破坏形态,可以按介质温度范围将腐蚀分为三类,一是低温时碳钢和含铬钢腐蚀类型,二是中温时碳钢和含铬钢腐蚀类型,三是高温时碳钢和含铬钢腐蚀类型。当温度较低时,主要发生金属的活性溶解,为全面腐蚀,而对于含铬钢可以形成腐蚀产物膜。在中温时,两种金属由于腐蚀产物在金属表面的不均匀分布,主要发生局部腐蚀,如点蚀等。在高温时,无论碳钢还是含铬钢,腐蚀产物可较好地沉积在金属表面,从而抑制金属的腐蚀。

在没有电解质存在的条件下,CO_2 本身并不腐蚀金属,这说明 CO_2 腐蚀主要表现为电化学腐蚀,即由于 CO_2 溶于水生成碳酸后引起的电化学腐蚀,CO_2 电化学腐蚀原理及其总体基本化学反应如下:

$$CO_2 + H_2O + Fe \longrightarrow FeCO_3 + H_2 \uparrow$$

事实上,CO_2 腐蚀常常表现为全面腐蚀与典型沉积物下方的局部腐蚀共存。然而,对于局部腐蚀机理的研究目前尚不够深入和详尽。大体上来说,在含有 CO_2 介质中,腐蚀产物 $FeCO_3$ 及结垢物 $FeCO_3$ 或不同的生成物膜在钢铁表面不同区域的覆盖度不同,不同覆盖度的区域之间形成了具有很强自催化特性的腐蚀电偶,CO_2 的局部腐蚀正是这种腐蚀电偶作用的结果。

2. H_2S 腐蚀

H_2S 不仅对钢材具有很强的腐蚀性,而且 H_2S 本身还是一种很强的渗氢介质,H_2S 腐蚀破裂是由氢引起的。油田生产过程中,硫化物和硫酸盐还原菌大量存在。水中如果含有大量的硫化物,将使地表和地下生产设备中产生严重的腐蚀和结垢。硫酸盐还原菌在繁殖过程中生成的硫化物或 H_2S 会腐蚀钢铁,形成有臭味的黑色硫化铁沉积物,FeS 等聚集达到一定量时可能造成电脱水器内部短路而跳闸,这将给生产带来严重的事故隐患。

在油气开采中与 CO_2 和 O_2 相比,H_2S 在水中的溶解度最高。H_2S 在水中的离解反应为:

$$H_2S \longrightarrow H^+ + HS^-$$

$$HS^- \longrightarrow H^+ + S^{2-}$$

然后由铁离子和硫离子反应生成 FeS,导致钢铁表面均匀减薄或坑蚀。氢原子渗入金属内部吸收电子形成分子并集聚在金属缺陷空腔内,引起金属表面氢鼓泡,若金属深层吸收了氢原子,会使金属形成阶梯裂纹。当氢渗入金属内出现塑性下降现象称为氢脆。高温硫腐蚀常发生在常减压、热裂化、催化裂化和延迟焦化等装置,反应过程是:

$$H_2S + Fe \longrightarrow FeS + H_2$$

3. 腐蚀防护

(1)选用耐蚀材料。选用 Cr,Mo 含量高而 S,P 杂质含量低的耐腐蚀合金油管、套管,可提高井下管柱的抗蚀能力。因为 Cr 含量增加,可增加钝化膜的稳定性,Mo 含量增加,可减少 Cl^- 的破坏作用。若是新开发的高产油田,从长远角度出发,可考虑选用耐蚀性好的合金材料;对年平均产量较低的老油田,若采用耐蚀合金钢,势必提高其采油成本,这在实际措施中不可行,普遍采用价格便宜的 J55 和 N80 管材,配合其他防腐措施。针对井筒动液面以下腐蚀更为严重的情况,可在油井下部采用涂层油管、钢塑复合管以及耐蚀合金油管。

(2)添加化学药剂。用化学方法除掉腐蚀介质或者改变环境性质可以达到防腐目的,根据油(气)井腐蚀环境和生产情况,有针对性地选用缓蚀剂种类、用量及加注制度。这类化学药剂包括缓蚀剂、杀菌剂、除硫剂、除氧剂、pH 值调节剂等。

(3)对腐蚀恶劣的油井下永久性封隔器,并在油管、套管环形空间充满含缓蚀剂的液体。采用这种方法既可避免套管承受高压,又可避免和防止酸性气体对油管外壁和套管内壁的腐蚀。

(4)油(气)井在进行酸化等增产作业时,应尽量缩短酸液和油管、套管的接触时间,酸化后井内残酸应尽量排尽,防止残酸对油管、套管的腐蚀;在气井生产中尽量防止井下积液,避免产生井下腐蚀条件。

(5)建立完善的腐蚀监测系统,加强防腐管理。建立完善的腐蚀监测系统,便于及时发现生产中出现的腐蚀问题,及时采取科学的防腐措施。

第八节 注水井日常管理

注水井日常管理工作的主要任务是保持注水井的吸水能力、完成配注任务,通过对油井、水井的综合分析,对配注量的调整及对注水井下步采取何种措施提出意见。注水井日常管理工作主要包括资料的取全取准、水质监控、定量定压注水、洗井及注水井生产状况定期分析管理等。

一、注水井的资料录取

注水井资料录取包括注水层位、注水方式、注水压力、注入水量、注水水质、测试资料等,这些资料可以直接或间接地反映出注水井的注入状况及井组的动态变化情况。因此要取全取准第一手资料,为油田的开发分析、决策提供可靠依据。

(1)目前延长油田注水层位主要为延安组延 9、延 10;延长组长 2、长 4+5、长 6、长 7、长 8、长 9。

(2)注水方式分为正注(从油管往井内注水)、反注(从套管往井内注水)、合注(从油管和套管同时往井内注水)。延长油田主要采用正注的注水方式。

(3)注水压力包括泵压、油压、套压、管压;注入水量包括全井注水量和分层注水量。正常注水井每天至少对注入压力及注入量进行一次录取;对压力、水量异常的井应加密录取,直到趋于稳定或查明原因。

(4)注水水质资料包括杂质含量、含铁量、含硫、含油等。

(5)测试资料包括测试压力、测试全井水量、测试分层水量、水嘴等。正常注水井一般情况下要求3个月测试一次;注水状况变化井随时测试,单井每次作业完后都要重新进行测试。

在对注水井以上各项资料按要求录取后都要进行分析,要坚持做好日分析、旬分析、月分析。找出变化井和问题井,分析原因,提出对策,保证注水质量。

二、注水井的水质管理

定时、定点做好机械杂质、含铁、含硫的化验工作,并及时上报数据,发现水质超标现象及时汇报给相关部门,并做好超标过程的即时监控工作,直到水质恢复正常,保证到达注水井井口的水质指标必须符合油田水质指标标准。其中机械杂质、含铁计量站每天录取一次,单井5天录取一次,含硫每10天录取一次,含油一般在联合站进行化验。

三、注水井的定压、定量注水管理

(1)每月按配注方案和分层测试资料制定各注水井的定压、定量注水参数卡片(即定油压、套压、日注水量、小时注水量、配水站管压等"五定"数据),若进行测试调配或作业后随时修订,严格按卡片所定参数执行。

(2)除特殊要求的井之外,注水井均要做到平稳注水,配水间内要每两小时巡视一次,并根据来水压力变化按"五定"标准及时调整。

(3)全天的注水量和注水压力要调整在所定参数范围之内。

四、注水井的洗井管理

洗井是指利用高压水,清除注水井井筒、吸水层段的渗滤面及井底附近的污物,从而恢复地层吸水能力,保证正常注水。

1. 注水井洗井分类及洗井周期

注水井洗井按正常光油管注水井、分层注水井、漏失注水井、欠注注水井、出砂注水井、注聚合物井、其他井等7种类型确定不同的洗井周期。

(1)正常光油管注水井:吸水正常,无明显漏失现象,不出砂或轻微出砂。洗井周期为6个月。

(2)分层注水井:采用分层注水工艺管柱注水的水井,一般正常注水情况下洗井周期3个月。

(3)漏失注水井:全井或某个层段启动压力低,洗井时存在漏失情况,每小时漏失水量大于$3m^3/h$。原则上不洗,根据具体情况而定。

(4)欠注注水井:完不成配注的水井,分为低渗透欠注井和近井地带存在污染堵塞欠注井两类。低渗透欠注井洗井周期为12个月,污染堵塞欠注井洗井周期为3个月。

(5)出砂注水井:因出砂影响正常注水,有冲砂历史记录,出砂且井底口袋小的井。原则上不洗,根据具体情况而定。

(6)注聚合物井:注入聚合物溶液的井。原则上不洗,根据具体情况而定。

(7)其他井:投转注井、检管井、测试井、酸化增注井、调剖井、停注井开井、生产不正常井

(在同一工况下,符合下列情况之一者:吸水指数下降20%以上、井口油压上升0.5MPa以上、注水量下降20%以上)。投转注井、检管井、停注井在开井前洗井;酸化增注、调剖井按酸化增注、调剖工艺方案要求安排洗井;测试井在测试前3天安排洗井。生产不正常井在出现不正常情况后5天以内安排洗井。

2. 洗井工艺要求

洗井时要注意洗井质量,进出口水量,达到微喷不漏,洗井排量由小到大,要彻底清洗油管、油套环形空间、射孔井段及井底口袋内的杂物,至进出口水质完全一致时为止,特殊井洗井按具体情况确定。

(1)依据注水井地质工程数据及生产现状,并结合该井洗井井史,明确洗井要求,制定洗井方案。

(2)检查配水间到井口各部位有无渗漏,阀门开关灵活。洗井液不得任意排放而造成环境污染。

(3)新投注水井或长期停注恢复注水井的注水管线,注水前必须大排量冲洗地面管线至水质合格后注水。

(4)注水井洗井时要通知注水站调整注水站运行参数,保证洗井供水量,保持正常注水干压不变。

(5)洗井方式主要采取反洗井,对于油管内壁及井底脏物较多的注水井要采取正洗井或正、反洗井相结合的方式。要求洗井排量不小于15m^3/h,洗井水量一般不低于井筒容积2~3倍,以进口水质与出水水质一致为准。

(6)分层注水井一律反洗井,洗井排量不低于15m^3/h,采用水力扩张式封隔器的注水井,先在配水间关注水上下游阀门,使油压、套压平衡,让井内的封隔器胶筒收缩回去,再洗井;采用水力压缩式封隔器的注水井,当套压高于油压0.5MPa时,洗井通道开启,方可实施洗井。洗不通或者压力持续升高时,为洗井通道堵塞,需上作业整改。

(7)对于井下采用新式配套管柱和特殊工艺要求的,洗井前向技术部门询问有关技术要求,同意后方可洗井。

(8)漏失井洗井,洗井压力尽量接近或低于地层启动压力,严重漏失井采取混气水方式洗井。

(9)出砂井洗井,根据油层出砂的特点,在接近或高于地层启动压力条件下洗井,保证出砂井洗井时要不喷,阀门开关避免突变,流量逐渐提高10~15m^3/h,特别注意不能有喷量,洗井时间尽可能短,转注水时,阀门要缓慢开大,操作平稳,严禁压力水量的突然变化。

五、注水井生产状况定期分析管理

(1)每5天分析一次注水井油压、套压、水量变化的原因,分析封隔器、井下工具及管柱工作是否正常等。

(2)每半个月分析一次分层吸水量及吸水指数的变化情况,分析井下作业及措施结果,分析与之连通的周围油井生产状况并及时提出配注调整意见。

六、单井精细过滤器的使用管理

对配有单井精细过滤器的注水井还应搞好精细过滤器的使用管理工作。

(1)正常运行情况下每天录取一次过滤器进出口的压力、水质数据并做好记录。

(2)当过滤器出现进出口水质反常、压差过大等不正常情况时应及时进行滤芯的检查更换或再生处理(PE管类再生,纤维类滤芯更换)。

(3)当注水井遇到洗井、测试反冲等大排量用水时要走过滤器旁通流程或取出滤芯,待洗井或冲洗完毕时再恢复。

(4)当遇到供水站停水、干线穿孔、单井管线穿孔或作业等时应立即停用过滤器,待注水恢复正常后再按过滤器投运操作要求投运过滤器。

七、注水井的开关操作

通过注水井的开关操作来满足注水井的洗井、注水及关井的各项生产技术要求。

(1)在注水井洗井操作前应对自配水间到井口的所有阀门、流量计、压力表、工艺管线等进行全面的检查,使之符合安装规范要求。

(2)切换井口采油树的相关阀门流程,保证完成冲洗地面管线、正洗井、反洗井的生产技术要求。

(3)注水井的开关操作:

①接到关井通知后应按配水间到井口的顺序关闭有关阀门。

②注水井在冬季长期关井要用压风机吹扫地面管线,吹扫后还要将管线两端的法兰松开,短期关井要在地面及井口放溢流。

(4)注水井开关操作的注意事项:

① 操作时身体不要正对着阀门丝杆及其他放空泄压部位。

② 流程阀门的切换要遵循"先开后关"的原则。

③ 注水井的洗井或关井等对系统水量或压力影响较大的操作均要取得生产调度系统的同意,并与注水站取得联系后再进行。

④ 注水井各项操作的质量技术要求及资料的录取填报均按有关的规范执行。

⑤ 有关单井精细过滤器的操作按相关产品说明书要求进行。

第七章 储层改造技术

低渗透油藏的主要特点是渗透率低、孔隙度低、产量低、开采难度大,一般需要进行储层改造才能获得较高的产能,若不经储层改造就很难具有工业开采价值。延长油田位于鄂尔多斯盆地,属于典型的低(超低)渗透油藏,油层埋深一般小于2500m,地层温度为25~80℃,孔隙度主要为9.0%~14.0%,各油田平均渗透率为0.56~2.55mD,无自然产能,必须通过储层改造来提高产能。

延长油田每年都有上万口油井需要进行储层改造,压裂改造是其中最主要的措施,压裂效果直接决定着油田的开发效果。可见,压裂改造措施是油田开发的命脉。

在延长应用较多的储层改造技术主要有特低渗透油藏整体压裂技术、分层压裂技术、"一层多缝"压裂技术、控水压裂技术、转向压裂技术、水力喷射压裂技术和解堵工艺技术。近年来,水平井分段压裂工艺技术也在延长油田开始推广应用,并取得了较好的效果。

第一节 压裂改造中储层保护技术

压裂改造过程中储层保护的目的是尽量减少压裂施工对储层和支撑剂充填层的伤害,尽可能实现压后高产。其主要内容包含两个方面,一是选择性能优良的压裂液及其添加剂,使得压裂液对储层和支撑带的伤害降低;二是选择性能优良的支撑剂使得支撑裂缝导流能力最大。由于支撑剂一旦选定,其性能基本确定,充填裂缝的导流能力主要受压裂液的影响,特别是压裂液残渣对支撑带的伤害不可逆转,压裂液残渣对支撑带导流能力的伤害可达50%以上。为此,国内外关于压裂改造过程中的储层保护问题主要集中在如何优选压裂液及其添加剂,认识压裂液对储层和支撑带的伤害机理及其解除伤害的技术方法和工艺措施。

国内外水力压裂施工时用的压裂液主要分为水基压裂液、油基压裂液、泡沫压裂液、乳化压裂液和醇基压裂液,由于水基压裂液具有成本低、配制方便等特点得到广泛的应用,其用量占了全部压裂液的80%以上。水基压裂液分为天然聚合物压裂液(包括常用的植物胶,如瓜尔胶类、香豆胶类和田菁胶类)、人工合成聚合物压裂液(主要是黄胞胶类与聚丙烯酰胺类)、表面活性剂压裂液及复合型压裂液(含两种及以上增稠剂)等。国内外最先研究和应用天然植物胶压裂液,因而这类压裂液使用最多,其中以瓜尔胶及其改性产品为典型代表。天然植物胶压裂液一般含有固相残渣,注入地层后破胶不彻底,大分子会滞留地层导致对油气层伤害较大。天然聚合物压裂液对地层的伤害是其应用的主要问题,自20世纪80年代以来,解决天然聚合物压裂液的伤害成为压裂液研究的重要课题。天然聚合物压裂液对储层的伤害主要是其滤液对基质渗透率和压裂液残渣、滤饼等对支撑裂缝导流能力的伤害。

一、压裂改造中造成储层伤害原因分析

1. 压裂液在储层中滞留产生水锁

在压裂施工中,向储层注入了大量压裂液,压裂液沿裂缝壁进入油层后将产生油水两相流

动,改变原始含油饱和度,毛细管力的作用使得流体流动阻力增加及压裂后返排困难,如果油层压力不能克服升高的毛细管力,就会使压裂液无法排出,出现严重的水锁现象。故选择压裂液时,首先应考虑压裂液向储层的渗滤引起流动阻力增加,储层压力能否克服该附加阻力。

毛细管阻力可用式(7-1)表示:

$$p_m = \frac{2\sigma\cos\theta}{r} \qquad (7-1)$$

式中,p_m 为毛细管阻力;σ 为界面张力;θ 为接触角;r 为毛细管直径。

式(7-1)表明,润湿角越接近90°越易排出。水锁的影响大小与入井液界面张力正相关,与岩心渗透率负相关,与滤液在孔隙中滞留的时间正相关,提高返排压差和减少排液时间可以降低伤害程度。根据典型的相对渗透率曲线,水相饱和度稍有增大,油相的相对渗透率就迅速下降。水锁伤害具有不稳定的一面,可以在短期内被解除,特别是对于渗透性较好的储层来说,这种伤害是不起决定性作用的。

2. 压裂液残渣对储层造成的伤害

残渣的来源是基液和成胶物质中的不溶物、防滤失剂或支撑剂的微粒及由于压裂液对储层岩石的浸泡、冲刷作用而脱落下来的微粒。残渣在岩石表面形成滤饼,可降低压裂液的滤失,并且阻止大颗粒继续流入储层内。但小颗粒残渣,穿过滤饼随压裂液一道进入储层深部,堵塞孔隙喉道,降低储层渗透率。缝壁上的残渣,随压裂液的注入过程可能沿支撑裂缝移动,压裂结束后,这些残渣返流堵塞填砂裂缝,降低裂缝导流能力,严重时使填砂裂缝完全堵塞,造成压裂失败。

3. 压裂过程中引起储层中黏土矿物的膨胀和颗粒运移

几乎所有砂岩储层的岩石颗粒或粒间均含有某些黏土矿物,其含量为1%~20%。黏土矿物黏附于颗粒表面上,黏土矿物与压裂液接触,立即产生膨胀,使流动孔隙减小。松散黏附于孔道壁面的黏土颗粒与压裂液接触时分散、剥落,随压裂液滤入储层或沿裂缝运动。在孔喉处卡住,形成桥堵,从而引起伤害。

黏土矿物的成分不同,在储层中含量不同,与压裂液接触后产生的影响也不同;同样,不同的压裂液也引起不同的黏土水敏膨胀和颗粒运移。

润湿与吸附是外来流体进入储层岩心孔隙和造成黏土膨胀、分散、运移,引起伤害的基础。从本质上讲,压裂液与地层流体都是包含着若干种无机离子的溶液,各自保持着相对的离子平衡状态,两者混合以后,平衡状态将被外来的离子打破,发生或不发生化学反应,建立起新的平衡。因此,存在着压裂液与地层流体之间的配伍性问题,如果二者不配伍,就会发生有害的化学反应,生成诸如碳酸钙、硫酸钙等沉淀物。这些沉淀物可以分布在压裂液作用范围内的所有孔隙中,堵塞或部分堵塞油气渗流通道。

4. 压裂液与原油乳化造成的储层伤害

用水基压裂液时,压裂液与储层原油由于油水两相互不相溶,原油中有天然乳化剂,如胶质、沥青质和蜡等。因而,当油水在油层孔隙中流动时就形成了油水乳化液。原油中的天然乳化剂附着在水滴上形成保护膜,使乳化液具有较高的稳定性。在储层中形成的乳化液如为油包水型乳化液则黏度很大。

乳化液中的分散相通过毛细管、喉道时的贾敏效应对流体产生阻力,这种阻力效应又是可以叠加的,对油层造成伤害。

5. 压裂液对储层的冷却效应造成储层伤害

冷的压裂液进入储层,会使储层温度降低,从而使原油中的蜡及沥青质等析出,造成储层伤害。此种伤害取决于储层原油的性质、储层原始温度、储层降温幅度及储层渗透率等因素。原油含蜡量高,降温幅度大,储层渗透率低和储层原始温度低的油层,冷却效应引起的储层伤害就大。研究表明,当储层原始温度低于80℃(一般石蜡熔点)时,如果压裂后关井时间小于8小时,冷却效应将造成严重的伤害,当储层温度高于80℃时,一般不会造成永久性的储层伤害。但关井时间长了极易引起压裂液的破胶物和过多的滤液对储层造成伤害,压后可以通过快速返排,尽早排出压裂液,使地层温度得到尽快恢复,减小冷却效应的伤害。

6. 支撑剂选择不当造成伤害

支撑剂中杂质含量过高,杂质可能随压裂液进入储层堵塞孔道,支撑剂粒径分布过大,造成小颗粒支撑剂运移堵塞裂缝。此外,支撑剂在缝中要受到挤压,当支撑剂硬度大于岩石硬度时,支撑剂将嵌入岩石中,反之则支撑剂被压碎,将影响裂缝导流能力,特别是选择的支撑剂强度不够时,在裂缝闭合压力的作用下,大量支撑剂被压碎,形成许多微粒,杂质运移堵塞并不能有效支撑裂缝,造成压后裂缝失去导流能力。

7. 施工作业中施工质量管理差带来的附加伤害

井筒及压裂液储罐清洗不干净时,将杂质、铁锈、垢等带入储层引起伤害。配液时,水质不好,使压裂液性能改变,并引入有害物质。施工中对各环节控制不好,如压裂液交联不好、添加剂加入不当,由于设备故障造成施工不连续及未按设计要求注液等都会带来一定危害,施工结束后排液不彻底造成大量高黏压裂液残存于储层和裂缝中带来伤害。

二、压裂改造中储层保护对策

在压裂作业中的油层保护措施很多,主要有优选压裂液体系、优选压裂液添加剂、优选支撑剂、优选压裂工艺和优化施工过程等。

1. 优选压裂液体系

压裂液是水力压裂的关键性所在,它的主要功能是压开裂缝并沿裂缝输送支撑剂。因此,常常着重考虑压裂液的黏度性能,然而要使压裂施工作业顺利还要求压裂液有其他的特性。除了在裂缝中应有适度的黏度外,在泵送时还应有较低的摩阻,很好地控制液体滤失,破胶要快又彻底,在施工后能迅速返排,在经济上切实可行,便于配制和现场施工等。

此外,还要根据岩石、油层和油层流体的性质来选择压裂液。由于要进行压裂改造的油层温度、渗透性、岩石组成和孔隙压力等各不相同,针对这些特性研制了许多不同类型的压裂液,有水基压裂液、油基压裂液、泡沫压裂液和乳化压裂液。水基压裂液适于高温高压井压裂施工,不适于强水敏性油层;油基压裂液适于水敏性油层,但价格昂贵,施工困难,仅在一定范围内适用;泡沫压裂液在水敏性油层使用良好;乳化压裂液对储层伤害较小。关于具体类型及对于压裂液保护油层要有滤失量小、配伍性好、低残渣、易返排等要求。

2. 优选压裂液添加剂

根据不同油层和压裂工艺要求,通过加入适量的添加剂来提高和改善压裂液的性能。压裂液添加剂有两个作用,一是提高造缝和输送支撑剂的能力,二是减少油层的伤害。添加剂有降滤失剂、黏土稳定剂、破胶剂、助排剂等。

3. 优选支撑剂

压裂施工时,支撑剂的选择也很重要,支撑剂的强度、颗粒大小、品质、圆度及密度等指标都很重要,选择适合储层的支撑剂,可以使压裂效果更明显。

4. 优选压裂工艺

压裂经过多年的发展,目前已形成了多种工艺技术,包括封隔器分层压裂、投球法选层压裂、限流法压裂、控缝高压裂、重复压裂、泡沫压裂等。针对延长低(特)渗透储层及底水比较发育的储层等具体情况优选相适应的工艺技术,可以实现储层的保护。

5. 优化施工设计

按照具体井的储层条件,选定压裂液和支撑剂,采用模拟软件进行施工设计,优化施工参数,是保证压裂施工成功率和提高有效率的重要前提,是实现压裂施工过程中储层保护的关键。

6. 规范压裂施工

施工中的质量控制是保证压裂效果、防止由于施工不当造成油层伤害的重要环节,严格按照施工设计进行规范施工是非常重要的。压裂施工配液用水必须无固体颗粒杂质,配液用罐清洁干净,无油污等,尽可能减少外来物质对压裂施工造成伤害。

第二节 压裂液与支撑剂

一、压裂液

压裂液是压裂改造油气层过程中的工作液,它起着传递压力,形成地层裂缝,携带支撑剂深入人工裂缝以及压裂完成后破胶至低黏度,保证大部分压裂液返排到地面以达到净化裂缝的作用。压裂液是压裂技术的重要组成部分,优质、低伤害、低成本是压裂液发展的主题。20世纪50年代初到60年代,压裂液是以油基压裂液为主,60年代初开始应用瓜尔胶稠化的水基压裂液,瓜尔胶稠化剂的问世,标志着现代压裂液化学的诞生。70年代,由于瓜尔胶化学改性的成功以及交联体系的完善(由硼、锑发展到有机钛、有机锆等),水基压裂液迅速发展,在压裂技术中得到广泛应用;80年代,随着致密气藏的开采和部分低压油井压后返排困难等问题的增加,泡沫压裂液技术又在现场得到大规模应用,部分取代了水基压裂液;80年代,另一个显著的发展是采用了控制交联时间,或者说延迟交联反应的水基压裂液;90年代,压裂液的发展转向"清洁"无伤害的表面活性剂胶束压裂液体系。目前,国内外压裂液的研究趋势是开展具有低残渣或无残渣、易破胶、配伍性好、低成本、低伤害等特点的压裂液配方体系研究,包括清洁压裂液和低聚合物压裂液等低伤害压裂液体系。

1. 压裂液的分类

目前,国内外压裂液已形成系列,品种较多,常用的是水基压裂液,约占80%左右,泡沫压裂液约占10%,油基压裂液等约占10%左右。

1)水基压裂液

水基压裂液由于其价格低廉、性能优良且易于处理,一直是应用最广泛的压裂液体系,主要由稠化剂、交联剂、破胶剂、黏土稳定剂、助排剂、破乳剂和降滤失剂等组成。另外,水基压裂液的添加剂还有pH调节剂、温度稳定剂、低温破胶活化剂、杀菌剂、起泡剂、消泡剂、分散剂和滤饼溶解剂等,大多采用常规的技术成熟的化学剂。目前世界上约有80%的压裂施工使用水基压裂液体系,其中硼交联占60%以上,钛、锆交联占10%,未交联线性胶占15%。水基压裂液由聚合物稠化剂、交联剂、破胶剂、pH值调节剂、杀菌剂、黏土稳定剂及助排剂等组成,它具有价廉、安全、可操作性强、综合性能好、运用范围广等特点。它适用于多数油气层和不同规模的压裂改造,是压裂液技术发展最快最全面的体系。

其中稠化剂是压裂液的基本添加剂,其作用是提高水的黏度,降低液体滤失,悬浮和携带支撑剂。国内外最常使用的水基压裂液稠化剂,大致可分为植物胶及其衍生物、纤维素衍生物、生物聚合物、合成聚合物。植物胶及其衍生物是水基压裂液系统最主要的稠化剂,占总使用量的90%以上。大多数植物胶属于半乳甘露聚糖,国内外普遍使用的是瓜尔胶及其羟丙基化或羧甲基化的衍生物,国内常用的植物胶除瓜尔胶及衍生物外,还有香豆胶、田菁胶、皂仁胶及其衍生物。纤维素衍生物是一种不溶于水的非离子型直链多糖,引入羧甲基或羟乙基等侧基会改善其水溶性,溶解几乎无残渣,但由于纤维素衍生物较难交联,耐温能力、剪切稳定性和降阻能力差,对盐敏感,目前在国内外已较少用于压裂液。生物聚合物中,黄胞胶是一种由黄单胞杆菌和1%~5%的碳水化合物在一定条件下生成的生物聚合物,其突出优点是水不溶物含量低(0.5%以下),对地层伤害小,用量少(0.05%~0.1%),增稠性好;缺点是制备工艺技术性高,价格也高,国内尚未进行压裂工业性应用。用于水基压裂液的合成聚合物有聚丙烯酰胺和亚甲基聚丙烯酰胺等,可通过控制合成条件改变聚合物性质以满足油田需要。合成聚合物是水基压裂液良好的稠化剂和降阻剂,同时具有较好的热稳定性、无残渣等优点,但存在耐盐性差、剪切稳定性差、现场配制困难以及残胶吸附堵塞伤害等缺点,限制了其在压裂液中的推广应用。

对应于常用的压裂液稠化剂,比较常用且形成工业化的交联剂有硼砂、有机钛、有机锆、有机硼等。硼酸盐交联冻胶曾是中—低温地层普遍使用的压裂液,有无毒、易交联、价廉、易破胶等特点,但存在交联速度快、耐温性能差等不足,限制了其在高温深井中的应用。后来有机钛交联羟丙基瓜尔胶以及有机锆交联的羧甲基瓜尔胶长期广泛应用于低—高温的油层压裂。1989—1991年,斯伦贝谢公司及BJ公司发现这两种交联体系虽有良好的热稳定性,但运用了多种破胶体系也不能完全破胶,严重伤害了支撑裂缝的导流能力。目前现场广泛使用有机硼交联剂,它是将硼酸盐与醇类、醛类或羟基羧酸有机配位剂在一定条件下反应,形成均匀溶液。由于有机配位基团的引入,使四羟基和硼酸根离子的生成是有控制地缓慢生成,即具有延迟交联作用;同时由于有机配位基团的引入,可以在高温下缓慢释放需要的硼离子而使其具有耐高温特性。有机硼交联压裂液克服了无机硼交联压裂液耐温性能差、交联过快、适用范围小、施工摩阻高等不足;同时达到或接近有机钛、有机锆交联压裂液的耐温能力,克服了有机金属交联压裂液破胶困难,对支撑裂缝的导流能力伤害大的缺点。

压裂液破胶剂的主要作用是使压裂液中的冻胶发生化学降解,由大分子变成小分子,有利于压后返排,减少对储层伤害。常用的破胶剂包括酶、氧化剂和酸。生物酶和催化氧化剂适用于 21~54℃,一般氧化破胶体系适用于 54~93℃,有机酸适用于 93℃ 以上破胶作用。目前常用的破胶剂是过硫酸盐,为解决施工中要求压裂液维持较高黏度与施工结束后要求压裂液快速降解、彻底破胶的矛盾,20 世纪 90 年代初,国内外相继研制了胶囊包裹破胶剂,即延缓释放破胶剂,其缺点是成本较高。

水基压裂液存在的主要问题是在水敏性地层引起黏土膨胀和迁移,以及由于残渣、未破胶的浓缩胶和滤饼造成的伤害。减少伤害、降低成本是其发展方向。

2) 泡沫压裂液

泡沫压裂液实际是一种液包气乳化液,是将气体(一般为 N_2 或 CO_2)加入水基液或油基液中形成一种较为稳定的气液两相物质作为压裂液。泡沫压裂液有易返排、低滤失、黏度高、携砂能力强、对储层伤害小等优点;缺点是压裂施工中需较高的注入压力,特殊的设备,施工难度较大。其适用于低压、强水敏性储层。配制泡沫压裂液的水相可以是水、稠化水、交联冻胶等含表面活性剂的液体,气相一般是 N_2 或 CO_2。

3) 油基压裂液

油基压裂液是以油为溶剂或分散介质,加入各种添加剂形成的压裂液。油基压裂液主要是由原油(柴油)、胶凝剂(铝磷酸酯盐或铝羟酸盐)、交联剂、破胶剂等组成。油基压裂液与油藏配伍好,易返排,有利于避免对水敏性储层的伤害,适用于低压、偏油润湿、强水敏性储层。

油基压裂液的缺点是易燃,添加剂用量大,成本较高,耐温能力较弱,滤失量大,而且施工安全性差,现场配制及质量控制困难,目前只用于极水敏的油层。

4) 乳化压裂液

乳化压裂液由油水两相组成,水相由植物胶稠化剂和含有表面活性剂的淡水或盐水组成,油相可以是原油或柴油。根据乳化剂性质不同,可形成水包油或油包水两种类型的压裂液。乳化压裂液含水量少,增稠剂用量低,同时在地层中由于乳化剂被地层岩石吸附而自动破乳,有低伤害、易返排的特点;缺点是摩阻高于常规压裂液,成本高,热稳定性较差,不适用于高温井。

2. 低伤害压裂液技术发展现状

现场需求是压裂液发展的动力;降低成本、减少伤害、提高效果一直是其发展的方向。压裂过程中压裂液伤害主要包括滤液对地层的伤害和滤饼对支撑裂缝的伤害;前一种伤害通过开发防膨剂、助排剂、醇基和油基压裂液得到了较好解决。后一种伤害,即这种过于稳定的聚合物基压裂液及其残渣对裂缝导流能力的伤害直到 20 世纪 80 年代后期才引起重视。随着破胶技术快速发展,开发了胶囊破胶剂。90 年代至今,其特点是"更好更净"。低浓度聚合物体系和不含聚合物的黏弹性表面活性剂的研究与应用,成为目前压裂液研究的主要方向。

1) 低浓度瓜尔胶压裂液

硼交联瓜尔胶压裂液于 20 世纪 60 年代用于油气井水力压裂施工中。G. W. Hawkins 和

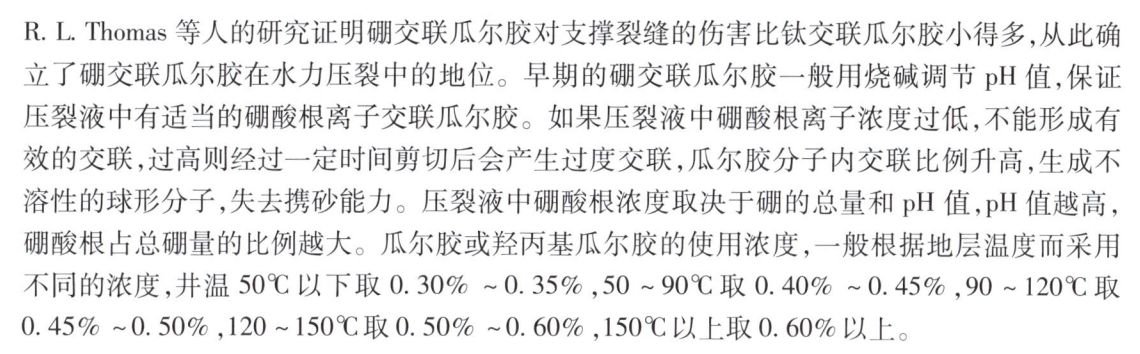

R. L. Thomas 等人的研究证明硼交联瓜尔胶对支撑裂缝的伤害比钛交联瓜尔胶小得多,从此确立了硼交联瓜尔胶在水力压裂中的地位。早期的硼交联瓜尔胶一般用烧碱调节 pH 值,保证压裂液中有适当的硼酸根离子交联瓜尔胶。如果压裂液中硼酸根离子浓度过低,不能形成有效的交联,过高则经过一定时间剪切后会产生过度交联,瓜尔胶分子内交联比例升高,生成不溶性的球形分子,失去携砂能力。压裂液中硼酸根浓度取决于硼的总量和 pH 值,pH 值越高,硼酸根占总硼量的比例越大。瓜尔胶或羟丙基瓜尔胶的使用浓度,一般根据地层温度而采用不同的浓度,井温 50℃ 以下取 0.30% ~ 0.35%,50 ~ 90℃ 取 0.40% ~ 0.45%,90 ~ 120℃ 取 0.45% ~ 0.50%,120 ~ 150℃ 取 0.50% ~ 0.60%,150℃ 以上取 0.60% 以上。

2) 超低浓度瓜尔胶压裂液

1998 年 BJ 公司研制成功了 Zr – CMG 压裂液体系,与哈里伯顿公司的低浓度瓜尔胶压裂液相比,这种体系可称为超低浓度瓜尔胶压裂液。哈里伯顿公司的低浓度压裂液实际上是一种液体设计的优化,通常的压裂液体系只不过用了过多的瓜尔胶,低浓度压裂液通过优化液体方案,将瓜尔胶使用浓度降至低限。

BJ 公司的 Zr – CMG 体系则是通过对瓜尔胶分子进行羧甲基化改性,通过羧羟基在水中去质子化形成很多随机排列的阴离子团,通过阴离子团之间的静电斥力,将缠绕成一团的线型高分子拉直,生成真正意义上的线型高分子。因此 BJ 公司将其称为刚性 CMG。由于聚合物分子链由卷曲的球状分子伸直为近直线的长链,分子间能产生相互作用的临界接触浓度大幅度降低,因此只要较少的聚合物量就可以形成有效的交联。

3) 清洁压裂液

聚合物压裂液体系虽然在一定程度上降低了伤害,但仍存在压裂液破胶不完全,而且破胶后残渣将残留在裂缝内,降低支撑剂充填层的渗透率,伤害产层,导致压裂效果变差。为此,20 世纪 90 年代末期,国内外掀起了清洁压裂液的研究。清洁压裂液又称黏弹性表面活性剂 (VES),它是由长链脂肪酸的季铵盐类阳离子表面活性剂溶解在盐水中形成的胶束溶液。VES 压裂液在裂缝中接触到地层原油或天然气便会破胶,被地层水稀释后也可降黏破胶,因此它是一种无残渣压裂液。

4) 清水压裂液

清水压裂液就是防膨清水或加有降阻剂的水。早在 1976 年就在美国俄克拉荷马州东北部密西西比裂缝性碳酸盐岩地层里进行了首次清水压裂,随后推广到得克萨斯州奥斯汀石灰岩地层中,1988 年进行了第一口水平井清水压裂试验,1995 年以来在得克萨斯州棉花谷泰勒裂缝性砂岩地层大量采用清水压裂。

由于大量注入的清水排出量并不多,存在水淹油层的隐患,而且对其增产机理认识的滞后,一度限制了该技术的发展。然而无论是在早期的裂缝性碳酸盐岩地层或较致密砂岩地层进行的清水压裂,都获得了出乎意料的油气增产与经济效益。随着相对密度 1.25 的超低密度支撑剂的开发成功和复合清水压裂工艺的成功应用,近几年引起了重视。

5) 低相对分子质量可重复利用瓜尔胶压裂液

压裂施工每口井需要压裂液几十立方米到几百立方米不等。压后返排出的压裂液含有大量的化学剂,不经处理排放对环境保护不利。重复利用不但可以省下部分价格昂贵的化学剂,对水资源缺乏地区节约配液用水量也很有意义。

瓜尔胶分子是以聚甘露糖为主链,随机的半乳糖为支链组成的。瓜尔胶分子的聚甘露糖主链与纤维素和淀粉的聚葡萄糖主链结构上高度相似。甘露糖、半乳糖和葡萄糖水溶性都很好,而纤维素和淀粉溶解性很差,原因是聚合物长链通过氢键高度蜷曲,使水分子不能进入聚合物内部,且相对分子质量越大,水溶性越差。根据这一特性,将普通瓜尔胶分子切割成 20~30 段的小分子,相当于提高了高分子的比表面积,其水溶性提高,黏度降低。经进一步的深加工,清除纤维素和蛋白质等水不溶物,制成一种清洁的低相对分子质量聚合物。这种聚合物水溶液黏度低,用硼做交联剂,调节体系的 pH 值高于 9 可以实现快速交联,降低 pH 值即可快速破胶,且破胶黏度低于 10mPa·s,因此该压裂液易于返排。不需要加入破胶剂,通过与弱酸性的地层矿物或地层水接触即可降黏破胶返排。由于没用氧化性破胶剂,压裂液的聚合物链不被破坏,因此可重复使用。这种低相对分子质量的瓜尔胶压裂液具有很好的返排与携砂性能,故又称为高性能压裂液(HPF)。HPF 主要特点如下:

(1)水不溶性残渣低。压裂液残渣来自两个方面。瓜尔胶加工过程中残留有近 15% 不溶性的纤维素和蛋白质,一般认为这是造成导流伤害的主要原因。瓜尔胶与强氧化性破胶剂反应是生成残渣的另一原因。因此普通瓜尔胶破胶后总有一部分不溶性的残渣。HPF 通过一系列深加工,清除了 HPG 中的大部分水不溶物,且不使用氧化性破胶剂,因此残渣量降低,导流伤害降低。

(2)高弹低黏性。黏度与聚合物相对分子质量相关性强。HPF 相对分子质量只有几十万,配制的基液黏度一般不高于 10mPa·s。通过交联,可形成高度弹性网状结构,有利于携砂。不含破胶剂,弹性结构维持时间相当长,破胶后基液黏度很低有利于排液。

(3)弹性可逆。HPF 是一种高 pH 值体系,地层矿物和地层水对它具有中和能力。一旦体系的 pH 值降低,交联结构消失。由于依靠地层矿物的酸性破胶,裂缝导流能力会因时间延长而提高。

(4)高返排性。压裂液返排率比普通瓜尔胶提高 75%,通过对返排流场分析,有效缝长提高 50%。

(5)可重复利用。稠化剂没被氧化剂破坏,可重复利用。HPF 的重复利用主要通过混砂车监测液体黏度,由微机控制计量泵补加添加剂,可在数秒内达到指定的黏度。该体系的特色在于使用水化浓缩液配液,避免了干粉配液可能造成的罐底浪费以及需要用柴油分散,大部分添加剂都在浓缩液中,施工后多余的只有清水。该体系不用氧化剂和酶破胶剂,而是依靠地层自身的酸性对压裂液中和降黏。重复利用的关键是将排出液收集于现场的坑中或罐中,通过测试排出液的黏度、总糖量、pH 值、硼量等,清除其中可能含有的固体杂质。根据现场情况决定存放期,补加必要的防腐剂和其他适当的添加剂即可重复利用。

6)疏水缔合水溶性聚合物压裂液

常规聚合物压裂液基本满足了压裂施工携砂的要求,但伤害太大。清洁压裂液克服了聚合物压裂液伤害大的问题,但成本很高,不利于大面积推广应用。疏水缔合水溶性聚合物与表面活性剂的复合体系在溶液中可形成致密的网络结构,使其表现出特殊的流变特性,如剪切稀释性、触变性、显著黏弹性等,具备了理想压裂液所需的性能。

疏水缔合水溶性聚合物分子链上带少量疏水基团,在水溶液中疏水基团类似于表面活性剂疏水基相互聚集形成疏水微区,实现分子内或分子间缔合。适当的分子内缔合可增加线团的刚性,而分子间缔合则形成空间网状结构,使黏度大幅度增加。这种空间网状结构是通过较弱的范德华力形成的,具有可逆性,因此具有良好的剪切稀释性。盐会使疏水缔合作用增强,提高溶液黏度,因此具有抗盐性。表面活性剂参与缔合,很少量的表面活性剂就能对疏水缔合水溶性聚合物溶液的性能造成很大影响。

压裂液的选用对特低渗透油藏至关重要,通常采用 SY/T 6376—2008《压裂液通用技术条件》和 SY/T 5107—2005《水基压裂液性能评价方法》进行评价优选。目前,在延长油田应用较广的为水基压裂液,占 90% 以上,其中以瓜尔胶和清洁压裂液为主。

二、支撑剂

支撑剂是水力压裂时地层压开裂缝后,用来支撑裂缝不使裂缝重新闭合的一种固体颗粒。水力压裂使用支撑剂的目的是支撑水力裂缝,在储层中形成远远高于油层导流能力的支撑裂缝带,最理想的支撑裂缝的导流能力应在产液时,裂缝内的压力降落为零,即无限导流能力。高导流能力的支撑裂缝的存在,使井的渗滤方式由径向流转变为线性流,同时也增加了渗滤面积,从而达到增产增注的目的。在同一储层、同一裂缝几何尺寸的条件下,压裂的增产效果完全取决于裂缝的导流能力。一般认为,支撑剂的类型及其物理性质、支撑剂在缝中的铺置状况,以及裂缝的闭合压力是控制导流能力的主要因素。因此,支撑剂的选择是至关重要的。

1. 支撑剂类型

自 20 世纪 40 年代末以来,支撑剂经历了半个多世纪的发展,所用的支撑剂大致可分为天然和人造两大类,前者以石英砂为代表,后者主要为电解、烧结陶粒。

1) 天然石英砂

石英砂颗粒相对密度约为 2.65 左右,对低闭合压力储层,使用石英砂作为压裂支撑剂可取得一定的增产效果。石英砂相对密度较低,便于施工泵送,且价格便宜,因而在浅井中至今仍被大量使用。但石英砂的强度较低,易破碎,不适合中—高闭合压力的压裂改造。

2) 人造陶粒支撑剂

陶粒的主要物料是铝矾土,生产工艺上分为电解和烧结两种。陶粒具有很高的强度,在相同闭合压力下与石英砂相比,具有破碎率低和导流能力高的特性。随着闭合压力的增加或承压时间的延长,陶粒的破碎率更低,导流能力的递减率也更慢。对于任意深度、任意储层来说,使用陶粒支撑水力裂缝都会获得较高的初产量、稳产量和更长的有效期。烧结陶粒的前期开发了电解陶粒,但由于其破碎是粉碎性的,对导流能力影响极大,现已被烧结陶粒取代。

3) 预固化树脂包层砂

预固化树脂包层砂是近十余年发展起来的,主要针对天然石英砂抗压强度低、导流能力差而研制的支撑剂,采用特殊工艺将改性苯酚甲醛树脂包裹到石英砂表面,并经热固处理制成。相对密度 2.55 左右。相比石英砂性能有了大幅提高,目前此类支撑剂在 40MPa 时的导流能力维持在 70D·cm 左右。在长期闭合压力条件下,树脂膜的形变使导流能力的损失较大。

目前国内外主要使用天然石英砂和人造陶粒两种类型的支撑剂。如何选择和使用支撑剂,需要对其进行性能评价,并与应用的储层进行匹配研究和经济效益分析,使所选用的支撑剂及其裂缝导流能力能够满足最经济优化的压裂设计的需要。

2. 支撑剂的物理性能与评价标准

1）支撑剂物理性能

支撑剂的物理性质主要包括支撑剂的粒度组成、圆度、球度、酸溶解度、浊度、密度、抗压强度等。这些物理性质决定了支撑剂的质量及其在闭合压力下的导流能力。

理想支撑剂应该具有以下物理性质：

（1）为了获得最大的裂缝支撑缝宽，支撑剂应具有足够的抗压强度，能够承受140MPa的闭合压力。

（2）为了便于泵送，支撑剂的颗粒密度越低越好，最好与水的密度相近。

（3）为了获得高导流能力，支撑剂的颗粒应当尽量大一些，且颗粒均匀，圆度和球度应接近于1。

（4）为了避免对裂缝造成伤害，支撑剂应在温度200℃的条件下与压裂液及储层流体不发生化学作用。

（5）为了降低压裂成本，支撑剂按体积计算的价格应与石英砂持平。至今，虽然没有一种支撑剂可以完全满足上述要求，有些要求当前也难以达到，但随着技术的进步会逐步实现。

2）支撑剂的评价标准

目前，国内通用的压裂支撑剂评价标准为SY/T 5108—2006《压裂支撑剂性能指标及测试推荐方法》。主要检测指标见表7－1。

表7－1 支撑剂的主要性能指标

项目	石英砂	陶粒
圆度	>0.6	>0.8
球度	>0.6	>0.8
公称粒径筛析率(%)	≥90	≥90
抗破碎能力[1](%)	≤14	—
抗破碎能力[2](%)	—	≤10
酸溶解度(%)	≤5	≤5
浊度(FTU)	≤100	≤100

① 在28MPa下测定。
② 在52～69MPa下测定。

3. 支撑裂缝导流能力及其试验测定

1）裂缝导流能力

裂缝导流能力是指充填支撑剂的裂缝传导（或输送）储层流体的能力。裂缝导流能力与裂缝支撑缝长是控制裂缝效果的两大要素。对同一储层与同一支撑缝长而言，压裂增产完全取决于裂缝的导流能力。裂缝导流能力综合反映了支撑剂的各项物理性质，因此该值的大小成为评价与选择支撑剂的最终衡量标准。

2）裂缝短期导流能力试验

在短期导流能力试验中，因称量试样方法不同，有等质量法和等体积法两种试验方法之分,它们各自的试验目的也不相同。

(1)等质量法。各种体积密度不同的支撑剂,在单位面积上进行质量相等、体积不等(即裂缝支撑缝宽不等)的试验,称为等质量法短期导流能力试验。目的是鉴别和筛选支撑剂。

(2)等体积法。各种体积密度不同的支撑剂,在单位面积上进行体积相等(即裂缝支撑缝宽相等)而质量不等的试验,称为等质量法短期导流能力试验。目的是对各种支撑剂进行横向对比,以真正评价出它们在等缝宽条件下所能提供的导流能力、质量用量、成本和投入产出比。

虽然,等体积法的试验结果更符合地下支撑裂缝实际,但等质量法又因其简便快捷而更多地被采用。

3)裂缝长期导流能力试验

(1)将支撑剂试样置于某一恒定的压力、温度和其他规定的试验条件下,考察该支撑剂导流能力与承压时间关系的试验称为支撑剂长期导流能力试验。

(2)为使试验结果具有可靠的实际意义,试验周期至少应延长到 30 天,使之足以反映支撑剂破碎、微粒运移、堵塞、压实及嵌入等状况对导流能力带来的影响。

(3)显然,长期导流能力的试验结果比短期试验要准确可靠,但实施起来却比短期试验复杂、困难得多。一般在取得长、短期导流能力试验结果的关系后,对短期试验数据作出校正,用于压裂设计计算。

一般来说,取石英砂短期值的 10%~15%,取人造陶粒短期值的 30%~35% 作为设计计算值。

4. 影响裂缝导流能力的因素

支撑裂缝导流能力是支撑剂的物理性能及其裂缝所处条件的综合反映,它是支撑剂选择与优化设计中最关键的参数之一。影响支撑裂缝导流能力的因素比较多,主要包括支撑裂缝承受的作用力、支撑剂的物理性质、支撑剂在裂缝中的铺置浓度以及支撑剂对岩石的嵌入、承压时间和压裂液对支撑裂缝的伤害等诸多因素。

1)地应力与地层孔隙压力

压裂后形成支撑带中的支撑剂承受着裂缝闭合压力,它是地层的地应力即最小主应力与地层孔隙压力之差,通常相当于地层破裂压力与井底流压之间的差值,虽然支撑剂种类不同,但它们的导流能力都随闭合压力的增加而减少。

2)支撑剂物理性能

(1)支撑剂的粒径大小及其均匀程度。

(2)圆度和球度。

(3)支撑剂的破碎率。

3)支撑剂铺置浓度

支撑剂的铺置浓度是指单位裂缝壁面上的支撑剂量,常用 kg/m^2 表示。裂缝导流能力随裂缝中支撑剂铺置浓度的增加而增加,多层铺置不仅可以降低支撑剂的破碎程度,而且可以提高裂缝的宽度。

4）支撑剂的压碎和嵌入

当裂缝闭合在支撑带上时,支撑剂颗粒将由裂缝缝壁嵌入岩层或被岩石压碎,这两者都将影响裂缝有效缝宽和渗透率,从而导致裂缝导流能力下降。岩石较硬时,压碎的影响是主要的;地层松软时,主要是嵌入。

5）压裂液

压裂液返排后仍有部分破胶较差的压裂液及其残渣滞留在支撑带孔隙中,加上压裂液在裂缝壁面形成的滤饼等,都会导致裂缝导流能力下降。目前国内外使用的压裂液种类很多,不同的压裂液对导流能力的保持程度不同。

6）有效地应力作用时间

支撑裂缝在地层有效地应力作用下取得与保持长期较高的导流能力是油井稳产的关键。实验结果表明,支撑裂缝在地应力的作用下50小时内导流能力递减较快,50小时后基本趋于稳定,但随着时间的推移,其导流能力逐渐降低。

7）提高支撑剂导流能力的新技术

最近哈里伯顿公司开发了一项用于提高裂缝导流能力的新技术,即砂楔技术。该技术主要采用了表面改性剂新材料,直接加入混砂罐中的携砂液内,能够快速为支撑剂包上一层薄而黏的表层,从而提高颗粒间的摩擦力,减缓支撑剂的沉降速率,达到改善支撑剂在裂缝内纵向分布的目的,同时也可避免压裂液吸附在颗粒表面,最大限度地改善了破胶效率,而且它还能限制支撑剂的回流和运移。

5. 支撑剂优选原则

确定支撑剂类型、粒径及其在裂缝中的铺置浓度是压裂设计的重要环节,也是保证压后增产与提高开发水平的关键。一般以预期获得的压裂效果所需要的裂缝导流能力来优选支撑剂,因此支撑剂的优选离不开储层条件、工程条件以及支撑剂的室内评价结果。

（1）储层闭合压力。

中国天然石英砂适用极限较低,如果储层裂缝的闭合压力大于该值时,应选用人造陶粒。

（2）储层岩石的软硬程度。

对岩石弹性模量小于 1.3×10^4 MPa 的软砂岩储层,应选用粒径 0.9mm 以上的大颗粒支撑剂,并以多层排列来减缓支撑剂的嵌入;如岩石弹性模量大于 2.8×10^4 MPa,应选用人造陶粒,以多层铺置来克服支撑剂的破碎。

（3）储层有效渗透率愈高,愈应选用能产生更高导流能力的陶粒支撑剂,并通过高砂比等措施与之匹配。

（4）压裂液的携砂能力。

压裂液携砂能力强,则尽可能选用高密度、大颗粒的支撑剂;反之,则尽可能选用低密度、小颗粒的支撑剂。

（5）压裂设备的泵注能力。

压裂设备在高泵压(大于60MPa)下如能提供设计所需的排量,仍应选用高密度、大颗粒的支撑剂进行高砂比压裂。

（6）经济效益上的考虑。

支撑剂作为压裂材料之一,在评价压裂经济效益时永远是一项支出,应针对储层条件对选用支撑剂进行投入产出分析。如规定了压裂成本的偿还时间,则必须比较各种支撑剂在储层给定的闭合压力下的价格。如果某种支撑剂在规定的成本偿还期内可满足偿还要求,则该支撑剂应是候选支撑剂之一。

延长油田特低渗透油层2000m以内的储层一般选用石英砂,2000m以上的储层一般选用陶粒,也有部分井选用石英砂+尾追陶粒的方式。

第三节 特低渗透油藏整体压裂技术

一、概述

整体压裂技术的思想得益于国外单井压裂经济优化的概念,但整体压裂技术观念的形成则是国内在20世纪80年代末和90年代初首先提出的,并在吉林油田的乾安、青海油田的尕斯库勒、吐哈油田的鄯善和江苏油田的杨家坝等油田逐步获得推广应用。

研究的总体目标是使整个油田获得最佳的开发效果;思路是把整个油藏作为一个研究单元,充分考虑其非均质性,并对油藏的各参数进行覆盖研究,在此基础上,考虑在既定井网条件下,不同的裂缝长度和导流能力下的产量和扫油效率等动态指标的变化,从中优选出最佳的裂缝尺寸和导流能力,并进行现场实施与评估研究,以不断完善整体压裂方案。研究的手段包括室内实验、压裂裂缝模拟、油藏数值模拟、试井分析、现场测试、质量控制和压裂监测等。

1. 整体压裂优化设计应遵循的基本原则

(1)最大限度地提高单井产量,以达到油田合理开发对产量的要求。

(2)最大限度地提高水驱油藏的波及体积和扫油效率,以达到最高的原油最终采收率。

(3)合理设置压裂参数、努力节省施工费用,最大限度地增加财务净现值和提高经济效益。

以上三个方面密切联系,综合考虑、统筹安排、合理配置,如单纯只从提高油井当前产量出发,要求尽量增加裂缝长度,那么在不利方位情况下,可能会使油井提前暴性水淹,降低水驱效果,损害原油最终采收率,而且从经济角度分析,也不一定是裂缝愈长效益愈好。整体压裂优化设计时,要应用油藏的物理模型和数学模型等先进技术手段进行水力压裂多种方案指标的计算,经过综合分析对比,优选出最佳的配置方案和工程参数。

2. 整体压裂方案设计的步骤

(1)考虑不同裂缝长度、方位和导流能力对油藏动态的影响,模拟预测一定时间内的产量动态。

(2)通过油藏模拟预测不同的裂缝长度与导流能力所需要的作业规模,如液量及加砂量等。

(3)根据最大净现值(NPV)原则,从而确定施工参数和施工规模。

国内外在非达西渗流理论和整体压裂方面做了很多研究工作,并取得了重要研究成果。国外在非达西渗流方面研究的主要是气藏,对油藏的研究较少。国内在整体压裂方面技术比较成熟,但在处理裂缝导流能力方面还需要进一步改进。尽管有学者研究了气藏的非达西渗流压裂问题,但对油藏,所有的整体压裂研究都是建立在达西流基础上的,还没有学者研究考虑启动压力梯度后井网、裂缝参数的优化问题。

二、数学模型

在确定复合天然裂缝介质与基质的流体交换量后,可得到多重介质渗流数学模型。

1. 人工裂缝渗流方程

油组分方程:

$$\nabla \cdot (\rho_o^o a_{op} \nabla \Phi_{op}) + q_{omp} + q_{oSufp} = \frac{\partial}{\partial t}(\phi \rho_o^o s_o)_p \quad (7-2)$$

气组分方程:

$$\nabla \cdot (\rho_g a_{gp} \nabla \Phi_{gp}) + \nabla \cdot (\rho_o^g a_{op} \nabla \Phi_{op}) + q_{gmp} + q_{gSufp} = \frac{\partial}{\partial t}(\phi \rho_o^g s_o + \phi \rho_g s_g)_p \quad (7-3)$$

水组分方程:

$$\nabla \cdot (\rho_w a_{wp} \nabla \Phi_{wp}) + q_{wmp} + q_{wSufp} = \frac{\partial}{\partial t}(\phi \rho_w s_w)_p \quad (7-4)$$

式中,ρ_o^o 为油组分在油相中的部分密度,kg/m³;ρ_o^g 为气组分在油相中的部分密度,kg/m³;s 为饱和度;t 为时间,s;q_{omp},q_{gmp} 和 q_{wmp} 分别表示油相、气相和水相流体从基质流入人工裂缝的量,kg/(m³·s);q_{oSufp},q_{gSufp} 和 q_{wSufp} 分别表示油相、气相和水相流体从复合天然裂缝流入人工裂缝中的量,kg/(m³·s);下标 p 表示人工裂缝;下标 o,g,w 分别表示油、气、水组分。

2. 复合天然裂缝渗流方程

油组分方程:

$$\nabla \cdot (\rho_o^o a_{oSuf} \nabla \Phi_{oSuf}) + \lambda_{mSuf}[\eta_o \rho_o^o (\Phi_{om} - \Phi_{oSuf})] - q_{oSufp} = \frac{\partial}{\partial t}(\phi \rho_o^o s_o)_{Suf} \quad (7-5)$$

气组分方程:

$$\nabla \cdot (\rho_g a_{gSuf} \nabla \Phi_{gSuf}) + \nabla \cdot (\rho_o^g a_{oSuf} \nabla \Phi_{oSuf}) - q_{gSufp} + \lambda_{mSuf}[\eta_g \rho_g (\Phi_{gm} - \Phi_{gSuf})]$$
$$+ \lambda_{mSuf}[\eta_o \rho_o^g (\Phi_{om} - \Phi_{oSuf})] = \frac{\partial}{\partial t}(\phi \rho_o^g s_o + \phi \rho_g s_g)_{Suf} \quad (7-6)$$

水组分方程:

$$\nabla \cdot (\rho_w a_{wSuf} \nabla \Phi_{wSuf}) + \lambda_{mSuf}[\eta_w \rho_w (\Phi_{wm} - \Phi_{wSuf})] - q_{wSufp} = \frac{\partial}{\partial t}(\phi \rho_w s_w)_{Suf} \quad (7-7)$$

式中,λ_{mSuf} 为基质与复合天然裂缝间的窜流系数。

3. 基质系统渗流方程

油组分方程:

$$- \lambda_{mSuf}[\eta_o \rho_o^o(\Phi_{om} - \Phi_{oSuf})] - q_{omp} = \frac{\partial}{\partial t}(\phi \rho_o s_o)_m \tag{7-8}$$

气组分方程:

$$- \lambda_{mSuf}[\eta_g \rho_g(\Phi_{gm} - \Phi_{gSuf})] - \lambda_{mSuf}[\eta_o \rho_o^g(\Phi_{om} - \Phi_{oSuf})] - q_{gmp} = \frac{\partial}{\partial t}(\phi \rho_g s_g + \phi \rho_o^g s_o)_m \tag{7-9}$$

水组分方程:

$$- \lambda_{mSuf}[\eta_w \rho_w(\Phi_{wm} - \Phi_{wSuf})] - q_{wmp} = \frac{\partial}{\partial t}(\phi \rho_w s_w)_m \tag{7-10}$$

4. 辅助方程

饱和度约束方程:

$$s_{op} + s_{gp} + s_{wp} = 1, s_{oSuf} + s_{gSuf} + s_{wSuf} = 1, s_{om} + s_{gm} + s_{wm} = 1 \tag{7-11}$$

毛细管压力方程:

$$p_{cog} = p_g - p_o = f(s_o, s_g, s_w), p_{cow} = p_o - p_w = f(s_o, s_g, s_w) \tag{7-12}$$

相对渗透率方程:

$$K_{ro} = f(s_o, s_g, s_w), K_{rg} = f(s_o, s_g, s_w), K_{rw} = f(s_o, s_g, s_w) \tag{7-13}$$

在前面所建立的数学模型中,可以得到裂缝性油藏压裂的三重介质渗流数学模型,本模型包含了目前常用的压裂开发油藏渗流模型。

第四节 分层压裂技术

对于多油层油田,由于各单井层数多,如果单层压裂、开采会导致压裂成本高,开采成本高,效益差。通过分层压裂,可节约成本,缩短作业时间,降低油层伤害,实现油田经济高效开发。分层压裂方法按其发展过程,主要有以下几种。

一、填砂分层压裂技术

填砂分层压裂技术通常与单上封压裂钻具结合进行分层压裂施工。具体步骤是:首先对下部层位进行压裂,压裂完成后填砂处理,完成后实探砂面,达到要求后,再下入单上封钻具进行下一层压裂。该技术可靠性较高,但施工周期较长,后期作业复杂,填砂和后期冲砂过程由于水的再次侵入对储层的伤害较大。

二、可捞式桥塞分层压裂技术

可捞式桥塞通常与单上封压裂钻具结合进行分层压裂施工。具体步骤是:首先对下部层位进行压裂,压裂完成后,下入桥塞,验封合格后,再下入单上封钻具进行下一层压裂。该技术可靠性较高,但施工周期较长,后期作业复杂。

三、卡封分层压裂技术

卡封分层压裂技术包括卡封保护套管笼统压裂技术和暂堵上层,卡封压裂下层技术采用两个封隔器投球,打压坐封,施工中套管打平衡压力进行压裂施工。卡封压裂在早期的分层压裂中应用较多。目前主要在 2~3 层的分层压裂中应用。

四、滑套不动管柱分层压裂技术

滑套不动管柱压裂是用专用的井下工具(由封隔器、水力锚、滑套套筒、销钉和喷砂器组成)进行不动管柱分层压裂(图 7-1),自下而上进行压裂,即最下级喷砂器不装滑套,首先压裂最下层。压完后不停泵,用井口投球器投一钢球,使之坐在最下层。压完后不停泵,用井口投球器投一钢球,使之坐在最下面喷砂器的上一级喷砂器的滑套上,憋压剪断销钉后,滑套便会落入下一级喷砂器上,使出液通道被封闭,这样就可以压裂第二层。依此类推,就可实现多层压裂。该工艺具有简便易行、安全可靠、费用低等特点,应用较广。

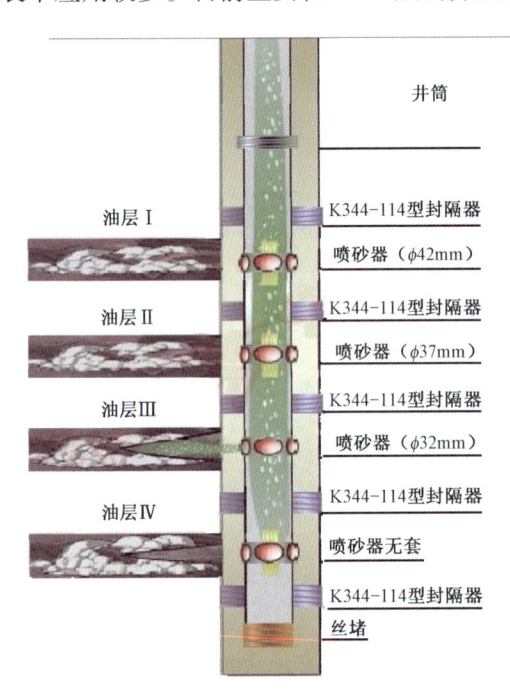

图 7-1 分层压裂示意图

五、水力喷射分层压裂技术

水力喷射压裂是一种综合集水力喷砂射孔、水力压裂和水力隔离等多种工艺一体化的新型水力压裂技术。水力喷砂压裂技术不用封隔器与桥塞等隔离工具实现自动封隔。通过提升管柱,将喷嘴放到下一个需要改造的层位,可依次压开所需改造井段。水力喷射压裂技术可以在裸眼、筛管完井的水平井中进行加砂压裂,也可以在套管井上进行,施工安全性高,可以用一趟管柱在水平井中快速、准确地压开多条裂缝,水力喷射工具可以与常规油管或连续油管相连接入井。

第五节 "一层多缝"压裂技术

"一层多缝"压裂技术也称为多裂缝压裂技术,该技术是在转向压裂技术的基础之上发展起来的一项新型多级转向压裂技术。该技术主要是在一个压裂层段内,先压开储层后,加入暂堵剂,待泵压明显上升后,再次加入暂堵剂,如此根据工艺需要多次投入暂堵剂,多次出现破压,这样就可以在一个层段内形成多个裂缝,以提高人工裂缝的导流能力。

一、工艺机理

当存在天然裂缝时,裂缝延伸的尖端可能遭遇天然裂缝,根据裂缝的延伸原理,裂缝延伸方向的判断标准是能够产生最大的拉应力,裂缝的实际延伸方向与产生最大拉应力的方向垂直,该方向的剪切应力为 0,而天然裂缝正符合这个条件,因此裂缝的端部遭遇天然裂缝时,裂缝优先沿天然裂缝的赋存方向延伸。这样,液体经过天然裂缝加速延伸并改变延伸方向。因此,裂缝可能错过与其他射孔孔眼或裂缝相连的机会,造成多个独立裂缝同时延伸的局面。

1. 等效多裂缝理论

裂缝壁面有一定吸收液体的能力;随着时间的推移,流体滤失进入岩石以后,如果不能够扩散出去,将迅速增加岩体内部的压力,减小缝内外的压差,导致滤失减小甚至丧失。对于不同方位的多个裂缝而言,裂缝之间的岩石碎屑较多,而且与无限远处岩体连接的流通通道较宽,在压裂的初期,各个裂缝两边的滤失规律(滤失系数)可以认为相同。

2. 同方位延伸多裂缝理论

假设同一方位产生了多个同时延伸的裂缝,而且裂缝延伸轨迹类似、间距一致,如图7-2所示。此时最关键的问题是计算裂缝之间闭合应力的影响与滤失规律的变化。

该裂缝所处位置的闭合应力,加上其他裂缝对本裂缝作用的应力,构成总的闭合应力。假设有两条裂缝,两条裂缝相互影响后,裂缝的延伸轨迹与单条裂缝的延伸方法相同。

同方位的多裂缝的分流流量基本一致。至此,可以得到完整的同方位多裂缝同时延伸的模型。

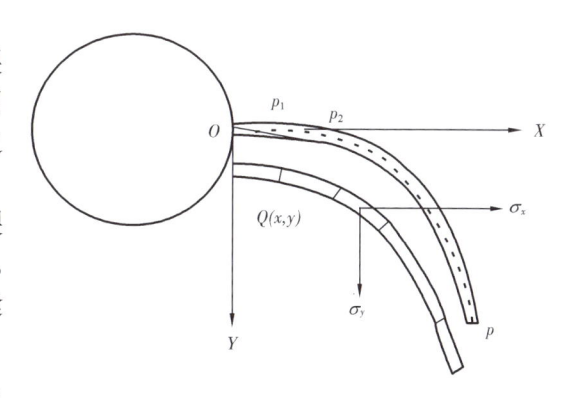

图7-2 多裂缝之间应力相互影响示意图

3. 不同方位延伸的多裂缝理论

一般情况下,不同方位延伸的多条裂缝的显著特点是,各个裂缝相距有一定距离,缝口闭合应力不同,轨迹不同,分流流量不同;而同方位的多裂缝延伸模型是不同方位多裂缝延伸模型的特例。

二、压裂步骤

(1)首先对新层段采取常规水力压裂,加入部分设计砂量。

(2)工作压力平稳后降低砂比,加入转向剂,要求压力明显上升,达到破裂压力,压力平稳后提高砂比,加入部分设计砂量。

(3)工作压力平稳后降低砂比,再次加入转向剂,要求压力明显上升,达到破裂压力,压力平稳后提高砂比,再次加入部分设计砂量。

(4)多次重复以上步骤就可在储层中形成多条裂缝。

第六节 控水压裂技术

油田开发进入中后期,一般油层含水率上升。这是由于人工注水、边底水锥进的结果。之所以水线锥进,是由于开采后期地层压力下降。而水的流动黏度比油要小得多,所以水"超前"流动,严重影响油产量。控水压裂技术就是通过控水来增加油产量的一种技术,控水主要是压裂参数的控制和采用化学剂来控制裂缝的形态。

一、工艺机理

1. 裂缝延伸机理

在二维平面裂缝,Irwin(1957,1983)和 Dewit(1987)提出弹性理论以说明裂缝在垂向上的延伸状况。指出在压裂施工过程中,压裂液在垂向端部形成张力,且作用在水平主应力上。如果裂缝垂向剖面顶部或底部的应力强度因子 K_{Itop} 和 K_{Ibot} 随裂缝内压力的增加而达到裂缝破裂时的临界应力强度因子,即岩石的断裂韧性 K_{IC} 时,那么裂缝将垂向延伸。垂向裂缝在目的层上下的延伸如图 7-3 所示。

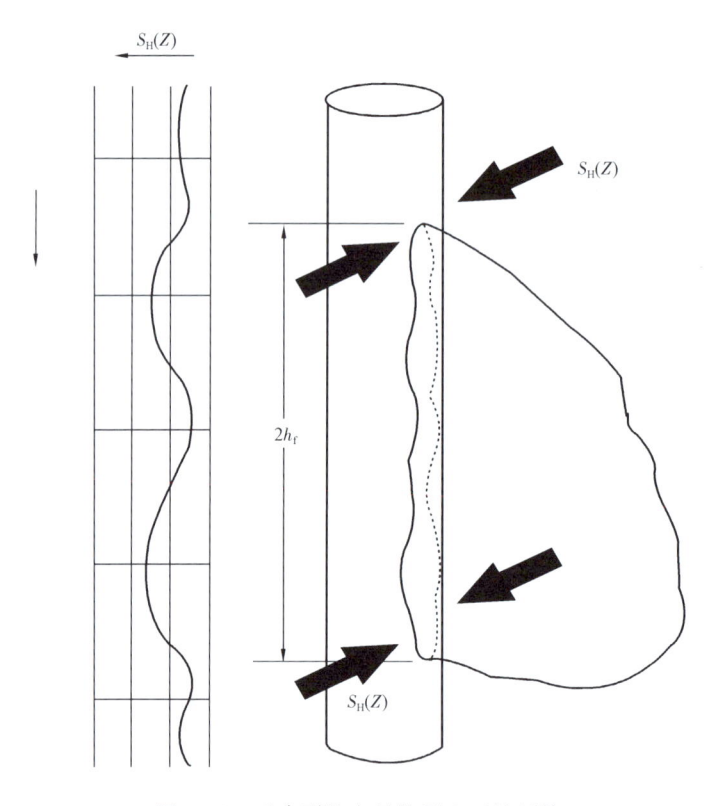

图 7-3 垂直裂缝在目的层上下的延伸

$$\begin{cases} K_{Itop} = \dfrac{1}{\pi\sqrt{2h_f}} \int_{-h_f}^{h_f} (S_H(Z) - p_{wi}) \sqrt{\dfrac{h_f - Z}{h_f + Z}} dZ \\ \\ K_{Ibot} = \dfrac{1}{\pi\sqrt{2h_f}} \int_{-h_f}^{h_f} (S_H(Z) - p_{wi}) \sqrt{\dfrac{h_f + Z}{h_f - Z}} dZ \end{cases} \quad (7-14)$$

式中,K_{Itop} 为裂缝垂向剖面顶部的应力强度因子;K_{Ibot} 为裂缝垂向剖面底部的应力强度因子;$2h_f$ 为裂缝高度;S_H 为水平主应力;p_{wi} 为井底孔眼处的压力;Z 为垂向直线距离。

2. 影响裂缝高度的因素

1)就地压力差与裂缝内压力

一般认为压裂层与上下岩层的压力差应大于 13.8MPa,则上下岩层可以起到遮挡裂缝在垂向上延伸的作用。Simonson 等人推导出井底施工压力与闭合压力的积分精确解。

$$\Delta p = p_{wi} - p_c$$
$$= C_1[K_{IC}(1/\sqrt{h_u} - 1/\sqrt{h}) + C_2(\delta_u - \delta)\arccos(h/h_u)] + C_3\rho g(h_u - h/2) \quad (7-15)$$

$$\Delta p = p_{wi} - p_c$$
$$= C_1[K_{IC}(1/\sqrt{h_u} - 1/\sqrt{h}) + C_2(\delta a - \delta)\arccos(h/h_d)] - C_3\rho g(h_d - h/2) \quad (7-16)$$

$$h_f = h_u + h_d - h \quad (7-17)$$

式中,Δp 为裂缝内压力;p_{wi} 为压裂时井底压力;p_c 为裂缝闭合压力;K_{IC} 为岩石断裂韧性(裂缝临界应力强度因子);h_u 为裂缝高度伸入压裂目的层上隔层的距离;h 为压裂目的层的厚度;h_d 为裂缝高度伸入压裂目的层下隔层的距离;h_f 为裂缝高度;δ 为压裂目的层的水平主压力;δ_u 为压裂目的层上隔层的水平主压力;δ_a 为压裂目的层的下隔层水平主压力;ρ 为压裂液的相对密度;g 为重力加速度;C_1、C_2 和 C_3 为单位换算系数。

经 Nowberry 与 Ahmed 等人的发展,得出在多井层中裂缝高度延伸的结论。

2)弹性模量

重要性仅次于就地应力差的弹性模量是抑制裂缝高度的另一重要因素。全三维水力裂缝模拟结果指出,如果上下岩层的弹性模量比压裂层的弹性模量大,则裂缝在垂向上延伸将受到抑制;当上下岩层的弹性模量比压裂层的弹性模量大 5 倍时,裂缝高度几乎控制在压裂目的层内。

3)泵注排量

全三维水力裂缝模拟结果表明,当上下岩层的应力差与压裂层的应力差小于 5MPa 时,泵注排量的大小将对裂缝高度的延伸产生较大影响;如就地应力差大于 5MPa 时,这种影响将减小。

二、压裂控水增油技术

压裂控水增油(图 7-4)分为层间控水和层内控水两种情况。

1. 层间控水技术

层间控水相对容易,比如有 5 个小层,3 个出水,两个出油,则对出水的 3 个层位进行堵水处理后,再对出油的储层进行相适应的压裂改造即可。这种情况堵水剂用量大,控水增油效果较好。

2. 层内控水技术

层内控水则要复杂得多。对于孔隙性油藏,应该只有三种情况,有的孔隙出水,有的孔隙出油,有的孔隙油水同出。对于出油的孔隙,当油慢慢融化掉控水剂时,油产量增加。对于出

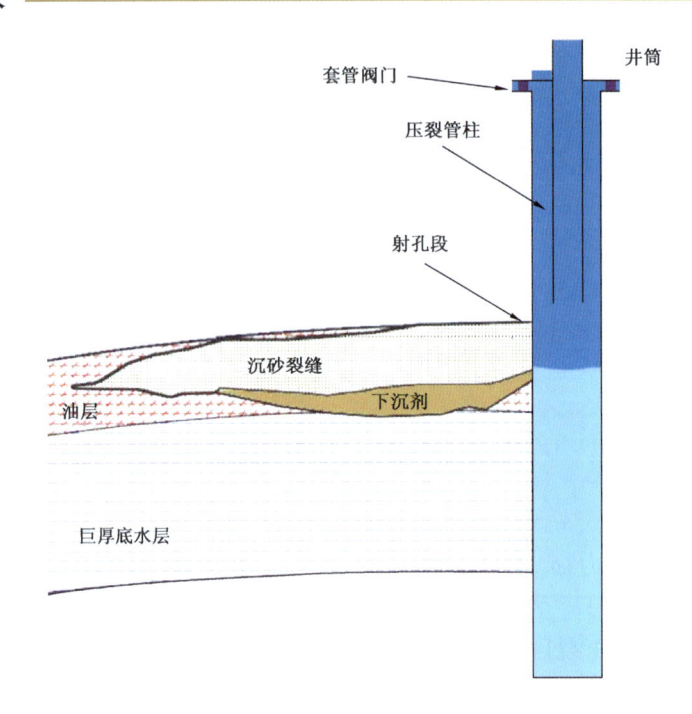

图 7-4 压裂控水增油技术示意图

水孔隙,堵剂死死堵住,自然能降低含水率。对于油水同出的孔隙,肯定是以水为主,水跑在前面,当控水剂堵住孔隙时,水通不过,油和水这时会慢慢发生置换。油走到了水的前面,慢慢将控水剂融化掉,油流率先"破壁而出"。当水再走到油的前面,可能已过去了几个月或半年了。这也就是压裂控水增油有效期。

针对高含水井压裂改造难、措施后增液多、增油少甚至不增油的情况,在压裂中可采用覆膜砂作为支撑剂,能有效控制高含水井压裂后含水率上升,提高油井产量,该种支撑剂是在常规压裂砂表面包覆特殊改性树脂而成,具有改变表面张力和油水润湿性的功能,能实现对油水流动能力的选择,具有堵水不堵油特性。通过压裂工艺将覆膜砂携至裂缝中,生产时形成一条高含油饱和带,从而降低油井采出液的含水率。

第七节　转向压裂技术

目前,常规同井同层重复压裂技术存在局限性:一是常规重复压裂只能压开老裂缝,可以部分恢复老缝导流能力,但对注采井网注水的驱替面积及地层中孔隙压力分布形式的影响是有限的;二是对进入中—高含水开发期的油田来说,由于地层的非均质性,水力压裂对注水具有引效作用,常规增大施工规模有可能导致重复压裂后施工井的含水率急剧上升。重复压裂垂直裂缝转向工艺技术,在理论上是通过恢复或提高原有裂缝导流能力的常规复压技术的补充和发展,是提高油层挖潜水平的有利手段。

对于低渗透储层,由于出现地应力场反转的难度较大,而采用定向射孔压裂造成裂缝转向,对储层伤害较大。近些年,利用桥堵作用堵塞裂缝,形成转向的新裂缝的压裂工艺,经过现场实践,增产显著,逐步成为低渗透储层重复改造的首选工艺。

一、工艺机理

1. 全三维裂缝扩展模型

全三维裂缝扩展模型根据弹性理论中的三维方法计算几何尺寸,认为缝隙内压裂液在平行于裂缝壁面的方向做二维矢量流动,同时考虑了压裂液向地层的滤失,从而取消了拟三维裂缝扩展模型中裂缝长度远大于裂缝高度及裂缝内部沿缝长方向做一维流动等假设,因此适用于各种地层条件,更为真实地模拟水力压裂物理过程。

全三维裂缝扩展模型的基本方程是:联系作用在裂缝壁面上压裂液的液体压力和裂缝宽度的弹性变形方程;联系裂缝内部压裂液流动和压裂液梯度的液体流动方程;联系裂缝前缘应力强度和岩石张性破裂所需要的临界强度的破裂准则。

弹性变形方程的假定条件:

(1)地层是均质各向同性线弹性体;(2)裂缝是垂直于地层最小主应力的平面裂缝;(3)裂缝在足够深的地层内产生,从而可以忽略地表平面这一自由表面的影响。

2. 裂缝扩展判据

采用线弹性断裂力学的断裂准则作为裂缝扩展的判据,即扩展点处的应力强度因子 K_I 保持为近似等于临界应力强度因子 K_{IC},裂缝边界上任一点的应力强度因子为:

$$K_I = \frac{G}{2(1-v)} \left[\frac{2\pi}{a(s)} \right]^{\frac{1}{2}} W_a(x,y) \qquad (7-18)$$

式中,G 为岩石的剪切模量;v 为岩石的泊松比;a 为距裂缝前缘的微小距离;W_a 为距裂缝前缘的距离为 a 处的裂缝宽度。

临界应力强度因子 K_{IC} 是裂缝扩展所需要的缝端处应力场的量度,该值可以由实验来测定。

理论上说,裂缝端部上任一点的扩展速度 u 的取值要保证该点的应力强度因子等于临界应力强度因子。因为在计算新的应力强度因子之前,裂缝必须已经扩展了一段距离,所以 u 值只能迭代求解,而这样的迭代是相当费时间的。替代迭代求解的一个方法是:根据应力强度因子的大小来估算裂缝的扩展速度,从而使应力强度因子近似等于临界值 K_{IC}。

3. 缝内转向增产原理分析

通过地质构造和岩心资料分析,确定地层已存在天然的低压裂缝,或进行压裂已形成人工裂缝,为满足对目的层的改造要求,需要首先进行封堵,方可进行改造。该工艺技术主要是在对裂缝进行转向后,再次实施改造转向压裂施工曲线如图 7-5 所示。

原理:油层在以前压裂改造后,形成了裂缝。再次改造时,加入裂缝转向剂对老裂缝进行封堵,在地层中的其他方位发展新的裂缝,改变液流方向,从而满足勘探和开发要求。

屏蔽暂堵压裂技术主要依靠岩石的物理特点和水力压裂的控制技术来完成。岩石的物理性质主观难以改变,屏蔽暂堵压裂主要应用水力压裂方式在地层中已形成的裂缝周围首先产生不能向前、向上、向下扩展或延伸的短期效应,导致裂缝内压力快速增长,使入地液量与缝的发展不成比例,创造产生新缝的有利条件。该条件的产生是技术关键。

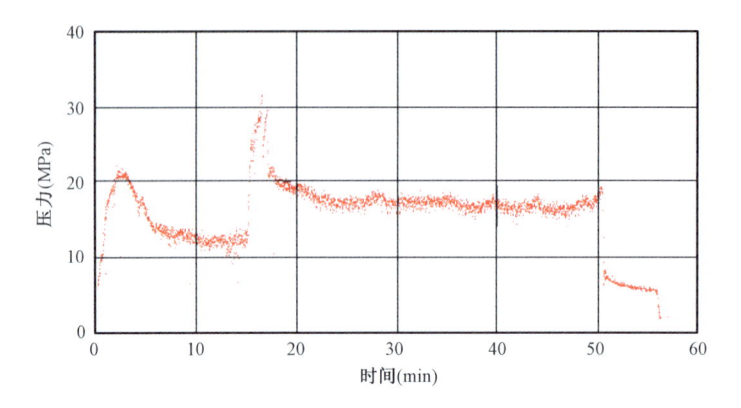

图 7-5 转向压裂施工曲线

1）裂缝瞬时屏蔽与缝内压力的变化

压裂时，岩石与压裂流体在造缝、确定造缝几何形态和尺寸方面有复杂的相连关系，而这些关系都围绕着裂缝内的净压力 p_{net} 变化：

$$p_{net} = p_f - \delta_c \tag{7-19}$$

$$\delta_c = K_0(\delta_v - p_r) + p_r + T \tag{7-20}$$

式中，p_f 为裂缝内压力；δ_c 为最小就地地应力；K_0 为包含两种性质（弹性和断裂性质）的比例常数，一般为 1/3；δ_v 为由上覆重力形成的垂向应力；p_r 为储层空隙压力；T 为构造对岩层应力的效应值。

净压力 p_{net} 控制着缝高、缝长和缝宽，反过来又是缝高、缝长和缝宽的函数，压裂过程中的各种物理行为与净压力、缝高、缝长和缝宽相关联，并相互影响。

一般而言，若假设裂缝在地层中形成的裂缝是二维形态，缝宽和液体压力的关系可通过液体流动和物质平衡原理来描述，并且假设压裂施工过程中的这个裂缝方程符合线弹性储层岩石应变。裂缝的宽度与裂缝内压力 p_f、最小就地地应力 δ_c 有以下关系：

$$w_{max} = 2(p_f - \delta_c) \times h/E \tag{7-21}$$

$$E' = E/(1-\nu^2) \tag{7-22}$$

由此可以看出，裂缝的最大宽度受到裂缝内压力、最小就地地应力、裂缝高度 h、弹性模量和泊松比的综合制约。而最小就地地应力、裂缝高度 h、弹性模量 E 和泊松比 ν 在施工的瞬间假设不变化，假设采用工艺技术迅速使缝宽 w_{max} 达到最大，那么裂缝内压力会很快增加起来，从而实现暂时屏蔽裂缝延伸的目的。

2）岩石裂缝破裂和延伸

岩石断裂现象是指在连续的岩石基质中存在的缺陷在基质中继续扩张延伸，介质中缺陷的存在会在其周围引起应力集中，并成为裂缝产生或延伸的核心。新裂缝面开启所需的能量满足下列平衡：

$$dW_{elas} + dW_{ext} + dW_s + dW_{kin} = 0 \tag{7-23}$$

式中，dW_{elas}为固体中储存的弹性能的变化；dW_{ext}为外力势能的变化；dW_s为裂缝扩张过程中的耗能；dW_{kin}为动能的变化。

在岩石的基质中产生了破裂，假设产生的新裂缝面 $2dA$ 所需的能量 dW_s 与裂缝面面积成正比：

$$dW_s = 2\gamma F dA \tag{7-24}$$

式中，γF 为延伸过程中产生新缝面所需的单位面积能。

岩石应变能释放速度 Ge 定义为：

$$Ge = -d(dW_{elas} + dW_{ext})/dA$$

如果动能 dW_{kin} 增加，即 $dW_{kin}>0$，$Ge>2\gamma F$，裂缝呈不稳定扩张；如果动能 dW_{kin} 为 0，即 $dW_{kin}=0$，$Ge=2\gamma F$，裂缝不扩张延伸。

假设应用外力使裂缝暂时处于停止发展状态，液体的流动暂时停止，裂缝扩张过程中的耗能 dW_s 和动能的变化 dW_{kin} 等于 0。在外力势能的变化值 dW_{ext} 大于固体中储存的弹性能的变化 dW_{elas} 时，新的裂缝就具备开启的条件。

3）天然裂缝的开启

大多数正在开发的低渗透储层都存在有天然裂缝，正是由于天然微裂缝的存在，才使众多的低渗透、特低渗透储层实现高效和经济的开发。

具有微裂缝的储层压裂时，要实现天然微裂缝的开启，缝内静压力必须超过天然微裂缝中的主应力 σ_f 值。Nolte 和 Smith 研究认为要使天然裂缝张开的缝内静压力为：

$$p_{net} = (\sigma_{H,max} - \sigma_{H,min})/(1-2\nu) \tag{7-25}$$

式中，$\sigma_{H,max}$为储层最大水平主应力；$\sigma_{H,min}$为储层最小水平主应力。

压裂施工时，由于微裂缝的存在而产生复杂的特点，如滤失和摩阻增加，缝长相对较短等。但选择合适的压裂工艺将大大提高压裂效果，屏蔽暂堵压裂就是较为成功的实现微裂缝开启的压裂工艺之一。

二、转向压裂工艺

依据岩石破裂机理，通过转向剂（缝内暂堵转向剂）对储层内先前的水力压裂老裂缝形成颗粒桥堵作用，提高井底及水力压裂裂缝净压力，超过老裂缝中薄弱部位的破裂压力，从而沟通天然微裂缝及形成新裂缝（图7-6）。

转向压裂成功的必备条件是储层最大主应力与最小主应力的方向发生偏转。对于新井，诱导储层地应力发生变化的条件不足，裂缝转向难度大，现场实施大多数的井没有明显增产效果。而对于老井，由于长期的注水井注水、采油井生产地应力发生了较大变化，有利于重复压裂裂缝发生转向。

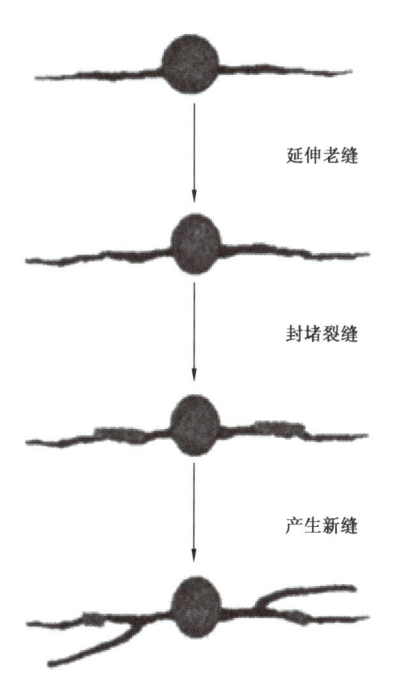

图7-6 暂堵压裂机理示意图

地质选井选层关系到压裂的成败，要做好储层和天然裂缝、岩石力学、油层伤害、地应力测量技术等压前储层评价技术研究，同时优选配置合理的转向剂和压裂液，优化施工工序。

三、裂缝转向剂的选择

裂缝转向剂在一定温度下软化，在一定的压力下易变形，能与老裂缝中残留的固相和压裂液中支撑剂相互作用形成理想封堵。要求裂缝转向剂有良好的黏弹性，溶于原油或地层水，残留的裂缝转向剂易返排，保证泄油通道通畅。

1. 裂缝转向技术特点

（1）在常温常压下性能稳定。
（2）在地层中可以与支撑剂形成封堵，封堵率高，封堵效果好。
（3）可溶性好，在压裂液和原油中可以完全溶解，不造成新的伤害。
（4）返排液内含有表面活性剂，有利于助排。
（5）操作方法和投入方法简单，不会给压裂工艺带来新的负担。
（6）时间可控，所需的压力和封堵时间，可以通过应用剂量大小、成分组成、颗粒大小控制。

2. 转向剂主要性能

转向剂是在地面高温高压下通过交联反应或物理反应生产出来的颗粒。在应用时，颗粒随液体进射孔孔眼和裂缝后形成封堵，遇油或地层水后溶解，压后完全排出，具有污染小的特点。

3. 转向剂的用量设计

转向压裂的主要目的是实施裂缝转向，启动新层，沟通新的未动用油区，从而达到增产的效果。该项技术不同于常规重复压裂以增大规模为主要目标，因此可相对降低压裂规模。转向剂加入量很重要，决定了控制作用的类型。

平面上的转向原则：堵剂的用量是所形成的压差满足地层最大主应力与最小主应力的差值的函数。多裂缝的原则：区块的破裂压力与老缝的开启压力差值的函数。纵向上的控制，剖面上最小主应力差值的函数。

4. 转向剂性能评测

从工艺施工要求考虑，暂堵转向剂应具有较强的封堵性，同时又对地层污染较小，我们选用了水溶性的暂堵转向剂。该暂堵转向剂为颗粒型堵剂，其既具备颗粒性的高强度，又具备交联型堵剂的良好封堵率。其具有用量少、承压强度高、压后完全溶解无污染的特点。实际施工时可以通过应用量多少、颗粒大小控制所需的压差和封堵时间，以达到施工目的。暂堵转向剂为大、中、小粒径不同产品，各级型号产品符合表7-2中规定指标。

表7-2　水溶性暂堵转向剂技术指标

项目	技术指标		
	大	中	小
外观	淡黄色或淡褐色正方体		
最大直径(mm)	7.5±1.2	4.5±1.2	3.5±1.2
含水率(%)	<0.45		
耐压性能(MPa)	45~52		
水不溶物(%)	<2.5		
密度(g/cm³)	1.32		

在压裂施工时,暂堵转向剂在井筒受压后,由分散态形成胶结态,在井眼处颗粒之间二次交联形成封堵滤饼,同时通过调节转向剂用量来控制形成封堵滤饼的厚度,保证转向压裂施工质量。

暂堵转向剂完全溶解于水、酸、碱、压裂液等介质中,在压裂后不存在返排不出的现象。且随着温度升高,暂堵转向剂溶解速度也加快。

第八节 水力喷射压裂技术

水力喷射压裂改造技术是在20世纪90年代末发展起来的,目前国内外应用比较广泛。该技术可以在裸眼、筛管完井的水平井中进行加砂压裂,也可以在套管井上进行,施工安全性高,可以用一趟管柱在水平井中快速、准确地压开多条裂缝,水力喷射工具可以与常规油管相连接入井,也可以与大直径连续油管(60.3mm)相结合,使施工更快捷,国内外已有数百口井采用该技术进行过酸压或加砂压裂处理。

一、技术原理

水力喷射压裂工艺是集射孔、压裂、隔离一体化的新型增产改造技术,适用于低渗透油藏直井、水平井的增产改造,是低渗透油藏压裂增产的一种有效方法。其技术原理是根据伯努利方程,将压力能转换为速度,油管流体加压后经喷嘴喷射而出的高速射流(喷嘴喷射速度大于126m/s)在地层中射流成缝,通过环空注入液体使井底压力刚好控制在裂缝延伸压力以下,射流出口周围流体速度最高,其压力最低,环空泵注的液体在压差作用下进入射流区,与喷嘴喷射出的液体一起被吸入地层,驱使裂缝向前延伸,因井底压力刚好控制在裂缝延伸压力以下,压裂下一层段时,已压开层段不再延伸,因此,不用封隔器与桥塞等隔离工具,可实现自动封隔。通过拖动管柱,将喷嘴放到下一个需要改造的层段,可依次压开所需改造井段。为了达到好的射孔效果,可在流体中加入石英砂或陶粒等。

1. **水力喷射射孔机理**

喷砂射孔时将喷射工具安装于管柱最下端,油管泵注高压流体通过喷嘴喷射而出的高速射流射穿套管,形成喷射孔道(图7-7):(1)将工作液加压,经过专用喷射工具,产生高速射流冲击切割套管及岩石形成一定直径和深度的射孔孔眼;(2)高速流体的冲击作用在水力射孔孔道顶端产生微裂缝,能在一定程度上降低地层启裂压力,对下步启裂、延伸具有一定的增效作用。

2. **水力喷射压裂裂缝启裂、延伸机理**

水力喷射压裂时关闭环空,油管和环空分别泵入流体,油管流体经喷射工具射流继续进入射孔孔道,射流继续作用在喷射通道中形成增压(图7-8)。向环空中泵入流体增加环空压力,喷射流体增压和环空压力的叠加超过破裂压力,瞬间将射孔孔眼顶端处地层压破。保持孔内压力不低于裂缝延伸压力,同时在喷射流核外形成相对负压区,环空流体被高速射流带进射孔通道,从而持续保持孔内压力,使裂缝得以充分扩展。

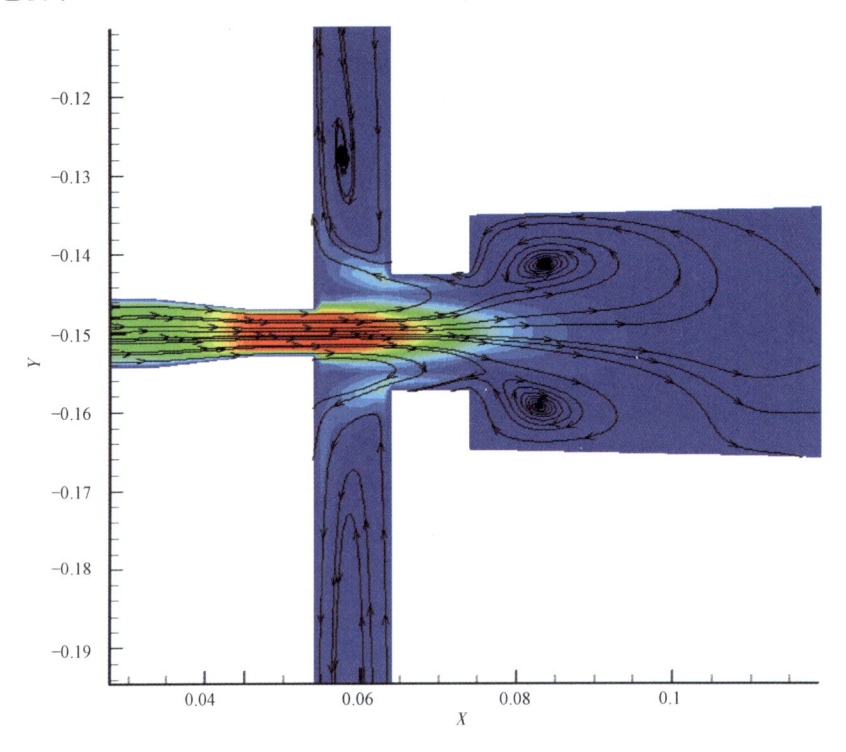

图7-7 水力喷射射孔过程流场速度矢量

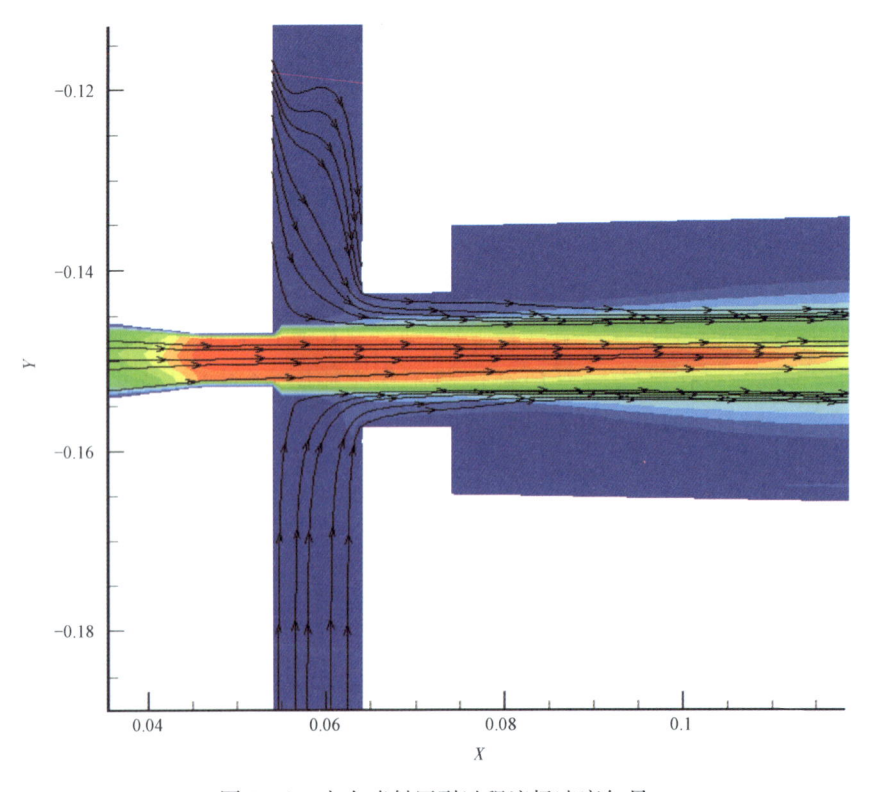

图7-8 水力喷射压裂过程流场速度矢量

3. 水力封隔分段原理

由于射孔孔眼内增压和环空负压区的作用,环空压力将低于地层裂缝的延伸压力,也低于其他位置地层的破裂压力,从而在水力喷射压裂过程中,已经压开的裂缝不会重新开启,也不会压开其他裂缝,流体只会进入当前裂缝,这样就达到了水力动态封隔的目的。

二、技术特点

(1)水力喷射压裂工艺技术的应用不会形成压实带污染,可以减小近井筒地带应力集中,有利于提高近井筒地带渗透率。

(2)利用水力喷射定向射孔,可以将喷射工具准确定位到设计造缝位置,能够在井中准确造缝,高速流体的冲击作用有效地降低了地层启裂、压裂缝延伸压力;裂缝基本是在射孔孔眼通道的顶端产生并延伸,有效控制了启裂方向和裂缝延伸方向,可准确控制造缝位置、方位。

(3)在一次施工过程中完成水力喷砂射孔和压裂,简化了压裂工艺程序,节省了施工时间,提高了作业效率。

(4)利用水动力学原理将已经压裂的裂缝进行封隔,不需要封隔器及桥塞等机械隔离工具,实现段自动封隔,降低了工具砂埋或砂卡的操作风险和施工成本。

(5)双流道作业方式:环空压力低,可用于套管强度较低的场合;油套联合注入系统改变了井底的流体状况,能有效地解决井底压裂液由于剪切黏度过低和提前砂堵等问题。可实现井底压裂液特性的瞬间调制,如泡沫特性、支撑剂浓度、化学添加剂浓度;控制灵活:在同一口井内,每段裂缝可控制大小,可采用不同方式压裂。

(6)每段分别作业,作业规模可调,周期短、成本低。

(7)有效控制裂缝几何尺寸。

(8)井底破裂压力低,无效裂缝少,可有效改善填砂剖面。

三、水力喷射工具

喷嘴按设计安装在喷射工具(图7-9)上,喷嘴采用硬质合金材料,硬度达到 HRA93~97,在高速水力喷射时,起到节流喷射的作用;液体和支撑剂对喷嘴的磨损影响很小,施工过程中,不会因扩径影响整个施工。

图7-9 水力喷砂射孔工具

常规聚能弹射孔深度一般为400~700mm,国内外研究的大孔径射孔弹和深穿透射孔弹的最大穿透深度也不超过1.37m,直径为17.5mm。聚能弹射孔产生的损害区或压实带对近井筒地层渗透率造成严重伤害,下降后的渗透率为原来地层渗透率的10%~35%,损害区的厚度为6~12.5mm,甚至达25mm。理论和实验研究认为,若射孔穿透伤害带、减小压实带,并选择合适的射孔方位,则油井产能比可大大提高。水力深穿透射孔技术利用高压水射流钻孔的方式形成清洁孔道,借助对喷嘴的送进实现深穿透,孔深达到 6~8m,孔径为 $\phi18~22mm$,孔道的流通能力为常规射孔的 10~20 倍,属于一种零转向半径的小型(或微型)水平孔钻进技术。

水力深穿透射孔不仅穿透深、孔径大、流通能力强,而且定位准确,易于实现定向射孔。

第九节 水平井分段压裂工艺技术

国内外低渗透油气藏开采实践表明,低渗透储层由于渗透率低、渗流阻力大、连通性差,不经过压裂酸化改造很难达到工业开采价值。但直井即使经过压裂酸化改造,单井产量依然很低,开发效益差。水平井具有泄油面积大、压降小、产能高的优势,不仅可以动用直井无法经济开发的油气藏,而且可以降低综合开发成本。随着钻井技术进步和钻井成本的不断降低,水平井技术得到了更广泛的应用。延长油田从 2010 年开始在延长组应用水平井分段压裂技术,取得了较好的效果。

一、国内外水平井压裂技术进展

水平井钻井的历史可以追溯到 19 世纪末期。据记载,第一口水平油井钻于 1929 年得克萨斯州。另一口钻于 1944 年,在宾夕法尼亚州 Venango 县 Franklin 油田,井深 500ft。2008 年水平井突破了 5000 口;2010 年底,全世界水平井总数超过了 60000 口。现在世界上已有 69 个国家在各种类型的油气藏中钻过水平井,主要分布在美国、加拿大、俄罗斯等 20 多个国家,其中美国和加拿大占 80% 左右。我国是世界上第三个钻水平井的国家,1965 年在四川用常规技术打出的国内第一口水平井——磨 3 井。国外水平井压裂技术分为四个阶段:第一阶段(1997 年之前),大多采用直井大规模水力压裂(MHF)技术;第二阶段(1997—2001 年),以大规模滑溜水压裂为主;第三阶段(2002—2006 年),水平井分段压裂技术开始试验;第四阶段(2007 年以来),水平井套管完井及分段压裂技术逐渐成为主体技术模式。国内水平井压裂技术分为两个阶段:第一阶段,20 世纪 90 年代至 2005 年为探索试验阶段;第二阶段,2006—2010 年为集中攻关突破阶段。

二、水平井分段压裂改造技术

目前,国内较为常用的水平井分段压裂改造技术主要有以下几种。

1. 水平井套管限流压裂

水平井套管限流压裂的工艺原理:水平井限流法压裂是利用射孔位置、孔数数目的优化以及施工参数的变化实施分段压裂(图 7-10)。分段依据各段射孔数不同产生的节流压差进行限流分段。

优点是施工工艺简单。缺点是无法确定裂缝是否压开,裂缝数无法确定;施工受限,易砂堵。

限流压裂工艺的射孔方式、孔眼数目分配对于启裂点、破裂压力、裂缝扩展、改造程度有着重要的影响,是水平井分段限流压裂的重要环节。

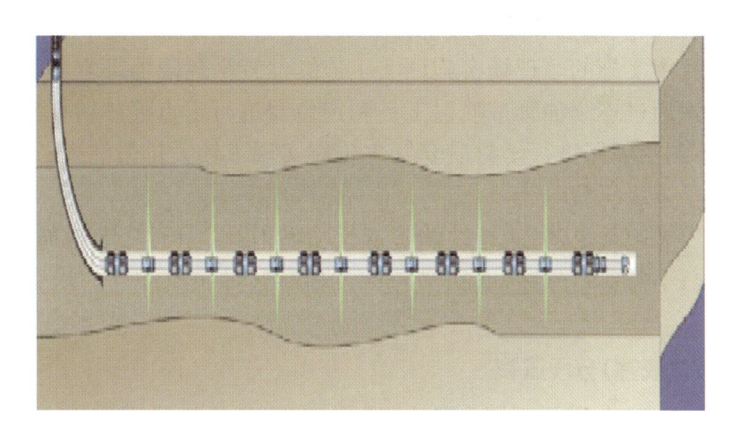

图 7–10　水平井套管限流压裂示意图

2. 连续油管喷射加砂分段压裂

连续管压裂技术是国外 20 世纪 90 年代以来发展最快的技术。连续油管（或环空）压裂是一种新的安全、经济、高效的油田服务技术。压裂层位最大深度约 10000ft。该技术特别适合于具有多个薄油气层的井进行逐层压裂作业。该技术具有以下优点：(1)起下压裂管柱快，从而大大缩短作业的时间；(2)可以单井作业，成本低；(3)能在欠平衡条件下作业，从而减轻或避免油气层的伤害；(4)能使每个小层都得到压裂改造，整口井的增产效果好。

水力喷射压裂是一种综合集水力喷砂射孔、水力压裂和水力隔离等多种工艺一体化的新型水力压裂技术（图 7–11）。水力喷砂压裂技术不用封隔器与桥塞等隔离工具实现自动封隔。通过拖动管柱，将喷嘴放到下一个需要改造的层段，可依次压开所需改造井段。水力喷射压裂技术可以在裸眼、筛管完井的水平井中进行加砂压裂，也可以在套管井上进行，施工安全性高，可以用一趟管柱在水平井中快速、准确地压开多条裂缝，水力喷射工具可以与常规油管相连接入井。

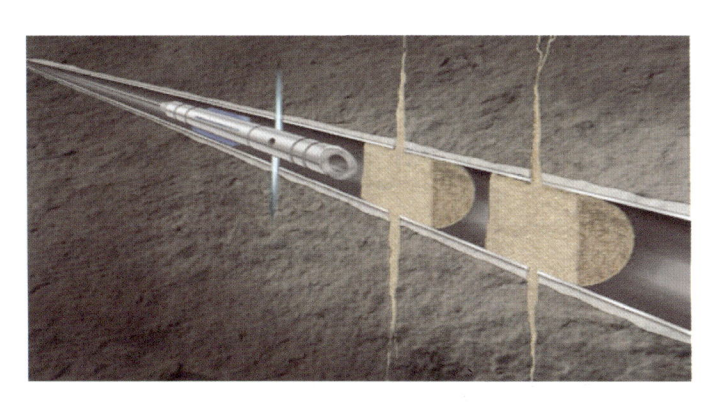

图 7–11　水平井连续油管水力喷射压裂示意图

连续油管分层压裂技术有连续油管注入分层压裂技术和连续油管环空注入分层压裂技术。从 20 世纪 90 年代后期开始在油气田上得到应用，连续油管压裂作业已经在加拿大应用多年；现在美国的几个地区，主要是科罗拉多、得克萨斯、亚拉巴马和弗吉尼亚，也已进行连续油管压裂作业;在英国的英格兰和爱尔兰也已经实施了连续油管压裂作业。连续油管压裂作业是在陆上的油气井中实施的。现场实施证实了连续油管带封隔器环空分段压裂技术的先进性和有效性。该技术通过连续油管带喷射工具和定位器进行定点喷砂射孔实现了薄层精细压裂;通过喷射工具下的封隔器进行坐封后套管主压裂实现了较大排量注入;通过上提下放坐封解封的封隔器实现了多级压裂。

连续油管分层压裂施工工艺:从连续油管进行喷砂射孔,从套管进行加砂压裂。优点:施工连续,施工周期短;不需要封隔器,成功率高;不怕砂堵,可快速冲砂。缺点:对套管损伤大,施工费用较高。

3. 暂堵砂塞(液体胶塞)分段压裂

暂堵砂塞(液体胶塞)分段压裂国内外在20世纪90年代初采用该技术,主要用于套管完井的水平井常规射孔及压裂,射开一段压裂一段,建立砂塞后,再射开一段压裂一段。前两段采用套管压裂,最后一段采用油管压裂。施工结束后冲砂塞合层排液求产。砂塞是施工的关键,目前常用的有暂堵砂塞和液体胶塞砂塞两种(图6-12)。暂堵砂塞(液体胶塞)分段压裂无井下工具,施工设备简单,作业风险低;可简便地实施洗井冲砂作业,费用较低。但该技术对高压、返吐能力强的地层,砂塞隔离效果差。

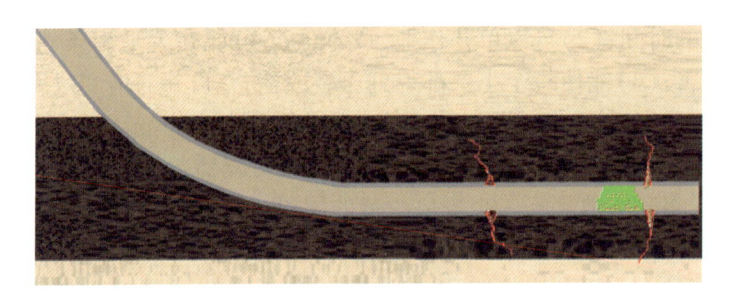

图7-12 水平井液体胶塞分段压裂示意图

4. 封隔器分段压裂

封隔器分段压裂分为逐级上提管柱分段压裂和不动管柱多级分段压裂。

1) 逐级上提管柱分段压裂

利用喷砂器的节流压差坐封封隔器,反洗井替液解封封隔器,采取上提管柱的方式,实现一趟管柱完成多个层段的压裂(图7-13)。

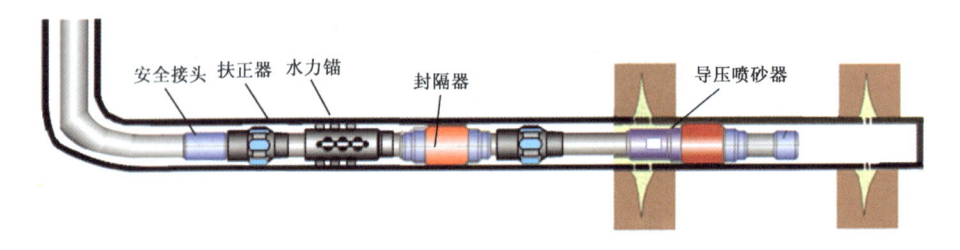

图7-13 水平井逐级上提管柱分段压裂示意图

2) 不动管柱多级分段压裂

不动管柱多级分段压裂利用喷砂器的节流压差坐封封隔器,利用投球的方式实现分段压裂,实现不动管柱一趟管柱完成多个层段的压裂(图7-14)。优点:多段压裂的针对性比较强。缺点:工具能否顺利通过弯曲段、压裂后封隔器胶筒收回、管柱砂卡处理等问题仍旧是制约该项技术应用的关键。

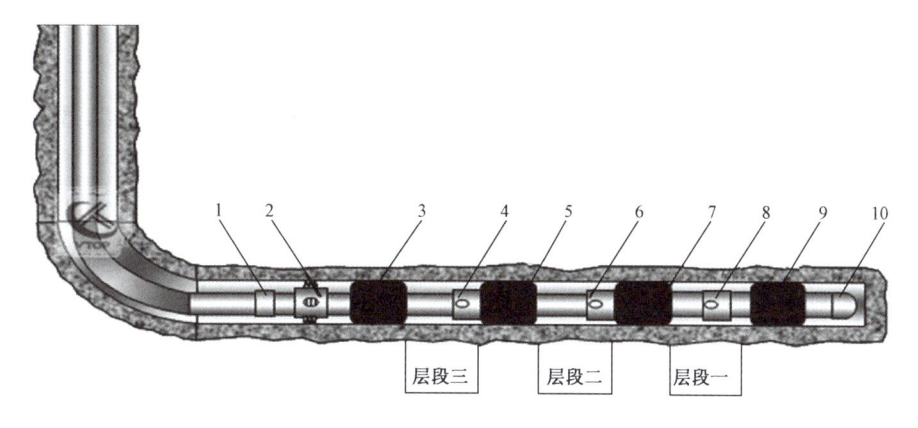

图7-14 水平井不动管柱多级分段压裂示意图
1—安全接头;2—水力锚;3,5,7—K344型封隔器;4,6,8—喷砂器;9—筛管;10—水平井导向器

第十节 解堵工艺技术

油水井发生堵塞现象是砂岩油田普遍存在的生产现象,由于其堵塞程度不同,对生产的影响也不一样,堵塞不严重、堵塞半径较浅、时间短的井,在生产过程中表现不明显,可以不进行解堵,有的甚至在生产过程中自行解堵。但大量的井堵塞后会严重影响注水和采油生产,必须及时采取措施,减少对油田开发的影响。

一、油井堵塞原因

油井发生堵塞主要有两种原因:一是作业大修过程中由于钻井液压井造成近井地带钻井液的污染;二是地层由于长期生产近井地带受到地层内部物源堵塞。这两种原因均可通过解堵解决。油井堵塞与注水井堵塞的本质区别在于:(1)油蜡、胶质、沥青质等有机成分明显增加;(2)检换泵作业压井液严重污染;(3)井下压力低,物质流动性差;(4)堵塞物质成分更加复杂,难以判别。对于油井的特殊性,油井解堵增产技术在配方上和工艺工序上需要进行充分考虑。

二、油水井解堵选井原则

1. 油井解堵选井原则

因各类作业措施导致油井堵塞,产量下降,采取相应的措施解堵,以保证油井恢复正常的生产。

(1)泵况正常、连通水井注入正常的、产量下降的井。

(2)各类作业措施井施工后,发生产量突降的井。
(3)产液量低于正常生产产液量70%的井。

2. 注水井解堵选井原则

注水井选井对象主要是两大类型:第一类是全井欠注的注水井,表现为前期注水效果较好,由于在注入过程中产生了污染,影响了注入效果;第二类是根据分层测试资料,有个别小层欠注、严重影响注入效果的井。具体原则如下:

(1)实注量低于配注量60%的井。
(2)压力较高(顶破裂压力注入),视油层渗透率及连通情况,优先上解堵,效果不好可上压裂。
(3)压裂改造过的油层,见效后注入量逐渐下降,原则上不上压裂,而进行解堵或酸化。
(4)分层井测试资料表明有小层严重欠注的井,针对欠注层解堵。
(5)套管情况不好,无法进行压裂的欠注井需要解堵。

三、解堵技术

1. 化学法解堵

1)常规酸液解堵

常规酸液解堵是一种常用解堵技术。在近井地带地层注入盐酸(碳酸盐岩储层)或盐酸、氢氟酸混合液(砂岩储层)溶蚀无机颗粒及造岩矿物,但酸液反应速率快,有效作用距离短,对低渗透储层的解堵效果不佳。该技术适用于解除无机物沉淀及岩石碎屑堵塞,是目前油田普遍使用的方法。

2)缓速酸液解堵

缓速酸液解堵是在常规酸液解堵的基础上发展演化形成的一类解堵技术。潜伏酸酸化解堵是其中的一种,该方法采用具有缓速酸和自生酸特性的酸进行酸化解堵,酸液属缓冲酸体系,通过控制生成酸种类、速度等达到长时间酸化解堵的目的,根据地层岩性产生的酸可以是盐酸、氢氟酸、磺酸、有机酸等一种或几种。这种技术具有酸岩反应速率小、有效作用距离长、不产生二次污染等特点,主要适用于砂岩地层的解堵,也适用于碳酸盐岩地层的酸化解堵,解除无机物沉淀及岩石碎屑堵塞。

3)解除近井地带堵塞所用的解堵剂

解堵剂主要分为三类。第一类是由有机溶剂、表面活性剂、防膨剂等组成的乳液体系,其中有机溶剂对有机沉积(胶质、沥青质、蜡质等重质成分)进行溶解降黏,表面活性剂可降低油水界面张力,防膨剂可固定岩石骨架,维护矿物胶结能力。该技术适用于解除有机沉积引起的近井地带堵塞。第二类由强氧化剂、催化剂及助剂组成,所用的强氧化剂有过氧化钠、高锰酸钾、次氯酸钠或二氧化氯等。该体系可氧化降解有机沉积物,使黏稠大分子变为流动性强的小分子。该类型解堵剂适用于解除有机沉积引起的近井地带堵塞。第三类由混合酸、有机溶剂、表面活性剂、配位剂、分散剂、缓蚀剂及其他助剂组成,其中混合酸溶蚀岩石碎屑及无机沉淀物,表面活性剂及某些助剂从岩石表面剥离有机沉淀物,吸附于岩石表面的成分阻止有机沉淀黏附在岩石表面。该技术适用于岩石碎屑及无机沉淀引起的近井地带堵塞。

2. 物理法解堵

1）蒸汽吞吐解堵

蒸汽吞吐解堵是利用地面加热装置将水加热成水蒸气,再注入施工层段,热量使稠油结蜡升温,黏度降低,流动性增强,从而解除堵塞。改进的蒸汽吞吐解堵技术添加辅助化学剂如降黏剂、防膨剂等功能助剂,以进一步增强解堵效果。该技术适用于解除有机沉积引起的近井地带堵塞,解堵效果明显,但是热能利用率低,有效期短。

2）电磁加热解堵

电磁加热解堵是利用电磁加热原理在射孔段对储层加热使有机沉积物升温,黏度降低,流动性增强,从而解除堵塞。该技术适用于解除有机沉积引起的近井地带堵塞,具有施工简便、见效快的优点,其弊端是有效期短。

3）多脉冲高能气体压裂解堵

多脉冲高能气体压裂解堵是利用火药在射孔段燃烧,产生的高温高压气体沿射孔孔眼进入地层并使地层产生裂缝,同时产生低频高振幅冲击波在射孔孔眼附近振荡,使射孔孔眼内的堵塞物脱落并随排液反吐进入井筒,同时近井地带也受到一定的加热作用。该技术产生的能量大,作用范围广,主要适用于解除岩石碎屑及无机沉淀引起的近井地带堵塞。该技术于20世纪80年代传入我国,曾先后在各大油田应用,获得了一定效果。但是该技术对油(套)管及电缆损伤较大。

4）低频电脉冲解堵

低频电脉冲解堵也被称为电液压冲击或电爆震。在井下流体中高压放电,在地层中形成低频高幅的压力脉冲,作用于炮眼,同时产生热能对射孔段地层加热。该技术适用于解除岩石碎屑及无机沉淀引起的近井地带堵塞。

5）高压水射流解堵

高压水射流喷管在射孔段边旋转边缓慢上下移动,可产生低频旋转水力脉冲波、高频空化冲击波和空化噪声超声波三种物理效应,这三种效应的综合作用可以解除岩石碎屑、无机沉淀、有机物质淤积引起的近井地带堵塞。该技术有效率高,经济效益和社会效益良好。

6）水力振动解堵

水力振动解堵使用低频水力振动器对水进行加载,使水形成低频高压水射流冲击波,使近井地带液体产生压力脉冲波,对射孔孔眼进行多次的正反向冲洗,以解除岩石碎屑、无机沉淀、有机物质淤积引起的近井地带堵塞。由于施加的能量有限,处理规模及作用效果也有限。

7）超声波解堵

超声波解堵通过超声波发生器在近井地带产生强烈振动波,使喉道内的堵塞物松动脱落并随产液排出,使岩石产生裂缝,渗透率增大,超声波能量可转化为热能对近井地带岩层进行加热。该技术适用于解除岩石碎屑、无机沉淀、有机沉淀及油、垢交互的有机无机混合物引起的近井地带堵塞。

3. 其他解堵技术

1）微生物解堵

微生物解堵或生物酶解堵是利用微生物或生物酶与地层油气水混合产生气、溶剂、表面活性剂、酸、生物体和生物聚合物，这些气体和液体的代谢产物溶解在原油中具有以下作用：一是降低原油黏度和界面张力，促进束缚油的流动；二是使储层的润湿性变为更加亲水性，增加储层的油相渗透率；三是封堵高渗透带，减少水的通道，改善储层的水驱波及体积，提高原油采收率。

2）综合解堵技术

由于每种解堵技术都有其针对性，近井地带堵塞又有其复杂性，传统技术的组合与改进，即将两种或几种解堵技术联合使用，成为目前解堵技术的发展趋势。如蒸汽吞吐与解堵剂的联合，高压电脉冲—化学剂联合解堵，热化学与酸化及解堵的联合，多脉冲高能气体压裂与强氧化剂的联合，多脉冲高能气体压裂与热化学解堵技术的联合，二氧化碳增能与解堵的联合等都获得了实际应用。联合解堵法兼顾了各种技术的优点，具有适用面广、作用效果强等优点。

第十一节 现场应用实例

储层改造技术通过室内研究和现场试验，形成了多项技术，在现场主要应用推广了油藏整体压裂技术、分层压裂技术、"一层多缝"压裂技术、控水压裂技术、转向压裂技术、水力喷射压裂技术、水平井分段压裂技术和解堵工艺技术。

一、特低渗透油藏整体压裂技术

利用油藏整体压裂数值模拟软件模拟分析，延长油田采用压裂技术措施不但可增加单井产量，也可提高油藏的采出程度和阶段采收率，优化设计的参数对于压裂参数设计具有重要的指导意义。延长油田为了取得好的开发效果，在油田的西部和东部选取了多个示范区进行整体压裂技术的应用，并取得了较好的效果。

2010—2012年，在吴起薛岔区块进行了62口井压裂，施工成功率100%，有效率为100%，平均单井有效期超过了106天，初期平均单井日产油3.67t（周围与试验区地质条件类似区块的井压后初期平均日产油1.5t，试验区油井压后初期平均日产油量是周围区块油井压后初期平均日产油量的2.4倍）。吴起薛岔区块整体压裂施工数据见表7-3。2010—2012年，在定边张韩区块压裂施工34口油井，施工成功率100%，有效率88.2%，平均单井有效期超过了92天，初期平均单井日产油3.45t（周围与试验区地质条件类似区块的井压后初期平均日产油1.4t，试验区油井压后初期平均日产油量是周围区块油井压后初期平均日产油量的2.5倍）。定边张韩区块整体压裂施工数据见表7-4。综合两个试验区96口井的情况来看，施工成功率为100%，有效率为95.8%。

表7－3　吴起薛岔区块整体压裂施工数据表

井号	层位	射孔井段（m）	射孔厚度（m）	压裂液用量（m³）	支撑剂用量（m³）	施工排量（m³/min）	施工砂比（%）	施工压力（MPa）	停泵压力（MPa）
QS5－99	长6¹	1920.0～1924.0	4.0	78.38	15.05	1.8	25.05	17.5	3.2
QS5－102	长6¹	1938.0～1942.0	4.0	93.27	20.08	1.8	29.03	15.2	2.2
QS5－104	长6¹	1982.0～1985.0	3.0	95.52	20.22	2.0	28.9	15.6	1.9
QS5－105	长6¹	1871.0～1874.0	3.0	79.5	20.4	1.6	32.2	14.2	5.2
QS5－106	长6¹	1901.0～1904.0	3.0	80.4	15.31	1.6	25.6	15.8	2.8
QS5－117	长6¹	1853.0～1856.0	3.0	91.06	20.03	2.0	27.5	14.8	7.1
QS5－118	长6¹	1892.0～1896.0	4.0	68.87	15.01	1.2	28.3	10.2	4.8
QS5－120	长6¹	1838.0～1842.0	4.0	73.8	10.3	1.0	24.3	16.2	6.7
QS5－121	长6¹	1882.0～1886.0	4.0	55.3	10.21	1.0	25.7	17.3	4.3
QS5－124	长6¹	1907.0～1910.0	3.0	89.01	20.43	1.8	28.4	17.2	1.7
QS5－125	长6¹	1988.0～1992.0	4.0	86.7	20.5	1.8	30.6	18.3	6.9
QS5－126	长6¹	1926.0～1930.0	4.0	90.46	20.06	1.8	28.2	16.5	2.7
QS5－127	长6¹	1904.0～1908.0	4.0	93.59	20.12	1.8	27.6	16.7	1.9
QS5－128	长6¹	1914.0～1918.0	4.0	74.51	20.04	1.8	33.4	20.1	6.8
QS5－131	长6¹	1953.0～1957.0	4.0	90.58	20.33	2.0	35.8	15.6	2.4
QS5－132	长6¹	1908.0～1911.0	3.0	91.71	20.45	2.0	28.9	16.2	3.8
QS5－139	长6¹	1984.0～1988.0	4.0	84.56	20.04	1.8	29.2	17.8	1.9
QS5－140	长6¹	1914.0～1917.0	3.0	48.05	8.02	1.0	29.5	17.5	7.2
QS5－145	长6¹	1899.0～1902.0	3.0	80.84	20.05	2.0	31.7	17.6	4.6
QS5－149	长6¹	1867.0～1870.0	3.0	74.31	20.02	1.8	34.3	15.6	7.8
QS5－151	长6¹	1864.0～1868.0	4.0	88.43	20.06	1.8	28.9	14.5	1.9
QS5－153	长6¹	1816.0～1820.0	4.0	71.5	15.8	1.3	32.8	16.5	9.8
QS5－159	长6¹	1879.0～1882.0	3.0	83.88	20.12	1.8	29.5	23.5	8.5
QS5－163	长6¹	1861.0～1864.0	3.0	84.27	20.03	1.5	29.9	14.6	9.7
QS5－165	长6¹	1887.0～1890.0	3.0	62.59	15.03	1.8	31.1	16.6	3.8
QS5－171	长6¹	1934.0～1937.0	3.0	93.47	20.07	2.0	27.6	12.5	1.1
QS5－177	长6¹	1808.0～1812.0	4.0	95.4	20.1	1.8	27.1	20.5	10.2
QS5－186	长6¹	1805.0～1808.0	3.0	61.53	15.05	1.2	27.2	17.2	4.1
		1821.0～1824.0	3.0	72.46	15.04	1.2	27.9	15.2	4.5
QS5－190	长6¹	1893.0～1896.0	3.0	91.51	20.42	1.8	28.9	29.8	2.8
QS5－194	长6¹	1913.0～1915.0	2.0	69.4	10.3	1.2	29.1	17.5	7.9
QS5－196	长6¹	1942.0～1946.0	4.0	81.99	20.01	1.8	30.9	19.5	3.9
QS5－199	长6¹	1850.0～1853.0	3.0	62.3	15.01	1.8	36.7	17.8	5.7
QS5－200	长6¹	1943.0～1946.0	3.0	65.2	14.9	1.2	29.2	12.1	4.5

续表

井号	层位	射孔井段（m）	射孔厚度（m）	压裂液用量（m³）	支撑剂用量（m³）	施工排量（m³/min）	施工砂比（%）	施工压力（MPa）	停泵压力（MPa）
QS5-201	长6¹	1923.0~1925.0	2.0	67.8	15.0	1.2	28.8	11.2	4.3
QS5-219	长6¹	1952.0~1955.0	3.0	119.9	30.3	2.5	31.4	21.5	6.8
		1962.0~1965.0	3.0						
QS5-221	长6¹	1934.0~1938.0	4.0	89.5	25.2	2.0	32.7	21.2	6.1
QS5-222	长6¹	1944.0~1947.0	3.0	79.8	20.0	1.8	32.6	20.5	7.5
QS5-229	长6¹	1915.0~1918.0	3.0	90.3	20.01	1.5	28.5	9.2	0.6
QS5-232	长6¹	1898.0~1902.0	4.0	106.5	32.2	2.0	30.2	16.2	5.8
QS5-234	长6¹	1900.0~1902.0	2.0	105.9	25.3	2.5	29.8	16.5	5.2
QS5-235	长6¹	1930.0~1933.0	3.0	107.03	25.15	2.0	28.9	13.5	1.8
QS5-237	长6¹	1938.0~1942.0	3.0	106.0	25.19	2.0	29.6	15.8	0.3
QS5-239	长6¹	1978.0~1980.0	2.0	151.3	35.18	3.0	29.7	15.2	2.1
		1988.5~1990.5	2.0						
QS5-240	长6¹	1879.0~1882.0	3.0	72.1	16.5	1.1	32.5	12.6	6.3
QS5-241	长6¹	1912.0~1914.0	2.0	100.02	18.12	2.0	24.3	19.5	5.3
QS5-242	长6¹	1847.0~1850.0	3.0	121.02	25.02	2.0	25.4	20.2	6.2
QS5-243	长6¹	1849.0~1852.0	3.0	112.4	25.8	2.4	30.7	16.8	5.9
QS5-246	长6¹	1878.0~1881.0	3.0	97.17	25.01	2.5	32.5	22.3	7.2
QS5-248	长6¹	1836.0~1840.0	4.0	108.51	25.0	2.0	28.3	13.5	0.2
QS5-249	长6¹	1878.0~1882.0	4.0	100.54	25.17	2.0	29.8	21.2	4.2
QS5-253	长6¹	1840.0~1844.0	4.0	94.02	25.01	2.0	33.9	16.8	4.5
QS5-129	长4+5	2055.0~2058.0	3.0	64.72	15.0	1.8	30.5	24.5	8.4
QS5-134	长4+5	1892.0~1895.0	3.0	81.65	20.15	1.8	32.1	21.2	3.1
QS5-136	长4+5	1881.0~1884.0	3.0	73.43	15.08	1.8	28.7	25.2	2.8
QS5-141	长4+5	1899.0~1902.0	3.0	76.91	20.07	2.0	32.1	19.5	0.2
QS5-143	长4+5	1841.0~1844.0	3.0	93.26	20.34	2.0	27.4	17.3	3.8
QS5-160	长4+5	1837.0~1840.0	3.0	61.79	15.07	1.2	33.4	17.4	9.4
QS5-192	长4+5	1946.0~1950.0	4.0	89.86	20.29	1.8	29.2	16.3	4.3
QS5-283	长4+5	1882.0~1885.0	3.0	85.23	20.0	1.6	31.2	12.6	2.8
	长6¹	1907.0~1910.0	3.0	104.22	25.45	2.0	30.5	10.5	0.2
QS5-284	长4+5	1891.0~1894.0	3.0	95.81	20.20	2.0	28.9	13.5	0.2
	长6¹	1910.0~1913.0	3.0	105.2	25.1	2.0	30	14.1	0.2
QS5-289	长4+5	1896.0~1899.0	3.0	92.12	19.3	2.0	28.3	12.7	0.2
	长6¹	1916.0~1918.0	2.0	103.23	26.2	2.0	29.2	14.5	0.2

表7-4 定边张韩区块整体压裂施工数据表

井号	层位	射孔井段（m）	射孔厚度（m）	压裂液用量(m³)	支撑剂用量(m³)	施工排量(m³/min)	施工砂比(%)	施工压力(MPa)	停泵压力(MPa)
D1176	长2¹	1901.5~1903.0	1.5	75.2	15.0	1.2	25.5	10.2	3.3
D1185	长2¹	1888.5~1890.5	2.0	49.5	10.0	1.3	28.9	13.7	15.6
D1194-1	长2¹	1975.0~1977.0	2.0	46.9	8.0	1.2	25.1	12.5	9.4
D1214	长2¹	1849.0~1851.0	2.0	51.2	8.0	1.4	22.9	9.2	5.3
D1252	长2¹	1824.5~1826.5	2.0	49.4	7.0	1.2	22.9	13.3	6.1
D1540-2	长2¹	1899.0~1901.0	2.0	28.2	3.0	1.2	18.8	16.2	4.2
D1542	长2¹	1892.0~1894.0	2.0	27.5	3.0	1.2	17.8	10.8	2.9
D1546-1	长2¹	1968.4~1972.6	4.2	48.7	7.0	1.1	24.5	7.5	5.6
D1547	长2¹	1887.5~1889.5	2.0	40.4	5.0	1.2	16.8	12.2	2.9
D1549-1	长2¹	1934.0~1936.0	2.0	50.5	10.0	1.3	28.1	13.8	8.6
D1550-1	长2¹	1961.5~1963.5	2.0	31.6	3.0	1.2	18.0	14.6	4.1
D1550-2	长2¹	2001.0~2003.0	2.0	41.5	5.0	1.25	18.9	14.2	8.2
D1550-3	长2¹	2019.0~2021.0	2.0	44.3	6.0	1.25	20.6	12.7	9.1
D2252	长2¹	2020~2021.5	1.5	47.8	8.0	1.25	27.3	9.2	4.73
D2406-1	长2³	2127.5~2129.5	2.0	50.9	7.0	1.2	20.3	7.8	3.2
D2407	长2¹	2039.0~2041.5	2.5	54.9	10.0	1.35	28.8	10.2	5.1
D2425-2	长2¹	1905.5~1908.5	3.0	68.8	13.1	1.0	27.5	12.1	5.3
D2608-1	长2¹	2035.5~2038.0	2.5	58.8	11.2	1.0	26.3	13.1	4.9
D1267	长2¹	1761.5~1763.5	2.0	55.7	8.5	1.35	17.1	9.4	4.2
D1278-2	长2¹	1864.5~1866.0	1.5	41.0	5.0	1.3	20.2	9.8	5.2
D1535-1	长2¹	1962.0~1964.0	2.0	45.3	10.0	1.2	33.3	10.2	2.7
D2406-2	长2¹	2136.0~2137.5	1.5	35.1	5.1	1.25	24.6	6.9	2.3
D1542-1	长2¹	1935.5~1937.0	1.5	40.0	7.0	1.0	30	16.2	5.4
D2251	长2¹	2037.5~2039.0	1.5	43.2	7.0	1.2	25	12.6	6.3
D1839	长2¹	1657.0~1658.5	1.5	33.2	4.0	1.2	19.5	20.5	9.1
D1839-1	长2¹	1753.5~1755.5	2.0	35.1	5.0	1.0	22.9	13.4	8.1
D1839-2	长2¹	1708.5~1710.5	2.0	38.5	5.0	1.2	19.9	12.5	11.6
D1839-3	长2¹	1749.0~1751.0	2.0	31.5	4.0	1.1	19.7	17.4	9.6
D1839-4	长2¹	1716.0~1718.0	2.0	33.6	5.0	1.2	24.3	16.1	8.7
D1851	长2¹	1642.5~1644.5	2.0	33.4	4.0	1.2	18.2	15.2	4.2
D1851-1	长2¹	1685.5~1687.5	2.0	35.7	5.0	1.1	21.9	16.3	9.2
D1727	长2¹	1651.0~1653.0	2.0	35.2	5.0	1.2	22.4	16.4	13.5
D1836	长2¹	1639.5~1641.5	2.0	41.6	5.0	1.2	18.5	13.1	8.3
D2425	长2¹	1866.0~1868.5	2.5	48.6	8.0	1.3	25.9	15.4	7.9

二、分层压裂技术

分层压裂技术由于受储层条件限制,主要应用于吴起、瓦窑堡等采油厂。在现场试验中,根据井的特点,针对性地采用了不同的分层方法,取得了较为明显的压裂效果(表7-5)。如Z-283井、X-284井和Q-289井,采用封隔器分层压裂工艺技术,对长4+5层和长6层进行了分层压裂、合层开采,压后效果明显,初期日产油量分别为9.97t、10.18t和10.8t,高于其他单层压裂的井。

表7-5 分层压裂施工数据表

井号	层位	射孔井段(m)	射孔厚度(m)	压裂液用量(m^3)	支撑剂用量(m^3)	压裂工艺	施工排量(m^3/min)	施工砂比(%)	施工压力(MPa)	停泵压力(MPa)
W-130	长6^1	1951.0~1954.0	3.0	51.74	10.01	分层压裂	1.0	26.8	13.2	3.5
		1964.0~1967.0	3.0	58.45	10.01		1.5	19.5	12.5	3.3
D-186	长6^1	1805.0~1808.0	3.0	61.53	15.05	分层压裂	1.2	27.2	17.2	4.1
		1821.0~1824.0	3.0	72.46	15.04		1.2	27.9	15.2	4.5
Z-283	长4+5	1882.0~1885.0	3.0	85.23	20.0	分层压裂	1.6	31.2	12.6	2.8
	长6^1	1907.0~1910.0	3.0	104.22	25.45		2.0	30.5	10.5	0.2
X-284	长4+5	1891.0~1894.0	3.0	95.81	20.20	分层压裂	2.0	28.9	13.5	0.2
	长6^1	1910.0~1913.0	3.0	105.22	25.1		2.0	30	14.1	0.2
Q-289	长4+5	1896.0~1899.0	3.0	92.12	19.3	分层压裂	2.0	28.3	12.7	0.2
	长6^1	1916.0~1918.0	2.0	103.23	26.2		2.0	29.2	14.5	0.2

三、"一层多缝"压裂技术

"一层多缝"压裂技术对储层和压裂施工要求较高,在七里村采油厂应用较多,七里村采油厂长6油藏埋藏浅、层内含多个钙质夹层,因为小层间渗透率差异和层间垂向夹层的影响,长期以来油藏动用程度低,影响了油井产能和最终采收率。根据初步计算和现场监测,水力压裂通常形成水平裂缝,但传统水力压裂增产施工作业通常只能压开有限的小层数量。

针对全套管井压裂间隔较大、油层动用程度低、单井采出程度低、单井压开小层数量较裸眼井少、油层实际利用率低的情况,为增产和提高采收率,根据该油藏埋藏浅、压裂后易形成水平缝的特点,在系统分析研究的基础上,应用了"一层多缝"压裂工艺技术。该技术针对七里村长6油层各小层间存在钙质隔层、垂向渗透率远低于水平渗透率的特点,通过水力压裂形成通过方案设计确定的多条水平裂缝,进而提高油层小层利用率,提高油藏动用程度和采收率。

在2005年,选择油溶性蜡球暂堵剂实施了4口井"一层多缝"压裂试验,但效果不理想;在2006年,改用油水双溶性蜡球暂堵剂,"一层多缝"压裂试验效果较好,压裂后初月产量为常规井的1.1~1.3倍。在2007—2012年,"一层多缝"压裂技术开始大规模推广应用,共计施工超过了300口井,目前已累计增油达2.4×10^4t以上。"一层多缝"压裂施工数据见表7-6。

表7-6 "一层多缝"压裂施工数据表

井号	初次破压(MPa)	二次破压(MPa)	前置液1(m³)	前置液2(m³)	携砂液1(m³)	携砂液2(m³)	加砂1(m³)	加砂2(m³)	顶替液1(m³)	顶替液2(m³)	停泵压力1(MPa)	停泵压力2(MPa)	总液量(m³)
Z658	40.0	41	14.0	4.1	43.1	48.0	12.0	12.0	3.0	4.0	11.0	12.0	122.9
Z638	33.0	35	12.0	6.0	45.0	47.0	12.0	12.0	3.0	4.6	7.0	7.5	120.7
W612	37.0	49	13.0	4.6	41.0	44.0	12.0	12.0	2.5	4.0	9.0	10.0	115.26
N39	25.0	32.0	8.0	6.0	42.0	43.0	12.0	12.0	4.0	4.9	7.9	8.5	122.6
R283	35.0	38.0	10.0	6.0	41.0	48.0	12.0	12.0	2.5	5.0	8.7	9.5	110.2
M516	36.0	37.0	14.0	3.8	45.2	50.0	12.0	12.0	3.0	4.8	9.0	9.1	124.2

四、控水压裂技术

延长油田西部油田随着开发时间的延长,水驱状况日趋复杂,中一高含水井不断增多,对重复压裂技术提出了更高要求,为保证重复压裂起到增产引效的作用,同时防止含水率上升,在现场应用中,针对某些井的油层底水含量大、地层微裂缝发育的特点,尤其是长2层下部具有巨厚底水、微裂缝发育的特点,在现场推广应用了控水压裂技术。

该工艺技术在吴起、靖边等采油厂进行了应用,取得了显著的效果,有效地阻止了底水上窜,产油量获得明显提高,含水率大幅下降(表7-7、表7-8)。

表7-7 控水压裂施工数据表

井号	层位	射孔井段(m)	射孔厚度(m)	压裂液用量(m³)	支撑剂用量(m³)	施工排量(m³/min)	施工砂比(%)	施工压力(MPa)	停泵压力(MPa)
QS5-140	长6¹	1914.0~1917.0	3.0	48.05	8.02	1.0	29.5	17.5	7.2
QS5-194	长6¹	1913.0~1915.0	2.0	69.4	10.3	1.2	29.1	17.5	7.9
D1176	长2¹	1901.5~1903.0	1.5	75.2	15.0	1.2	25.5	10.2	3.3
D1252	长2¹	1824.5~1826.5	2.0	49.4	7.0	1.2	22.9	13.3	6.1
D1550-3	长2¹	2019.0~2021.0	2.0	44.3	6.0	1.25	20.6	12.7	9.1
D2425-2	长2¹	1905.5~1908.5	3.0	68.8	13.1	1.2	27.5	12.1	5.3
D1278-2	长2¹	1864.5~1866.0	1.5	41.0	5.0	1.3	20.2	9.8	5.2
D2406-2	长2¹	2136.0~2137.5	1.5	35.1	5.1	1.25	24.6	6.9	2.3

表7-8 控水压裂施工井数统计(2011年)

序号	采油厂	井次	单井增油量(t)	累计增油量(t)
1	吴起	94	58.26	5476.09
2	定边	55	73.67	4052.00
3	瓦窑堡	20	32.53	650.52
4	王家川	15	31.78	476.66

续表

序号	采油厂	井次	单井增油量(t)	累计增油量(t)
5	杏子川	11	51.01	561.06
6	青化砭	10	35.99	359.90
7	永宁	10	59.19	591.90
8	靖边	9	49.44	445.00
9	子北	5	52.10	260.48
10	子长	2	37.50	75.00
11	子洲	1	17.98	17.98

五、转向压裂技术

转向压裂技术主要应用于延长油田的重复压裂改造中,效果较好,应用较多的采油厂有吴起采油厂、靖边采油厂和永宁采油厂(表7-9)。

表7-9 转向压裂施工井数统计(2011年)

序号	采油厂	井次	单井增油量(t)	累计增油量(t)
1	吴起	75	31.38	2353.85
2	定边	5	40.51	202.54
3	永宁	15	48.02	720.30
4	靖边	29	51.83	1503.00
5	川口	25	35.57	889.31
6	瓦窑堡	10	37.54	375.36
7	七里村	23	73.83	1698.15
8	王家川	14	31.61	442.58
9	直罗	29	49.18	1426.28
10	南区	12	6.00	72.00
11	蟠龙	10	21.50	215.00

通过现场实践和产量统计,转向压裂增产效果显著,可以实现重新造新缝,从而提高油层利用率,有利于提高单井采出程度,现已成为低渗透储层重复改造的首选工艺。

六、水力喷射压裂技术

水力喷射技术初期在定边等采油厂进行了应用,后期由于施工成本相对较高、施工用液量较大,在直井中应用较少,主要应用于水平井的压裂改造中,效果显著。

七、水平井分段压裂技术

从2010年薛平1井投产开始,延长油田的水平井分段压裂技术进入了快速发展阶段,并取得了较好的改造效果。其主要在西部的吴起采油厂、西区采油厂和永宁采油厂应用。水平井压裂初期采用逐级上提管柱分段压裂技术,目前主要采用不动管柱投球多级分段压裂技术和水力喷射分段压裂技术(表7-10)。

表7-10 水平井分段压裂施工井统计

时间	井数(口)	技术类型
2010年	1	逐级上提管柱分段压裂
2011年	10	不动管柱多级分段压裂
2012年	10	不动管柱多级分段压裂 水力喷射分段压裂

水平井分段压裂技术在延长油田低渗透储层取得了较好的改造效果。薛平1井采用逐级上提管柱分段压裂技术压后初产达到了27t/d,是同区域直井的8倍以上;直平2井采用不动管柱多级分段压裂技术压后,初期日产油81t;吴平5井采用水力喷射分段压裂技术压后,初期自喷日产油超过了200t。

八、解堵工艺技术

解堵技术主要应用于延长油田的老井储层改造,主要有二氧化氯解堵和PG木质素解堵等技术,应用较多的采油厂有吴起采油厂、西区采油厂和南泥湾采油厂。

解堵技术每年施工总井数有上千口,2011年施工总井数超过了1500口,累计增油近7×10^4t(表7-11)。

表7-11 解堵工艺技术施工井数统计(2011年)

编号	类型	井数(口)	平均单井增油量(t)	累计增油量(t)
1	二氧化氯解堵	816	55.14	44996.5
2	PG木质素解堵	279	25.5	7114.18
3	生物酶解堵	137	31.93	4373.93
4	大功率超声波振动采油	145	51.76	7505.23
5	电爆震解堵	119	41.39	4925.51
6	BF-2油井除垢解堵	30	34.4	1032.12

第八章　调剖堵水工艺技术

第一节　概　　述

在油田开发过程中,随着地层能量的下降,需要人工向地层补充能量,目前一般采取向地层注水的方法向地层补充能量。但随着注水时间的延长,因地层的非均质性,注水沿大的孔道或者裂缝快速推进。因此当油田进入中晚期后,就会遇到油井出水问题,给油井生产带来严重的影响。油井出水加剧了油藏的开发矛盾,致使采收率降低。因此,在油田开发后期,必须采取措施对油井出水进行治理,减少油井产水,以提高油藏的最终采收率。为防止油井出水,人们采取了多种办法,做了大量的研究工作,并采取了一定的措施。在开发方案方面,采用合理布井方式;在开采措施方面,采用分层注水工艺以及调剖堵水技术,然而由于地层的非均质性,注水沿高渗透层的不均匀推进仍不能够避免。虽然对出水油井采取措施后,虽然可以降低油井的含水率,但有效期短,且成功率低,特别是非均质严重的地层。随着工艺技术的进步,采取在水井上进行选择性封堵高渗透层大孔道的方法,即注水井调剖,通过向地层注入堵剂,使堵剂进入油层大孔道或者裂缝,以达到调整和改善注水剖面的作用,使注水均匀推进,防止油井过早水淹,增加水驱控制面积,提高水驱效率。

一、国内调剖堵水技术的发展

我国油田化学堵水调剖技术从20世纪50年代末开始在现场应用,在60—70年代以油井单井堵水为主。80年代初,随着聚合物及其交联凝胶的研究,调剖技术迅速发展。90年代,油田进入高含水期,调剖堵水技术也进入发展的鼎盛期。开始时水井调剖使用水泥浆堵水,而后发展了油基水泥、石灰乳、树脂、活性稠油等,60年代以树脂为主,70年代水溶性聚合物及其凝胶开始在油田应用,从此,油田堵水技术进入了一个新的发展阶段,堵水调剖剂品种迅速增加,处理井次增多,经济效益也明显提高。我国油田普遍采用注水开发方式,在开发中后期含水率上升速度加快。目前油井生产平均含水率已达80%以上,东部地区的一些老油田含水率已达90%以上,单井含水率上升到98%以上。为此在80年代中后期提出了深部调剖技术,主要通过大剂量深部处理,对高渗透层裂缝产生堵塞,改变后注流体的流向,增加驱替剂的驱油面积和驱油效率,以提高采出程度。

随着油田含水率不断升高,提出了在油藏深部调整吸水剖面,迫使液流转向,改善注水开发采收率的要求,从而形成了深部调剖研究的新热点,相应地研制了可动性凝胶、弱凝胶、颗粒凝胶胶囊、凝胶等新型化学剂。我国各大油田使用较为频繁的调剖剂主要是凝胶类调剖剂,经过多年的研究和实践,发现运用常规的小剂量、近井地带凝胶处理很难解决许多油藏中存在的层内绕流和层间窜流问题,这些问题严重影响了注水开发和原油采收率的提高。因此,人们逐步开始研究深部调剖剂,并对深部调剖技术引起了广泛重视。"八五"期间我国深部调剖技术已初具规模,并形成了两种主要的工艺技术,即颗粒类大剂量深部调剖技术和延迟交联聚合物深部调剖技术。进入"九五"以后,我国对深部调剖技术的研究更为活跃,主要集中在注水井延迟交联弱凝胶体系的深部调剖技术和胶态分散凝胶(CDG)深部调剖技术研究等。

进入21世纪后,油田普遍高含水,油藏原生非均质及长期水驱使非均质性进一步加剧,油层中逐渐形成高渗透通道或大孔道,使地层压力场、流线场形成定势,油水井间形成水流优势通道,造成水驱"短路",严重影响油藏水驱开发效果。加之对高含水油藏现状认识的局限性,常规调剖堵水技术无法满足油藏开发需要,因而,作用及影响效果更大的深部调剖(调驱)技术获得快速发展,改善水驱的理论认识及技术发展进入了一个新阶段。

二、国外调剖技术的发展

国外堵水技术的研究和应用已有近50年的历史,注水井调剖技术在油井堵水技术的基础上发展起来。

20世纪50年代在油田应用原油、黏性油、疏水的油水乳化液,固态烃溶液和油基水泥等作堵水剂。苏联还做了叔丁基酚和甲醛合成树脂、环烷酸皂、尿素甲醛树脂等化学剂的实验。60年代开始使用聚丙烯酰胺类高分子聚合物凝胶技术,为化学调剖堵水技术打开了新局面。70年代以来,Needham等人指出,利用聚丙烯酰胺在多孔介质中的吸附和机械捕集效应可有效地封堵高含水层,从而使化学堵水调剖技术的发展上了一个台阶。80年代末,美国和苏联都推出一批新型化学剂,归纳起来,大致可分为水溶性聚合物凝胶类调剖技术、水玻璃类调剖技术和颗粒调剖剂等。近年来还发展了深部流体改向技术等新方法。经过几十年的发展,目前化学调剖堵水技术的发展进入了崭新的阶段。

目前,在国外,据统计有应用前景的调剖剂有长延缓交联型凝胶(如美国Phillip石油公司的调剖—堵水剂系列和Marathon石油公司推出的聚合物—Cr^{3+}凝胶体系)和弱凝胶体系(如美国Tiorco公司提出的胶态分散凝胶和法国石油研究院提出的弱凝胶)等。Seright和Zaitoun等人对弱交联本体凝胶进行了大量的研究,并针对弱凝胶对油水的相对渗透率曲线的影响研究了弱凝胶对油水的选择性封堵作用,交联体系为阴离子聚丙烯酰胺和乙酸铬。分3段塞注入,各段塞聚合物浓度分别为0.15%、0.3%和0.45%,交联剂浓度分别为0.013%、0.026%和0.095%。共注入交联体系9540m^3,处理后的注水压力上升了6.89MPa,累计增油达2385m^3。美国Tiorco公司在落基山地区对29个油田采用胶态分散凝胶进行深部调剖,解决了深部窜流问题,其中22个项目获得了成功。在俄亥俄州Campbell城的NRRU油田的深部处理比较典型,该油田井底平均温度为94℃。设计分4个段塞进行,第一段塞采用浓度为0.0775%的阴离子聚丙烯酰胺溶液,注了12879m^3;第二段塞采用浓度为0.14%的阴离子聚丙烯酰胺溶液,用量为7314m^3;第三段塞采用浓度为0.12%的阴离子聚丙烯酰胺和0.1%的柠檬酸铝混合溶液共31482m^3;第四段塞采用浓度为0.03%的阴离子聚丙烯酰胺和0.0265%的柠檬酸铝混合溶液共60261m^3。处理后的半年内,生产井的平均水油比由2.32下降到2.04,最终增油达47700m^3。

三、调剖技术的发展趋势

目前,我国油田已普遍进入高含水或特高含水开采期,单井或井组开展的近井调剖堵水或大剂量处理技术,已不能满足解决油藏深部水驱问题的需要。为改善高含水油藏的水驱效果、实现油田的高效开发,开展适合不同油田条件的深部液流转向技术及相关配套技术研究,是高含水或特高含水油田改善水驱技术的发展趋势。

(1)油藏深部液流转向技术与油藏工程研究相结合。油藏工程研究包括精细油藏描述和精细数值模拟。只有清楚认识了油藏构造、油层结构、油层物性和剩余油分布,才能合理选择调剖剂类型、确定调剖剂用量、优化调剖剂放置位置等。

(2)新型廉价、长效深部调剖(驱)剂研究。研究廉价、长效,适应不同油藏条件(高温、高盐、深井、厚油层、水平井等)的新型深部转向材料。高含水油藏深部液流转向需要转向剂用量大,因此,转向材料的廉价、长效是关键。随着纳米技术的发展,纳米材料可能会更多地应用于调剖领域,其中纳米级孔喉尺度聚合物凝胶微球可能会在深部调剖中发挥重要作用。

(3)深部液流转向改善水驱作用机理研究。建立与油藏开发后期条件相适应的物理模型,依托先进的测试评价手段,研究油藏真实条件下转向剂与油藏的匹配关系、转向作用机理、转向剂深部运移行为特征、微观力学性能变化等,并在此基础上研究充分考虑深部调剖机理的调剖剂用量计算方法,从而为满足不同油藏条件的新型转向剂的开发、改进及应用提供指导。

(4)准确、快捷的决策技术研究。根据深部液流转向剂自身的特点及深部调剖机理,结合长期水驱油藏储层实际条件,研发与之相适应的准确、快捷的数值模拟及决策软件,以使转向剂获得深部液流转向的最佳效果。

(5)调剖相关配套工艺技术研究。针对厚油层、深井、超深井、高温井、水平井、底水油藏、裂缝大孔道油藏、海上油藏等特殊条件下的调剖问题,在研究与之相适应的深部调剖剂的基础上,加强调剖配套工艺技术研究,准确完整地将深部调剖剂送到预定区域。

(6)深部调剖技术将发展为一项常规的提高采收率的技术措施。一项工艺技术必须从油藏整体出发,与开发方式配套,以提高采收率为目标,才能获得广泛的、有工业性规模的应用。对调剖技术来说,必须进行对整体区块、油藏的处理,与注水开发配套,形成调、驱、采一条龙的配套工艺技术和措施程序,形成工业化规模,这样才能降低成本,最大限度提高原油采收率,实现经济效益最大化。

第二节　注水井调剖技术

注水井调剖技术就是调整吸水剖面技术。注水井调整吸水剖面一般有两种方法:一种是机械的方法,就是通过封隔器分层达到调整剖面的目的;另一种是化学调剖的方法,就是通过注入堵剂,使堵剂停留在高渗透层或大孔道。机械调剖方法具有局限性,油层的隔层不能太小,否则达不到调剖的目的。另外,机械调剖不能实现深层调剖。化学调剖是通过注入化学药剂,来降低高渗透层的吸水量,提高注水压力,启动低渗透层吸水,改善注水剖面,从而改善注水波及体积,提高水驱效率。

一、调剖的原理

注水开发的油田,由于纵向和平面的非均质性,以及油、水黏度的差异,从而导致注水沿大孔道或高渗透层推进速度快(图8-1),注水沿阻力较小的高渗透层形成指进或突进,降低了注水的波及体积及驱油效率,影响了驱油效果,甚至在部分区域形成了死油区。非均质性的存在,不但降低了低渗透油藏的采出程度,而且导致油井过早见水,影响了油田注水开发,对油田稳产、高产带来了巨大损害。

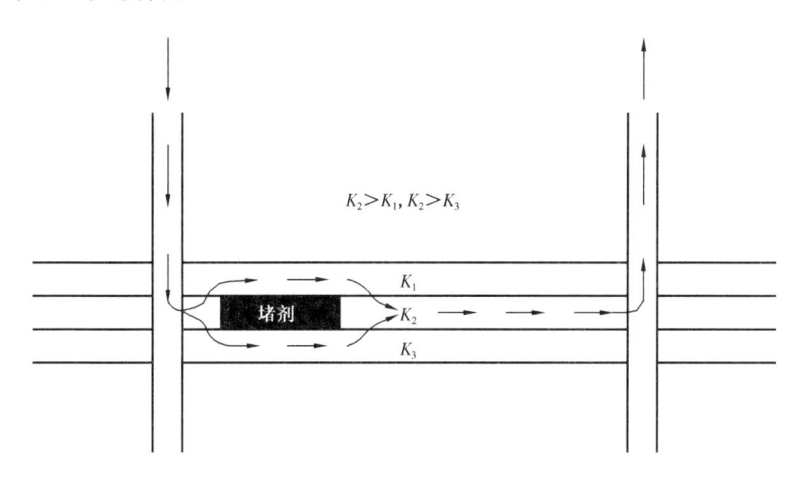

图 8-1 油层非均质性导致注水推进不均匀

注水井调剖的机理是基于地层对调剖剂选择性进入理论,当调剖剂进入地层时,优先进入地层的高渗透层(图 8-2),并在地层形成固体沉淀,对高渗透层产生封堵作用,从而使注水推进速度一致,使高渗透层的注水压力升高,最终改变注水的流动规律而流向中—低渗透层,提高注水的波及体积,提高油田水驱开发效果。

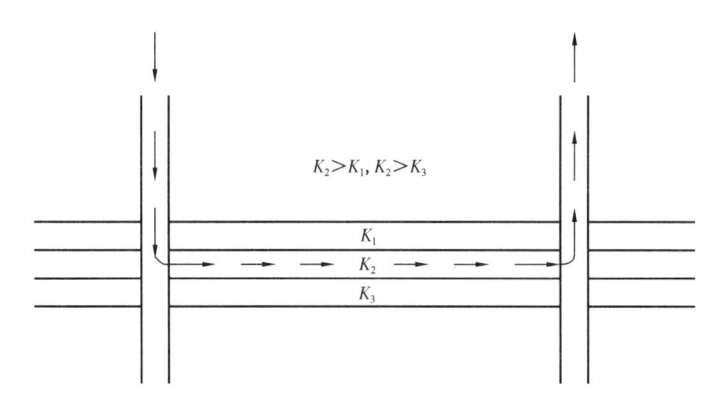

图 8-2 注水井调剖示意图

二、调剖堵剂的分类

目前用于调剖的堵剂种类很多,堵水调剖剂是调剖工艺的重要组成部分,其性能的好坏将直接影响堵水的效果。堵水调剖剂的研制在我国已进行了几十年的研究,并开发了几十种使用不同类型油藏的堵水调剖剂。但主要由七大类组成,包括沉淀性无机盐类、聚合物冻胶类、颗粒类、泡沫类、树脂类、微生物类和其他类。其中冻胶类和颗粒类研究应用较多,其他几类也开展了一定的推广和应用。目前油田常用的油田堵水、调剖化学剂见表 8-1。

表 8-1 油田常用堵水、化学调剖剂分类总表

序号	分类名称	化学剂名称
1	沉淀型无机盐类堵水、调剖化学剂	1. 水玻璃—氯化钙双液法和单液法堵水、调剖剂
		2. 水玻璃—硫酸亚铁调剖剂
		3. 氟硅酸—水玻璃堵水剂
2	聚合物冻胶类堵水、调剖化学剂	4. 木质素磺酸钙—聚丙烯酰胺复合冻胶调剖剂
		5. 木质素磺酸钠—聚丙烯酰胺堵水剂
		6. PIA 系列调剖剂
		7. TP-910 系列调剖堵水剂
		8. 聚丙烯酰胺—乌洛托品—间苯二酚调剖剂
		9. 聚丙烯酰胺—柠檬酸铝调剖剂
		10. 聚丙烯腈—氯化钙调剖、堵水剂
		11. 黄胞胶调剖剂
		12. BD-861 调剖剂
		13. 聚丙烯酰胺高温溶胶堵水剂
		14. 亚甲基聚丙烯酰胺溶胶堵水剂
		15. 铬交联部分水解聚丙烯酰胺堵水剂
		16. 甲醛交联聚丙烯酰胺堵水剂
		17. PR-8201 堵水剂
		18. 聚丙烯酰胺高温堵水剂
		19. 聚丙烯酰胺—306 树脂堵水剂
		20. 丙凝堵水剂
		21. TD G-IR（经穿聚合物网络）堵水剂
		22. PAM-Z 堵水剂
		23. PD-911 调剖剂
		24. FT-213 调剖剂
3	颗粒类堵水调剖化学剂	25. 硅酸凝胶堵水剂
		26. 聚丙烯酰胺硅土调剖剂
		27. 聚乙烯醇颗粒调剖剂
		28. 水膨型聚丙烯酰胺颗粒调剖剂
		29. 黏土调剖剂
		30. 粉煤灰颗粒调剖剂
		31. 膨润土调剖剂

续表

序号	分类名称	化学剂名称
3	颗粒类堵水调剖化学剂	32. S-PAN体膨型堵水剂
		33. 硅土胶泥堵水剂
		34. 石灰乳复合堵水剂
		35. 水处理残渣石灰泥调剖剂
		36. 石灰悬浮液调剖剂
		37. 水泥浆堵水剂
		38. 微细水泥堵水剂
		39. EPS-1型复合堵水剂
		40. FSE-1调剖、堵水剂
		41. 油基水泥堵水剂
		42. 榆树皮调剖剂
4	泡沫类堵水调剖化学剂	43. 三相泡沫调剖剂
5	树脂类堵水调剖化学剂	44. 脲醛树脂堵水剂
		45. 热塑性树脂堵水剂
		46. 酚醛树脂堵水剂
		47. 松香皂堵水剂
		48. 聚合物树脂凝胶堵水剂
6	微生物类堵水调剖化学剂	49. 大港油田微生物调剖剂
7	其他类堵水调剖化学剂	50. 有机硅堵水剂
		51. 稠油—固体粉末堵水剂
		52. 活性稠油堵水剂
		53. 浓硫酸堵水、调剖剂
		54. 氰凝堵水剂

1. 冻胶类调剖剂

冻胶类调剖剂一般为水溶性高分子聚合物,这类调剖剂主要包括聚丙烯酰胺、聚丙烯腈、木质素磺酸盐和生物聚合物黄胞胶与交联剂反应所形成的冻胶。交联剂多为无机电解质或酚、醛类有机化合物。

冻胶聚合物的封堵机理是聚合物冻胶对高渗透层或大孔道形成物理堵塞作用、捕集作用和吸附作用。聚合物上链的反应基团与交联剂作用后形成网状结构,呈黏弹性的冻胶,在孔隙中形成物理的堵塞;未交联的分子及弹性基团,蜷缩在孔道中或被孔隙空间动力捕集,阻碍水的流动。另外,分子链上的极性基团与岩石表面相吸附,提高了堵水效果。冻胶类堵剂包括钛冻胶、铝冻胶、锆冻胶、硼冻胶等。常用的冻胶类调剖剂见表8-2。

表 8－2　常用的冻胶类调剖剂

序号	名称	基本组成[%（质量分数）]	适用条件
1	铬交联部分水解聚丙烯酰胺冻胶	HPAM：0.6～1.0 $Na_2Cr_2O_7$：0.05～0.10 $Na_2S_2O_3$：0.05～0.15	(1) $Na_2S_2O_3$ 在一定条件下还原 Cr^{6+} 成 Cr^{3+}，Cr^{3+} 交联带有—COO^- 基团的 HPAM 生成冻胶。 (2) 堵剂溶液地面黏度低，成胶时间可控，冻胶黏度大于 2×10^4 mPa·s，堵塞率大于 95%。 (3) 适用于 50～80℃砂岩、碳酸盐岩油藏堵水调剖
2	甲醛交联部分水解聚丙烯酰胺冻胶	HPAM：0.8～1.5 甲醛(37%)：0.18～1.10 苯酚：0.1～0.5 $Na_2S_2O_3$：0.05	(1) 甲醛、苯酚与 HPAM 中的—$CONH_2$ 基团反应生成带有环状结构的聚合物—树脂冻胶。冻胶中接入芳环，增加其热稳定性能。 (2) 堵剂地面黏度低，成胶时间可控，冻胶黏度为 $(15\sim20)\times10^4$ mPa·s，堵水率大于 98%。 (3) 适用于 120～150℃砂岩和碳酸盐岩油藏堵水、调剖
3	丙凝堵剂	AM：5～8 N,N－亚甲基双丙烯酰胺：0.01～0.03 过硫酸铵：0.05～0.15 缓凝剂：0.001～0.1	(1) AM 与 MBAM 在过硫酸铵引下发生聚合、交联反应生成冻胶。 (2) 配制液黏度低（<3mPa·s），成胶时间为 30～180min，冻胶黏度为 80×10^4 mPa·s，堵水率大于 95%。 (3) 适用于渗透率差异大的 40～80℃的地层堵水、调剖
4	TP－910 调剖剂	AM：3.5～5.0 MBAM：0.015～0.03 过硫酸钾：0.008～0.02 缓凝剂：0～0.004 缓冲剂：0～0.6	(1) AM 与 MBAM 在过硫酸铵引下发生聚合、交联反应，生成具有网状结构的高黏聚合物，封堵高渗透吸水层，迫使注水转向；聚合物在注水冲刷下溶胀、溶解，增加水的黏度，改善流度比。 (2) 配制液地面黏度低（1.04mPa·s），成胶时间为 1～15h，冻胶黏度为 200×10^4 mPa·s。 (3) 适用于 30～90℃的砂岩和碳酸盐岩油藏堵水、调剖
5	BD－861 调剖剂	AM：4.0～5.0 过硫酸铵：0.2～0.4 861：0.05～0.10	(1) AM 在过硫酸铵作用下，生成 PAM。PAM 与 861 反应生成冻胶。调剖剂优先进入高渗透层，生成冻胶堵塞大孔道。冻胶吸水膨胀，扩大调剖剂影响半径。 (2) 地面黏度低，冻胶强度大，封堵能力强，热稳定性好，有效期长。 (3) 适用于 50～80℃地层堵水、调剖
6	PAM－HR 调剖剂	PAM：0.6～1.0 乌洛托品：0.12～0.16 间苯二酚：0.03～0.05	(1) 乌洛托品在酸性条件下加热变成甲醛，甲醛与间苯二酚反应生成多羟甲基间苯二酚，交联 PAM，生成复合冻胶。 (2) 多羟甲基间苯二酚与 PAM 反应，分子链中引入苯环，增强冻胶体的耐温性。 (3) 适用于 50～80℃地层堵水、调剖

续表

序号	名称	基本组成[%（质量分数）]	适用条件
7	聚丙烯酰胺—柠檬酸铝调剖剂	PAM:0.1~0.16 隔离液:水 柠檬酸铝:0.05~0.10 可多段塞重复	(1)PAM溶液在岩石表面产生吸附，阻止水的流动。 (2)柠檬酸根与地层中高价离子反应生成沉淀，Al^{3+}与PAM交联生成冻胶。 (3)连续交替注入PAM和柠檬酸铝，可增加吸附层厚度，降低处理层段渗透率
8	部分水解聚丙烯腈高温冻胶堵剂	HPAN:4.0~6.0 甲醛:0.4~0.6 苯酚:0.01~0.05 NH_4Cl:0.3~0.5	(1)甲醛、苯酚与HPAN中的—$CONH_2$基团反应生成带有环状结构的聚合物——树脂冻胶。 (2)堵胶溶液地面黏度低，成胶时间可控，冻胶黏度大于$2×10^4 mPa·s$，堵塞率大于95%。 (3)适用于90~140℃砂岩油藏堵水、调剖
9	黄胞胶调剖剂	XC:0.25~0.35 甲醛:0.1~0.2 $Na_2Cr_2O_7$:0.015~0.018 Na_2SO_3:0.014~0.020	(1)XC是一种多糖类生物聚合物，其中的羧基可与多价金属离子（Cr^{3+}、Al^{3+}）结合成黄胞菌冻胶。 (2)黄胞菌冻胶受剪切时变稀，剪切力消除后，又可恢复到原交联强度。 (3)适用于30~70℃地层堵水、调剖
10	铬木素冻胶调剖剂	木钙:2.0~5.0 $Na_2Cr_2O_7$:4.5	适用于50~70℃的地层大剂量调剖
		木钠:4.0~6.0 $Na_2Cr_2O_7$:2.2~2.5	适用于50~70℃的地层大剂量调剖
11	木质素磺酸钙调剖剂	木钙:3.0~6.0 PAM:0.7~1.1 $CaCl_2$:0.7~1.1 $Na_2Cr_2O_7$:1.0~1.1	(1)木钙中的还原糖、羟基和醛基在一定条件下还原Cr^{6+}为Cr^{3+}。 (2)Cr^{3+}交联木钙、PAM，木钙交联PAM，形成结构复杂的冻胶。 (3)适用于终向渗透率级差大、油层厚度大的注水井调剖
12	木质素磺酸钠调剖剂	木钠:4.0~5.0 PAM:1.0 $CaCl_2$:1.0~1.6 $Na_2Cr_2O_7$:1.0~1.4	(1)成胶前黏度低(0.10~0.15mPa·s)，成胶时间可控，热稳定性好，可酸化解堵。 (2)适用于温度低于90℃的地层调剖
		木钠:3.0~4.0 PAM:0.4~0.6 $CaCl_2$:0.5~0.6 $Na_2Cr_2O_7$:0.5~0.6	(1)成胶前黏度低(0.10~0.15mPa·s)，成胶时间可控，热稳定性好，可酸化解堵。 (2)成胶时间长，适用于大剂量处理高渗透地层
		木钠:4.0~6.0 PAM:0.8~1.0 $CaCl_2$:0.4~0.6 $Na_2Cr_2O_7$:0.9~1.1	(1)成胶前黏度低(0.1015~0.15mPa·s)，成胶时间可控，热稳定性好，可堵可解(酸解)。 (2)适用于温度为90~120℃的地层调剖

2. 颗粒类调剖剂

颗粒类调剖剂常用的有石灰粉、膨润土、水泥以及轻度交联的聚丙烯酰胺等。这类调剖剂主要通过颗粒充填在地层孔隙，颗粒在地层中遇水膨胀和颗粒在地层中固结，达到堵塞高渗透层或大孔道的目的。

1）氧化钙

氧化钙在水中生成氢氧化钙：

$$CaO + H_2O \longrightarrow Ca(OH)_2$$

氢氧化钙在水中的溶解度小，且随温度升高而减小。一般将石灰粉研成粉末，配成5%的石灰乳浆液注入地层中，通过颗粒沉积和井壁形成滤饼来封堵高渗透层。

2）水泥

调剖用的水泥主要为油井水泥。在调剖时将水泥与水混合成均匀的悬浮浆液。水泥浆的密度为 $1.6 \sim 1.8 \text{g/cm}^3$。

在现场施工时，一般加入缓凝剂（如酒石酸、磺化单宁等），来延长水泥浆的初凝时间，用量一般为水泥浆质量的0.1%~0.5%。

此外，可加入减阻剂（如烷基芳基磺酸盐、木质素磺酸盐）来改善水泥的流动性，它通过吸附破坏水泥颗粒形成的结构而改善流动性。用量一般为水泥浆质量的0.1%~1.0%。

3）黏土

黏土分为钠土和钙土。天然产出的黏土为钙土，可通过碱化转变为钠土。黏土中的主要成分为蒙皂石，此外，还含有伊利石、高岭石、绿泥石、石英、长石、方解石等。钠土在水中容易解离，使黏土晶格表面产生扩散双电层，因此，钠土易膨胀、分散，对水有很强的水化能力。

因钠土的稠化能力强，当用做调剖剂时，一般配成5%~7%的悬浮乳浆注入地层。钙土对水的稠化能力较差，一般配成含黏土10%~30%的悬浮乳浆注入地层。黏土类调剖剂在现场使用时，一般有单液法调剖剂和双液法调剖剂。

4）水膨体

水膨体调剖剂是通过在合成高聚物时加入一定量的交联剂和膨胀剂，生成胶体状水不溶物，用胶体磨将其制成不同粒径的颗粒，用分散剂将其带入地层，依靠其遇水膨胀的性能堵塞地层孔隙。

水膨体调剖剂主要为部分交联聚丙烯酰胺水膨体，在单体丙烯酰胺聚合时加入 N,N-亚甲基双丙烯酰胺作交联剂，加入丙烯酸类化合物作膨胀剂，有的产品中加入小量黏土作为添加剂。

水膨体调剖剂一般具备如下性能：

(1) 随着水的矿化度增加，调剖剂的膨胀倍数减小。

(2) 调剖剂遇水后，在前30min膨胀较快，以后膨胀速度减缓，放置10小时左右，基本可膨胀完全。

(3) 温度升高，膨胀速度加快，膨胀倍数增加。

(4) 随粒径增大，膨胀速度减慢。相同质量样品的最终膨胀倍数相近。

常用的颗粒型调剖剂见表 8-3 和表 8-4。

表 8-3 常用的颗粒型堵剂

序号	名称	基本组成	主要性能与适用条件
1	膨润土调剖剂	膨润土:20%~23% NaCl:1.0%	价格低廉,适用于注水井调剖
2	黏土调剖剂	20%卤水、60%~70%清水、10%~20%钠土	黏土颗粒对孔隙喉道产生物理堵塞,适用于大剂量调剖
		12%钠土、80%~90%清水、10%~20%钙土	黏土颗粒对孔隙喉道产生物理堵塞,适用于大剂量调剖
		A 液:5%~7%钠土 B 液:0.06%~0.1% HPAM 溶液 隔离液:水	(1)黏土颗粒对孔隙喉道产生物理堵塞。 (2)HPAM 的亲水基团与钠土颗粒表面的羟基形成絮凝体,堵塞地层孔道。 (3)HPAM 通过氢键作用与黏土表面产生吸附黏膜,多次处理,则黏膜增厚,可明显降低大孔道渗透率
		A 液:10%钠土悬浮体 B 液:冻胶堵剂(如铬冻胶、醛冻胶) 隔离液:水	(1)黏土颗粒对孔隙喉道产生物理堵塞。 (2)以冻胶代替 HPAM,可提高封堵能力
3	粉煤灰调剖剂	粉煤灰:钠土 = 1:1 灰土混合物:水 ≥ 1:10	粉煤灰与黏土颗粒对孔隙喉道产生物理堵塞
4	聚乙烯醇颗粒调剖剂	聚乙烯醇 PVA-1799,以水为携带液	聚乙烯醇颗粒吸水溶胀(2.5 倍左右)而不溶解,溶胀后可封堵高渗透层,适用于注水井调剖

表 8-4 常用的水膨体堵剂

序号	名称	主要性能与适用条件
1	TP-1 体膨型调剖剂	(1)耐温 ≤120℃,耐盐 ≤5×10^4 mg/L。 (2)膨胀 30~60 倍。 (3)适用于高含水、特高含水地层的调驱、调剖、堵水
2	TPKL-10 堵水调剖剂	具有良好的体膨特性(膨胀倍数 ≥20),主要用于高含水、特高含水地层的调驱、调剖、堵水
3	CYY-2 型调剖剂	(1)适用温度 40~120℃,耐盐 ≤10×10^4 mg/L。 (2)膨胀 15~80 倍。 (3)适用于高含水、特高含水地层的调驱

3. 沉淀类调剖剂

沉淀类型调剖剂是指两种或多种能在水中反应生成沉淀封堵高渗透层的化学物质,多为无机物。该类调剖剂一般采用双液法施工,即将两种或多种工作液以 1:1 的体积比分别注入地层,中间用隔离液分隔。当其向地层推进一定距离后,隔离液逐渐变稀、变薄,失去分隔作用,注入的不同工作液相遇,反应生成沉淀,封堵高渗透层。由于反应时间短,一般多采用双液法。常用的沉淀类调剖剂见表8-5。

表8-5 常见的沉淀类堵剂

序号	名称	基本组成[%(质量分数)]	主要性能与适用条件
1	水玻璃 氯化钙	$Na_2O \cdot mSiO_2:15\sim20$ $CaCl_2:17\sim26$	(1)黏度低,易泵送,胶凝时间短,凝胶强度高,堵塞率85%~95%,抗盐、耐温。 (2)适用于40~80℃砂岩高渗透地层堵水、调剖
2	聚丙烯腈 氯化钙	$HPAN:6.5\sim8.5$ $CaCl_2:20\sim30$	(1)抗剪切,沉淀物耐温,稳定期长,可堵可解。 (2)适用于50~90℃砂岩高渗透地层堵水、调剖
3	碳酸钠 三氯化铁	$Na_2CO_3:5\sim20$ $FeCl_3:5\sim30$	适用于砂岩高渗透地层堵水、调剖
4	水玻璃 硫酸亚铁	$Na_2O \cdot mSiO_2:1\sim25$ $FeSO_4:5\sim13$	适用于砂岩高渗透地层堵水、调剖
5	水玻璃 氯化镁	$Na_2O \cdot mSiO_2:1\sim25$ $MgCl_2:1\sim15$	适用于砂岩高渗透地层堵水、调剖

4. 树脂类调剖剂

树脂类堵剂是由低分子物质经过缩聚反应产生的高分子物质,具有强度高、有效期长等优点,适用于封堵裂缝、孔洞、大孔道和高渗透层。目前树脂类堵剂主要有脲醛树脂、酚醛树脂、环氧树脂、糠醇树脂、热缩树脂等。

其主要作用原理是各组分经化学反应形成树脂类堵塞物,在地层条件下固化,造成对出水层的永久性封堵。常用的树脂类堵剂见表8-6。

表8-6 常用的树脂类堵剂

序号	名称	基本组成(质量比)	主要性能与适用条件
1	酚醛树脂堵剂	配方1:羟甲基酚:草酸 = 1:0.06 配方2:羟甲基酚:氯化铵:盐酸(20%) = 1:0.025:0.025	(1)先在碱性条件下将甲醛与苯酚制备成羟甲基酚,羟甲基酚在酸性条件及固化剂存在下进一步缩合成热固性树脂。 (2)黏度低($<30mPa \cdot s$),易泵送,凝固时间为0.5~3h,固化后强度大,堵塞率98%。 (3)适用于40~150℃砂岩或碳酸盐岩油藏堵水、调剖
2	脲醛树脂堵剂	尿素:甲醛:水:氯化铵 = 1:2: (0.5~1.5):(0.01~0.05)	(1)在一定温度和碱性条件下,尿素与甲醛进行加成反应,生成一羟甲基脲、二羟甲基脲或多羟甲基脲。生成物在硬化剂氯化铵作用下,进一步缩合成多孔结构型不溶不熔的高分子化合物。 (2)黏度低($<10mPa \cdot s$),易泵送,凝固时间为0.5~3h,固化后强度大,堵塞率98%。 (3)适用于40~150℃砂岩或碳酸盐岩油藏堵水、调剖

5. 泡沫类调剖剂

泡沫类堵剂是利用起泡剂产生的泡沫进行调剖。常用的起泡剂主要为非离子型表面活性剂（如聚氧乙烯烷基苯酚醚）和阴离子型表面活性剂（如烷基芳基磺酸盐）。根据成分的不同，可分为二相泡沫调剖剂或三相泡沫调剖剂。

三相泡沫调剖剂，是由起泡剂的水溶液、气体和固体颗粒组成的一种低密度、高黏度的假塑性流体。其中液体为连续相，气体是非连续相，固体颗粒则充分分散并附着在泡沫的液膜上，使液膜强度大大提高，进而增强了泡沫的稳定性。

三相泡沫调剖剂的基本配方为：起泡剂可用十二烷基磺酸钠，有效成分为 1.0%~1.5%，也可用烷基苯磺酸钠，质量分数为 1.5%~2.0%；稳定剂为羧甲基纤维素，质量分数为 0.5%~1.0%；固相为膨润土，质量分数为 6%~8%；其余为水。

三、调剖工艺设计

1. 调剖井的选择原则

在选择调剖井时，应遵循以下原则：

（1）对应油井含水率比较高、采出程度比较低、油井剩余油饱和度较高的区块。

（2）累计注采比尽量接近 1，这时最需要启动新层。

（3）油水井的连通性较好。

（4）注水井吸水和注水良好，水井无套漏（套损）现象；无窜槽和层间窜漏现象。

（5）注水井纵向非均质性严重，吸水差异大。

2. 施工要求

因长期注水开发，加上注入水质的影响，水井井下管柱可能存在比较严重的腐蚀。因此必要时要更换井下管柱，对水井管柱进行检管。在进行调剖时，要根据井段的长短以及吸水剖面、油藏地质情况确定采取何种调剖工艺，对于需要分层调剖的井，按照设计要求更换管柱。

目前，由于注水管柱井下状况比较差，再加上井下套管产生的腐蚀变形，以及封隔器、滑套等卡封工具的原因，实现分层调剖存在一定的难度，因此，一般目前普遍采用井下下光管（底部带喇叭口或笔尖）进行调剖。一般工具下到射孔层段下 0~10m。

注水井调剖时，一般遵循下列步骤：

（1）施工前要了解油井的生产情况，对应水井注水情况，水井吸水剖面，主要吸水层，主要封堵层和下步的主要潜力层。

（2）注水井施工前要测吸水剖面，弄清各个层段的吸水情况。

（3）测注水井的吸水指示曲线和压降曲线。

（4）优选施工管柱时，对于开采单层的油井，可采用单管柱进行笼统施工；对于多层开采的油井，一般不下封隔器，而采取控制压力的方式进行施工。

（5）按设计要求进行施工。

（6）施工完毕后，按要求关井。

（7）施工投产后，初期产液量和注水量不宜过大，应逐步恢复。

（8）取全、取准施工时以及施工后资料。

3. 试注

试注的目的是为了了解地层的吸水能力,掌握注水压力和注水排量等数据(如果试注时,注水压力和排量波动较大,施工时应充分考虑这些因素),便于施工中预防可能会出现的一些情况。施工时还可能会出现另外一种情况,即注入大量堵剂后,施工压力不升,甚至会有极个别井出现压力下降。堵剂没有进入预定层位,也难以达到调剖的目的。因此,为了确保施工成功,必须进行试注。另外,试注使油管、套管内充满清水,堵剂不能或很少沉入井底。

4. 堵剂用量计算

设计的原则:按吸水层段的厚度来确定堵剂的用量,有小夹层发育的地层,水井处理半径为4~6m,无小夹层发育的地层,水井处理半径为5~8m;二次调剖的水井,堵剂用量要大于前一次的用量。堵剂用量一般按式(8-1)计算,即:

$$V = \pi R^2 h \phi (1 - S_{or}) \tag{8-1}$$

式中,V 为堵剂用量,m^3;R 为处理半径,m;h 为封堵层厚度,m;S_{or} 为剩余油饱和度,%。

5. 施工参数的计算

泵压:调剖施工的泵注压力与地层条件、注入排量、累计注入量、调剖剂性能(类型、理化性能等)等因素有关。在设计施工时需要注明施工压力上限。制定施工压力上限的原则一般为:从施工安全和不伤害地层的角度考虑,施工压力一般不超过地层破裂压力的80%;从调剖治理后能够保证有效注水的角度考虑,施工压力一般不超过注水干线压力。另外,从保证施工效果的角度考虑,一般选取注入过程中的爬坡压力为3.0~5.0MPa。

排量:一般要求低排量注入,以防止堵剂伤害非调剖层,同时有利于控制泵压,确保堵剂进入高渗透层或大孔道。根据地层吸水指数,排量一般控制在0.2~0.3m^3/min。

6. 施工流程

目前较常用的配套流程设备主要有活动式、橇装式和地面站式三种类型。

1)活动式注入流程

一般由两三台400型或700型泵车、两个40m^3方罐和配套高压管汇组成。该套流程适用于油井堵水及边远、分散井的调剖施工作业(图8-3)。

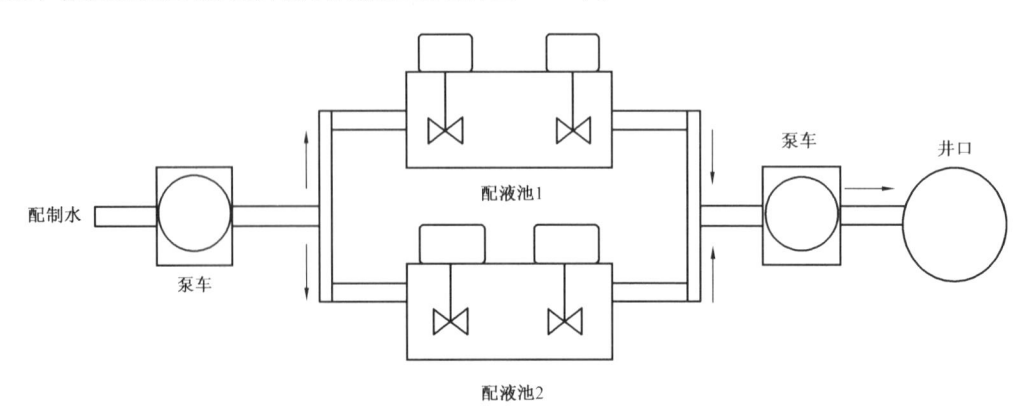

图8-3 活动流程示意图

2）橇装式注入流程

该流程用高压泵作动力,特别适用于连续注入颗粒类调剖剂。其流程如图8-4所示。

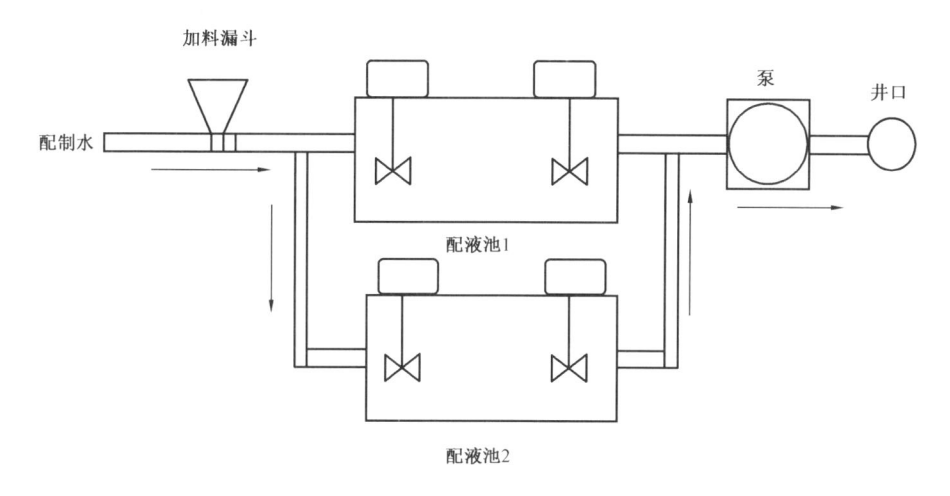

图8-4 橇装式流程示意图

3）地面站式注入流程

以地面堵调站为核心的辐射型堵水网络,利用配水间与注水井原有的注水管网注入调剖井点。主要适用于黏土类堵剂(单液法和双液法)的大剂量施工(图8-5)。这种流程特别适用于区块整体调堵。

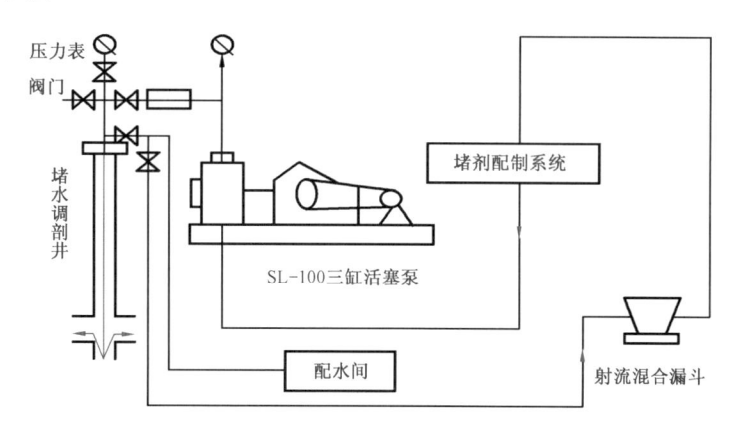

图8-5 地面站式注入流程

第三节 注水井深部调剖技术

随着注水开发油田逐步进入高含水开发期,为了改善注水剖面,注水井调剖技术得到了广泛应用,并取得了较好的效果。调剖堵水一直是油田改善注水开发效果、实现油藏稳产的有效手段。随着堵水调剖等控水稳油技术难度及要求越来越高,在深部调剖(调驱)液流转向技术研究与应用方面取得进展,深部调剖技术得到了推广应用。深部调剖技术就是采用大剂量的调剖剂,调剖剂深入油藏内部封堵高渗透带,迫使液流转向,使注水波及以前未被波及的中—低渗透区,改善驱替效果,提高采收率。目前应用较广泛的主要有弱凝胶深部调剖技术和预交联颗粒深部调剖技术。

一、弱凝胶深部调剖技术

弱凝胶是以分子间交联为主、分子内交联为辅的交联程度较弱的三维网络结构,有一定的完整性,可以流动,黏度远远大于相同聚合物溶液的黏度。弱凝胶性质介于本体凝胶和胶态分散凝胶之间,强度低于本体胶,但高于分散凝胶,其分子尺寸比聚合物分子尺寸大得多,是具有胶体性质的热力学稳定体系。

弱冻胶深部调剖剂由聚合物加入少量缓交联型交联剂制成。聚合物主要为聚丙烯酰胺(PAM)或部分水解聚丙烯酰胺(HPAM),使用浓度一般为 0.2% ~0.5%(质量分数);交联剂多为铬盐或铝盐的配位体系,使用浓度一般为 0.02% ~0.15%(质量分数)。成胶时间随两种物质浓度的增加和温度的升高而缩短。

1. 弱凝胶深部调剖机理

弱凝胶深部调剖的作用机理是:配制好的调剖剂由于反应时间和强度可控,能够大剂量注入油层,进行深部处理。弱凝胶在较大孔隙中流动时,发生交联反应,黏度增大而发生滞留,堵塞孔喉或减小大孔隙的有效流通截面,形成较高的残余阻力系数,导致后注入水或聚合物溶液产生分流和转向进入较小孔隙,驱替油藏中低渗透部位的原油;随着滞留增多,注水压力逐渐升高,但由于弱凝胶强度较低,在后续流体驱替作用下,大孔道、裂缝或次生大孔隙中的弱凝胶分子,能够通过多孔介质,进一步向地层深部推进,像蚯蚓一样,"爬行"进入油藏深部并在其中形成一定的堵塞。随着弱凝胶分子线团与注水井间距离逐渐增加,地层纵向截面逐渐扩大,驱替压差减小,弱凝胶流速降低,分子线团又将在地层更深部位发生滞留,再次导致液流改向。总之,弱凝胶是通过在大小孔隙之间或高低渗透层之间自动、不断地、反复地流向阻力较低的地方,而驱替原油,从而调整波及剖面,提高注水波及系数、波及体积,提高采收率。

2. 弱凝胶调剖剂的组成及特点

弱凝胶调驱体系基本组成为交联聚合物 HPAM、交联剂、稳定剂及延缓剂等。交联聚合物为部分水解聚丙烯酰胺,相对分子质量为 $(0.8 \sim 1.6) \times 10^7$,水解度为 15% ~30%,交联剂为甲醛和间苯二酚的复合体系,HPAM 的使用浓度为 1000~3000mg/L,再加入适量的稳定剂、延缓剂形成稳定的弱凝胶,适用于温度 50~90℃、矿化度为 1000~20000mg/L 的油藏。

该体系具有较好的抗温性和抗盐性,形成的弱凝胶体系黏度为 1000~15000mPa·s。其具有施工方便、配制简单、成胶前黏度低、可泵性好、现场易操作、成胶后弱凝胶稳定、有效期长等优点。注入地层后,易进入高渗透层,起到封堵作用,使后续注入水流改向而进入低渗透层,增大了注水的扫油面积,提高了注水的波及效率;同时,在注入过程及后续水驱的作用下,可以非常缓慢地向前移动,产生与聚合物驱一样的驱油效果,从而起到调剖和驱油的综合作用。

3. 弱凝胶调剖剂室内评价

主要实验材料:部分水解聚丙烯酰胺 HPAM(相对分子质量 1100 万~1500 万,水解度

20%~30%)、交联剂 LH-1(自制)、延缓剂、pH 调节剂、稳定剂。

弱凝胶的制备:按实验设计浓度准确称取 HPAM,在搅拌下缓慢加入自来水中,低速搅拌2小时,使 HPAM 充分溶解,配制好不同浓度的 HPAM 溶液,用 10% 盐酸溶液调 pH 值到 4~5(在 pH 值实验影响中准确调至设定值),加入交联剂 LH-1,搅拌均匀,放入一定温度的恒温箱中。

1) 聚合物浓度的影响

取 LH-1 浓度为 0.1%,改变 HPAM 浓度,测定 HPAM/LH-1 成胶体系 50℃ 下不同时间的黏度,用 RV-12 黏度计在剪切速率 $6s^{-1}$ 下,结果列入表 8-7 中。

表 8-7 不同 HPAM 浓度的 HPAM/LH-1 成胶体系黏度值

浓度(%)	黏度(mPa·s)						
	0	6h	12h	24h	48h	72h	150h
0.10	125	152	172	199	1105	1107	1109
0.15	134	154	188	1121	1129	1135	1135
0.20	145	171	1130	1142	1150	1152	1152
0.25	254	288	2142	2211	2212	2212	2212
0.30	265	289	2154	2231	2231	2232	2232

由表 8-7 数据看出,在交联剂浓度一定的条件下,配制后 72~150 小时黏度达到最大,此后直到实验时间结束,仍保持最大黏度,随 HPAM 的浓度增大,黏度增大,而交联延续时间有减少趋势。

2) 交联剂浓度的影响

大量室内实验结果表明,交联剂浓度过低时不能形成稳定的可流动弱凝胶,浓度过高时形成的凝胶黏弹性弱,不稳定,易脱水。在适宜的交联剂浓度范围内改变交联剂浓度,取 HPAM 浓度为 0.2%,在 50℃ 下测定了 HPAM/LH-1 成胶体系的黏度,结果列入表 8-8 中。

表 8-8 不同浓度 LH-1 的 HPAM/LH-1 成胶体系黏度值

浓度(%)	黏度(mPa·s)						
	0	6h	12h	24h	48h	72h	150h
0.06	45	53	91	104	109	112	113
0.08	45	59	104	112	119	146	148
0.10	45	71	130	142	150	152	152
0.12	45	76	132	148	155	155	156
0.14	45	82	148	161	162	162	162

由表 8-8 数据看出,在 HPAM 的浓度一定时,随交联剂浓度的增加,交联延缓时间缩短,而黏度则随交联剂浓度增加而增大,交联剂浓度选择 0.08%~0.12% 为宜。

3) pH 值的影响

pH 值是 HPAM/LH-1 成胶体系的一个敏感的影响因素,pH 值过高时体系不能交联,不能形成凝胶,pH 值过低时交联时间太快,发生过度交联现象,形成的冻胶脆,且脱水。室内大量的实验表明,在注入地层时,成胶溶液与地层岩石矿物反应,其 pH 值升高,也会影响交联反应。因此体系 pH 值的最佳值为 4~5.5。

4) 弱凝胶驱替实验

将聚合物弱凝胶体系配制好,放入 50℃烘箱内,72 小时充分交联后,取出,备用;使用人造岩心,孔隙度 23.5%、孔隙体积 153mL,将岩心抽空饱和水,水测渗透率 1.54D;饱和原油,测含油饱和度为 67.4%。之后注入水驱油,至岩心出口含水率达 98%。

注入 0.3PV 弱凝胶后,继续水驱至出口含水率 98%。

结果:注入水驱油至出口含水率 98%、水驱采收率 50.7% 时,注入 0.3PV 弱凝胶后,采收率提高 10.2%,继续水驱,采收率上升 2.7%,采收率增至 12.9%。

注入弱凝胶后,采收率提高,说明弱凝胶在注入过程中驱油;后续注水,采收率仍上升,表明弱凝胶向前流动,增大了注水的波及体积。

二、预交联颗粒深部调剖技术

预交联颗粒凝胶是由单体(或聚合物)、交联剂及其他添加剂在地面交联后,经过烘干、造粒、筛分等工艺过程加工而成。通过调整体系配方和加工工艺,形成了微粒半径、膨胀倍数、膨胀时间、耐温性和强度大小可调的系列调剖剂,可根据实际需要优选。

1. 预交联颗粒凝胶调剖机理

预交联凝胶颗粒具有三维立体网络结构,基本组成为含有大量亲水基团的合成柔性高分子。但不同于合成高分子聚合物和生物聚合物的结构,其具有极好的吸水膨胀而不溶解性能。这种亲水特性使其在不同条件下能显著改变其体积大小,同时通过交联作用产生的三维骨架结构使其具有一定的强度,能在地层深部形成堵塞,使流体流向改变。更为重要的是,吸水膨胀后的黏弹体在外力作用下能发生形变,并且这种形变是可逆的,当外力减小时形变在一定程度上能恢复。深部调剖中可充分利用这种"变形虫"特点使油藏深部压力场的分布得以改变,从而实现地层深部流体转向的目的。

2. 预交联颗粒凝胶的性能特点

(1)该凝胶微粒具有"变形虫"特性,具有一定的可动性,这种可动性有利于扩大调剖剂的作用范围,提高调剖效果,具有驱油和调剖双重作用。

(2)颗粒凝胶地面交联产物,解决了常规地下交联堵水调剖剂进入地层后,因稀释、降解、吸附等各种复杂原因造成的不成胶问题。

(3)具有较好的选择性进入能力,有利于减少调剖剂对非目的层的伤害。可通过适当选择颗粒堵剂的粒径分布,使调剖剂在非目的产油层形成表面堵塞而顺利地进入水驱大孔道,从而达到调剖剂选择性进入封堵层位的目的。

(4)可根据施工的实际条件选择适当膨胀倍数和强度的微粒,膨胀形态如图 8-6 所示。

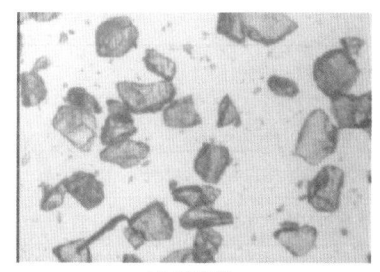

(a) 膨胀前　　　　　　　　　　(b) 膨胀后

图 8-6　颗粒凝胶的吸水膨胀形态

3. 预交联颗粒凝胶的主要技术指标

(1) 颗粒粒径可调,可满足不同地层堵水、调剖和调驱的需要。
(2) 膨胀 30~200 倍,根据措施井实际情况选择合适的膨胀倍数。
(3) 膨胀速度可控制在 10~180min。
(4) 耐盐性:该颗粒性能不受矿化度影响,适应高盐油层堵水、调剖和调驱需要。
(5) 耐温性:可抗温 130℃,性能稳定。

4. 预交联凝胶颗粒性能评价

1) 预交联凝胶颗粒吸水膨胀实验

溶胀度(膨胀倍数)是 1g 凝胶颗粒(吸收剂)所吸收液体的质量,即:

$$Q = G_2 - G_1/G_1$$

式中,G_1 为吸收剂的质量;G_2 为吸收后颗粒的质量。

将预交联凝胶颗粒用下列不同含盐度的水配制,进行溶胀度随时间变化的测试,详见表 8-9 和表 8-10。

表 8-9　配制水中盐类型及盐量

样品编号	1#	2#	3#	4#	5#	6#	7#
Na$^+$(mg/L)	50000	100000	0	0	50000	100000	自来水
Ca^{2+}(mg/L)	0	0	2000	4000	2000	4000	—

表 8-10　盐水中的溶胀度与时间的关系

编号	溶胀度(倍)									
	0	0.5h	1.5h	2.5h	3.5h	7h	19h	48h	72h	96h
1#	1.76	3.51	4.71	5.47	5.94	8.05	11.23	12.06	13.08	13.91
2#	1.85	3.44	4.39	5.27	5.53	7.34	10.83	11.83	13.37	13.99
3#	1.78	3.69	4.53	5.15	5.43	6.8	8.54	8.81	9.53	9.19
4#	1.81	3.69	4.53	5.15	5.43	6.8	8.54	8.81	9.53	9.19

续表

编号	溶胀度（倍）								
	0	0.5h	1.5h	2.5h	3.5h	7h	19h	48h	72h	96h
5#	1.71	3.54	4.71	5.6	5.96	8.14	11.29	11.78	13.25	13.33
6#	1.74	3.38	4.63	5.5	5.81	7.62	10.61	11.03	11.86	12.02
7#	1.51	3.88	7.51	10.03	11.03	17.18	14.67	25.98	25.85	24.50

预交联凝胶颗粒在淡水中的膨胀倍数最大，其次是单一的钠盐和混合的盐水，最小为单一的钙盐。15 天时的膨胀倍数见表 8 – 11。

表 8 – 11　15 天时的膨胀倍数

样号	1#	3#	5#	7#
膨胀倍数	20.44	7.78	19.28	62.22

随着时间的延长，凝胶颗粒继续吸水膨胀。其中淡水膨胀倍数达 62.22 倍。单一钠盐和混合盐水中的膨胀倍数从 13 倍提高到 20 倍左右。但在单一类型的钙盐中膨胀倍数有所减少。

2）预交联凝胶颗粒在原油中的收缩实验

表 8 – 12　3# 样品在原油中收缩情况

时间(h)	0	0.5	1.5	2.5	3.5	7	19	48	72	96
样品量(g)	1.55	1.76	1.91	1.98	1.77	1.02	0.72	0.67	0.66	0.64

表 8 – 12 结果表明，样品在 3.5 小时前体积有所增加；7 小时后体积已开始减小，48 小时后质量只有 0.64g，可见预交联凝胶颗粒在油中具有较强的收缩性。

3）预交联凝胶颗粒的热稳定性、柔韧性

将预交联凝胶颗粒胶块放入不同浓度的盐水中，在 95℃下浸泡 24 周，胶块形态完整，溶胀度为 20~60 倍，凝胶热稳定性好，用手挤压颗粒变形，柔韧性好。

4）预交联颗粒注入性试验

实验方法：将下述 4 个岩心用三轴应力机将其沿中心轴压裂，再在裂缝中粘上不同粒径的石英砂，模拟地层条件下不同高度的裂缝。用不同类型、不同粒径的凝胶颗粒分别注入这 4 个岩心，研究了颗粒粒径和裂缝的匹配关系，转注水测定突破压力、封堵效率和残余阻力系数（FR）。裂缝性岩心基本参数见表 8 – 13。

表 8 – 13　含裂缝岩心基本参数

岩心编号	1#	2#	3#	4#
填砂（目）	20~24	40~60	90~120	0
裂缝高度（mm）	0.95	0.45	0.15	0
水测渗透率（mD）	4076	3288	2710	18.8
裂缝孔隙体积（mL）	1.153	0.513	0.009	0

注：环压 5MPa，流量 5mL/min。基质渗透率为 2.66mD。

(1)颗粒粒径与裂缝孔喉直径相适应:20~40目的606颗粒溶液(质量浓度为0.3%)在1#岩心中的注入性实验。

注入初期,颗粒在一定的压力下能够进入裂缝,并在裂缝入口端堆积,表现为压力上升速度越来越快,当压力上升到颗粒继续向裂缝内部运移的临界压力以后,颗粒开始迅速向前移动,表现为注入压力突然降低,降到一定程度以后颗粒又将重新堆积,压力又开始上升,如此反复。但总的趋势是注入压力逐渐升高。该注入压力曲线(图8-7)反映了颗粒粒径与裂缝孔喉直径相适应的情况下颗粒的注入模式,即在一定压力下颗粒能够向前运移,低于某一压力时颗粒就会在地层产生封堵。转注水后,测得突破压力为0.3MPa,残余阻力系数为83.2,封堵率为98.8%,表明裂缝得到有效封堵。

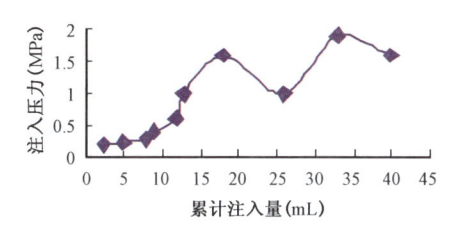

图8-7 粒孔匹配注入压力变化

(2)颗粒粒径大于裂缝孔喉直径:20~40目的606颗粒溶液(质量浓度为0.3%)在2#岩心中的注入性实验。

注入过程中,颗粒在岩石端面逐渐堆积,压力逐渐上升,堆积到一定程度后压力又迅速上升到10MPa,说明该颗粒的强度高,在10MPa的压力下仍不会破碎(图8-8)。转注水后,测得突破压力为0.0037MPa,残余阻力系数为1,封堵率为0。表明凝胶颗粒只是在岩心端面堆积,没有进入岩心裂缝。取出岩心可以观察到岩心端面有一些颗粒,而裂缝里几乎看不到颗粒。

(3)颗粒粒径小于裂缝孔喉直径:40~60目的606颗粒溶液(质量浓度为0.3%)在1#岩心中的注入性实验。

注入初期,颗粒在入口端产生堆积,表现为压力迅速上升,当颗粒堆积到一定程度时,压力突然下降,可能有两种情况导致这种现象发生:一是由于颗粒发生破碎形成更小的颗粒向前运移,由于注入压力较低,颗粒不可能发生破碎;二是颗粒被突破后,由于颗粒的粒径较小,在裂缝内产生了比较稳定的流动,后面压力较平稳也证实了这一点。取出岩心发现裂缝壁面颗粒均匀分散,这是颗粒稳定流动的一种表现。转注水后,测得突破压力为0.005MPa,残余阻力系数为1.88,封堵率为33.49%,有一定的封堵效果。

综合上述实验结果(图8-9),为了确保预交联颗粒在裂缝中有效流动和封堵,必须选择与裂缝孔喉相匹配的预交联颗粒粒径。

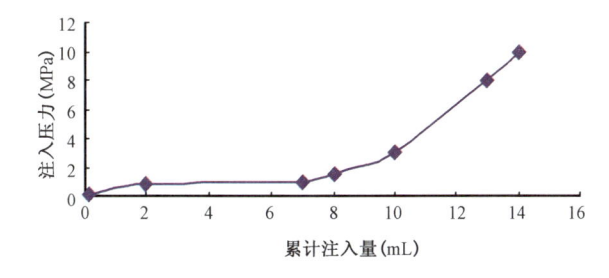

图8-8 粒大于孔注入压力变化

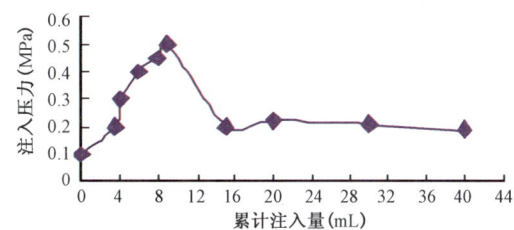

图8-9 粒小于孔注入压力变化

三、体膨颗粒深部调剖调驱技术

体膨颗粒调剖是近几年发展起来的一种新型深部调剖技术,主要是针对非均质性强、高含水、大孔道发育的油田深部调剖、改善水驱开发效果而研发的创新技术。体膨颗粒遇油体积不变而吸水体膨变软但不溶解,在外力作用下可发生变形运移到地层深部。

在高渗透层或大孔道中产生流动阻力,使后续注入水分流转向,有效改变地层深部长期水驱形成定势的压力场和流线场,达到实现深部调剖、提高波及体积、改善水驱开发效果的目的。该技术具有以下特点:(1)体膨颗粒由地面合成、烘干、粉碎、分筛制备形成,避免了地下交联体系不成胶、抗温、抗盐性能差等弊端,具有广泛的适应性,耐温120℃,耐盐不受限制,性能好;(2)体膨颗粒粒径变化大(微米—厘米级),膨胀倍数高30～200倍,膨胀时间快10～180min;(3)颗粒吸水体膨变软,外力作用下在多孔介质中运移时表现出"变形虫"特性,颗粒的形变运移可扩大调剖作用范围,达到深部调剖液流转向目的;(4)体膨颗粒深部调剖施工工艺简单、灵活,无风险;(5)体膨颗粒可单独应用,也可与聚合物弱凝胶体系复合应用于注水开发油藏深部调剖,改善水驱作业,又可用于聚合物驱前及聚合物驱过程中的深部调剖;(6)体膨颗粒适宜存在大孔道、高渗透带的高含水油藏深部调剖调驱,改善水驱效果。体膨颗粒深部调剖技术,其优良的性能、广泛的油藏适应性及全新的"变形虫"作用机理,使其在高含水、大孔道油田深部调剖中的作用被广泛认可,成为我国高含水、高采出程度油田进行深部挖潜、实现稳产的重要技术手段。据对大庆、大港、中原等油田的不完全统计,在355个井组现场试验中,累计增油$46.73 \times 10^4 t$,经济效益达6.57亿元,平均投入产出比为1:4.8,取得了良好的社会效益和经济效益。

四、沉淀型无机盐类深部调剖技术

沉淀类深部调剖剂调剖方法可分为单液法和双液法,应用较多的主要有水玻璃氯化钙和表面活性剂—酒精类深部调剖剂等。水玻璃氯化钙在俄罗斯研究和应用较多,一般要求水玻璃硅酸钠的模数$Na_2O:SiO_2$为3.22左右。在单液法注入中,要求地层水为高矿化度钙镁型,同时考虑到地层水中形成沉淀的有效成分钙镁离子不够,在配液中补充一定量的氢氧化钙,进入地层后,缓慢与地层水发生作用,生成硅酸钙沉淀。在双液法注入中,采用清水或油作为隔离液,水玻璃和10%～15%的氯化钙按1:1的比例依次注入,两种成分地下混合后生成硅酸钙沉淀。

表面活性剂乙醇法利用乙醇能显著降低盐的溶解度的特性,在地层中形成盐的沉淀,对高渗透层产生堵塞。

五、泡沫深部调剖技术

泡沫深部调剖的作用机理是泡沫通过地层孔隙(相当于通过毛细管)时,液珠发生形变,通过贾敏效应,对液体流动产生阻力,这种阻力可以叠加,从而使目的层发生堵塞,改变主要水流方向的水线推进速度和吸水量,提高注入水的波及体积。用于水井调剖的一般有三相泡沫深部调剖剂、凝胶泡沫深部调剖剂和蒸汽泡沫深部调剖剂。

六、黏土胶聚合物絮凝深部调剖技术

黏土胶聚合物絮凝体系调剖技术是20世纪90年代以来石油大学(华东)与胜利油田共

同研究的一项技术。其主要做法是将钠膨润土配制成悬浮液,膨润土水化后颗粒能与聚合物形成絮凝体系,在地层孔喉处产生堵塞,起到调剖的作用。其主要调剖机理为絮凝堵塞、积累膜机理和机械堵塞。

七、含油污泥深部调剖技术

含油污泥是原油脱水处理过程中伴生的工业垃圾,其污泥主要成分是水、泥质、胶质、沥青质和蜡质等。含油污泥具有良好的抗盐、抗高温、抗剪切性能,便于大剂量调剖挤注,是一种价格低、调剖效果好的堵剂。同时也解决了含油污泥外排问题,减少了环境污染和含油污泥固化费用。

含油污泥调剖的基本原理是:在含油污泥中加入适量添加剂,调配成黏稠的微米级的油/水型乳化悬浮液,当乳化悬浮液在地层达到一定的深度后,受地层水冲释的作用,乳化悬浮体系分解,其中的泥质吸附胶质、沥青质和蜡质,并通过它们的粘连聚集形成较大粒径的"团粒结构"沉降在大孔道中,使大孔道通径变小,增加了注水的渗流阻力,迫使注水改变渗流方向,从而达到提高注水波及体积、改善注水开发效果的目的。该技术适用于纵向上渗透率差异大、有高吸水层段、启动压力低的注水井。在江汉、胜利老河口、辽河、河南、长庆等油田,现场应用均取得了良好的效果,但受原料产地、产量限制,不易在其他油田推广。

八、微生物深部调剖技术

微生物用于注水井调剖最早始于美国。其原理是将能够产生生物聚合物的细菌注入地层,在地层中游离的细菌被吸附在岩石孔道表面后,开始形成附着的菌群;随着营养液的输入,细菌细胞在高渗透条带大量繁殖,繁殖的菌体细胞及细菌产生的生物聚合物等黏附在孔隙岩石表面,形成较大体积的菌团或菌醭;后续有机和无机营养物的充足供给,使细菌及其代谢产出的生物聚合物急剧扩张,孔隙越大,细菌和营养物积聚滞留量越多,形成的生物团块越大。细菌的大量增殖及其代谢产出的生物聚合物在大孔道滞留部位迅速聚集,对高渗透条带起到较好的选择性封堵作用,使水流转向,增加中—低渗透部位吸水量,从而扩大波及区域,提高原油采收率。

第四节 油井堵水技术

目前我国大部分油田已进入中—高含水期,甚至在东部油田已有部分进入了特高含水期,油田的早期开发技术已不再适应。仅靠水井调剖(调驱)已不能满足油田稳产的需要,提出了油井堵水的办法,我国油井堵水从20世纪50年代开始,其发展经历了三个阶段:第一阶段是机械堵水;第二阶段是化学堵水;80年代中后期以来开展了油田区块的整体堵水。尤其是自90年代以来,我国堵水技术发展迅速,在机理研究、堵剂研制和油田堵水技术等方面取得了较大进展,为油田稳产奠定了基础。

油田进入高含水开发阶段后,生产成本上升,油田产液量增大。因此,必须采取措施控制油井含水率上升,减缓平面矛盾、层间矛盾,改善开发效果。油井堵水是高含水阶段达到上述目的的有效措施,目前油田堵水工艺主要有机械堵水和化学堵水两种配套技术。机械堵水主要通过各种封隔器卡堵来实现;化学堵水是通过注入化学药剂,由于堵剂的选择性,使堵剂进入大孔道或裂缝,堵剂进入大孔道或裂缝后,降低了渗透性,从而达到堵水的目的。

一、油井出水原因及危害

1. 油井出水的危害

油井出水是油田开发中后期遇到的普遍现象,特别是注水开发的油田,油井出水是不可避免的。油井出水后,易使非胶结性油层或胶结疏松的砂岩层受到破坏,造成油井出砂,降低了油井的生产能力;出砂严重的埋死油层,或使油层塌陷,导致油井停产。

由于油井见水后含水量不断增加,井筒含水比增大,液柱质量也随之增大,减小油井自喷能力,甚至失去自喷能力,迫使油井转成机械采油方式。

若油井生产时控制不当,使油井过早见水,将会导致在地下形成一些死油区,因此大大降低了油藏的采收率。

油井大量出水,形成注水井与生产井的地下大循环,增加了地面注水量,从而相应地增加了地面水源、注水设施及电能等的消耗;同时油井出水也使油气集输和原油脱水工作更加复杂化。

油井出水后,由于地层水有很强的腐蚀性,油井设备及井身结构容易造成破坏,增加了修井作业任务和难度,缩短了油井寿命,增加了生产成本,降低了油田开发的经济效益。

2. 油井出水的原因

油井出水按其来源,可分为注入水、边水、底水、上层水、下层水和夹层水。

1)注入水

油层的非均质性以及开采方式的不当,使注水沿高渗透层或裂缝不均匀推进,形成纵向上的单层突进或舌进,导致生产井高渗透层水淹(图8-10)。

2)边水

所谓边水,即是指聚集在油层底部,承托着油藏内油、气、水,油藏的非均质性及开采方式的不当,致使局部地区边水过早推到油井,导致油井过早见水(图8-11)。

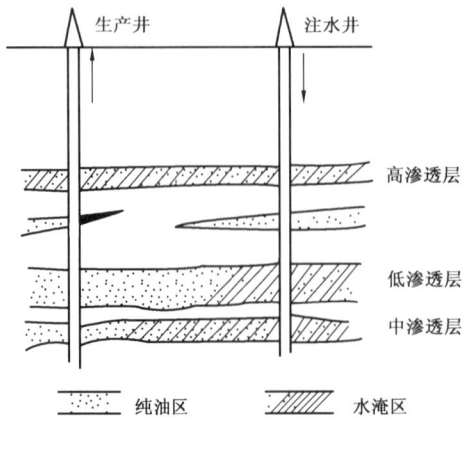

图8-10 注入水单层突进示意图

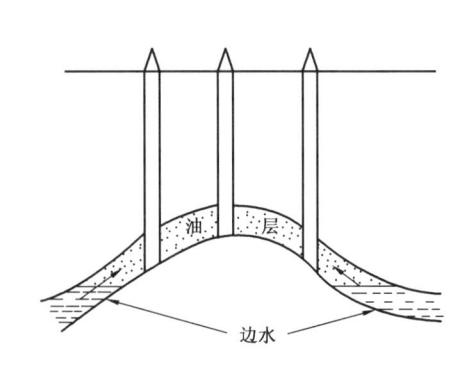

图8-11 边水示意图

3)底水

底水即是指有油层底部聚集的水,同一油层内的油、气被底水所承托。当油藏具有底水时,在油层生产过程中,由于油井生产造成的压力差,破坏了原来重力作用所建立的油水平衡关系,是油水界面在靠近井底附近处呈底水锥进,在油井井底附近造成水淹(图 8-12),导致油井含水率上升。

4)上层水、下层水和夹层水

上层水、下层水和夹层水往往是由于固井质量差、套管损坏或漏失造成的(图 8-13、图 8-14),这些水可以封堵出水层而得到治理。

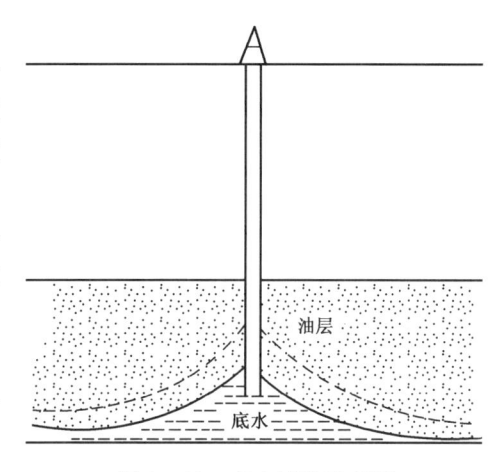

图 8-12 底水锥进示意图

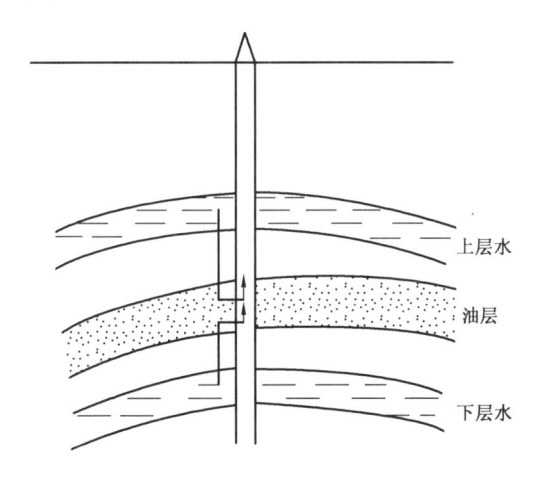

图 8-13 上层水及下层水窜入示意图

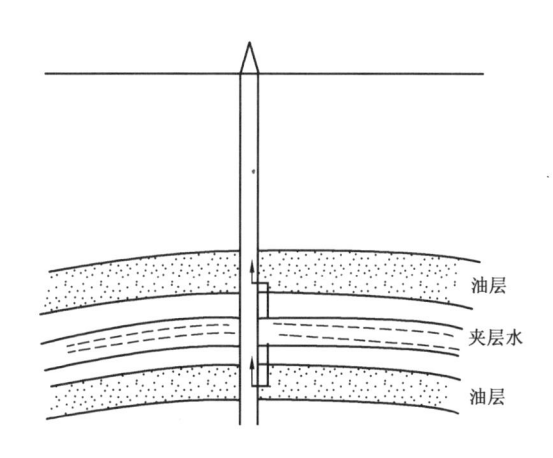

图 8-14 夹层水窜入示意图

3. 油井防水措施

油井出水,应以防为主、防堵结合、综合处理,概括起来有以下三个方面的措施:

(1)制定合理的、科学的油藏工程方案,合理部署井网和注采系统,建立合理的注、采井工作制度和采取合适的措施以控制油水边界均匀推进。

(2)提高固井和完井的质量,保证油井的封闭条件,防止油层与水层串通。

(3)加强油水井日常管理和分析,及时调整注采强度,保持注采平衡。

二、油井找水方法

油井出水后,只有准确确定出水层位和出水量,而后才能采取必要的堵水措施。目前油井找水的方法主要有三种:(1)综合对比资料判断出水层位(地质资料+生产资料);(2)水化学分析法(利用产出水的化验分析结果来判断其为地层水或注入水的方法);(3)根据地球物理资料判断出水层位。

1. **综合对比资料判断出水层位**

根据出水井的地质情况,如开采层位、油水井连通情况、各个层的渗透率、井深质量和各类监测资料,进行分析和研究。运用采油动态资料,进行综合分析、对比,对出水层进行判断。此方法需要在对地质区块比较了解的情况下,才能正确地判定出水层位。在更多的情况下,须结合其他方法才能确定。

2. **水化学分析法**

这种方法是利用地层水的化学成分不同,通过化学分析来判断是注水还是地层水。由于地层水的矿化度比较高,不同层位的地层水所含的钾、钠等离子不同,根据离子的含量确定出水层位。此方法适用于单一纯油层。

3. **根据测井资料判断出水层位**

根据测井资料判断出水层位,目前常用的有流体电阻测井、井温测井和同位素测井。

1)*流体电阻测井*

其原理是根据高矿化度和低矿化度的水电阻率不同,利用电阻计测量出油水井的电阻率变化曲线,确定出水层位。施工方法是首先循环洗井,把井内液体替换成与地层水含盐量不同的水,测出一条电阻率基线,然后通过抽汲排出一定量的液体,使油层水流入井筒,测电阻率曲线(图8-15)。抽汲量的大小取决于产水量的大小,交错进行,直到根据电阻率曲线的变化发现出水层位为止。这种方法的特点是设备比较简单,但找水工艺复杂,需多次抽汲和测井,不适合于高渗透层和套管破损井。

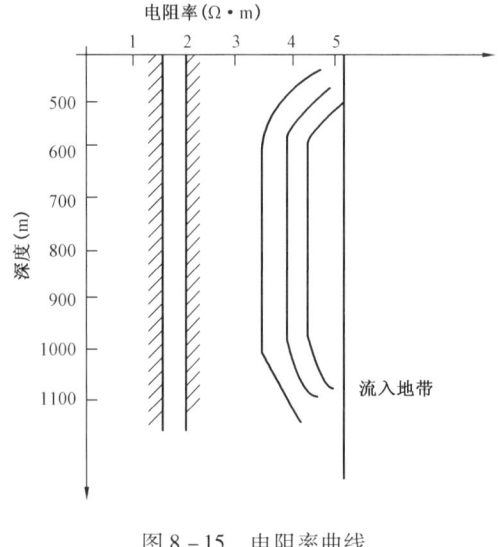

图8-15 电阻率曲线

2)*井温测井*

其原理是地层水的温度比较高,利用温度的差异确定出水层位。方法是低温水洗井,测井温基线。通过排液降低井底回压,使地层水流入井筒,测井温曲线。对比两条曲线,温度增加的地方即为出水层位(图8-16)。要求井温仪必须有较高的灵敏度。

3)*放射性同位素测井法*

其原理是利用人工方法提高出水层段的放射性,从而判断出水位置。方法是先测定地层的自然放射性曲线基线,然后向地层位置替入一定量放射性同位素液体,用清水将其挤入地层,彻底洗井后测放射性曲线,对比两条曲线,放射性增强的地方即为出水层位(图8-17)。此方法工艺复杂,施工要求高。

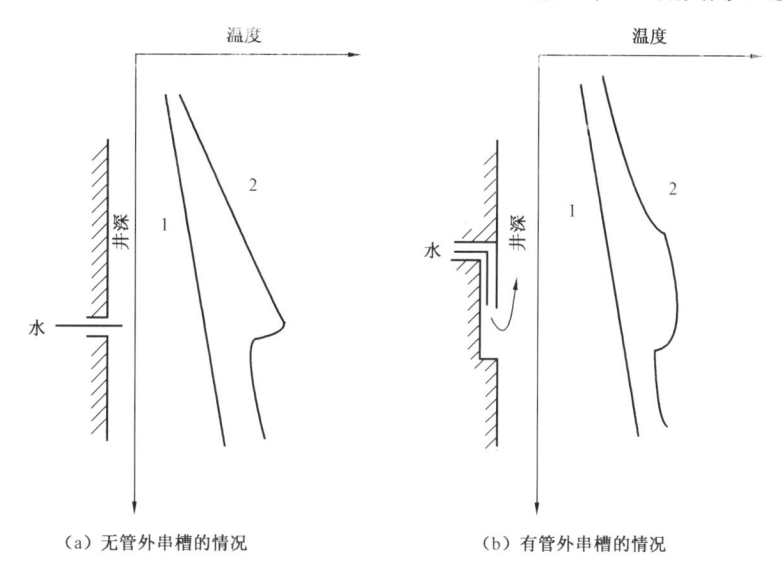

图 8-16 井温曲线找水示意图

1—控制曲线;2—降低液面后测得的曲线

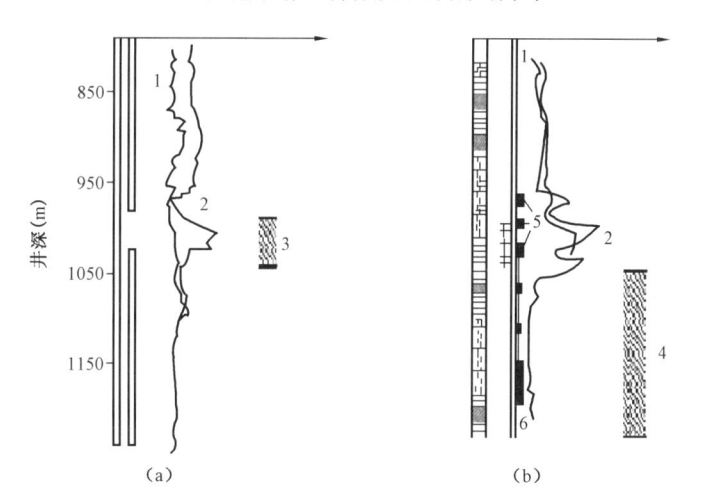

图 8-17 同位素测井测套管破裂及管外窜流示意图

1—注同位素前的曲线;2—注同位素后的曲线;3—套管破裂位置;
4—管外串通段;5—含油层;6—出水层

4. 机械找水法

1) 封隔器分层测试

方法是利用封隔器将各层分开,通过分层求产的方式找出水层位置。优点是工艺简单,能够准确地确定出水层位。缺点是施工周期长,无法确定夹层薄的油水层的位置。在串槽井中,必须封串后才能进行找水施工。

2) 压木塞法

对于因油井套管某一段损坏而引起出水的井,可将一外径适宜的木塞放入套管,向套管内注入液体迫使木塞下行,最后木塞停留的地方正好是套管损坏的位置。

3)找水仪找水

在油井正常生产的情况下,向井内下入仪器确定油井出水的层位及流量的方法,如图 8-18 所示。

(1)找水仪结构与组成。

找水仪由电磁振动泵、注排换向阀、皮球集流器、涡轮流量计、油水比例计组成等部件组成。

(2)工作原理。

仪器下到预定位置后,电磁振动泵工作,将集流器皮球打胀,密封仪器与套管的环形空间,使液流全部由仪器的内部通过。液流冲动涡轮产量计的涡轮,由地面仪器记录涡轮转动频率,从而得知该层的总液量。

集流器的收拢和张开是由仪器内部的电磁振动泵和换向阀来控制的。其作用是使液流全部从仪器内部通过,准确测量液体产量。

(3)找水仪找水。

找水仪能在油井正常生产情况下,不停产而测得各小层的产量及确定主要出水层位,以及近似地估计出水量。仪器主要由电磁振动泵、注排换向阀、皮球集流器、涡轮产量计、油水比例计等几部分组成。油水比例计是利用油和水的导电性差异来确定油样中的含水量,它由电容探头及井下测量电子线路组成,可以将含水量的变化转换成电容大小的变化,再由电子线路转换成直流电位差的变化,由电缆传送到地面,由二次仪表记录出直流电位差的数值。根据记录的直流电位差值,查如图 8-19 所示的曲线便可得到所测层位的持水率,并根据持水率与流量求得含水率。

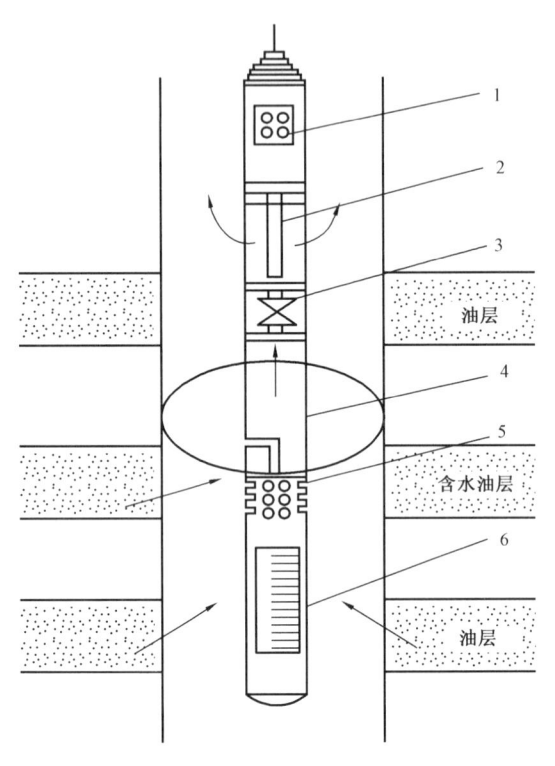

图 8-18 集流型环控找水仪
1—电子电路;2—电容含水比例计;3—涡轮流量计;
4—皮球集流仪;5—进液孔;6—泵阀

三、机械堵水工艺技术

1. 常规机械堵水工艺技术

1)整体式堵水管柱

整体式堵水管柱是生产管柱和堵水管柱整体连在一起,整体式堵水管柱类型较多,上部为深井泵,下部常用的有 Y111-114 型封隔器和筛管等组成的堵水管柱,也可用 Y221-114 型封隔器或 Y221-115 型封隔器(图 8-20)。其支撑方式有支撑人工井底或支撑卡瓦等几种方式。

堵水管柱随生产管柱一同起下,施工方便、简单。此类管柱适用于 $\phi 56mm$ 以下深井泵的油井堵水,最多只能堵两层。堵水管柱的寿命取决于生产管柱的寿命,并且在泵抽时,管柱上下蠕动,影响了封隔器的密封性能,目前这类管柱已被淘汰。

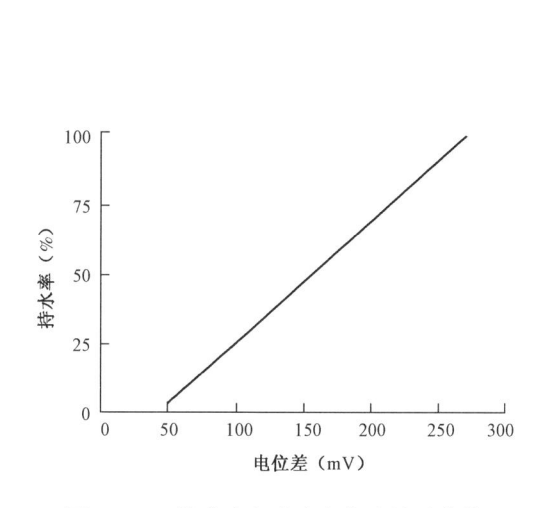

图 8-19　持水率与直流电位差关系曲线

图 8-20　整体式堵水管柱

2)卡瓦悬挂式堵水管柱

卡瓦悬挂式堵水管柱主要由丢手接头、Y441型或Y445型封隔器、Y341型封隔器、配产器及活门组成(图8-21)。Y445-114型封隔器通过水里实现坐封、丢手(或正转油管丢手),下工具打捞,上提管柱解封。它与活门配套,采用不压井作业的方式,下至油层顶部3m以上,从油管内憋压使卡瓦卡紧于套管内壁,压缩胶筒,密闭油管、套管环形空间。Y341-114型封隔器坐封分隔油层,当继续加压至丢手压力时,上提管柱实现丢手,但Y445-114型封隔器防砂卡性能差,出现砂卡事故很难处理,应用范围受到一定限制。

3)可钻式封隔器插入堵水管柱

该管柱由可钻塞式封隔器和插入密封系统组成(图8-22)。可钻塞式封隔器是一种永久式封隔器,工作原理是采用电缆或管柱投送的方式将可钻式封隔器逐级下入生产层段与堵水层段之间的夹层坐封、丢手,封隔器可以单独使用,可以任意多级使用。可以代替水泥塞封堵下部水层,与插入密封管柱配套可以封堵任何一个或几个含水层;同时也可以起油管锚作用,有利于提高泵效。

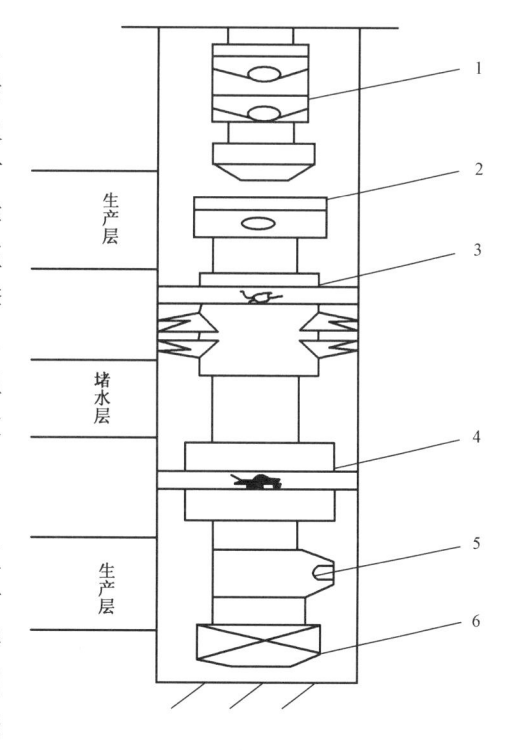

图 8-21　卡瓦式堵水管柱
1—抽油泵;2—丢手接头;3—Y445型封隔器;
4—Y341型封隔器;5—PX635堵水器;6—丝堵

封隔器的承压性是任何可取式封隔器不可比拟的,工作压差最高100MPa,工作温度达160℃。通过调整插入密封系统,能进行分层堵水、分层改造。由于插入管柱的外径小,起下方便,只要套管内径变小到允许起下插入管柱,就可对油井进行堵水或改造,该管柱具有多功能的特点。不足之处是若更换封隔器位置,只能钻铣,工作量较大。

目前,可钻式封隔器已形成系列化,主要包括 Y443-100 型、Y443-108 型、Y443-114 型、Y443-130 型、Y443-135 型、Y443-140 型、Y443-146 型、Y443-150 型等可钻式封隔器。管柱适合于封堵层系、堵底水、套变井堵水及修复加固后套损井堵水。

4) 平衡式堵水管柱

平衡式堵水管柱主要由 Y341 型封隔器和丢手接头以及配产器组成(图 8-23)。其为无卡瓦支井底,具有结构简单、起下安全、封隔器的密封性能好的特点,是目前油田堵水应有较为广泛的一种堵水管柱。

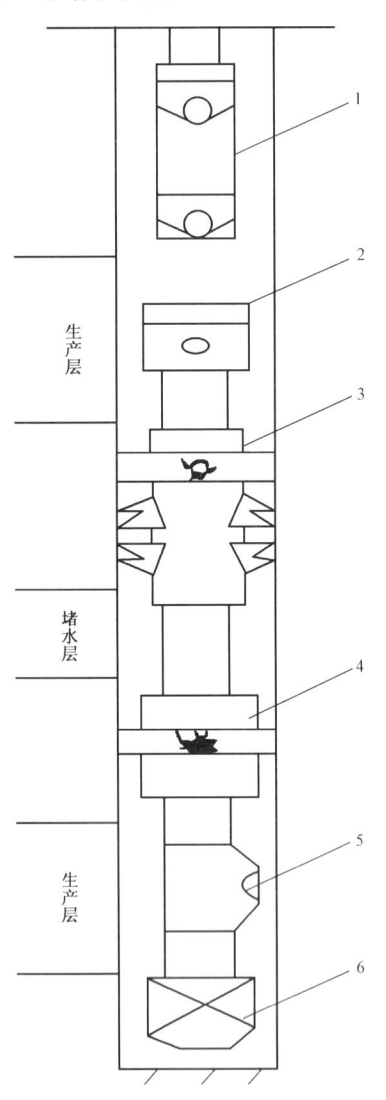

图 8-22 可钻可取式堵水管柱
1—抽油泵;2—丢手接头;3—可钻可取式封隔器;
4—封隔器;5—偏心配水器;6—丝堵

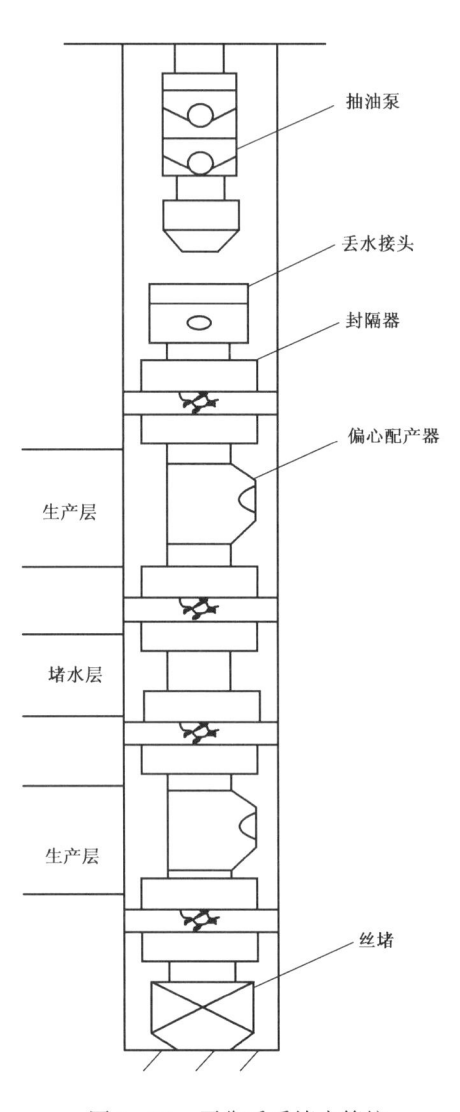

图 8-23 平衡丢手堵水管柱

该管柱通过各封隔器之间力的平衡,使堵水管柱在无锚定的条件下处于稳定静止,提高了堵水成功率。该管柱可对多个高含水层位进行堵水。在需要调整堵水层位时,只要用带有捞矛的打捞管柱将堵水管柱捞住后,上提管柱即可解封。

目前堵水管柱已形成系列,主要有 Y341-82 型、Y341-95 型、Y341-114 型、Y341-117 型、Y341-140 型、Y341-146 型和 Y341-150 型。

四、可调层机械堵水技术

可调层机械堵水一般是在井口经油管、套管环形空间施加液压或下入开关工具(由电缆或钢丝携带)完成井下各级堵水器的打开或关闭动作,进而实现相应层段的生产、封堵及堵层的调整。

1. 液压式可调层堵水工艺技术

(1)管柱结构。管柱结构由丢手接头、Y341-114 型平衡式封隔器、可调层堵水器、丝堵等工具组成,管柱下至人工井底,如图 8-24 所示。通过调节堵水器的工作状态,实现堵层的调整。

(2)工艺原理。通过油管、套管环形空间打压,堵水器在内外压差达到 12.0~12.5MPa 以后即开始动作,调整堵水器的关、开状态和顺序,可达到重新对换调整堵水层位、减少下井管柱返工次数、降低措施施工费用的目的。

(3)工艺特点。该技术适用各种泵抽管柱,调层方便,适应性强;但该技术存在着井下砂垢易卡住进液单流阀,导致机械开关换向调层可靠性差,同时调层压力与地层压力相关,不易控制,调层开关是否换向需要靠观察产液量及含水率变化情况来判断,如果有一次没有明显变化,会导致调节紊乱。

2. 机械式调层堵水工艺技术

1)电动开关式

(1)管柱结构。管柱主要由带有滑套开关的丢手管柱和电动开关测试仪两部分组成,如图 8-25 所示。

(2)工作原理。根据堵水层位下入封隔器及滑套开关(下入时处于封闭状态)。管柱下入后,释放封隔器,下入完井管柱(泵外径不大于 ϕ90mm)。调层时,从偏心井口测试阀将电动开关器由油管、套管环形空间下入滑套开关处,进行开或关调整,达到调整堵水层位的目的。

2)投捞式

(1)管柱结构。该管柱采用丢手结构,由丢手接头、封隔器、偏心配水器、丝堵等组成。其技术的关键是 665-2 型偏心配水器能否满足油井产液要求,现场投捞操作是否顺利。

(2)工艺原理。借鉴水井分层验封的工作原理,用封隔器将各生产层分隔开,用 665-2 型偏心配水器代替 635-3 型三孔排液器,下入对应的各生产层位,对生产层和堵水层分别投水嘴和死嘴,完成堵水施工。堵水后,利用下次检泵时机(或重新调整堵水层位)起出油井生产管柱,再利用分层投捞测试原理,对堵水管柱进行再次验封,或调整堵水层位,从而在不动堵水管柱的前提下,达到检验堵水管柱密封性和调整堵水层位的目的。

(3)工艺特点。该技术通过对现有管柱结构进行了改进,以 665-2 型偏心配水器代替 635-3 型三孔排液器,采用注水井分层验封和投捞测试方式进行验封、调层;在检泵时进行堵水管柱的验封、调层,降低了重堵工作量,但现场投捞测试工艺困难。

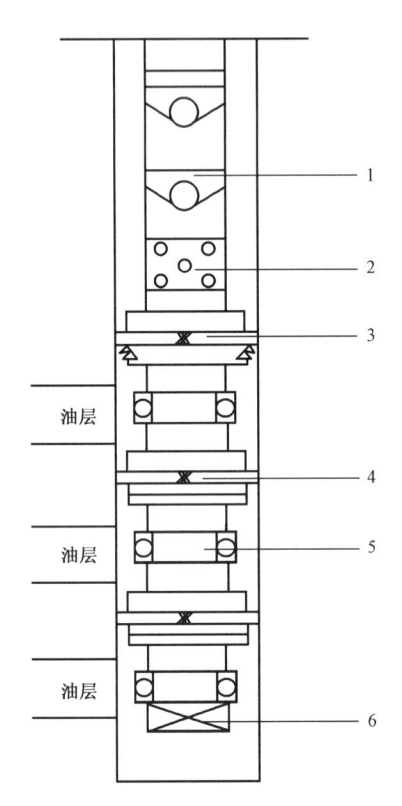

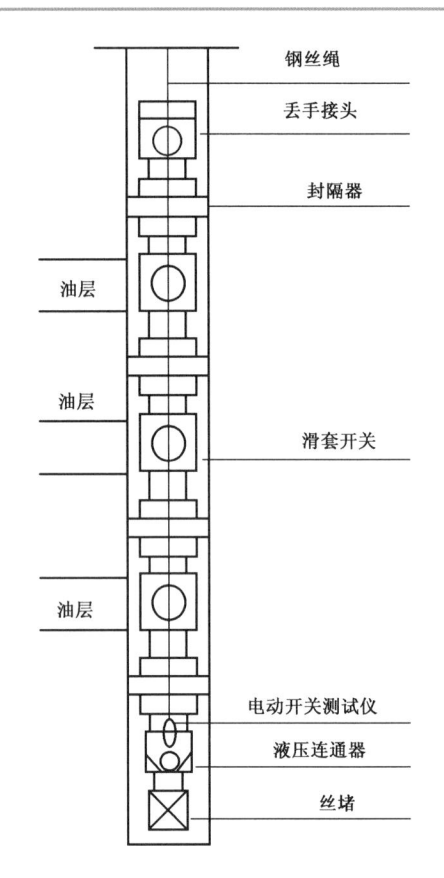

图 8-24 液压可调层堵水管柱
1—抽油泵;2—筛管;3—Y211 型封隔器;4—Y341 型自验封封隔器;5—液控找堵水开关器;6—丝堵

图 8-25 电动开关式液压调层堵水管柱

五、井下找堵水一体化技术

该技术将环空测试工艺和机械卡堵水技术结合起来,预先将丢手工具、封隔器和滑套开关组成的组合管柱下至油层部位,将井下各生产油层段分隔开;然后利用外径 25mm 的小直径电动开关仪,由环测偏心井口通过抽油机井环形空间下至预定位置,对井下滑套开关器进行操作,开启或关闭井下流体进入生产管柱的通道,从而在不停产、不动生产管柱的情况下,达到根据生产需要进行找水、堵水及换层生产的目的。

1. 管柱的构成

如图 8-26 所示,两个封隔器封隔两层的堵水管柱,其中抽油管柱和堵水管柱被分开。

堵水管柱由丢手接头、堵水封隔器、定位接头、滑套开关器等工具组成。管柱上安装了两套滑套开关器及定位接头。丢手接头用于实现堵水管柱井下丢手;封隔器用于将各生产层段分隔;定位接头与小直径电动开关仪配合,实现电动开关仪在堵水管柱中定位。其中,滑套开关器为技术研究的关键。其内部设计了两个弹簧爪(上弹簧爪和下弹簧爪)通过仪器抓住上弹簧爪向上拖动,使滑套上移,露出进油孔,滑套开关器开启,流体从地层流入管柱内;而仪器抓住下弹簧爪向上拖动则使滑套下移,挡住进油孔,流体流入管柱的通道遮断,滑套开关器关闭。这样,通过单一的向上拖动就可实现滑套开关器的开启或关闭。滑套开关器总长 950mm,最大外径 114mm,最小内径 30mm,进油孔径 $\phi25mm \times 2$。

2. 小直径电动开关仪组成

小直径电动开关仪由电缆头、接箍定位器、开关控制器组成,如图 8-27 所示。电缆头与电缆连接,用于悬挂仪器下井。接箍定位器用于仪器在井下定位。由于采用电缆上提来开启或关闭滑套开关器,就要求仪器能够精确定位于井下滑套开关器的相应位置。当接箍定位器通过定位接头时,从测得的接箍定位曲线即可判断仪器在管柱内的位置,再将仪器下到滑套开关器处。开关控制器为小直径电动开关仪关键部分,仪器内电动机在地面电源正向供电时正向旋转,张开对接爪;反向供电时反向旋转,收回对接爪。对接爪用于与井下滑套开关器挂接,对接爪张开后,其外径与井下滑套开关器的弹簧爪配合,此时上提电缆,对接爪挂住滑套开关器的弹簧爪,就可打开或关闭井下滑套开关器。而且,在对接爪上设计了安全销,当出现意外情况,对接爪张开

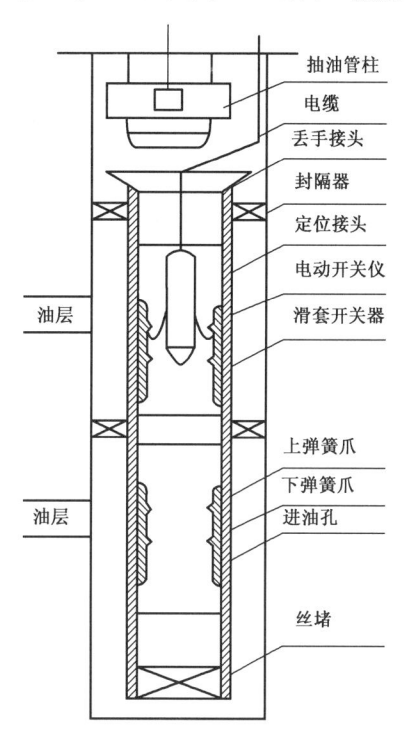

图 8-26 封两层找堵水一体化管柱

后卡在滑套开关器内等原因不能收回时,可上提电缆拔断安全销,对接爪向下运动缩回至仪器外壳内,保证仪器顺利起出,避免施工事故的发生。小直径电动开关仪外径 25mm,耐压 35MPa,耐温 125℃,对接爪最大工作外径 32mm。

3. 工作原理

如图 8-27 所示,首先在油井中下入堵水管柱,在设计深度投捞憋压实现堵水管柱丢手,再下入泵抽管柱。井口安装偏心环测井口,正常生产后,将小直径电动开关仪与电缆连接,用电缆绞车做动力,经抽油井的油管、套管环形空间下入丢手封隔器管柱中。当需要打开或关闭某一层位时,若滑套开关处于关的位置,电动开关仪通过检测定位接头使仪器准确定位于滑套开关器的上弹簧爪下,然后,给电动开关仪正向通电张开对接爪,上提仪器,仪器对接爪与滑套开关器上弹簧爪对接后,拖动滑套开关上移适当距离,达到打开生产层位的目的;若滑套开关处于开的位置,则将仪器准确定位于滑套开关器的下弹簧爪下,上提仪器适当距离则可使滑套开关下移,达到关闭生产层位的目的。仪

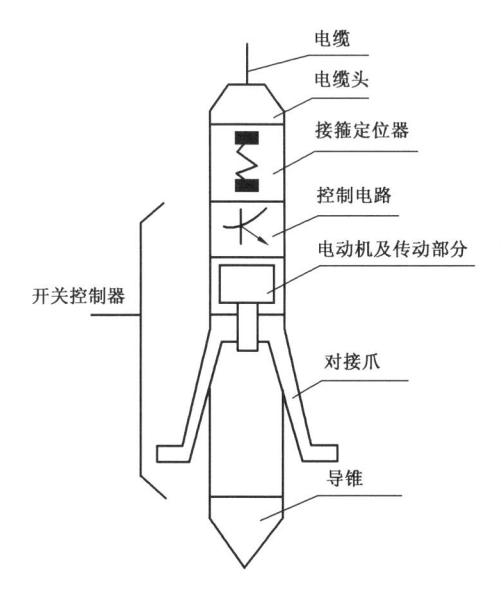

图 8-27 电动开关仪结构示意图

217

器开启或关闭滑套开关器后,给仪器反向通电使对接爪收进仪器内,仪器即可从油管、套管环形空间起下,从而实现对相应油层层段的生产或封堵。

4. 主要技术参数

井下管柱:工作温度120℃,工作压力30MPa,封隔器坐封压力15MPa,解封载荷20～40kN,支撑器支撑力30～56kN,管柱丢手压力5～10MPa。

接箍检测电路:工作电压18～25V,井下电动机正向开启及工作电压36～40V,井下电动机反向工作电压－36～－40V。

KHK滑套开关器:最大外径100～114mm,最小内通径59mm,总长1310mm,工作温度120℃,工作压力30MPa,打开力不大于2.0kN,关闭力不大于2.5kN,进油孔径$\phi 25mm \times 2$,两端连接螺纹2⅞inTBG。

电动开关控制器:耐温120℃,耐压30MPa,外形尺寸$\phi 25mm \times 1550mm$,质量3.6kg,对接爪撑开外径$\phi 31.5mm \pm 0.2mm$,安全销剪断力3.0～6.0kN。

5. 使用方法

(1)按要求下入管柱($\phi 38.1mm$钢球随坐封滑套带入)。

(2)坐封封隔器,接管线正憋压15MPa,坐封封隔器,要求稳压5min,坐封完毕后继续憋压至20MPa,打开坐封滑套。

(3)用测试车通过电缆下入电动开关控制仪,打开所选生产层的滑套开关器。

(4)从油管内投入$\phi 50.8mm$钢球,正憋压8～10MPa丢手并起出丢手管柱。

(5)下入泵抽管柱生产(必须使用偏心井口)。

(6)生产一周后,若含水率过高,从油管、套管环形空间下入电动开关控制仪关闭原生产层的滑套开关器,打开原堵层的滑套开关器进行生产。

(7)若以后要重新调层生产,可用同样方法直接进行调层。

六、机械堵水管柱的发展

近年来,由于油田进入高含水期开采阶段后,部分油井产液量大,多层含水率高,层间矛盾更加突出,地下情况更加复杂。针对这种情况,又出现了新的特殊功能的堵水管柱,以进一步适应机械卡堵水的需要。

1. 长胶筒封隔器细分堵水管柱

这种管柱是为满足堵层细分和厚油层内堵水的要求而设计的。

(1)管柱结构:由丢手接头、K341－114型长胶筒封隔器(或K341－114型长胶筒封隔器与Y341－114型封隔器组合使用)、偏心配产器、丝堵等组成(图8－28)。

(2)工艺特点:由于长胶筒封隔器的胶筒长度为1m或2m,而普通封隔器的胶筒只有20cm,对于一般小于1m的物性夹层,由于配管柱时的深度误差,普通封隔器很难准确卡在夹层内。而长胶筒封隔器由于其胶筒长,解决了这一问题。

厚油层内堵水则是利用长胶筒封隔器来封堵射孔炮眼,利用厚油层内结构界面封隔实现层内细分堵水,封堵高渗透层产出通道,控制高渗透部位的产出量,达到了控制无效采出和挖潜低渗透层潜力的目的。

(3)适用范围:适用于薄夹层堵水井或厚油层堵水井。

2. 套损井小直径封隔器堵水管柱

为了有效挖掘堵水的潜力,需要对套损井进行堵水,而套损井采用整形密封加固等修井措施后,修复段套管内通径变小,采用常规封隔器(如 Y341－114 型系列封隔器等)无法下入,不能实施堵水措施。研制了 Y341－100 型小直径封隔器堵水管柱,满足了套损井堵水的实际需要。

(1)管柱结构:由 Y341－100 型小直径封隔器、Y341－114 型封隔器和 667－1 型小直径配产器等组成(图 8－29)。

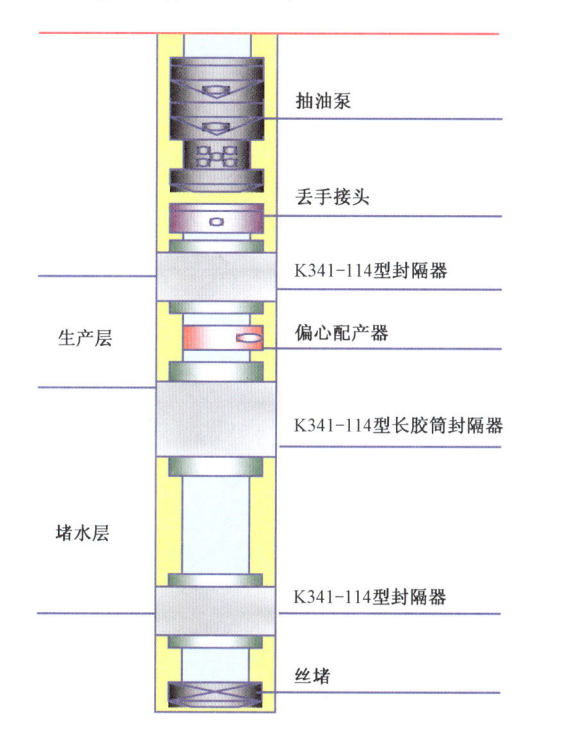

图 8－28　长胶筒封隔器细分堵水管柱　　图 8－29　套损井小直径封隔器堵水管柱

(2)工艺特点:可采用普通的 Y341－114 型、Y441－114 型等封隔器与小直径封隔器配套使用。

(3)适用范围:适用于存在套变的各类机械采油井堵水。

七、化学堵水技术

对于多油层非均质注水开发油田来说,油井出水是不可避免的,要减少油井出水,可以封堵油井出水层,这就是油井堵水。油井堵水就是将化学剂(堵剂)从油井注入高渗透出水层段,以降低近井地带的水相渗透率,控制注水、底水和边水的产出,增加原油产量。

油井堵水有非选择性堵水和选择性堵水两种方法。

1. 选择性堵水剂

选择性堵水剂适用于不易用封隔器将它与油层分隔开的水层。选择性堵剂利用油和水的差别或者是油层与水层的差别,从而达到选择性堵水的目的。选择性堵剂的种类很多,根据其使用溶剂的类型,可分为水基堵剂、油基堵剂和醇基堵剂。

1) 水基堵剂

(1) 部分水解聚丙烯酰胺(HPAM,水基)。

部分水解聚丙烯酰胺堵水剂对油和水具有明显的选择性,HPAM 堵水剂的选择性表现在四个方面:

① 出水层的含水饱和度较高,因此 HPAM 优先进入出水层。

② 在出水层中,HPAM 中的酰氨基(—$CONH_2$)和羧基(—COOH)可通过氢键优先吸附在由于出水冲刷而暴露出来的岩石表面。

③ HPAM 分子中未被吸附部分可在水中伸展,降低地层对水的渗透率;HPAM 随水流动时为地层结构的喉部所捕集,堵塞出水层,如图 8-30 所示。

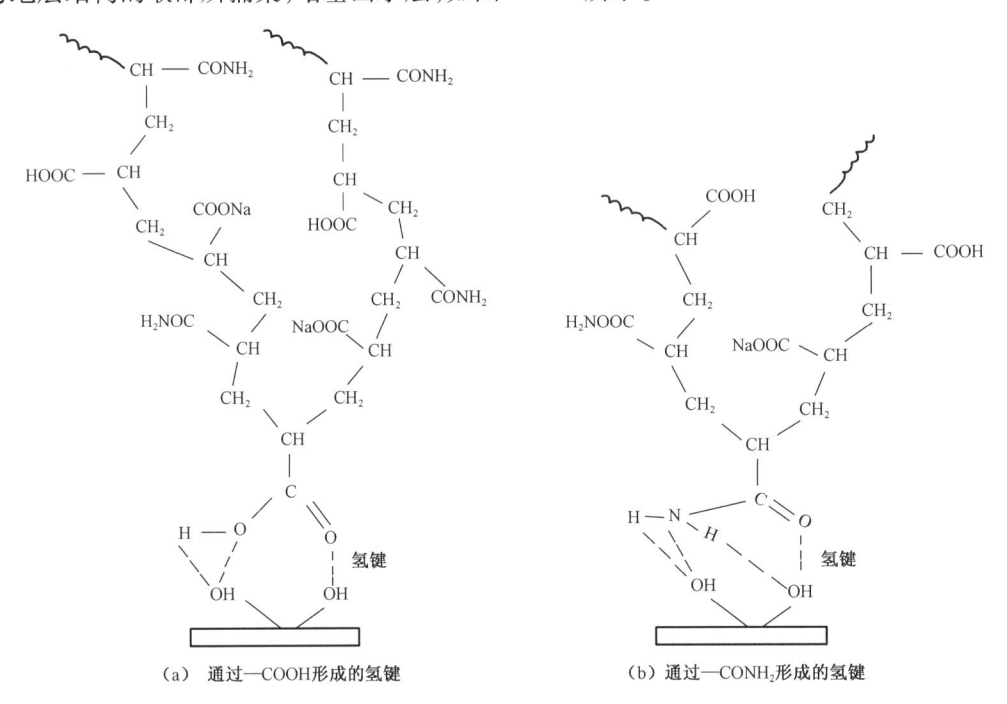

图 8-30 HPAM 在砂岩表面的吸附

(a) 通过—COOH形成的氢键　　(b) 通过—$CONH_2$形成的氢键

④ 进入油层的 HPAM,由于砂岩表面为油所覆盖,所以在油层不发生吸附,因此对油层影响甚小。

堵水原理:

① 易溶于水,是一种水基堵剂,能优先进入含水饱和度高的地层。

② 在地层的水层,HPAM 的—$CONH_2$ 和—COOH 可通过氢键吸附在亲水岩石表面而保留在水层;在油层,由于表面被油覆盖,HPAM 不吸附在油层,也不易保留在油层。

③ 在水层中,HPAM 未吸附部分因连接而带负电向水中伸展,对水有很大的阻力,起到堵水的作用。在水中若有油通过,因 HPAM 不能在油中伸展,对油的流动阻力很小。

为提高堵水效果,可将 HPAM 交联使用,高价的金属离子(如 Al^{3+}、Cr^{3+})和醛类(如甲醛、乙醛)等可在一定条件下将 HPAM 交联起来。随交联剂浓度增加,可使吸附在地层表面的 HPAM 更向外伸展,封堵更大孔道。同时,使吸附在地层表面的 HPAM 产生横向结合,提高吸附层强度,从而提高堵水效果和有效期。

部分水解丙烯腈(HPAN)也可作选择性堵剂,它由聚丙烯腈水解得到,HPAN 的选择性堵水作用于 HPAM 一样,具有相同的结构,同样也可以作交联剂使用。

(2)泡沫。

泡沫是一种多相热力学不稳定分散体系,也是一种选择性的堵剂。它作为一种选择堵水剂,主要由其外相所决定。由于其分散介质为水,进入地层后优先进入水层。

泡沫堵水的作用机理:

① 泡沫以水作为外相,可优先进入出水层,泡沫黏附在岩石孔隙的表面上,阻止水在多孔介质中的自由运动。岩石表面原有的水膜能阻碍气泡的黏附,加入一定量的表面活性剂(起泡剂)能减弱这种水膜。

② 由于气泡通过多孔介质的细小孔隙时需要变形,由此而产生的 Jamin 效应和岩石孔隙中泡沫的膨胀,使水在岩石孔隙介质中的流动阻力大大增加。

泡沫堵水剂中常用的起泡剂有十二烷基磺酸钠(AS)和十二烷基苯磺酸钠(ABS)等。为了提高泡沫稳定性,除了选择合适的起泡剂外,还加入稳定剂,可在起泡剂中加入稠化剂羧甲基纤维素(CMC)、聚乙烯醇(PVA)、聚乙烯吡咯烷酮(PVP)、HPAM、膨润土及碳酸钙粉末。

在堵水泡沫中,起泡剂浓度为 0.5%~3%,稳定剂浓度为 0.3%~1.5%,起泡溶液与气体体积比一般为 1∶(20~60)。

(3)松香酸皂。

松香酸($C_{19}H_{29}COOH$),浅黄色,高皂化点,非结晶,不溶于水。松香酸钠是由松香(80%~90%松香酸)与碳酸钠(或 NaOH)反应生成的:

<chemical reaction: 松香酸 + Na_2CO_3 → 松香酸钠 + CO_2↑ + H_2O>

由于松香酸钠可与钙、镁离子反应,生成不溶于水的松香酸钙、松香酸镁沉淀:

<chemical reaction: 2 松香酸钠 + Ca^{2+} (Mg^{2+}) → (松香酸)_2Ca(Mg)↓ + 2Na^+>

因此,松香酸钠适用于水中钙、镁离子含量较大的油井堵水,油层中的原油不含钙、镁离子,故松香酸钠不堵塞油层。

类似的还有山嵛酸钾皂和环烷酸皂。炼油厂的碱渣主要成分是环烷酸皂。这种废液为暗褐色易流动液体,密度和黏度都接近于水,热稳定性好,无毒,易于同水和石油混溶,但对 $CaCl_2$ 水溶液极为敏感。它和 $Ca(OH)_2$ 水溶液反应时生成强度高、黏附性好的疏水性堵水物质。化学反应为:

$$\text{环烷酸皂} + Ca^{2+}(或 Mg^{2+}) \longrightarrow \text{Ca(或Mg)盐} \downarrow + 2M^+$$

2)油基堵剂

(1)有机硅类。

用做选择性堵水的有机硅化合物较多,烃基卤代甲硅烷是使用最广泛的一种易水解、低黏度的液体,其通式为 R_nSiX_{4-n}。R 为烃基,X 表示卤素(F,Cl,Br,I),n 为 1~3 的整数。由于烃基卤代甲硅烷是油溶性的,所以须将其配成油溶液使用。它有两个重要性质可以决定其堵水的选择性。

① 它可与砂岩表面的羟基反应,使砂岩表面疏水化,以二甲基二氯甲硅烷为例,其反应可表示如下:

$$\text{亲水表面(砂岩-OH)} + 2(CH_3)_2SiCl_2 \longrightarrow \text{疏水表面} + 4HCl$$

由于出水层的砂岩表面由亲水反转为亲油,增加了水流动阻力,因而减少了油井出水。

② 可与水反应生成硅醇。硅醇中的多元醇很易缩聚,生成聚硅醇。下面是 $(CH_3)_2SiCl_2$ 与水的反应:

$$(CH_3)_2SiCl_2 + 2H_2O \longrightarrow (CH_3)_2Si(OH)_2 + 2HCl$$

二甲基甲硅二醇易缩聚,生成聚合度足够高的不溶于水的聚二甲基甲硅二醇沉淀,封堵出水层,减少了油井出水。

$$n \begin{matrix} CH_3 & Cl \\ & Si \\ CH_3 & Cl \end{matrix} \longrightarrow H {\left[O-Si-O \right]}_n H \downarrow +(n-1)H_2O$$

适用选择性堵水的烃基卤代甲硅烷很多,如甲基三氯甲硅烷、乙基三氯甲硅烷、丙基三氯甲硅烷、戊基三氯甲硅烷、十二烷基三氯甲硅烷或它们的混合物等,都可作选择性堵水剂。实际应用中,由于烃基卤代硅烷价格昂贵,并且与水反应剧烈,不便于直接使用,所以常采用烷基氯硅烷生产过程中的釜底残液部分水解制堵剂。该堵剂适用于砂岩油层堵水,适用井温为150~200℃。

(2) 稠油类堵剂。

① 活性稠油。活性稠油是溶有表面活性剂的稠油。该乳化剂为油包水型乳化剂,可使稠油遇水后产生高黏度的油包水乳化液。稠油中本身含有一定数量的 W/O 型乳化剂,如环烷酸、胶质、沥青质,所以稠油可以直接用做油井选择性堵水。这类表面活性剂往往由于 HLB 值(亲水疏水平衡值)太小不能满足稠油乳化成油包水型乳状液的需要,所以需加入一定量 HLB 值较大的表面活性剂,如 AS、ABS、油酸、Span-80 等。

活性稠油进入地层后与地层水形成油、水分散体,产生黏度比稠油高得多的油包水型乳状液,并改善岩石界面张力。体系中油滴使水的流动受阻产生贾敏效应,降低水相渗透率。而在油层,由于没有水,或即使有水但数量很少,也不能形成高黏的乳状液,因此油受到的阻力就很小。可见,活性稠油对油井的出水层有选择性封堵作用。

配活性稠化油的稠油黏度最好为 300~1000mPa·s,表面活性剂在稠油中的浓度一般为 0.05%~2%。活性稠油用量为每米厚油层 5~2m³。

② 耦合稠油。耦合稠油是将低聚合度、低交联度的苯酚—甲醛树脂、苯酚糠醛树脂或它们的混合物作耦合剂溶于稠油中配制而成的。这些树脂与地层岩石表面反应,产生化学吸附,加强地层表面与稠油的结合(耦合),使堵水有效期延长。

③ 稠油—固体粉末。在乳化剂的作用下,稠油、固体粉末混合液进入地层后与地层水形成油包水型乳状液,它可改变岩石表面的性质,地层水的流动受阻并降低水相渗透率。其稠油中胶质和沥青质含量应大于 45%,黏度大于 500mPa·s,固体粉末为贝壳粉、石灰或水泥的粒度为 150~200 目,表面活性剂为 AS 或 ABS。配方组成(质量)为:稠油:粉末:水 = 100:3:230。该堵剂可用于出水类型为同层水的砂岩油层堵水,在注入地层前应加热至 50~70℃。

(3) 超细水泥(SPSC)。

普通水泥的平均粒径约为 25μm。超细水泥的颗粒一般小于 10μm,平均小于 5μm。选择性堵水作业(SWCP)用小于 5μm 的微细水泥很难进入深部,联合使用延迟交联的复合聚丙烯酰胺,可以进入油层深部,将近井地带通道封死并有助于防止聚合物返排出来。

将超细水泥配成高浓度延迟反应油基水泥浆,进入高渗透或裂缝大通道封堵水层。此溶液仅在遇到水后沉积形成堵塞。

3) 醇基堵剂

(1) 松香二聚物的醇溶液。

松香可在硫酸作用下聚合,生成松香二聚物。

$$2 \text{松香} \xrightarrow[50℃]{H_2SO_4} \text{松香二聚物}$$

由于松香二聚物易溶于低分子醇(如甲醇、乙醇、正丙醇、异丙醇等)而难溶于水,当松香二聚物的醇溶液与水相遇时,水即溶于醇中,降低了它对松香二聚物的溶解度,使松香二聚物饱和析出。松香二聚物软化点较高(至少100℃),所以其析出后以固体状态存在,对水层有较高的封堵能力。

在松香二聚物的醇溶液中,松香二聚物的含量为40%~60%(质量分数),含量大,则黏度大;含量小,则堵水效果不好。

(2) 醇—盐水沉淀堵剂。

先向地层注入浓盐水,然后再注入一个或几个水溶性醇类段塞。醇与盐水在地层混合后会产生盐析,封堵高渗透层。实验表明,盐水的浓度为25%~26%(质量分数),乙醇的浓度为15%~30%(质量分数)时是适宜的,其注入量为0.2~0.3PV,采用多段塞注入效果更为明显。由于醇和盐水的流动性好,有利于封堵高渗透含水层。

(3) 醇基复合堵剂。

C. M. KacyMoB 等人研制了一种新的封堵材料,主要成分为水玻璃($Na_2O \cdot mSiO_2 \cdot nH_2O$,模数为2.9);第二种组分为HPAM,作用是与地层水混合后能提高混合液的黏度和悬浮能力;第三种组分是浓度不高的含水乙醇,作用是加速盐类离子的凝聚过程。乙醇能提高吸附离子接近硅酸胶束表面膜的能力,从而可增加凝胶的吸附量。该堵剂遇水后析出沉淀堵塞水流通道。

2. 非选择性堵剂

非选择性堵剂是堵剂对水和油没有选择性,可以封堵水层,也可以封堵油层。非选择性堵水方法适用于封堵底水和油水分层清楚且中间有致密隔层的油井的水层和高含水层。非选择性堵剂注入地层时,将优先进入流动阻力小的高渗透水层,在地层温度条件下反应生成冻胶、凝胶、固结体、沉淀或树脂,堵塞地层水流通道,阻止水产出。

非选择性堵水施工分单液法和双液法。单液法在地面上将堵剂配制成溶液或浆液,泵入地层后生成冻胶、树脂或固结体,从而封堵地层。双液法把两种成分分别泵入地层,使之在预定的位置相遇发生反应,生成固体沉淀而达到封堵目的。

非选择性堵剂主要分为冻胶类、颗粒类、凝胶类、树脂类和沉淀类五大类。应用的先决条件是找准出水层段,并采取一定措施将油层和水层分隔开。

八、底水封堵技术

底水封堵采用的方法是在靠近油水界面的上部挤入堵剂，在井底附件形成人工隔板。打隔板的方法如图 8-31 所示。在需要建立隔板位置（油水界面以上 1~1.5m）处加密射孔（补孔），向井内下入封隔器，将油管与套管环形空间分开。从油管注入封堵剂，通过补孔的地方进入油层下部，在井底附近建立人工隔板，同时要从油管、套管环形空间注入平衡油，使封堵剂不致上升到油层上部形成堵塞，以阻止底水锥进。

由于距井底越近，锥进越大，因此可用强度较大的封堵剂（如树脂）；距井越远，锥进越小，因此可用便于向油层深处挤入的弱强度封堵剂（如稠油）；中间可用硅酸溶胶等封堵剂。这就是建立混合隔板堵水技术，如图 8-32 所示。

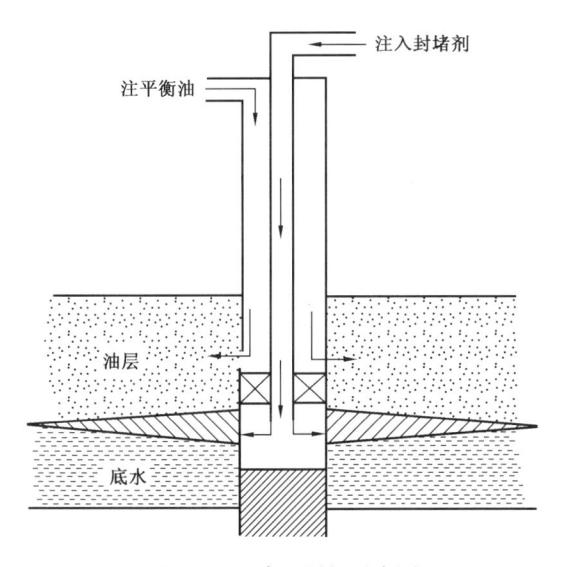

图 8-31 建立隔板示意图

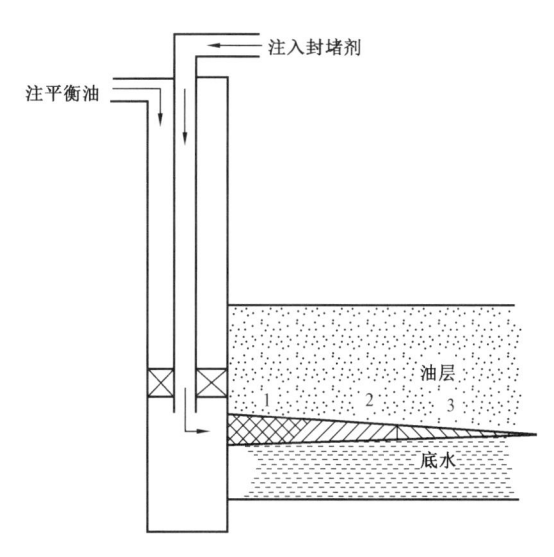

图 8-32 建立混合隔板堵水示意图
1—树脂；2—硅酸溶液；3—稠油

九、采油井 WI 堵水决策技术

在油田开发的过程中，采油井的含水率不断上升。油井含水率上升的指数 WI 值由油井产出液中含水率随时间的变化曲线（图 8-33）和下面的 WI 值定义式算得：

$$WI = \frac{\int_{t_1}^{t_2} f_w \mathrm{d}t}{t_2 - t_1} \quad (8-2)$$

式中，WI 为油井产液中的含水率上升指数；f_w 为油井产液中的含水率；t_1 为统计开始时间（按月或季度）；t_2 为统计结束时间（按月或季度）。

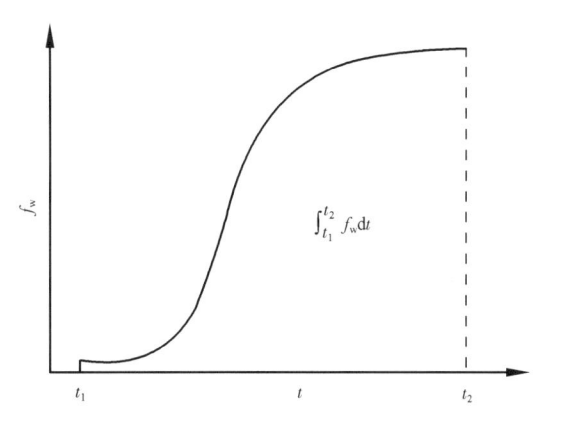

图 8-33 油井产液中含水率随时间的变化

WI 值对油井堵水的指导意义:

(1) WI 值越大,油井水侵速度越快,该井越需要堵水;

(2) WI 值越大,油井堵水需要堵剂的强度越大,可为油井堵水选择堵剂提供依据;

(3) WI 值越大,油井堵水需要堵剂量越多,可为油井堵水计算堵剂用量建立新的方法。

WI 决策技术是用来进行采油井区块堵水决策的技术,WI 值可为设计堵水段塞提供依据。下面是 WI 决策技术在冀东油田高 104-5 区块中的应用实例。

根据 WI 值等值图共选择了 8 口井,于 2000 年 4 月至 2001 年 5 月,共投入 19012m^3 堵水剂。该试验区有 12 口油井见效,区块日产油从施工前的 57.2t 持续增长,最高达到 105.4t;综合含水率由施工前的 86.3% 持续下降,最低下降至 82.7%。该区块若考虑递减,共增产原油 1.54×10^4t(图 8-34)。

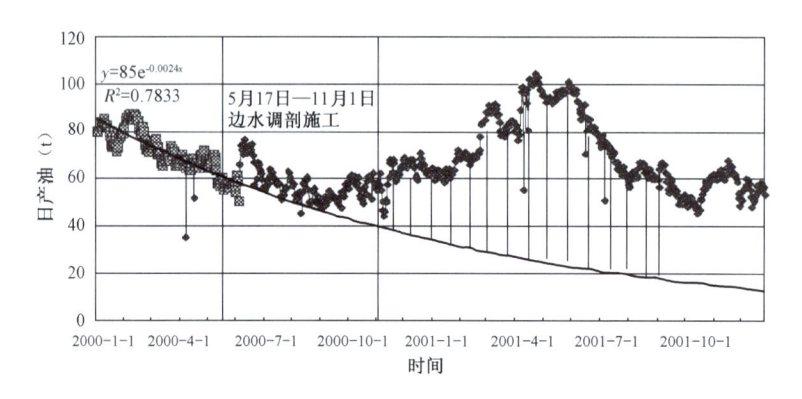

图 8-34　高 104-5 区块 12 口见效油井日产量曲线

第五节　二次采油与三次采油的结合技术

一、"2+3"提高采收率技术的概念

二次采油技术与三次采油结合技术也称为"2+3"提高采收率技术,最早是由石油大学(华东)赵福麟提出的,即在充分调剖的基础上,再进行有限度的三次采油。

为了充分挖掘调剖的潜力,必须对注水地层进行充调剖,最大限度地通过提高波及系数来提高原油采收率。但是调剖对水驱采收率提高的贡献是有限度的,因它只能通过提高波及系数机理提高采收率。在波及效率提高到一定程度后,只有提高洗油效率,即在注水地层充分调剖后注入有洗油效率的驱油剂,进行三次采油。该驱油剂含表面活性剂(外加的或用碱将原油中表面活性物质活化产生的),在适当调配下,可使油水界面张力达到超低值(低至 10^{-3} mN/m 或更低),将毛细管数由 10^{-6} 提高到 10^{-2}(图 8-35)。从图 8-35 中可以看到,当毛细管数由 10^{-6} 提高到 10^{-2} 时,剩余油饱和度可以大幅度减小,即采收率可大幅度提高。

二、充分调剖技术

充分调剖技术是指在 PI 决策技术的指导下对区块整体进行多轮次的调剖。

PI 决策技术是按 PI 值解决区块整体调剖的选块、选井、选剂、计算堵剂用量和评价调剖效果等重大问题的决策技术。在注水井充分调剖中也需要用到这种技术。

充分调剖技术有两个技术关键:一个是调剖充分程度的判别;另一个是堵剂系列的建立。

1. **调剖充分程度的判别**

调剖充分程度的判别有两个标准:

(1)调剖后,注水井的注水压力在达到配注要求的条件下大幅度提高;

(2)调剖后,由注水井井口压降曲线算出的充满度为 0.65~0.95。

根据图 8-36,就可了解注水井井口压降曲线充满度的定义:

$$FD = \frac{\int_0^t p(t)\mathrm{d}t}{p_0 t} = \frac{1}{p_0} \times \frac{\int_0^t p(t)\mathrm{d}t}{t} = \frac{PI}{p_0} \quad (8-3)$$

式中,FD 为充满度(Full Degree);p_0 为关井前注水井的注水压力;t 为关井后所经历的时间。

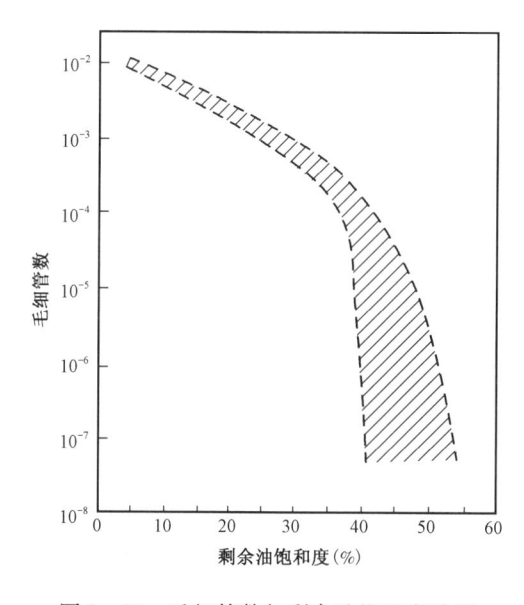

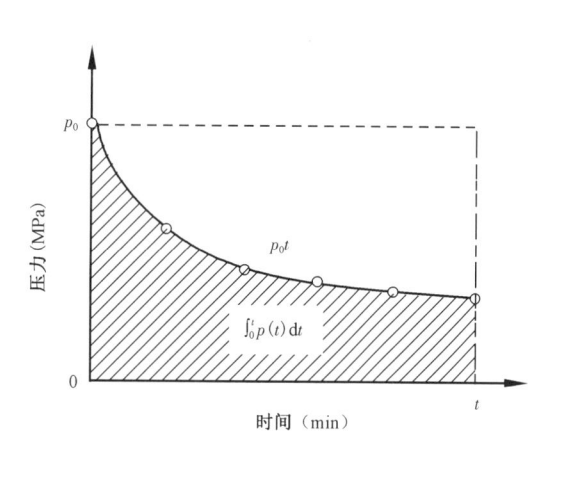

图 8-35　毛细管数与剩余油饱和度关系　　图 8-36　注水井井口压降曲线充满度的概念

从式(8-3)可以看到,FD 是指注水井井口压降曲线下的面积占 $p_0 t$ 面积的百分数(图 8-36),所以称为充满度。若 $FD=0$,即 $PI=0$,表示地层为大孔道控制,关井后井口压力立即降至 0;若 $FD=1$,即 $PI=p_0$,表示地层无渗透性,关井后井口压力一点不变。因此可用注水井井口压降曲线的充满度判别注水井调剖的充分程度。

从式(8-3)还可以看到,FD 可由 PI 值除以注水井注水压力求出。

2. **堵剂系列的建立**

堵剂系列的建立是充分调剖技术的另一个技术关键。之所以需要建立堵剂系列,是因为。充分调剖需解决各种问题,例如:

(1)只提高注水压力,不提高充满度;

(2)不提高注水压力,只提高充满度;

(3)既提高注水压力,也提高充满度。

适合于解决第一类问题的堵剂是近井地带堵剂。近井地带堵剂多为单液法堵剂,如各种固体颗粒的分散体系、强冻胶、强凝胶等。下面是一些近井地带单液法堵剂配方:

$(1.0\% \sim 3.0\%)$　　　钠土

$(6.0\% \sim 20.0\%)$　　钙土

$(5.0\% \sim 15.0\%)$　　粉煤灰

$(5.0\% \sim 25.0\%)$　　石灰乳

$(6.0\% \sim 20.0\%)$　　钙土 + $(6.0\% \sim 20.0\%)$ 水泥

$(0.30\% \sim 0.60\%)$　　HPAM + $0.09\% Na_2Cr_2O_7$ + $0.16\% Na_2SO_4$

$(6.0\% \sim 10.0\%)$　　$Na_2O \cdot mSiO_2 (pH = 2.4)$

近井地带堵剂主要用于提高注水压力,因设置在近井地带,所以强度要求高。

适合于解决第二类问题的堵剂是远井地带堵剂。远井地带堵剂既可为双液法堵剂,也可为单液法堵剂。

下面是一些远井地带的双液法堵剂配方:

$(5.0\% \sim 20.0\%) Na_2O \cdot mSiO_2 - (4.0\% \sim 15.0\%) CaCl_2$

$(5.0\% \sim 20.0\%) Na_2O \cdot mSiO_2 - (4.0\% \sim 15.0\%) MgCl_2$

$(5.0\% \sim 20.0\%) Na_2O \cdot mSiO_2 - (4.0\% \sim 13.0\%) FeSO_4$

$0.20\% HPAM + 0.20\% Na_2Cr_2O_7 - 0.20\% HPAM + 0.40\% Na_2SO_4$

下面是一些远井地带的单液法堵剂配方:

$(0.06\% \sim 0.20\%) HPAM + (0.03\% \sim 0.10\%) Cr(Ac)_3$

$(2.0\% \sim 6.0\%) Na_2O \cdot mSiO_2 (pH = 4 \sim 5)$

远井地带堵剂主要用于提高充满度,因设置在远井地带,所以强度要求不高。

适合于解决第三类问题的堵剂必然是近井地带堵剂与远井地带堵剂的组合。在解决第三类问题时,通常是先注入远井地带堵剂提高充满度,然后注入近井地带堵剂,提高注入压力。

堵剂系列的建立可确保充分调剖的决策得到实施。

三、有限度三次采油技术

有限度三次采油技术是指充分调剖以后向地层注入少量高效驱油剂的技术。

驱油剂的高效主要来自高效洗油效率,以此弥补充分调剖只能做到充分提高波及系数的不足。

有限度的三次采油技术也有两个关键:一个是高效驱油剂配方的筛选;另一个是驱油剂用量的优化。

1. 高效驱油剂配方的筛选

高效驱油剂配方有两个筛选标准:一个是高效驱油剂与地层油之间的界面张力达到超低值;另一个是驱油剂的采收率增值为最大值。

1) 高效驱油剂与地层油之间的界面张力达到超低值

这个超低值是指低至 10^{-3} mN/m 或更低的界面张力。当界面张力达到超低值后,可使由式(8-3)定义的毛细管数的数值达到 10^{-2},从而使驱油剂的洗油效率得到大幅度提高:

$$N_c = \frac{\mu_d v}{\sigma} \tag{8-4}$$

式中,N_c 为毛细管数;μ_d 为驱动液黏度;v 为驱动液流速;σ 为油与驱动液之间的界面张力。

为了得到高效驱油剂的优化配方,可在试验区的条件下测出不同组成驱油剂与地层油之间的界面张力,再将这些界面张力值标在组成图中,用插值法画出界面张力等值图,由此界面张力等值图的最低点可以得到高效驱油剂的优化配方。

图 8-37 为埕东油田东区西北部条件(地层温度为 70℃,地层水矿化度为 5494.8mg/L)下,不同组成驱油剂与地层油之间的界面张力等值图。由图 8-37 可以看到,驱油剂的最优配方为:0.20% HST-K + 0.07% HST-A。驱油剂的优化配方与地层油之间的界面张力低至 4.7×10^{-5} mN/m。

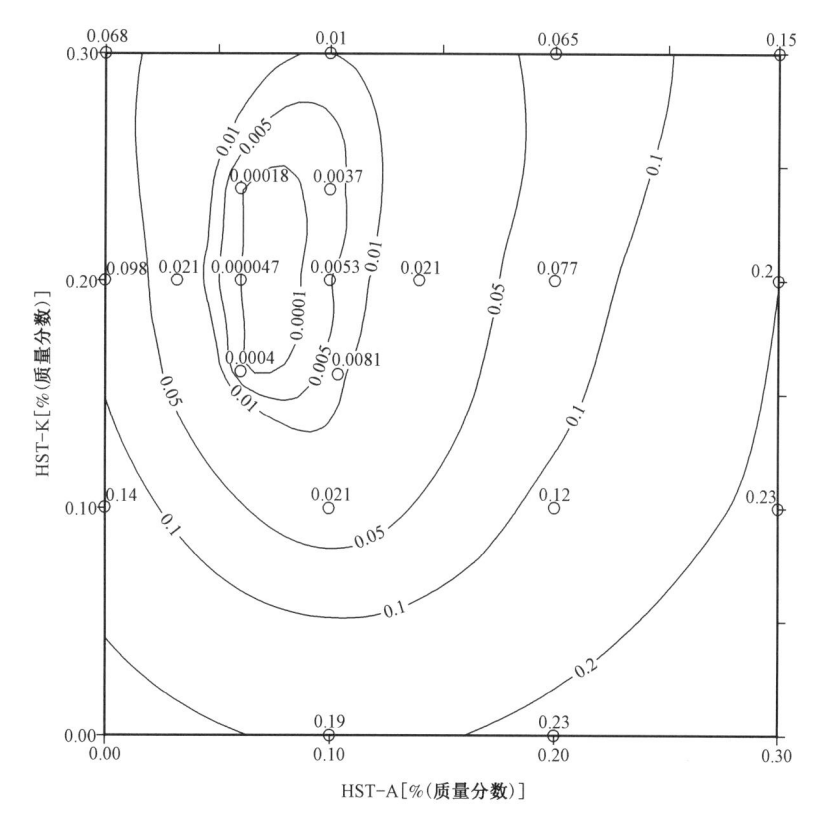

图 8-37 埕东油田东区西北部驱油剂配方的界面张力等值图

图 8-38 为胜坨油田坨 11 南部条件(地层温度为 75℃,地层水矿化度为 17789mg/L)下,不同组成驱油剂与地层油之间的界面张力等值图。由图 8-38 可以看到,驱油剂的最优配方为 0.15% HST-K + 0.30% HST-A。驱油剂的优化配方与地层油之间的界面张力低至 5.9×10^{-5} mN/m。

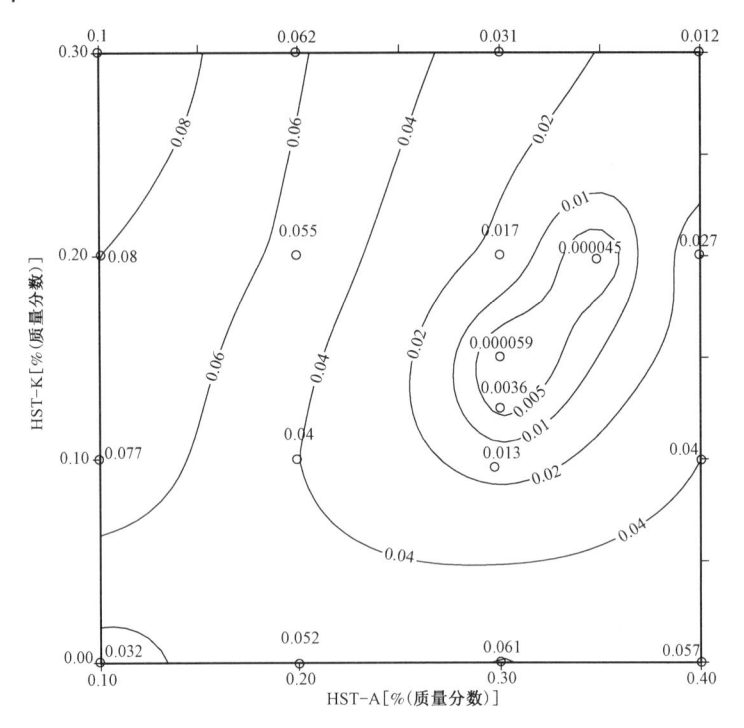

图 8-38　胜坨油田坨 11 南部驱油剂配方的界面张力等值图

2）驱油剂的采收率增值为最大值

这个采收率增值是指在试验区的物理模型条件下,注入 0.30 倍孔隙体积驱油剂后的采收率比其前的水驱采收率增加的数值。

为按驱油剂采收率增值的筛选标准决定优化的驱油剂配方,可在碱—表面活性剂—聚合物的三组分相图(图 8-39)均匀布点。这个相图包括一元体系(三个顶点)、二元体系(三条

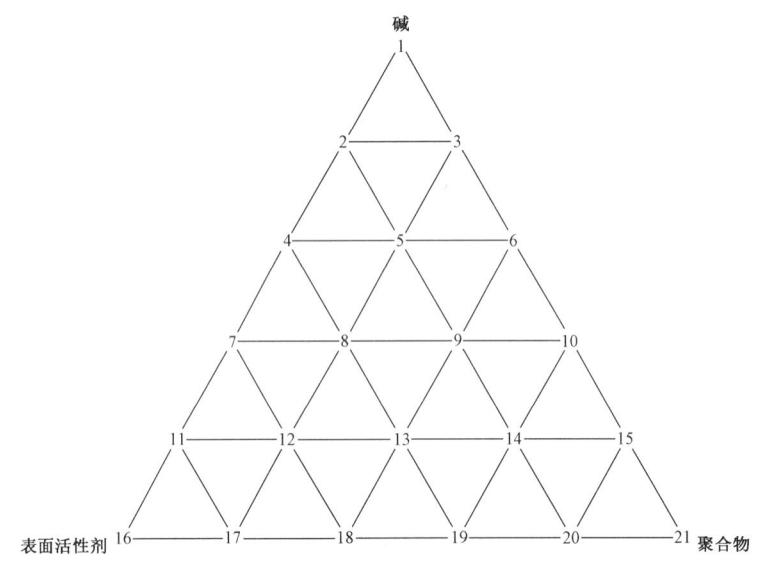

图 8-39　碱—表面活性剂—聚合物的三组分相图布点

边)和三元体系(三角相图内任一点)。将 21 个配方点的配方进行驱油试验,得采收率增值。再将这些采收率增值标在三组分相图中,用插值法画出采收率增值等值图。图中采收率增值最高的配方为最佳配方(高效驱油剂配方)。

图 8-40 和图 8-41 分别为为老河口油田"2+3"试验区、蒙古林油田"2+3"试验区决定驱油剂配方的采收率增值等值图。这些图中带 ★ 号处的配方为最佳配方。

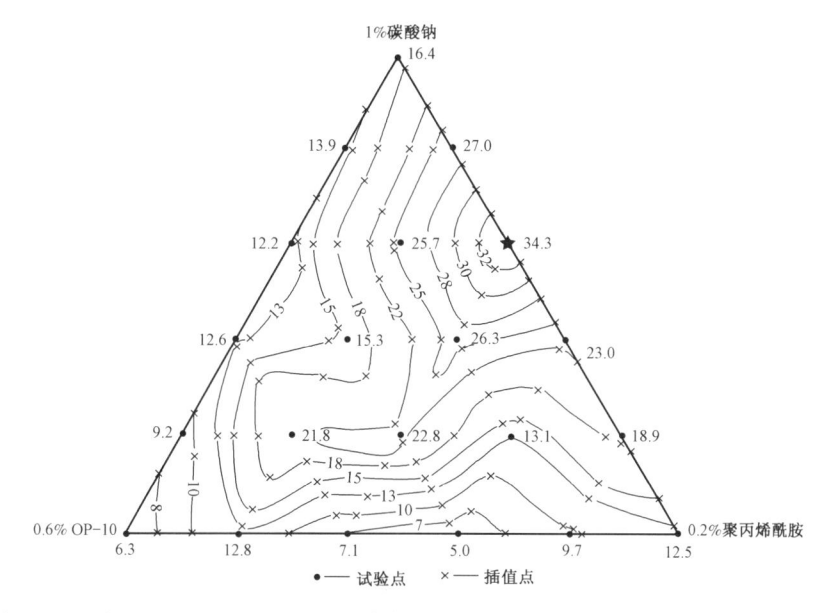

图 8-40 老河口油田"2+3"试验区决定驱油剂配方的采收率增值等值图(单位:%)

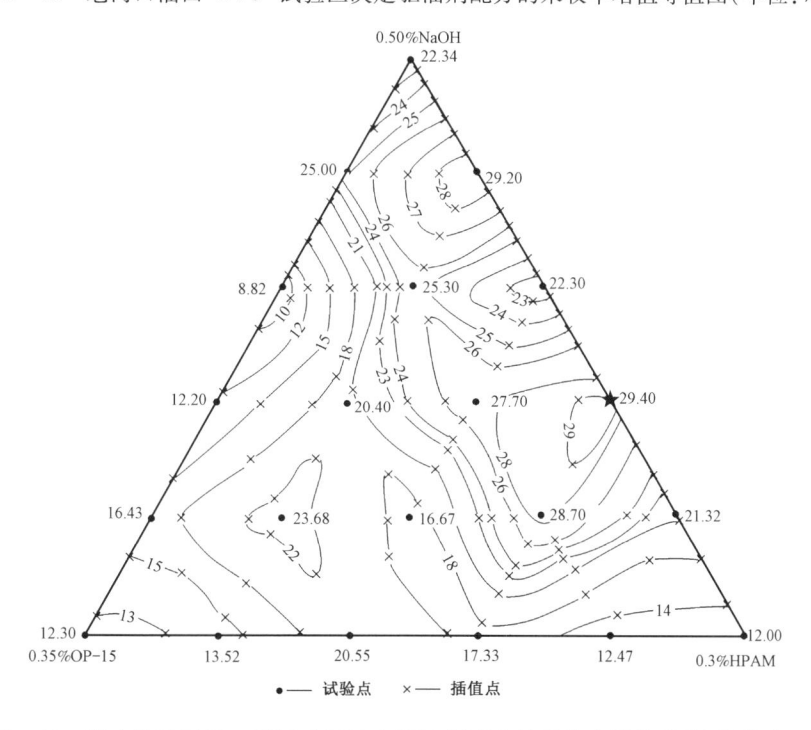

图 8-41 蒙古林油田"2+3"试验区决定驱油剂配方的采收率增值等值图(单位:%)

3) 高效驱油剂用量的优化

高效驱油剂用量以达到最优投入产出比为目标。为了优化高效驱油剂用量,用平板模型的驱油流程(图8-42)进行驱油试验,油用老河口油田原油,堵剂用硅酸凝胶,用由图8-40确定的驱油剂配方作高效驱油剂配方,由充分调剖后注入不同数量的高效驱油剂的驱油效果确定最佳高效驱油剂的优化用量。表8-14为驱油试验所得的结果。

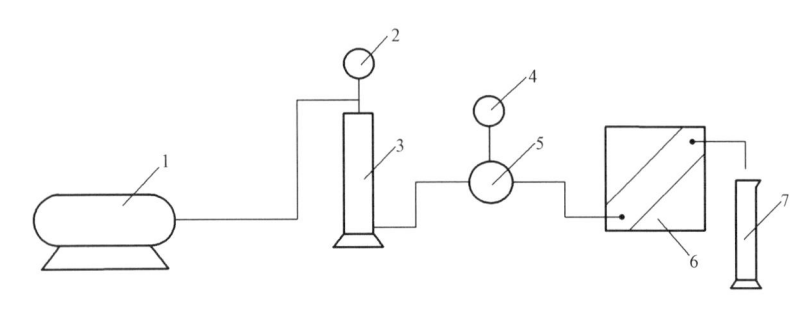

图8-42 平板模型的驱油流程
1—注入泵;2,4—压力计;3—中间容器(注水);5—阀座;6—平板模型;7—量筒

表8-14 驱油剂优化用量的决定

岩心号	试验目的	处理方法	水驱采收率(%)	处理后水驱采收率增值(%)	投入产出比
13#	充分调剖	注入40mL堵剂	29.02	19.79	1:12.5
8#	单纯三次采油	注入96mL驱油剂	12.58	17.71	1:17.7
6#	充分调剖+0.003V_p驱油剂	注入40mL堵剂和1mL驱油剂	39.36	24.00	1:14.1
14#	充分调剖+0.01V_p驱油剂	注入40mL堵剂和3mL驱油剂	31.38	29.62	1:16.1
9#	充分调剖+0.02V_p驱油剂	注入40mL堵剂和6mL驱油剂	30.31	31.85	1:18.1
10#	充分调剖+0.04V_p驱油剂	注入40mL堵剂和12mL驱油剂	29.38	32.74	1:14.2
11#	充分调剖+0.15V_p驱油剂	注入40mL堵剂和50mL驱油剂	20.65	34.67	1:13.2
12#	充分调剖+0.30V_p驱油剂	注入40mL堵剂和96mL驱油剂	24.18	38.00	1:9.5

注:V_p为岩心孔隙体积。

从表8-14可以看到,充分调剖后注入0.02V_p驱油剂,可得到最佳的投入产出比。

四、"2+3"提高采收率技术的矿场试验举例

为了评价"2+3"提高采收率技术在提高采收率中的作用,进行了"2+3"提高采收率技术的矿场试验。

"2+3"提高采收率矿场试验对试验区的要求是试验区相对封闭,含水率高且采出程度相对较低,井网完善,注采对应率高,有中心井,油水井井况好等。下面以老河口油田桩106老区试验区为例介绍其应用情况及效果。

1. 试验区概况

老河口油田桩106老区的构造井位图如图8-43所示。油藏基础数据见表8-15。

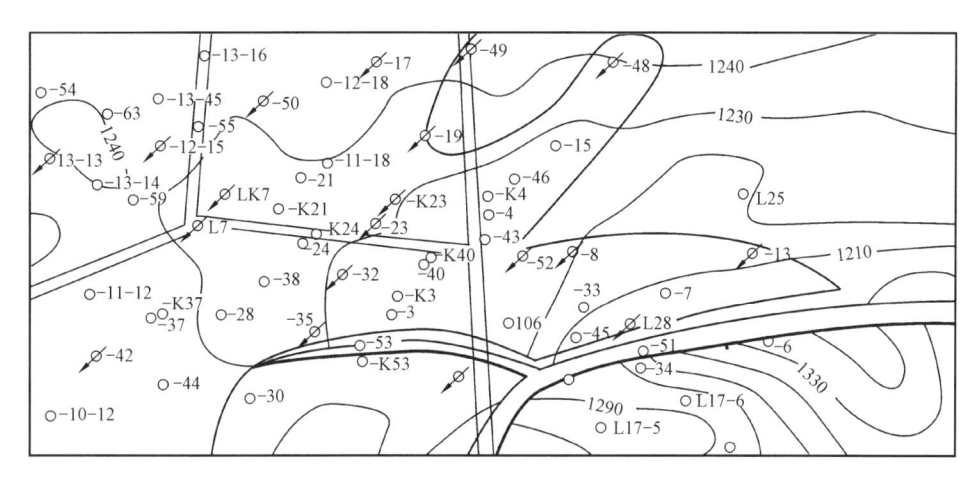

图8-43 老河口油田桩106老区构造井位图

表8-15 桩106老区油藏基础数据

项目	数值	项目	数值
含油面积(km^2)	3.7	地面原油相对密度	0.9441
有效厚度(m)	9.0	地下原油相对密度	0.9112
地质储量(10^4t)	378	地面原油黏度(mPa·s)	309
可采储量(10^4t)	102	地下原油黏度(mPa·s)	95.9
埋藏深度(m)	1346	原油凝点(℃)	26
孔隙度(%)	32	原油含硫量(%)	0.29
平均渗透率(mD)	787	地层水矿化度(mg/L)	6271

试验井组桩106-32井组位于106老区西部,主要对应油井6口,1997年12月底井组日产液353.9m^3,日产油42.2t,综合含水率为88.1%,累计产油14.4212×10^4t,产水54.8122×$10^4$$m^3$,采出程度为18.02%。桩106-32井组油水井井位示意图如图8-44所示,基础数据见表8-16。

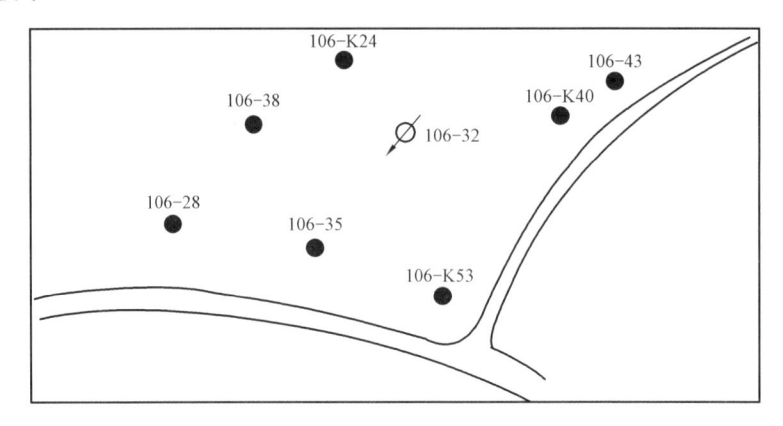

图 8-44 桩 106-32 井组油水井井位示意图

表 8-16 桩 106-32 井组的基础数据

项目	数据	项目	数据
开采层位	Ng2¹	采出程度(%)	21.7
面积(km²)	0.52	综合含水率(%)	92.4
平均厚度(m)	9.0	地层温度(℃)	55.5
地层储量(10^4t)	80.0	油井数(口)	6
累计产油(10^4t)	17.4	控制的孔隙体积(10^4m³)	32.64

2. 调剖剂选择

为了满足"2+3"试验区注水井远井地带和近井地带调剖的需要,使用了组合调剖剂。该组合调剖剂由弱冻胶—强冻胶—低度固化体系—高度固化体系组成。这些组合调剖剂是按照注水井的近井地带和远井地带的压力分布设计的。根据试验区对调剖剂的要求,确定了各种调剖剂配方。

弱冻胶:0.3%聚丙烯酸胺+0.09%重铬酸钠+0.16%亚硫酸钠。

强冻胶:0.5%聚丙烯酰胺+0.09%重铬酸钠+0.16%亚硫酸钠。

低度固化体系:10%钙土+8%水泥。

高度固化体系:20%钙土+15%水泥。

组合调剖剂中的弱冻胶、强冻胶、低度固化体系与高度固化体系的体积比为0.30:0.20:0.30:0.20。

3. 驱油剂选择

驱油剂的优化配方由驱油试验得到的采收率增值等值图确定。采收率增值等值图是用三组分相图上21个配方点的配方做驱油试验,测定采收率增值,然后将结果标在三组分相图中画出等值线得到的。可以看到,配方6的采收率增值(34.3%,图 8-40)最高,因此将该配方确定为老河口油田"2+3"试验区驱油剂优化配方。

4. 试验的实施

1999 年 8—9 月进行了两次调剖,注水井井口压降曲线的充满度达到了充分调剖要求(FD 值为 0.79)。1999 年 9—10 月注入驱油剂 6540m³。1999 年 11 月注入流度控制剂 300m³。工作液全部注完后转正常注水。

5. 效果评价

图 8-45 至图 8-48 和表 8-17 的数据说明，桩 106-32 井组的"2+3"试验取得了很好的效果。

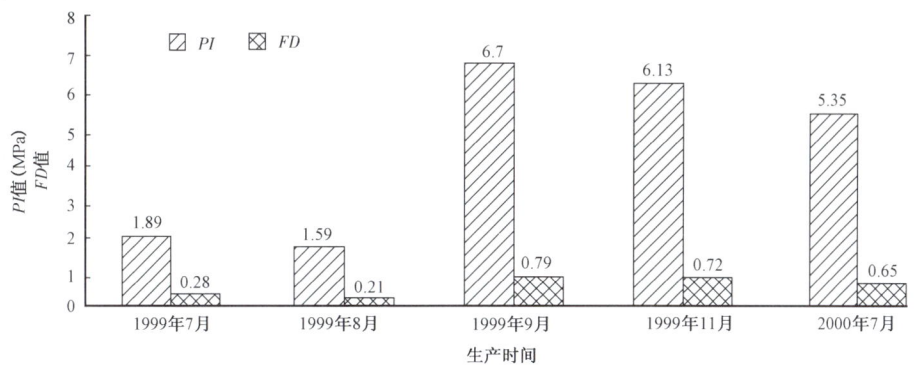

图 8-45　桩 106-32 井试验过程中 PI 值及 FD 值变化

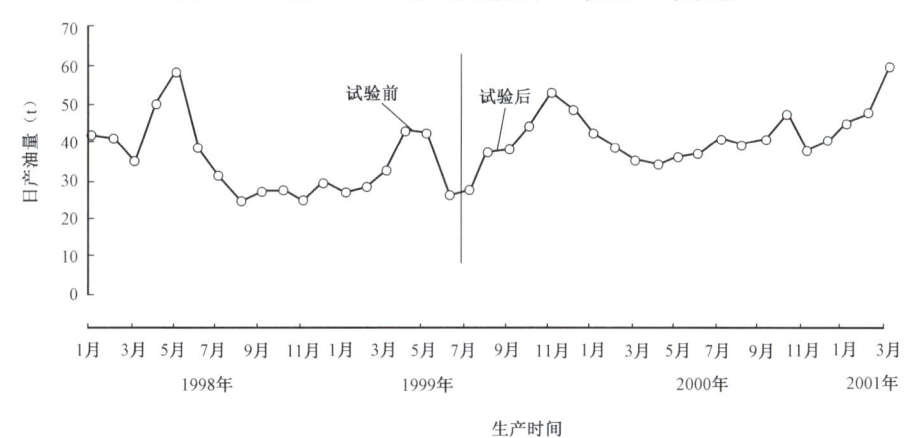

图 8-46　试验区产量变化曲线

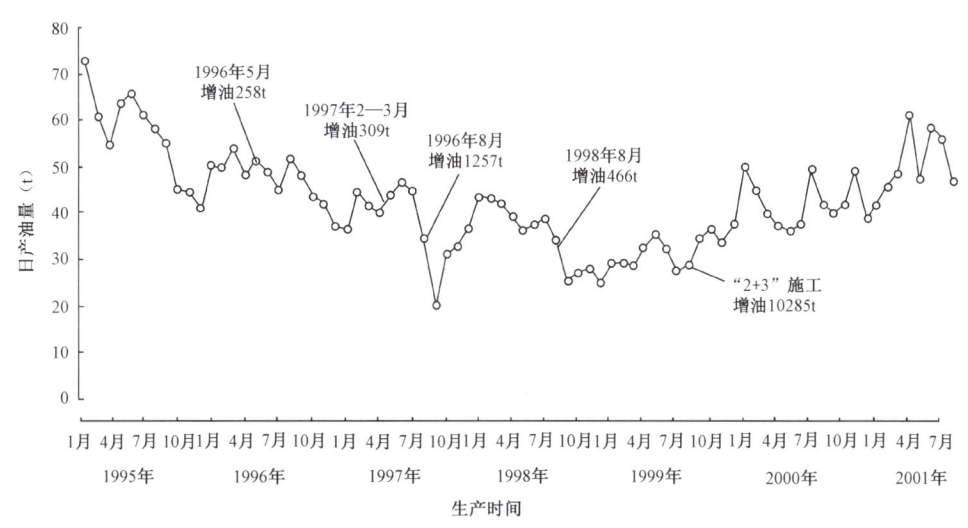

图 8-47　桩 106-32 井组历年调剖增油情况

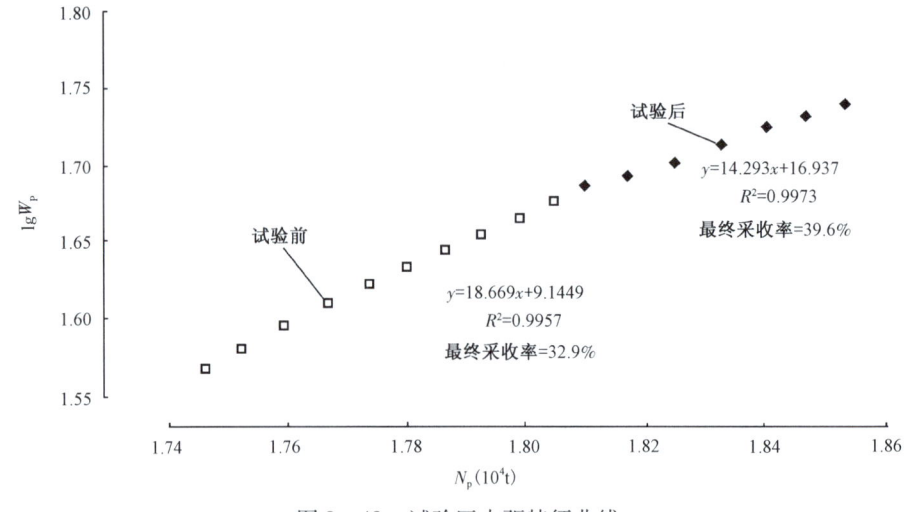

图 8-48　试验区水驱特征曲线

W_p—累计产水量，$10^4 m^3$；N_p—累计产油量

表 8-17　桩 106-32 试验井组生产动态

时间	1997 年 6 月	1998 年 6 月	1999 年 6 月	2000 年 6 月
综合含水率(%)	84.3	91.4	91.9	90.1
年产油量(10^4t)	1.5455	1.3070	1.0947	1.1153
采出程度(%)	17.39	19.02	20.39	22.20
含水上升率(%)	—	4.35	0.36	-0.99

五、"2+3"提高采收率技术的发展趋势

"2+3"提高采收率技术为二次采油与三次采油的结合技术。这项结合技术的"2"是指调剖技术，"3"则指所有的三次采油方法所形成的技术。因此"2+3"提高采收率技术涉及调剖技术与化学驱技术结合、调剖技术与气驱技术结合、调剖技术与热驱(热力采油)技术结合、调剖技术与微生物驱技术结合。从这些技术结合可看到，"2+3"提高采收率技术有广阔的发展空间，它不同于一般技术结合的是具有大"2"小"3"的特点。大"2"是指充分调剖，小"3"是指有限度的三次采油，通过形成油墙和油墙对分散油的聚并作用，达到提高采收率的目的。

第六节　优化设计技术

在调剖堵水决策技术方面，国内外都进行了大量的研究工作。数值模拟方法是预测、评价油田开发和措施调整效果的有效方法。法国石油研究院、美国能源部、奥斯汀大学、塔尔萨大学、哈里伯顿公司、英国 AEA 技术咨询公司等投入了大量的精力致力于此方面的研究，在工作站上研制出相应的软件，指导施工设计。如哈里伯顿公司的 KTROL 程序可以用来模拟单井堵水调剖的施工过程，预测措施后产液或吸水剖面、优选注入量、注入压力、注入速度等施工参数。英国 AEA 技术咨询公司研制的三维三相多组分模拟器 Scorpio53,考虑了温度场的影响,具有较好的前后处理功能。这些软件的应用为调剖方案的制订和操作达到科学化、定量化,提高调剖措施的成功率提供了有益的工具。哈里伯顿公司研制的堵水专家系统 XERO,具有判断油井出水原因、优选堵剂种类、进行方案设计等功能。

目前国内具有代表性的决策技术主要有:中国石油大学(华东)研究的 PI 决策技术、RE 决策技术、示踪剂决策技术,以及中国石油勘探开发研究院研制的 RS 决策技术;具有代表性的调剖数值模拟软件有:中国石油勘探开发研究院采油所研制的三维两相六组分堵水调剖数值模拟软件;中国石油大学(华东)利用黑油模型改造而形成的调剖优化设计软件;中科院渗流流体力学研究所研制的交联聚合物防窜驱油的三维两相六组分数值模拟器 FPP。为了克服区块整体调剖多因素模糊选井综合评判模型常权评判中因评判井资料缺乏而带来的评判偏差,中国石油大学(华东)提出了在模糊评判模型中使用变权向量的方法及变权所遵循的两条公理,使得调剖选井更合理、可靠。另外,中国石油大学(华东)还研制了不同含水期进行整体调剖效果预测的理论标准图版。以上各种决策技术、调剖数值模拟技术以及效果预测方法在指导矿场施工中起到了重要作用。

一、压力指数决策技术简介

压力指数决策技术主要应用注水井井口压降曲线计算所得的压力指数(Pressure Index, PI)值进行决策,因此这种决策技术称为 PI 决策技术。注水井的井口压降曲线是指关井后测得的注水井的井口压力随时间变化的曲线。

压力指数决策技术主要使用区块的整体调剖决策技术,它可以解决高含水油田以调剖堵水为中心的区块治理中六大方面问题:(1)判别区块调剖的必要性;(2)决定区块上需调剖的井;(3)选择适当的调剖剂;(4)计算调剖剂用量;(5)评价调剖效果的好坏;(6)决定重复施工时间。

1. PI 决策技术

注水井的 PI 值由注水井井口压降曲线算出,可定义为:

$$PI = \frac{\int_0^t p(t) \mathrm{d}t}{t} \quad (8-5)$$

式中,PI 为注水井的压力指数,MPa;$p(t)$ 为注水井关井时间 t 后井口的油管压力,MPa;t 为关井时间,min。

若指定关井时间 t(通常为 90min),就可由注水井井口压降曲线算出该曲线的 $\int_0^t p(t)\mathrm{d}t$ 值(图 8-36),即得压力指数。

2. 注水井 PI 值得测取方法

测取区块注水井压降曲线是应用压力指数进行决策的关键。测注水井压降曲线应按下述步骤进行:

(1)在测定前,应对注水的压力表进行校正。
(2)将注水井的日注量调至指定的配注,稳定注水 3 天。

(3)测定时,记下油压、套压、泵压和注水量,迅速关井,记下关井开始的时间;从此时间起读井口压力,一直到压力变化很小为止。在读压力时,若压力下降快则加密读数(10s或30s);若压力下降慢,则延长读数时间(5min或10min)。

3. 区块调剖必要性的判断

按两个标准判断:(1)区块的平均 PI 值,区块平均 PI 值越小越需要调剖;(2)区块注水井的 PI 值极差。

PI 值极差是指区块注水井 PI 值的最大值与最小值之差,其值越大越需要调剖。

4. 调剖井的选定

按照区块的平均 PI 值和注水井的 PI 值选井:一般是低于区块平均 PI 值的注水井为调剖井;高于区块平均 PI 值的注水井为增注井;在区块平均 PI 值附近,略高或略低于平均 PI 值的注水井为不处理井或增注调剖井。

5. 调剖剂的选择

注水井调剖剂的选择有4个标准:(1)油藏的地层温度;(2)油藏的地层水矿化度;(3)注水井的 PI 值;(4)成本。

6. 典型区块举例

以中原油田濮城沙三上亚段 5~10 层系濮 67 块为例,介绍 PI 压力指数决策技术的应用。

(1)选择区块的调剖井。

1998 年 5 月 19—20 日对区块的 12 口注水井测得井口压降曲线,求得每口注水井的 PI 值,用区块的 q/h 归正值改正 PI 值,记为 PI_{90}^5,按 PI_{90}^5 从小到大排列,见表 8-18。

表 8-18 一个区块的注水井按 PI_{90}^5 大小的排列

序号	井号	Q (m³/d)	H (m)	q/h [m³/(d·m)]	PI_{90} (MPa)	PI_{90}^5 (MPa)	说明
1	5-100	187.7	32.5	2.78	2.43	2.10	调剖井
2	5-5	104.6	12.6	8.30	5.91	3.56	
3	6-95	180.7	22.6	8.00	15.34	9.59	
4	P120	120.0	16.4	7.32	16.50	11.27	
5	5-101	108.0	14.8	7.30	18.16	12.44	
6	5-125	223.2	29.2	7.64	21.13	13.83	
7	5-102	110.0	19.7	5.58	15.80	14.16	
8	5-31	154.0	19.0	8.11	25.56	15.76	
9	5-105	80.6	24.1	3.34	15.84	23.72	不处理井
10	6-7	153.0	33.0	4.64	23.76	25.61	
11	5-17	87.6	36.8	2.38	20.00	42.02	酸化井
12	5-6111	168.0	63.0	3.67	22.96	42.99	
平均值		139.8	27.0	5.92	16.95	18.09	

按区块平均 PI 值和注水井的 PI 值选定。通常是低于区块平均 PI 值的注水井为调剖井，高于区块平均 PI 值的注水井为增注井，在区块平均 PI 值附近，略高或略低于平均 PI 值的注水井为不处理井。

（2）调剖剂的选择（表 8-19、表 8-20）。

注水井的调剖剂按地层温度、地层水矿化度、注水井的 PI 值和成本 4 个标准选择。

表 8-19 单液法调剖剂

序号	调剖剂	地层温度（℃）	地层水矿化度（10^4 mg/L）	注水井 PI 值（MPa）
1	酚醛树脂	60~240	0~30	0~3
2	脲醛树脂	60~240	0~30	0~3
3	石灰乳	30~360	0~30	0~4
4	水膨体悬浮体	30~120	0~4	0~3
5	黏土悬浮体	30~360	0~30	0~8
6	水基水泥	30~120	0~30	0~3
7	钙土/水泥悬浮体	30~120	0~30	0~6
8	硼冻胶分散体	30~120	0~6	0~8
9	铬冻胶分散体	30~120	0~6	0~8
10	锆冻胶分散体	30~120	0~6	0~8
11	榆树皮粉分散体	30~120	0~8	3~14
12	硅酸凝胶分散体	30~360	0~30	0~8
13	硅酸凝	30~90	0~6	1~18
14	铬冻胶	30~120	0~6	1~18
15	锆冻胶	30~120	0~6	1~18
16	间苯二酚/甲醛树脂冻胶	30~140	0~6	1~18
17	CDG	30~120	0~4	0~24
18	水玻璃	30~360	8~30	12~24
19	硫酸亚铁	30~150	12~24	12~24
20	硫酸	30~150	0~30	6~22
21	盐酸（及其缓速酸）	30~150	0~30	14~30
22	土酸（及其缓速酸）	30~150	0~30	14~30

表 8-20 双液法调剖剂

序号	调剖剂	地层温度（℃）	地层水矿化度（10^4 mg/L）	注水井 PI 值（MPa）
1	阴离子—阳离子型聚合物	30~120	0~6	6~18
2	聚丙烯酰胺—柠檬酸铝	30~120	0~6	6~18
3	黑液—阳离子型聚合物	30~120	0~6	4~16

续表

序号	调剖剂	地层温度（℃）	地层水矿化度（10^4 mg/L）	注水井 PI 值（MPa）
4	铬冻胶双液法调剖剂	30~120	0~6	3~20
5	锆冻胶双液法调剖剂	30~120	0~6	3~20
6	水玻璃—盐酸	30~150	0~30	8~20
7	水玻璃—硫酸亚铁	30~360	0~30	3~16
8	水玻璃—氯化钙	30~360	0~30	2~14
9	钙土—水玻璃	30~360	0~30	0~8
10	黏土—聚丙烯酰胺	30~150	0~30	0~8
11	黏土—铬冻胶	30~120	0~6	0~4

（3）调剖剂用量的计算。

调剖剂用量按式(8-6)计算：

$$W = \beta h \Delta PI \qquad (8-6)$$

式中，W 为调剖剂用量，m³；β 为用量系数，m³/(MPa·m)；h 为注水层厚度，m；ΔPI 为调剖后注水井 PI 值的预定提高值，MPa。

（4）重复施工时间的决定。

调剖井调剖施工完毕注水后，15 天测压降曲线。由此时起，每月测一次压降曲线，由不同时间测得的注水井压降曲线计算出相应的 PI 值。做调剖井随时间变化的曲线，根据曲线判断调剖剂在地层中的移动情况，若调剖剂在近井地带的封堵作用减小，则曲线下降，当下降至调剖前的 PI 值时，即可进行重复调剖。

二、油藏工程 RE 决策技术

1. RE 决策技术简介

RE 决策技术是在油藏工程研究的基础上，以油藏数值模拟为手段，以最大的经济效益为目标函数，通过建立区块整体调剖的优化增产模型，来选择最佳的调剖剂和堵剂用量。油藏工程研究包括静态地质研究和注水动态研究，静态研究主要是指渗透率分布（包括渗透率的变化范围、渗透率变异系数），动态研究主要是指吸水剖面状况、注水井注入动态以及示踪剂产出曲线与井口压降曲线等。通过油藏工程研究选择调剖堵水的井点，达到改善开发效果的目的，整个决策系统决策框架图如图 8-49 所示。

2. 选井决策

选择调剖井点依据渗透率、吸水剖面、注入动态及压降曲线，从定性的角度利用这些因素选择调剖剂，但当因素与因素之间出现矛盾时，需将定性概念转化为定量概念，把难以取舍的定性因素利用定量的概念进行取舍，达到最佳选择调剖井的目的。因此，必须用专家系统知识的不确定性表示方法，将这些选井依据表示为长决策推理的决策因子（专家知识）。

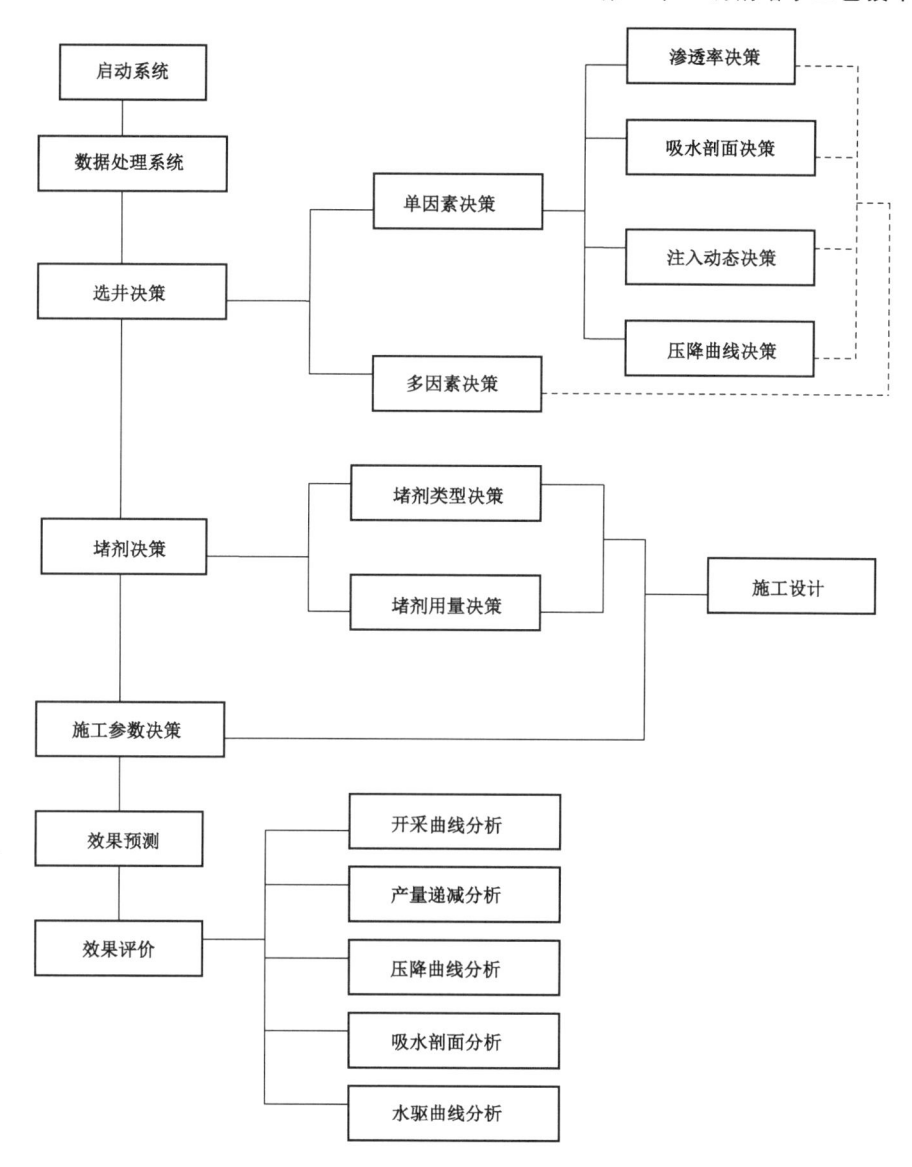

图 8-49 区块整体调剖优化决策系统框图

1) 知识的不确定性表示

每项因素的决策因子大小用隶属度来表示,就是利用隶属函数(μ_A)来求得每项因素的决策因子(F)的大小。根据实际问题的特点,选用了梯形分布这种模型分布形式,其中吸水剖面、渗透率及注入动态三项指标采油呈升半梯形分布,因吸水剖面和渗透率的非均质性越大、吸水强度越大,越需要调剖。压降曲线的压力指数采油呈降半梯形分布,因压力指数越大,越不需要调剖。

2) 单因素决策

(1) 渗透率决策。

从渗透率单因素出发选择调剖井点,主要考虑渗透率变异系数和平均渗透率的大小,并利用简化的升半梯形分布表示成选择调剖井的决策因子 F，计算公式如下：

$$F(i) = \frac{X(i) - X_{\min}}{X_{\max} - X_{\min}} \quad (i = 1, 2, \cdots, n) \tag{8-7}$$

式中，(X_i) 表示第 i 口水井的渗透率变异系数和平均渗透率；$F(i)$ 表示第 i 口井的渗透率变异系数和平均渗透率的隶属度；$X_{\max}$ 表示 $X(1), X(2), \cdots, X(n)$ 中的最大值；$X_{\min}$ 表示 $X(1)$，$X(2), \cdots, X(n)$ 中的最小值；n 表示参与决策的总水井数。

按一定的权重系数对渗透率变异系数和平均渗透率的隶属度进行加权，便得到每口井的渗透率决策因子 $F(i)$，对 $F(i)$ 比较大的井进行调剖。

（2）吸水剖面决策。

吸水百分数变异系数大的井一般是应该调剖的井。计算出每口水井吸水百分数的变异系数 $W(i)$ 后，利用简化的升半梯形分布表示成选择调剖井的决策因子 $F(i)$，根据每口井的决策因子 $F(i)$ 值，可选择 $F(i)$ 大的井进行调剖。

（3）注入动态单因素决策。

先计算考虑注水井单位注水压力下的吸水量（即视吸水指数），用升半梯形分布求其隶属度 $F_1(i)$，对注水厚度小的井，即使有高渗透层，其吸水指数也不会太高，但其每米吸水指数却较大，在考虑吸水指数的同时，也应考虑每米吸水指数。计算出注水井的每米吸水指数后，利用升半梯形分布求其隶属度 $F_2(i)$，对 $F_1(i)$ 和 $F_2(i)$ 进行适当的加权平均，可求得注入动态单因素的归一化决策因子，选择该因子比较大的井进行调剖。

（4）井口压力压降曲线决策。

根据修正的 PI 值利用降半梯形分布求得隶属度 $F(i)$，选择 $F(i)$ 比较大的井调剖。

3）多因素综合决策

将各种因素综合考虑在内，对调剖剂进行科学合理的选择，这样要对多因素进行综合模型评判，求出选择调剖井的多因素模糊决策因子 $FZ = \lambda F$。

式中，$FZ = FZ(1), FZ(2), \cdots, FZ(n)$，表示多因素模糊决策因子矩阵；

$\lambda = \lambda(1), \lambda(2), \lambda(3), \lambda(4)$，表示综合评判的模糊关系矩阵；

$$F = \begin{vmatrix} F(1,1) & F(1,2) & \cdots & F(1,n) \\ F(2,1) & F(2,2) & \cdots & F(2,1) \\ F(3,1) & F(3,2) & \cdots & F(3,n) \\ F(4,1) & F(4,2) & \cdots & F(4,n) \end{vmatrix}$$，表示单因素决策因子矩阵；

$J = 1, 2, 3, 4$，分别表示渗透率因素、吸水剖面因素、注入动态因素、水井压降因素；

n 表示区块总水井数；$FZ(i)$ 表示第 i 口井的多因素决策因子；$F(i,j)$ 表示第 i 口井第 j 种因素的决策因子。

求出区块注水井的多因素决策因子后，对决策因子比较大的井进行调剖。

3. 堵剂决策

堵剂决策主要包括堵剂类型的选择与堵剂用量的计算。

目前所有的堵剂主要分为两大类:一类是颗粒型堵剂(主要是黏土悬浮体),另一类是非颗粒性毒剂(主要包括冻胶、凝胶等)。堵剂类型的选择应该根据地层孔径的大小来确定,一般要求堵剂粒径以地层孔隙直径的 1/9~1/3 为宜。以往大量示踪剂研究结果表明,占注水井射开厚度 1%~5% 的高渗透层能吸收该井 90% 以上的注水量,所以利用该结果并结合注水量与注入压力等,就可以估算出高渗透层的渗透率与孔径大小。

高渗透层应该是高含水层,其流动主要是水的流动,所以高渗透层的产液量 $Q_1 \approx Q_w$(产水量),在注采基本平衡的条件下,高渗透层的注水量 $Q_{inj} \approx Q_1$,所以有下面的公式成立:

$$Q_{inj} = \frac{2\pi K K_{rw} h \Delta p}{\mu_w \ln \frac{r_e}{r_w}} \tag{8-8}$$

$$K = \frac{Q_{inj} \mu_w \ln \frac{r_e}{r_w}}{2\pi K_{rw} h \Delta p} \tag{8-9}$$

式中,Δp 为注水压差,10^{-1}MPa;r_w 为注水井的折算半径,cm;r_e 为注水井的控制半径,cm;K_{rw} 为水相相对渗透率;h 为高渗透层的吸水厚度,cm;K 为高渗透层的渗透率,D;μ_w 为注入水的黏度,mPa·s;Q_{inj} 为注水速度,cm³/s。

如果再进一步用井口注入压力 p_{inj} 表示 Δp,则式(8-9)可变为:

$$K = \frac{Q_{inj}}{p_{inj} h} \times \frac{\mu_w \ln \frac{r_e}{r_w}}{2\pi K_{rw}} \tag{8-10}$$

所以,估算的 K 值与每米视吸水指数成正比关系,由此可得高渗透层的孔径大小:

$$r = \frac{2}{7 \times 10^3} \sqrt{\frac{K}{\phi}} \tag{8-11}$$

式中,r 为孔径大小,cm;K 为渗透率,D;ϕ 为孔隙度。

大量统计资料表明,用这种方法估算出的 r 值与用示踪剂解释出的 r 值相近,用这种方法估算出的 r 值可用来指导堵剂的选择。本方法在现场应用中得到了证实(表8-21)。

表8-21 利用估算法选择的堵剂类型

井号	平均比视吸水指数 [m³/(MPa·m·d)]	高渗透层的渗透率 (D)	孔径 (μm)	堵剂类型
C18-103	22.41	144	68	颗粒型
C14-12	5.6	36	34	颗粒型
L38-67	56	362	108	颗粒型
C7-3	0.21	1.3	6.6	非颗粒型
C2-X30	0.17	1.1	6.0	非颗粒型

堵剂注入地层后会引起注水井吸水指数下降,通常注入堵剂越多,其吸水指数下降越多,所以反过来吸水强度越大的井调剖时,为了降低其吸水指数就需注越多的堵剂。单井堵剂用量的计算如下:

$$W_j = \frac{K_j}{\frac{1}{n}\sum_{i=1}^{n} K_i} \times \beta \tag{8-12}$$

式中,K_i 为第 i 口井的吸水指数,m^3/MPa;K_j 为第 j 口井的吸水指数,m^3/MPa;W_j 为第 j 口井的堵剂用量,m^3;n 为需调剖剂的总井数;β 为用量系数,m^3。

β 由试注井按式(8-12)反求。对于没有试注井的区块,可借用地层条件相似的其他区块的 β 值。

三、施工工艺参数的确定

确定施工工艺参数主要是确定压力与排量,但二者是相关参数,所以通常主要是确定压力,压力的选择原则一方面是不能超过地层破裂压力的80%;另一方面不能太低也不能太高,太低无法满足排量的要求,太高会伤害低渗透层。中国石油勘探开发研究院采油所提出了选择性注入压力的计算方法:

$$p_口 = p_i l + p_地 - p_柱 \tag{8-13}$$

式中,$p_口$ 为施工时的井口注入压力,MPa;p_i 为注入压力梯度值(0.03~0.04),MPa/m;$p_地$ 为施工当年地层压力,MPa;$p_柱$ 为井筒内液柱压力,MPa;l 为油水井井距,m。

在现场应用中发现,由此设计出的注入压力偏小。尤其是胜利油田以黏土大剂量调剖时,此注入压力不能满足施工需要。因此,在大量分析研究的基础上提出了如下修正公式:

$$p_口 = p_i l + p_地 - p_柱 + p_损 \tag{8-14}$$

此公式主要考虑了沿程损失,原因在于胜利油田以黏土调剖大剂量施工时,$p_柱$ 比 $p_地$ 要大得多,若按公式(8-13)计算出的结果会很小,同时这种大剂量、高黏度的堵剂在注入过程中其沿程阻力也是很大的,不可忽视。其中:

$$p_损 = \alpha \left(\frac{Q^{2-m} v^m L}{d^{5-m} \gamma} \right) \times 10^{-6} \tag{8-15}$$

式中,$p_损$ 为沿程损失,MPa;v 为堵剂的运动黏度,m^2/s;d 为管径,m;γ 为堵剂重度,N/m^3;L 为油管和地面管线的长度,m;α,m 分别为系数和指数。

由于注堵剂时雷诺数较小,流态呈层流或水力光滑,所以 α 和 m 的取值见表8-22。

表8-22 系数 α 和指数 m

流态	α	m
层流	4.15	1
水力光滑	0.0246	0.25

四、效果评价

区块整体调剖效果主要是从区块增产油量、可采储量与最终采收率增加、产水量降低、吸水剖面的改善与压降曲线的变化等几个方面进行评价。

1. 区块开采曲线的变化

为了对比调剖前后区块的基本动态变化,作出了区块的开采特征曲线,通过区块产油量、产液量与含水率的变化,能直观方便地了解调剖的总体效果。

2. 增产效果评价

在高含水期调剖的区块,由于区块产量递减快,在评价增产效果时要考虑其递减。调剖前区块产量的递减通常可用指数递减、双曲递减和调和递减三种规律来描述。

指数递减:

$$q_0(t) = q_i e^{-a_i t} \tag{8-16}$$

双曲递减:

$$q_0(t) = q_i/(1 + a_i n t)^{1/n} \tag{8-17}$$

调和递减:

$$q_0(t) = q_i/(1 + a_i t) \tag{8-18}$$

式中,$q_0(t)$ 为任意一时刻的产量,t/d;q_i 为初始递减时产量,t/d;a_i 为初始递减率;n 为递减指数。

设 $Q_0(t)$ 为整体调剖后的实际产量,T 为有效期,t 为开始调剖时刻,这样调剖堵水后累计增加的产量 ΔN_p 为:

$$\Delta N_p = \int_0^T [Q_0(t) - q_0(t)] dt \tag{8-19}$$

根据区块整体调剖前后的产量变化,可选择其中某些递减规律求增产效果,也可按拟合误差最小的原则自动选择其中的某种递减规律求增产效果,图 8-50 为 P2-23 区块增产效果评价图。

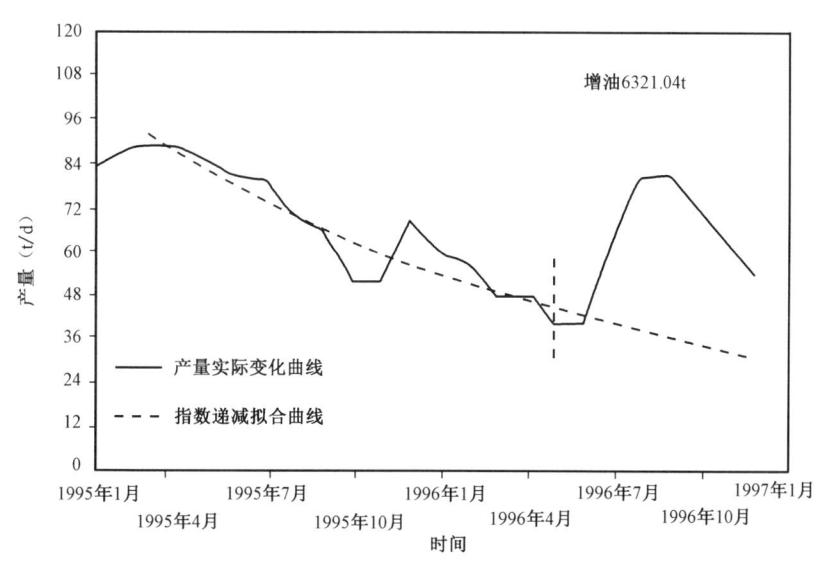

图 8-50 P2-23 区块产量指数式递减评价曲线

3. 水驱曲线评价

水驱曲线的表达形式为：

$$N_p = A(\lg W_p - \lg B) \quad (8-20)$$

式中，N_p 为累计产油量，$10^4 t$；W_p 为累计产水量，$10^4 m^3$。

常数 A 为水驱曲线对纵坐标轴的斜率，它的大小反映了水驱开发效果的好坏。

设调剖前水驱曲线（图 8-51 中曲线）的表达形式为：

$$N_p = A_1(\lg W_p - \lg B_1) \quad (8-21)$$

设调剖后水驱曲线（图 8-51 中曲线）的表达形式为：

$$N_p = A_2(\lg W_p - \lg B_2) \quad (8-22)$$

根据调剖前后水驱曲线的表达式可以评价增加的可采储量、最终采收率、降水量与含水上升率的下降等指标。P2-23 区块水驱曲线评价图和评价结果分别见图 8-52 和表 8-23。

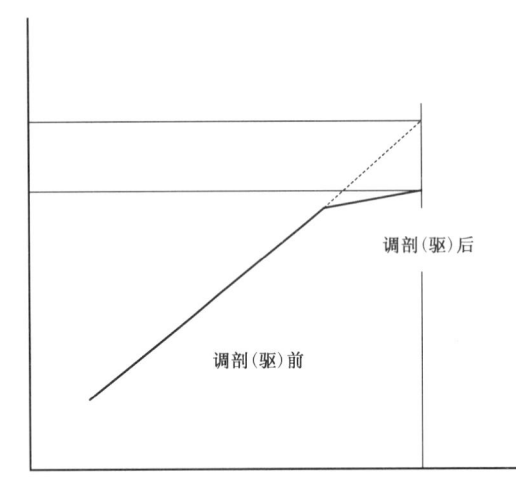

图 8-51 水驱特征曲线评价示意图

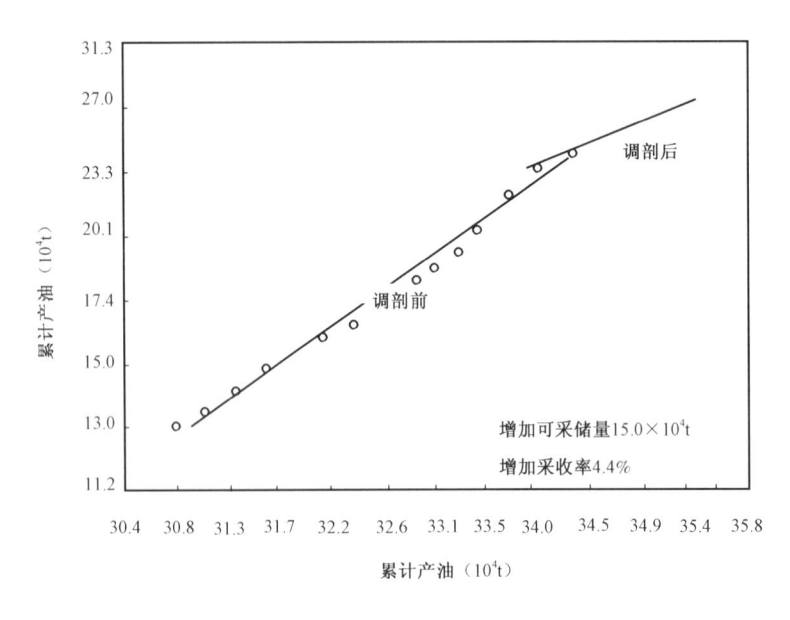

图 8-52 P2-23 区块水驱曲线评价图

表8-23 P2-23区块整体调剖效果水驱曲线评价结果

评价项目	评价结果
增加可采储量(10^4t)	15.04
增加采收率(%)	4.42
降低含水上升率(%)	4.48
总降水量(m^3)	19284
降低含水量(%)	6.7

1）增加可采储量的评价

当$f_w=98\%$时所计算的累计产油量为：

$$N_{p,max1} = A_1(\lg 21.3 W_{p,1} - \lg B_1) \tag{8-23}$$

$$N_{p,max2} = A_2(\lg 21.3 W_{p,1} - \lg B_2) \tag{8-24}$$

所以增加的可采储量$\Delta N_{p,max}$为：

$$\Delta N_{p,max} = N_{p,max2} - N_{p,max1} \tag{8-25}$$

2）增加的最终采收率评价

即可按增加的可采储量求增加的最终采收率$\Delta\eta$：

$$\Delta\eta = \frac{\Delta N_{p,max}}{N} \tag{8-26}$$

式中，N为地质储量，10^4t。

也可按下述方法求增加的最终采收率。无量纲水驱曲线可写为：

$$R = \bar{A}(\lg 21.3\bar{A} - \lg \bar{B}) \tag{8-27}$$

调前为：

$$R_1 = \bar{A}_1(\lg 21.3\bar{A}_1 - \lg \bar{B}_1) \tag{8-28}$$

调后为：

$$R_2 = \bar{A}_2(\lg 21.3\bar{A}_2 - \lg \bar{B}_2) \tag{8-29}$$

所以

$$\Delta\eta = R_2 - R_1 = \bar{A}_2(\lg 21.3\bar{A}_2 - \lg \bar{B}_2) - \bar{A}_1(\lg 21.3\bar{A}_1 - \lg \bar{B}_1) \tag{8-30}$$

3）含水上升率的下降评价

含水上升率可由式(8-31)计算：

$$\frac{df}{dR} = \frac{f_{w,2} - f_{w,1}}{R_2 - R_1} \tag{8-31}$$

分别从调前、调后两条曲线上求得两个含水上升率$\left(\dfrac{df}{dR}\right)_1$和$\left(\dfrac{df}{dR}\right)_2$，则降低的含水上升率为：

$$\Delta\left(\frac{df}{dR}\right) = \left(\frac{df}{dR}\right)_1 - \left(\frac{df}{dR}\right)_2 \tag{8-32}$$

式中，$f_{w,1}$和$f_{w,2}$分别为阶段始、末的综合含水率；R_1和R_2分别为阶段始、末的采出程度。

4) 降低产水量评价

调剖有效期结束时的实际累计产油量为 N_p,实际累计产水量为 $W_{p,2}$,按调剖前的水驱曲线,当累计产油量为 N_p 时,累计产水量应为 $W_{p,1}$,所以通过区块整体调剖降低产水量 ΔW_p:

$$\Delta W_p = W_{p,1} - \Delta W_{p,2} \qquad (8-33)$$

4. 井口压降曲线评价

通过调剖后注水井注水压力应该提高,而且压力降落曲线应该变平缓,即压力下降变缓慢。所以通过调前调后的压降曲线的变化,可以反映出注水井调剖是否有效。

5. 吸水剖面评价

调剖前后注水井吸水剖面的变化可以比较直观地反映出调剖在水井上是否见效。

6. 经济效益评价

区块整体调剖的经济效益可用式(8-34)来计算:

$$C = C_1 \Delta N_p - C_2 W - C_3 \qquad (8-34)$$

式中,C 为整体调剖获得的纯利润,万元;ΔN_p 为总增油量,t;C_1 为原油价格,万元/t;W 为堵剂用量,m^3;C_2 为堵剂成本,万元/m^3;C_3 为施工作业成本,万元。

五、RS 优化决策系统

1. RS 优化系统简介

RS 决策技术将油藏工程理论与数值模拟方法有机地结合为一体,该软件是根据油田区块整体调剖筛选而研制的。由于影响调剖井选择的因素很多,各种因素对选择结果的制约程度也不同,为定量描述这种关系,用模糊数学的综合评判技术建立了调剖井选择的最优化模型,根据多级决策结果判断调剖井优劣次序。

本方法将油水井视为有机的整体,在选井时不但全面地考虑了注水井的动静态资料,而且也反映了周围油井生产动态,考虑因素全面,结果可靠、实用。RS 决策技术具有选井、选层、效果预测、参数优化、经济评价等多项功能,可满足区块整体调剖优化设计的需要。

2. 调剖井的优选

1) 方法概述

影响调剖井选择的因素很多,目前通常采用定性或半定量的分析方法来选择调剖井,存在较大的不确定性。为此,在综合分析影响调剖井选择的各种因素基础上,将影响调剖井选择的多种因素:注水井的视吸水指数、吸水指数、压降曲线、渗透率非均质性、吸水剖面的非均质性及对应油井的含水率、采出程度、控制储量等归结为反映注水井吸水能力、油层非均质性及对应周围油井动态的参数等 5 种主要因素,并以此为基础,应用模糊数学的综合评判技术,建立了调剖井选择的最优化模型,根据多级决策结果判断调剖井选择优劣次序。

2) 隶属函数的确定

影响调剖井选择的因素中,有的属于参数值越大越优型,有的属于参数值越小越优型,本文采用梯形分布法描述这种关系。

偏大型,即越大越优型:

$$\mu_{jk} = \frac{X_{jk} - \min X_{jk}}{\max X_{jk} - \min X_{jk}} \quad (8-35)$$

偏小型,即越小越优型:

$$\mu_{jk} = \frac{\min X_{jk} - X_{jk}}{\max X_{jk} - \min X_{jk}} \quad (8-36)$$

式中,$j=1,2,\cdots,m$(井数);$X_{jk} = K_s, K, PI \cdots$(影响调剖井选择因素)。

3)综合评判技术

(1)反映注水井吸水能力的参数决策。

根据定义分别计算每口注水井的每米视吸水指数(K_s)、每米吸水指数(K)和压降曲线平均值(PI),可得到吸水能力指标矩阵:

$$\boldsymbol{C}_{ij} = \begin{bmatrix} K_{s1} & K_{s2} & \cdots & K_{sm} \\ K_1 & K_2 & \cdots & K_m \\ PI_1 & PI_2 & \cdots & PI_m \end{bmatrix} \quad (8-37)$$

对上述指标按偏大型、偏小型处理,并经归一化处理得:

$$\boldsymbol{R}_1 = \begin{bmatrix} r_{11} & r_{11} & \cdots & r_{1m} \\ r_{21} & r_{22} & \cdots & r_{2m} \\ r_{31} & r_{32} & \cdots & r_{3m} \end{bmatrix} \quad (8-38)$$

对 K_s,K 和 PI 的权重打分为:

$$A_1 = \{a_1 \quad a_2 \quad a_3\} \quad (8-39)$$

吸水能力的评判结果为:

$$B_1 = A_1 o \boldsymbol{R}_1 = \left(\sum_{i=1}^{3} a_{1i} r_{i1}, \sum_{i=1}^{3} a_{1i} r_{i2}, \sum_{i=1}^{3} a_{1i} r_{i3} \right) \quad (8-40)$$

(2)反映油层非均质状态的参数决策。

① 非均质问题的描述方法。

在描述非均质问题范围内,吸水剖面非均质性等诸多问题并不符合正态分布规律,无法采用正态分布规律进行描述。这里,采用劳伦兹系数法描述有关非均质性问题,该方法的优点是既适用于随机分布,计算的系数又在 0~1 之间(图 8-53)。

劳伦兹系数的计算公式为:

$$V = S_{ADCA}/S_{ABCA} \quad (8-41)$$

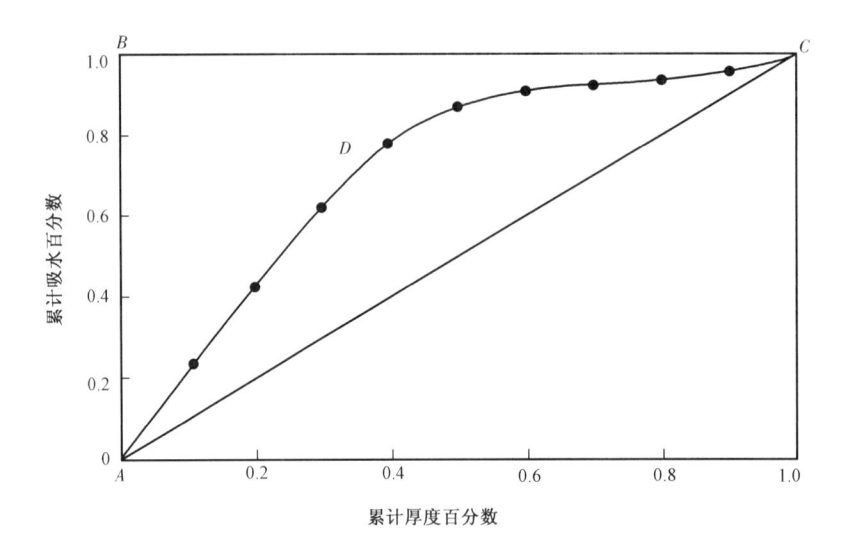

图 8-53 均质问题的劳伦兹系数描述法示意图

② 油层非均质状态的参数决策。

采用劳伦兹系数法分别计算各注水井的渗透率劳伦兹系数 $V(k)$ 和吸水剖面劳伦兹系数 $Q(k)$，采用综合评判技术可得油层非均质性的评判结果：

$$B_2 = A_2 o R_2 = (\sum_{i=1}^{2} a_{2i} r_{i1}, \sum_{i=1}^{2} a_{2i} r_{i2}, \cdots, \sum_{i=1}^{2} a_{2i} V_{im}) \quad (8-42)$$

(3) 反映周围油井动态的参数决策。

由连通油井总产液量（偏大型）、平均含水率（偏大型）、剩余储量（偏大型）和采出程度（偏小型）进行综合决策，得到周围油井动态的评判结果。

$$B_3 = A_3 o R_3 = (\sum_{i=1}^{2} a_{3i} P_{i1}, \sum_{i=1}^{2} a_{3i} P_{i2}, \cdots, \sum_{i=1}^{2} a_{3i} P_{im}) \quad (8-43)$$

(4) 综合评判。

在上一级评判的基础上，对影响注水井吸水能力参数、反映油层非均质状况参数及周围连通油井动态参数的权重分配为：

$$A = \{a_1 \quad a_2 \quad a_3\} \quad (8-44)$$

故评判结果为：

$$B = AoR = (a_1 \quad a_2 \quad a_3) \begin{bmatrix} B_1 \\ B_2 \\ B_3 \end{bmatrix} \quad (8-45)$$

4)选井过程

根据综合评判结果,取决策因子排在前面的注水井为调剖候选井。选井过程流程图见图8-54。

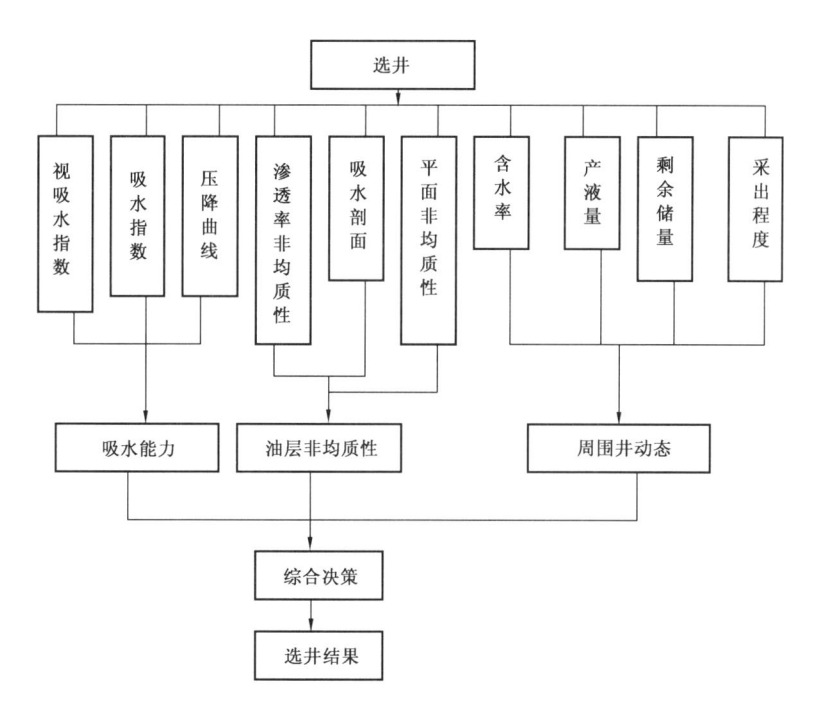

图 8-54 选井过程流程图

5)调剖层位及调剖剂的选择

(1)调剖层位选择。

对于笼统注水井,根据吸水剖面测试结果,选择每米相对吸水指数较大的层位作为调剖目的层。对于分层注水井,在除去水嘴损失的条件下,选择每米吸水指数较大的层位作为调剖候选层位。

(2)调剖剂选择。

选择调剖剂时,主要考虑调剖剂与地层和地层水的配伍性(地层水矿化度、地层温度)、注水井的吸水能力和调剖类型(深调还是浅调)等因素。本文将常用调剖剂的性能参数建成数据库,然后利用专家系统的推理方法确定调剖井的调剖剂类型。选剂流程见图8-55。

(3)调剖剂用量优化。

建立了井组和区块数值模拟优化设计软件,用户可根据实际需要选择。采用井组模型优化调剖剂用量,主要考虑了注水井的日注水量、渗透率变异系数、周围油井日产液量、对应油井含水率、相对渗透率曲线和调剖的性质(层内调剖和层间调剖)等必要参数。调剖剂用量优选过程见图8-56。

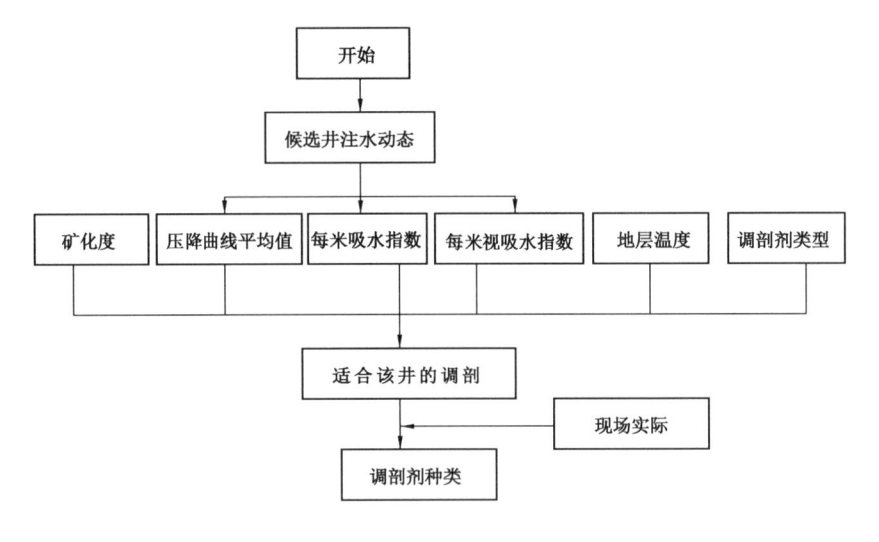

图 8-55 选剂流程图

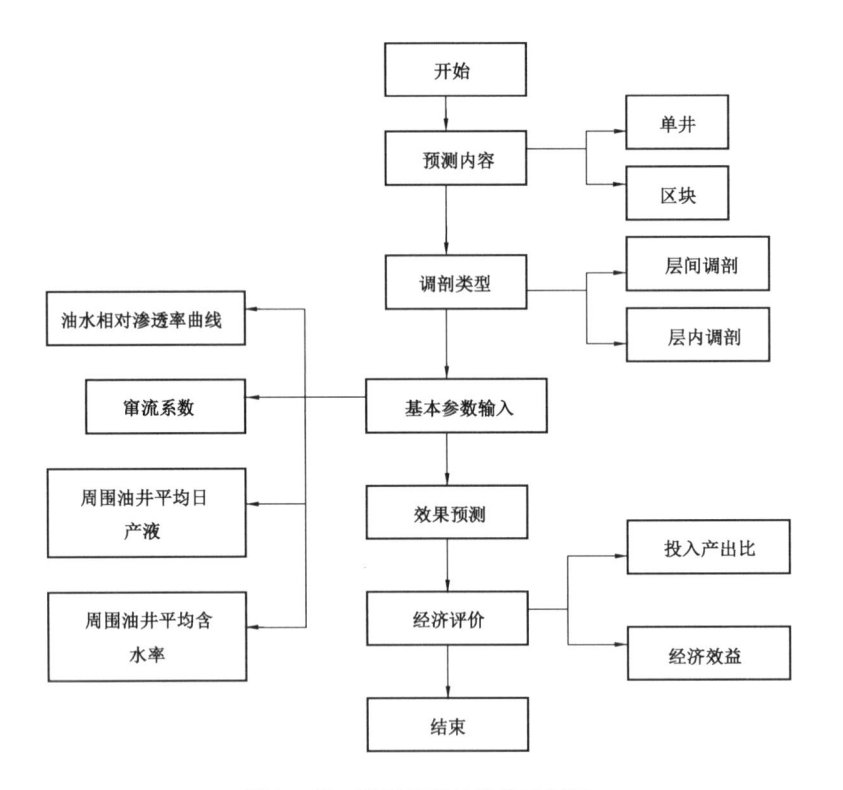

图 8-56 调剂剂用量优化流程图

6）施工工艺参数设计

施工工艺参数设计主要指施工压力和施工排量的设计。假定调剂剂在注入过程中不发生胶凝作用，则可推导出压力计算公式：

$$p_{注} = \frac{\mu_w}{22.62K'h}\left(F_r \ln\frac{r}{r_w} + \ln\frac{r_e}{r}\right)q + p_f - p_H + p_e \tag{8-46}$$

$$p_H = \rho h g / 1000 \qquad p_f = \frac{0.2f\rho H v^2}{D} \tag{8-47}$$

式中，f 为范式摩阻系数，取值与流体流态有关，以雷诺数表示。

$$Re = 10\rho v D / \mu_p \tag{8-48}$$

层流状态，$Re < 2100$，$f = 16/Re$；紊流状态，$Re \geqslant 2100$，$f = 0.057Re^{0.2}$。

在式(8-45)中较难确定的 p_e 值，可通过注水井的吸水指示曲线测试数据求得。计算过程如下：

(1) 计算注水井的吸水指数：

$$K = (q_2 - q_1)/(p_2 - p_1) \tag{8-49}$$

(2) 确定注水过程井底流压：

$$p_{wfw} = p_{zw} + p_{Hw} - p_{fw} \tag{8-50}$$

(3) 计算地层压力：

$$p_e = p_{wfw} - q/K \tag{8-51}$$

施工设计时，操作者可给出排量设计方案，程序将计算出不同设计排量下压力与时间的对应关系，从而选择合理的施工压力。

3. 典型应用实例

1) 龙11块基本概况

青龙台油田龙11断块位于辽河盆地东部凹陷北部的牛居—青龙台断裂背斜构造带上，为一地垒形断块构造。含油面积为 $4.2km^2$，原油储量为 $1078 \times 10^4 t$，油层埋深为 $1600 \sim 1800m$，孔隙度为20%左右，平均渗透率为1.13D。该区块于1983年12月投入开发，至1996年12月，投产油井59口，开井40口，综合含水率73.4%，采出程度14.29%；投转注水井23口，正常注水11口，日注水量为 $831m^2$。

2) 调剖井优选

根据提供的注水井小层数据、吸水剖面、注水动态、指示曲线和周围井的动态数据，采用多因素综合评判技术，候选出了5口调剖井。

3) 调剖剂种类、用量及施工参数优化

根据候选井的注入动态，在考虑经济因素的基础上，确定采用木钙-HPAM和黏土聚合物两种调剖剂配合进行调剖（木钙-HPAM为封口剂），其用量及施工参数见表8-24。

表 8-24 调剖剂用量及施工参数优化表

井号	调剖剂用量(m³) 木质素	调剖剂用量(m³) 黏土类	注入速度 (m³/h)	注入压力 (MPa)
L23-19	200	250	18	6~9
L21-019	200	270	18	7~10
L17-019	200	230	15	10~13
L19-019	200	150	16	11~14
L20-018	200	100	15	10~13

4）效果预测

若按上述方案进行施工,总共需要堵剂 2000m³。采用 RS 软件预测到 1998 年底,区块累计增油可达 9265t(考虑递减),降水 16592m³。

5）现场施工效果分析

根据设计方案对区块进行了综合治理,区块开发状况明显改善,统计到 1997 年 12 月底,综合含水率由 4 月的 79.4% 下降到 75%,水驱指数由 6 月的 2.454 上升至 2.674,存水率由 48.6% 上升到 51.4%,累计增油 5400 多吨,经济效益显著。

六、示踪剂监测技术

示踪剂是指那些可溶于液体并在极低的浓度下仍然可以被监测出来,在地层能随流体流度并能表面漆流度方向、速度和浓度的物质。

1. 示踪剂的作用

示踪剂注入地层后,根据对示踪剂的监测,可以了解井间的情况：

(1)油水井井间的连通情况。

(2)了解流体在地层中的渗流速度。

(3)了解地层分层区块。

(4)了解地层是否存在裂缝。

(5)评价地层处理效果。

2. 示踪剂的选择原则

在地层中的背景浓度低,在地层中的滞留量少,化学稳定性与生物稳定性好,与地层流体配伍型好,检测、分析简单,灵敏度高,安全无毒,对测井无影响,货源广、成本低。

3. 常用示踪剂

油田常用的示踪剂有氚水(^3H_2O)、硫氰酸铵(NH_4CNS)、硝酸铵(NH_4NO_3)、溴化钠($NaBr$)、碘化钠(NaI)、氯化钠($NaCl$)、荧光素钠($C_2OH_{12}O_5Na_2$)、乙醇(C_2H_5OH)等。

4. 示踪剂用量的计算

示踪剂的用量,目前油田一般根据 Brigham 和 Smith 提出的公式来计算示踪剂的用量。

$$G = 1.44 \times 10^{-2} h\phi S_w C_p a^{0.265} L^{1.745} \quad (8-52)$$

式中，G 为示踪剂用量，t；h 为地层厚度，m；C_p 为从油井采出示踪剂浓度的峰值，mg/L；a 为分散常数，m；L 为井距，10^2m。

5. 示踪剂常用的分析方法

(1)放射性同位素法。用液相闪烁计数器测定放射性的活度，其最低的检出限为 10^{-9} 级。

(2)非放射性同位素法。中子活化法、色谱分离法，最低检出限为 10^{-9} 级。

(3)化学示踪剂法。分光光度法、色谱分离法，最低检出限为 10^{-6} 级。

(4)微量物质示踪剂法。GC – MS + ICP – MS 联机分析法，最低检出限为 10^{-15} 级。

第七节 调剖、堵水的效果评价方法

堵水、调剖效果的评价，主要是对油井和调剖的注水井进行单井整体和区块实施效果的评价。主要包括单井或区块的增油、降水效果，以及增加的可采储量，提高采收率的效果等。

一、单井效果评价

1. 油井效果评价

一般具有以下特征即认为有效。

(1)日产油量上升，含水率下降 10% 以上；

(2)日产油量上升 15% 以上，含水率不变；

(3)日产油量不变，含水率下降 15% 以上。

2. 水井效果评价

注水井的评价，主要包括以下几方面的内容：

(1)吸水指数下降 10% 以上；

(2)吸水剖面发生明显变化，高—低渗透层每米吸水量的变化在 8% 以上；

(3)压力降落曲线明显变缓，生产指数值变化 8% 以上。

3. 增油量的计算

日增油量按式(8 – 53)计算：

$$\Delta Q = Q_4 - Q_3 \qquad (8-53)$$

式中，ΔQ 为调剖后增油量，t/d；Q_3 表示若不调剖，第 n 个月油井自然递减后的产量，t/d；Q_4 为调剖后实际产量，t/d。

Q_3 按式(8 – 54)计算：

$$Q_3 = Q(1-a)n \qquad (8-54)$$

式中，Q 为调剖后增油量，t/d；n 为油井见效的月数；a 为处理前区块产油月自然递减率。

a 按式(8 – 55)计算：

$$a = (Q_2 - Q_1)/Q_2 \qquad (8-55)$$

式中，Q_1 为油井见效前第一个月的平均产量，t/d；Q_2 为油井见效前第二个月的平均产量，t/d。

4. 日减少水量的计算

日减水量的计算按式(8-56)计算：

$$\Delta Q_w = Q_{w3} - Q_{w4} \qquad (8-56)$$

式中，ΔQ_w 为调剖后降水量，m^3/d；Q_{w3} 表示若不调剖，第 n 个月自然递增后的产水量，m^3/d；Q_{w4} 为调剖后实际产水量，m^3/d。

Q_{w3} 按式(8-57)计算：

$$Q_{w3} = Q_w(1+A)n \qquad (8-57)$$

式中，Q_w 为调剖前产水量，m^3/d；A 为区块日产水月自然递减率。

A 按式(8-58)计算：

$$A = (Q_{w1} - Q_{w2})/Q_{w1} \qquad (8-58)$$

式中，Q_{w1} 为油井见效前第一个月的平均产水量，m^3/d；Q_{w2} 为油井见效前第二个月的平均产水量，m^3/d。

二、区块(油藏)整体评价

区块(油藏)整体堵水、调剖后开发效果的改善可以用水驱曲线来进行评价。具体内容详见前文的"水驱曲线评价"。

三、经济效益评价

调剖经济效益评价采用产出投入比和经济效益两个指标进行评价。

1. 产出投入比

产出投入比按式(8-59)计算：

$$\lambda = \frac{V}{C_f} \qquad (8-59)$$

式中，λ 为产出投入比；V 为调剖增产值，元；C_f 为调剖投资，元。

V 按式(8-60)计算：

$$V = \Delta Q_o(M_o - C_d) + AQ_w(C_{inh} + C_{ww}) \qquad (8-60)$$

式中，ΔQ_o 为累计增产油量，t；M_o 为原油价格，元/t；C_d 为直接采油成本，元/t；ΔQ_w 为累计降低产水量，m^3；C_{inh} 为注水费用，元/m^3；C_{ww} 为污水处理费用，元/m^3。

2) 经济效益

经济效益按式(8-61)计算：

$$E = V - C_f - C_d \Delta Q_o \qquad (8-61)$$

式中，E 为调剖经济效益，元。

第九章 防偏、防砂、防蜡、防垢、防气、防腐工艺技术

第一节 油井偏磨与防偏技术

有杆抽油系统由于结构简单、运行可靠等特点,得到了国内外各油田的普遍应用,但因其自身的结构特点,在正常工作时油管和抽油杆之间存在相互运动,又由于井下其他介质的作用,使得油管与抽油杆之间产生摩擦(油田现场又称为偏磨)。这种作用的结果不仅极易造成抽油杆的断裂,还会磨穿油管壁,造成油管漏失,影响油井正常生产,给油田带来较大的经济损失。

一、油井偏磨是影响免修期的主要因素

延长油田属于"三低"油藏,地层的供液能力差,由于油井抽汲参数过大,存在着供液不足、气击、液击现象,使井下的杆、管、泵的工作条件恶化,油井的偏磨情况严重,油井因磨断、磨脱、磨漏而频繁作业。从近几年的油井作业原因统计数字来看,因偏磨而进行的上修井次占总井次的45%,这说明油井偏磨已成为影响油井免修期的主要因素。

二、油井偏磨问题普遍存在

油井的偏磨问题在油井的开发初期就存在,由于开发初期的井况和工况都比较好,表现得不突出。随着油田开发的发展,油井井况和工况的恶化,使油井的偏磨问题越来越严重。目前,延长油田各采油厂的油井都存在偏磨现象。从各采油厂的井况统计情况看,有近2/3的油井都不同程度地存在偏磨问题。油井偏磨问题给油田开发和采油成本控制带来极大困难,如何解决油井偏磨给油田生产带来的问题,已成为一项技术难题。

三、油井偏磨原因分析

1. 含水率和沉没度对油井偏磨的影响

统计结果显示,含水率对杆管偏磨有明显影响,随着含水率的上升,杆管偏磨呈明显上升趋势,含水率高于80%的油井基本上都不同程度存在偏磨问题;80%以上的偏磨井发生于沉没度低于100m的油井,50%以上的偏磨井发生于沉没度低于50m的油井。

2. 井身结构对油井偏磨的影响

在抽油井中,如果有井斜的存在,那么在井斜的部分管杆就会有一个初弯曲变形,尤其是有狗腿度的井,杆管的初弯曲变形就会更复杂,加剧了油井的偏磨。延长油田由于受地形的限制,绝大部分井都是丛式井,特别是东部油田由于井比较浅,井身轨迹的控制难度大,油井井斜角普遍偏大,杆管偏磨也较为严重。统计南区采油厂28口井磨损严重井,平均最大狗腿度为6.2°/30ft,最大幅度为268.1°,2011年28口井修井109井次,单井修井3.9井次。

3. 油管的弯曲变形对偏磨的影响

油管在上冲程时,由于泵的"活塞效应"使油管底部受到一个向上的虚拟力作用,而使油管产生弯曲变形。此时抽油杆因受到较大的张力,而保持直线状态(即管弯杆直),这时弯曲的油管就会与拉直的油杆产生偏磨。

4. 油杆的弯曲变形对偏磨的影响

抽油杆在下行程时,抽油泵的游动阀对流体阻力、柱塞的摩擦阻力、抽油杆在运动中与井液产生的摩擦力以及气击和液击现象的影响,会给抽油杆下行造成很大的阻力,致使抽油杆下部发生弯曲变形。此时油管处于拉直状态(即管直杆弯),使管杆相互磨损。

5. 抽汲参数对偏磨的影响

从测试曲线上看,冲次越大,下行的阻力越大,杆的弯曲程度越大(图9-1);抽油泵的泵径越大,抽油杆的下行程阻力越大,油杆的弯曲变形越大(图9-2)。

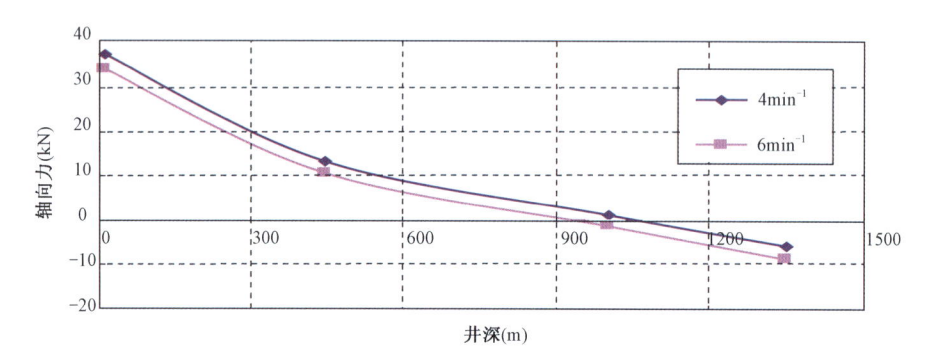

图9-1 三级管柱不同冲次轴向受力曲线

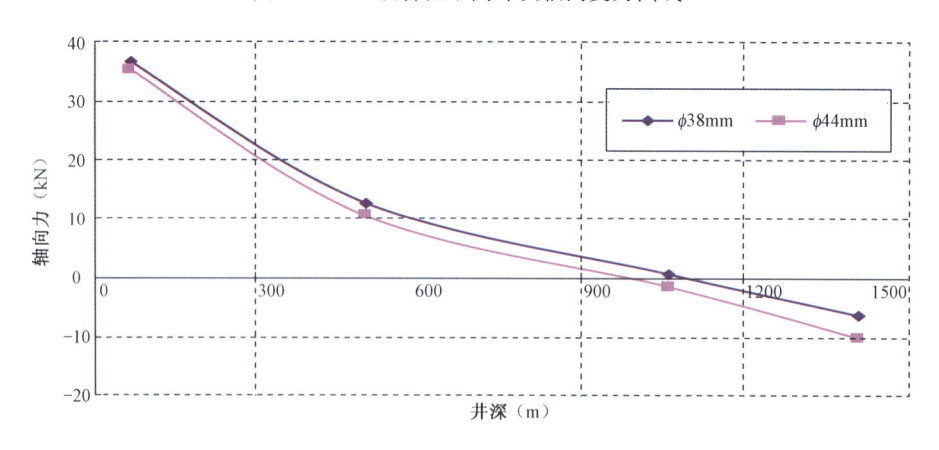

图9-2 相同杆柱组合不同泵型受力曲线

6. 杆柱组合

油杆的偏磨主要是下冲程时,下部油杆由于下行阻力导致油杆弯曲。这主要是由于下行阻力大于油杆的临界压力,使油杆因失稳而产生弯曲变形。通过测试(图9-3)可以看出,杆柱组合级数越小,应力集中的机会越少,杆柱级别不同,受压段长度不同(即中性点长度不同)。三级组合时受压段最长,杆柱压力最大;一级组合时受压段最短,杆柱压力最小。

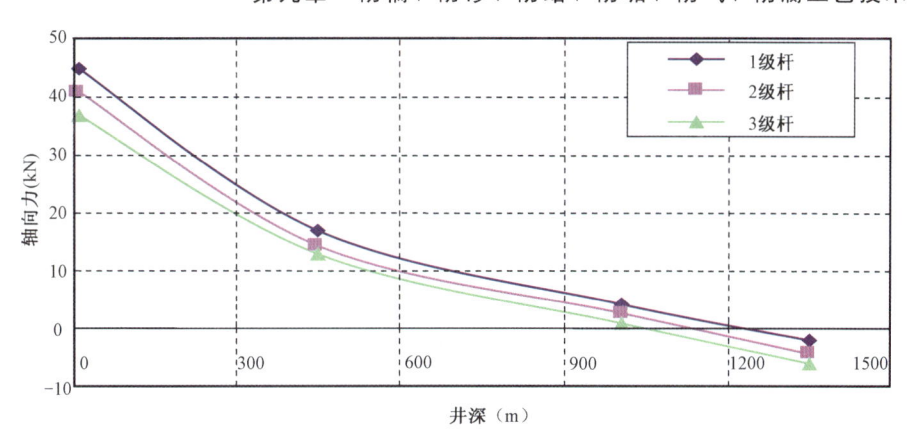

图 9-3　不同杆柱组合之间受力对比曲线

7. 液击现象

当抽油井的供液能力差、沉没度低时,会造成泵的充满程度差。这时柱塞在下冲程时,会与液面之间产生液击载荷,从而增大油杆的弯曲变形,加大油杆的偏磨。

$$F_s = A_r \times \frac{v_s}{\frac{1}{\rho_r a_r} + \frac{1}{\rho_1 a_1}}$$

式中,v_s 为柱塞与液面接触瞬间的运动速度,m/s;a_r 为声音在抽油杆中的传播速度,m/s;a_1 为声音在井液中的传播速度,m/s;ρ_r 为抽油杆材料密度,kg/m³;ρ_1 为井内液体密度,kg/m³;A_r 为最下部抽油杆柱的横截面积,m²。

从液击公式可以看出,柱塞与液面接触时的速度越快(即泵的充满程度差),液击力越大,下部抽油杆所受的阻力越大,油杆的弯曲程度越大,油井偏磨越严重。

8. 腐蚀对偏磨的影响

有研究表明,当油井产出液中含有腐蚀性介质时,腐蚀和偏磨相互作用。当管杆磨损以后,加快了腐蚀的速度;而杆管被腐蚀后,其强度降低,磨损的速度也会加快。腐蚀和偏磨共同作用对管杆的损伤分别是腐蚀和偏磨单独作用的 6 倍和 3 倍(图 9-4)。

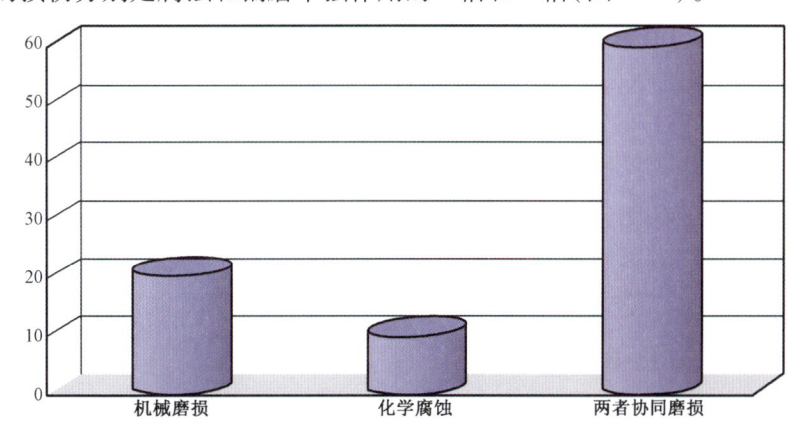

图 9-4　不同井况油井磨损速度统计图

四、国内外防偏磨技术现状及发展趋势

有杆泵井的杆管偏磨问题,我国在20世纪90年代初开始引起重视,1990年冯耀忠做过有关延长有杆泵井免修期措施的研究。90年代以来,随着我国大部分油田逐渐进入中后期开采阶段,有杆泵井的杆管偏磨问题日益突出,因此有关杆管偏磨防治对策的研究也逐渐成为热点。国内外科研工作者对偏磨的防治对策做了大量的研究工作,各种各样的防偏磨技术应运而生,这些防偏磨技术可以分为减小杆柱屈曲类、避免杆管接触类、均匀磨损类、降低摩擦系数类、抗磨类及其他方法,下面将分别加以介绍。

1. 减小杆柱屈曲类

杆柱的正弦屈曲和螺旋屈曲是产生杆管偏磨的直接原因,减小杆柱屈曲可以减少偏磨。这类技术主要有抽油杆下部加重技术、油管锚定技术和低坐封封隔技术。抽油杆下部加重技术是在抽油杆柱底部下加重杆,使抽油杆柱中和点下移,确保杆柱在上下冲程中始终处于受拉状态,减轻或消除抽油杆的螺旋屈曲。该方法可以改善杆柱受力状况,对减缓杆管偏磨有一定的效果,但只适用于偏磨不严重的油井,而且目前对加重杆的选用长度尚不能准确把握。

2. 避免杆管接触类

避免杆管接触的最好方法是在杆管偏磨段的抽油杆上安装抽油杆扶正器、扶正接箍,以及扶正环等。通过扶正器与油管的接触来避免杆管直接摩擦。由于科学技术的不断进步,防偏磨配套的扶正器也不断发展,由钢质的逐步发展到耐高温、耐磨损的尼龙材料,并且结构发展更合理、更科学。先后出现的扶正器有钢质扶正器、尼龙扶正器和热固式扶正器。

3. 均匀磨损类

这类技术主要包括旋转抽油杆和旋转油管技术,通过井下油管定时旋转或抽油杆定期转动,达到抽油杆、油管由径向单向点式磨损改为均匀周向磨损,延长偏磨井生产周期的目的。旋转类防偏磨技术虽然可以实现减缓井下抽油杆偏磨速度、延长油井免修期的目的,但不能从根本上杜绝油井杆管偏磨问题的发生。

4. 降低摩擦系数类

向井筒中加入油井缓蚀剂可以减缓杆管磨损速度。一方面,油井缓蚀剂在油管内壁形成的保护油膜起到润滑作用,可降低杆、管之间的摩擦系数,减少杆、管的磨损。另一方面,通过缓蚀剂与金属表面的化学吸附,在金属表面形成一种牢固的致密薄膜,隔离腐蚀介质,达到保护金属、防止磨蚀发生的目的。

5. 抗磨类

抽油杆和油管的材质耐磨蚀性差,也是偏磨腐蚀的重要因素之一,为提高杆管的耐磨性、耐蚀性,降低摩擦系数,减少磨损,采用经表面处理的杆、管,可以有效减少磨损的发生,延长杆、管的使用寿命。抗磨类技术主要包括抗磨接箍和抗磨油管两大类。

五、延长油田油井防偏磨技术

延长油田在油井防偏磨技术研究方面起步比较晚,近几年来针对于定向井多、井身轨迹复杂、油井低产和工作制度不合理等问题,在理论研究和防偏磨工具优选方面做了大量研究工

作,逐步形成了适应延长特点的低成本防偏磨技术。

1. 三维井眼抽油杆系统力学分析软件

三维井眼抽油杆力学分析软件是在对三维井眼抽油杆力学建模、力学实测的基础上开发而成的。本系统采用模块化结构设计,包含油井文件输入处理模块、抽油杆柱应力载荷分析模块、参数对载荷分布影响模块、参数对应力分布影响模块、抽油杆柱疲劳寿命分布模块、结果输出模块等6个功能模块。各功能模块在主控模块的调动下运行。

(1)建立抽油杆柱三维有限元力学分析模型。

抽油杆柱在井眼中的仿真计算不仅包含着抽油杆柱轴向拉压与弯曲、扭转之间的相互耦合问题,而且包含着结点的非完整约束问题。根据有限元方法的推导过程,根据假设条件,结合井下抽油杆柱的空间三维特征,得到抽油杆柱的三维动力学有限元模型。

(2)井下存储式抽油杆力学检测设备。

为了验证抽油杆柱三维有限元力学分析模型的计算准确度及对相关系数进行校正,针对延长油田井况研制了井下存储式抽油杆力学检测设备。该装置连接于井下抽油杆柱某一待测量部位。当进行抽油作业时,井下的抽油杆负荷、温度、位移等参数通过相应的传感器传输至信号调理部分,经过处理完成数值采样记录工作;所采集的数据通过主控器按事先设定的时段存储于存储器中。起出抽油杆后,所存储的数据通过主控器及通信接口导入PC机中,最后由PC机利用相应的程序进行处理,从而获取所需的数据(表9-1)和图形。

表9-1 检测装置特性指标

项目	本体最大外径(mm)	最大拉力(kN)	最大承压(kN)	最大扭矩(kN·m)	工作温度(℃)
1in	55	117.6	19.6	1.61	-20~100
7/8 in	46	78.4	19.6	1.22	-20~100
3/4 in	42	39.2	19.6	0.53	-20~100

2. 开发一套符合生产实际的防偏磨工具

(1)螺旋柱状扶正器(图9-5)。

扶正器以短杆形式连接在两根抽油杆之间。扶正套的螺旋柱状为增强尼龙,最大外径为52mm。

(2)陶瓷扶正器。

扶正器以短杆形式连接在两根抽油杆之间。扶正器钢体由42CrMo合金结构钢加工制造。扶正套由专用工程陶瓷套及其两端螺旋齿状的增强尼龙套组成(图9-6)。该扶正器工作时首先两个尼龙垫套发挥作用,起到保护陶瓷套和普通尼龙柱状扶正器的作用,当其外径磨损到陶瓷套外径时,工程陶瓷套的高硬度、磨损率低、极强的耐磨特性将发挥防偏磨的主导作用,在油井油水混合液体中,陶瓷套外表面与油管内壁形成磨损率极低的两个平衡的光滑接触面,同时在尼龙垫套韧性减振补偿作用下,扶正器对油管的机械磨损削弱到最低,两种不同性能材料的配合使用,实现了相互保护、相互补偿,大大提高了扶正器的实用性能。

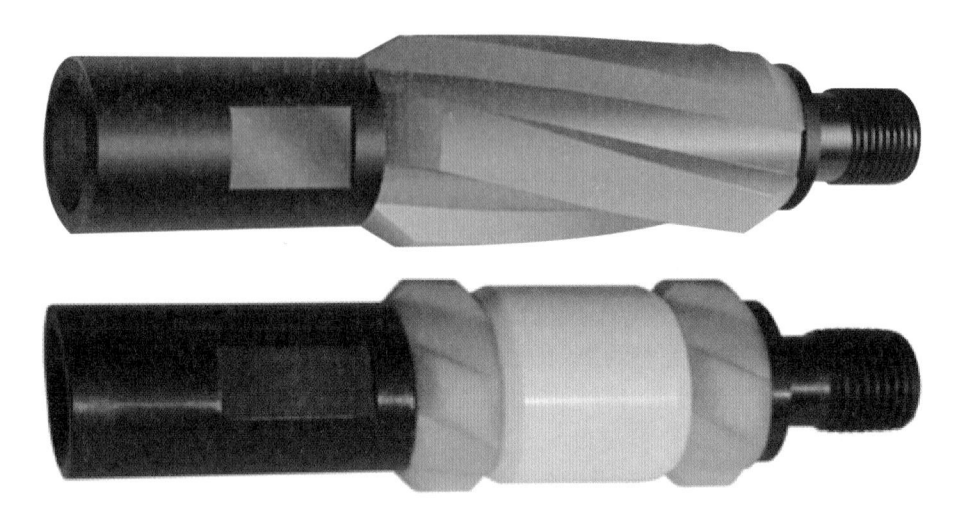

图 9-5 螺旋柱状扶正器

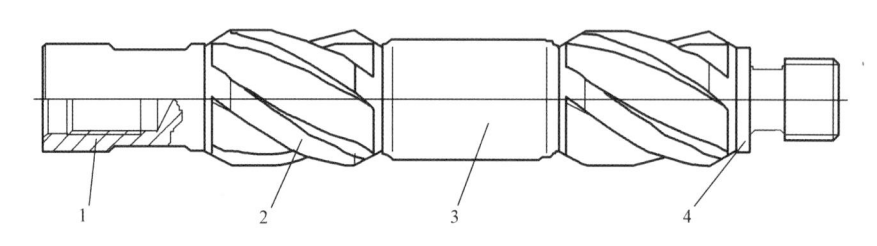

图 9-6 螺旋圆柱面柱状扶正器
1—钢体；2—垫套；3—扶正套；4—挡环

（3）抽油杆本体固塑扶正器。

考虑到抽油杆防磨脱接箍需在单根抽油杆之间连接，接箍之间距离最少为一根抽油杆长度，在油井井身轨迹变化比较大的地方，抽油杆发生弯曲变形使抽油杆本体发生偏磨。固塑抽油杆（图9-7）和防磨接箍配合使用能够较好地解决这个问题，固塑抽油杆是在抽油杆本体上按不同的间距分别固定几个尼龙扶正器。材料采用增强尼龙，外形结构呈流线型，且有四条凹槽作为油流通道，流动面积大，油流阻力小，且有良好的抗拉、抗压、耐磨、耐高温等特点。而且尼龙扶正器可在抽油杆本体上任意位置注塑，扶正器间距易于控制，不易在杆体上滑动。

图 9-7 固塑抽油杆

(4)抽油杆防磨接箍。

用防磨接箍取代目前的抽油杆普通接箍,该接箍将抽油杆接箍与防偏磨等功能集于一体,通过替代目前普通抽油杆接箍的办法,来降低成本,达到防偏磨、防断脱的效果。抽油杆防磨脱接箍(图9-8)主要由金属本体和非金属部件两大部分组成。其主要原理是采用软硬相结合的办法,首先使防磨脱接箍的非金属部件与油管接触,当非金属材料磨损后,金属本体再与油管接触。由于非金属部件采用了特殊超高分子材料,因此极大延长了接箍的使用寿命。

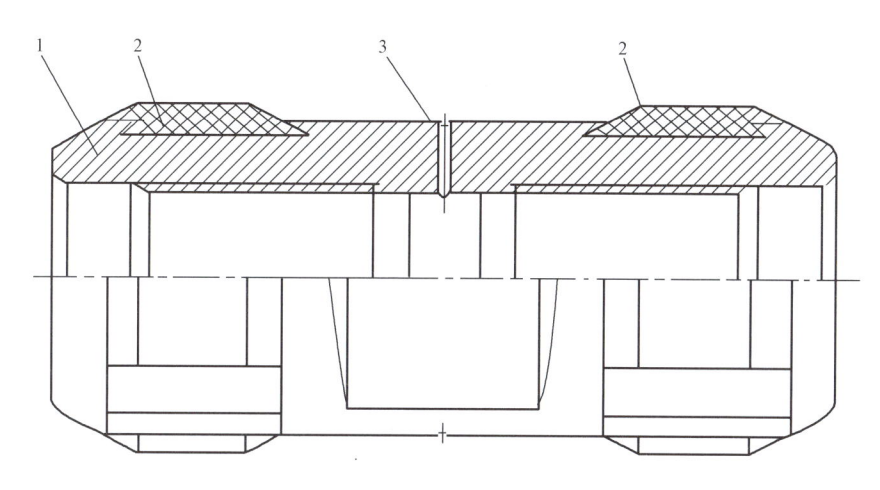

图9-8 抽油杆防磨脱接箍总图
1—金属本体;2—非金属部件;3—泄流孔

(5)抽油杆柔性接箍。

为了解决定向斜井全角变化率较大的井段管杆偏磨的问题,研制了抽油杆柔性接箍(图9-9),主要用于狗腿度偏大的井段。

(a)正常状态　　　　　　　(b)弯曲状态

图9-9 抽油杆柔性接箍

(6)传重式加重杆。

常规加重杆存在的问题:油田常采用空心灌铅杆或大直径抽油杆进行加重。从一定程度上讲可以抵消柱塞的下行阻力,但中和点仍然存在,无法彻底改善底部抽油杆柱的受力状况。研制的传重式加重杆(图9-10)将绝大部分加重量传递到抽油杆底部,尽可能将抽油杆中和点下移,减少管杆偏磨点。

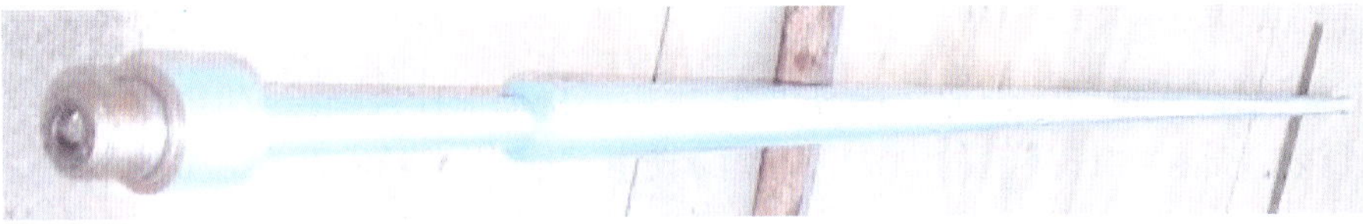

图9-10 传重式加重杆

3. 其他方法

改变抽油杆接箍的位置防偏磨,对于同一口井而言,每次作业时,交替在活塞上部增(减)一个4m的短节来改变油管和抽油杆的偏磨点,以达到延长油管抽油杆使用寿命的目的。

（1）选择合理的生产参数。在满足矿场集输压力的条件下,井口回压尽量低一些,因回压过高不仅增加悬点载荷,而且会加剧杆管的偏磨。另外,选择油井合理的抽汲参数,确定合理的冲程、冲次以及泵径。特别是在油井比较深的条件下,应采用长冲程、低冲次、小泵径的参数配合,尽量减少振动和惯性载荷,以达到减轻杆管偏磨的目的。

（2）选择合理的油井沉没度。对于游梁式抽油装置,确定油井合理沉没度不仅可以提高泵效、节省电能,而且可以减轻杆管偏磨的现象。

六、现场实施效果

在延长油田南区和杏子川采油厂开展了90口井先导性试验。根据油井井况的不同,将偏磨井治理方案分为七类：第一类,采用螺旋柱状扶正器优化实施10口井；第二类,采用陶瓷扶正器优化实施10口井；第三类,采用抽油杆防磨接箍优化实施10口井；第四类,螺旋柱状扶正器与传重式加重杆优化实施10口井；第五类,采用32泵和螺旋柱状扶正器优化实施10口井；第六类,利用8级电动机降低冲次与螺旋柱状扶正器优化实施10口井；第七类,综合应用螺旋柱状扶正器、陶瓷扶正器、传重式加重杆、小泵和小冲次技术优化实施30口井。在实施过程中,对于单井井眼曲率变化较大井加用抽油杆导向器；对于现场实际勘查偏磨严重井段,使用带有浇铸扶正器的抽油杆来增加扶正器的密度。实施后90口井的油井免修期由187天提高到421天,免修期提高了234天。

第二节 防蜡与清蜡技术

石油开采过程中,由于原油物性不同,含有蜡的油井生产时随着温度、压力的变化,蜡从原油中析出,沉积在油管、抽油杆表面,随着时间的推移,蜡沉积得越来越多,油流通道逐渐减小,导致抽油杆上下行运动时摩擦阻力增大,油井产液量降低,油井电耗增加,影响到油井的正常生产。由于油井结蜡,导致抽油杆负荷增加,抽油杆断脱概率增加；沉积在油管、抽油杆上的蜡块脱落会导致抽油泵柱塞蜡卡,油井不能生产。这些故障均会使油井作业工作量增加,油井运行成本增加。

一、延长油田油井结蜡现状

延长油气田油井具有典型的"四低"(低压、低孔、低渗、低产)特点,共有23个采油厂,油藏埋深200~2000m不等,油井单井日产液低(0.3~20m^3)。由于大部分油藏埋藏比较浅,地层温度低,单井产液量低(平均 0.87m³),致使部分区块原油含蜡量较高,结蜡较为严重。

据统计,甘谷驿、七里村、王家川、南泥湾、杏子川、吴起、横山和英旺 7 个采油厂原油黏度平均为 10.88mPa·s,含蜡量平均为 11.75%,最高为横山采油厂达到 22%(表 9-2)。油井结蜡周期为 3~6 个月之间不等。

表 9-2 延长油气田部分采油厂原油参数表

油田	密度(g/cm³)	黏度(mPa·s)	凝点(℃)	含蜡量(%)
甘谷驿采油厂	0.84	3.4	4	3.62
英旺采油厂	0.8295	50.25	27	14.12
子长采厂	0.783	2.771	5	3~6.76
杏子川采油厂	0.789	6.846	15~20	9.25~10.05
南泥湾采油厂	0.781	4.23	12	11.17
横山采油厂	0.8785	13.64~16.88	15	20~23
王家川采油厂	0.833	4.27	12	15.4
七里村采油厂	0.83	4.44	7.5	11.2
吴起采油厂	0.85	12.4	25.87	17.07

二、油井结蜡原因分析

1. 结蜡机理

石油是多种碳氢化合物的混合物,严格地说,原油中的蜡是指那些碳数比较高的正构烷烃。通常把 $C_{16}H_{34}$—$C_{63}H_{128}$ 的正构烷烃称为蜡,纯净的石蜡是略带透明的白色无味晶体。

蜡在地层条件下通常是以液体状态存在,然而在开采的过程中,随着温度和压力的下降以及轻质组分不断逸出,原油溶蜡能力降低,石蜡将不断地析出,其结晶体便聚集和沉淀在油管、套管、抽油杆、抽油泵等管材和设备上,直接影响生产。实际上,采油过程中结出的蜡并不是纯净的蜡,它是原油中的那些高碳正构烷烃混合在一起的,既含有其他高构碳烃类,又含有沥青质、胶质、无机物、泥沙、铁锈和油水乳化物等的半固态和固态物质,即俗称的蜡。各油田的不同的原油,不同的生产条件所形成的蜡,其组成和性质都有较大的差异。

原油携蜡机理为薄膜吸附和液滴吸附。薄膜吸附:当油水乳化液与油管和设备表面接触时,通常形成两种定向层,即疏水定向层和亲水定向层。一方面,烃类中的油溶表面活性剂被油管或设备表面吸附,形成具有疏水倾向的定向层和一层原油薄膜;另一方面,该原油薄膜与不含表面活性剂的水接触时破裂,在其表面上形成亲水定向层。此时,烃类中大量未被金属表面吸附的表面活性剂,开始以亲水基吸水、疏水基吸油的方式吸附在这一新的油水界面上,从而在金属表面形成由双层表面活性剂分子组成的疏水层,油膜薄层则浸润油管和设备表面并向周围延伸,当温度降至低于石蜡结晶温度时,在油膜上形成蜡晶格网络并不断长大,形成沉积。这一过程的循环往复可使结蜡层不断增厚。液滴吸附:在紊流搅动下,油水乳化液沿油管向上运动时的能量足以使孤立液滴径向运动并与油管壁相撞。计算表明,在距泵入口 20m 的范围内液流中的每一油滴与油管壁的接触多于 100 次,这时含有沥青胶质和石蜡的油滴被金属表面的油膜吸附,其中具有足够动能的油滴进入油膜,石蜡则在油管壁上沉积。

2. 油井结蜡的规律

（1）原油中含蜡量越高，油井结蜡越严重。
（2）油井开采后期较开采前期结蜡严重。
（3）高产井及井口出油温度高的井结蜡不严重或不结蜡。
（4）低含水阶段结蜡严重，含水率升高到一定程度后结蜡减轻。
（5）表面粗糙或不干净的设备和油管易结蜡。
（6）出砂井容易结蜡。
（7）油层、井底和油管下部不易结蜡。

3. 影响结蜡的因素

原油组成是影响结蜡的内因，温度和压力等是影响结蜡的外因。

1）原油性质和含蜡量

原油中所含轻质馏分越多，则蜡（$C_{16}H_{34}$—$C_{64}H_{130}$）的结晶温度越低，保持溶解状态的蜡量也就越多。同温度下轻质油对蜡的溶解能力大于重质油；同种油中蜡的溶解度随温度的升高而升高。原油中的含蜡量高时，蜡的结晶温度就高。

2）原油中的胶质和沥青质

胶质为表面活性物质，可吸附于石蜡结晶表面阻止结晶发展；沥青质是胶质的进一步聚合物，对石蜡起良好的分散作用。因此，胶质、沥青质可以减轻结蜡，但又对蜡具有增黏作用，使之不易被油流冲走。

3）压力和溶解气

压力高于饱和压力时，蜡的初始结晶温度随压力的降低而降低；压力低于饱和压力时，蜡的初始结晶温度随压力的降低而升高。因此，采油过程中气体的分离能够降低油对蜡的溶解能力和油流温度，使蜡容易结晶析出。

4）原油中的水和机械杂质

原油中的水和机械杂质对蜡的初始结晶温度影响不大，但油中的细小砂粒及机械杂质会成为石蜡结晶的核心，加剧结蜡过程。原油含水率上升可减缓液流温度的下降速度，并在管壁形成连续水膜，使结蜡程度有所降低。

三、国内外清防蜡技术介绍

油田常用的油井清防蜡技术，主要有机械清蜡技术、热力清蜡技术、改变油管表面性质防蜡技术、磁防蜡技术、超声波防蜡技术、微生物清防蜡技术、化学清防蜡技术和延长油田清防蜡技术等。

1. 机械清蜡技术

机械清蜡是一种传统的、最常用的清蜡方法，用电动绞车将连接在钢丝上的刮蜡片下到结蜡井段，刮掉油管内壁的结蜡。一般多采用"8"字形刮蜡片，有时采用舌形刮蜡片。若结蜡严重但尚未堵死，可用麻花钻头；结蜡很硬或已堵死，则用矛刺钻头清蜡。对抽油井，则可在易结蜡部位的抽油杆上装一组用2.5~3mm钢板制成的刮蜡器，地面装有抽油杆旋转器，利用抽油杆的往复运动带动抽油杆顺时针旋转而刮蜡。为减轻杆柱质量，也可采用尼龙刮蜡器。

第九章 防偏、防砂、防蜡、防垢、防气、防腐工艺技术

2. 热力清蜡技术

通过热载体(热油、热水、蒸汽、热空气或烟道气)洗井、热油循环或用电热器将电能转换成热能,熔化管壁和井下设备及地面管线的结蜡。

1) 电热清蜡

电热清蜡法是把热电缆随油管下入井筒中或采用电加热抽油杆,接通电源后,电缆或电热杆放出热量即可提高液流和井筒设备的温度,熔化沉积的石蜡,从而达到清防蜡的目的。

2) 热流体循环清蜡

热流体循环清蜡法的热载体是在地面加热后的流体物质,如水或油等,通过热流体在井筒中的循环传热给井筒流体,提高井筒流体的温度,使得蜡沉积熔化后再溶于原油中,从而达到清蜡的目的。根据循环通道的不同,可分为开式热流体循环、闭式热流体循环、空心抽油杆开式热流体循环和空心抽油杆闭式热流体循环四种方式。

3) 热化学清蜡

热化学清蜡是利用化学反应产生热能清除蜡堵。如用氢氧化钠、金属镁和铝与盐酸作用,可放出大量热量。

$$NaOH + HCl \Longrightarrow NaCl + H_2O + 23.7 kcal$$

$$Mg + 2HCl \Longrightarrow MgCl_2 + H_2 + 110.2 kcal$$

$$2Al + 6HCl \Longrightarrow 2AlCl_3 + 3H_2 + 126 kcal$$

该方法常与热酸处理联合使用,作为油井增产措施之一。这种方法成本高、效果差,一般很少使用。

4) 蒸汽清蜡

将井内油管起出来,摆放整齐,然后利用蒸汽车的高压蒸汽熔化并冲洗内外的结蜡。

3. 改变油管表面性质防蜡技术

该技术的原理是通过措施改变油管表面性质,如提高光滑度或润湿性等,阻止蜡在表面上沉积,达到防蜡的目的。

4. 磁防蜡技术

该技术主要装置是强磁防蜡器,原理是当油流受到磁场中洛仑兹力的作用,离子及极化电荷被中和,并且有效削弱了蜡晶之间、蜡晶与胶体分子之间的黏附力,破坏了蜡晶的聚结,削弱了在油管壁及抽油杆上析结出片状硬蜡以及在原油中形成片状石蜡的网状配合物的可能性,从而达到防止和大大减轻结蜡的目的。

5. 超声波防蜡技术

超声波防蜡技术包括超声波—电热清防蜡技术、超声波复合防蜡技术和环空超声波清防蜡技术等。

6. 微生物清防蜡技术

该防蜡技术是筛选合适的微生物菌种使其在近井地层、井筒内大量繁殖,生物降解原油中饱和碳氢化合物、胶质和沥青质。微生物在代谢过程中产生的表面活性剂和生物乳化剂还能改善油层的润湿性,提高油藏渗透率,增加油井产量。

7. 化学清防蜡技术

该技术是将化学药剂从采油井的油管、套管环形空间加入,在原油中溶解混合后,改变原油中蜡晶之间的集聚,防止蜡晶在管壁上沉积,达到阻止蜡晶聚结、沉积或延缓结蜡的目的。目前,现场常用的清防蜡剂主要有油溶性、水溶性和乳液型三种。

8. 延长油田清防蜡技术

目前,延长油田清防蜡的主要方法有化学法、热力法和物理法。化学法清防蜡效果比较好,成本低,不仅可以解除油井结蜡的问题,而且还可减轻原油在地面管线、输油设备以及储罐中结蜡,是目前主要采用的清防蜡方式,但现场操作较不方便;热力法清蜡效果好,清蜡比较彻底,但现场操作不方便,主要用于结蜡比较严重的油井上;物理法清防蜡效果较好,现场操作方便,但成本较高,也是目前主要技术攻关的方向。

1)油基清防蜡剂

FF-YQFL 系列清防蜡剂由表面活性剂、高分子聚合物(蜡晶改进剂)、有机溶剂、渗透剂、加重剂等组成。

(1)溶蜡速率测定结果见表9-3 至表9-5。

依据石油天然气行业标准 SY/T 6300—1997《采油用清防蜡剂通用技术条件》规定的方法,采用静态溶蜡法。取 15mL 清防蜡剂于 50mL 比色管中,于 45℃恒温水浴中恒温 20min 后,加入旗胜 9-24 井(层位:延10)、旗胜 9-10 井(层位:延9)和旗胜 10-10 井(层位:长2)蜡样,记录完全溶解所需的时间。

表9-3 旗胜9-24井蜡样溶蜡速率测定结果

清防蜡剂	蜡样质量(g)	溶蜡时间(min)	溶蜡速率[mg/(min·mL)]
FF-YQFL-01	1.0264	31.24	2.19
FF-YQFL-02	1.0364	35.32	1.96
FF-YQFL-03	1.0324	36.13	1.90
FF-YQFL-04	0.9945	32.34	2.05

表9-4 旗胜9-10井蜡样溶蜡速率测定结果

清防蜡剂	蜡样质量(g)	溶蜡时间(min)	溶蜡速率[mg/(min·mL)]
FF-YQFL-01	1.0354	30.96	2.23
FF-YQFL-02	1.0291	34.21	2.00
FF-YQFL-03	1.0157	36.04	1.88
FF-YQFL-04	1.0246	33.12	2.06

表9-5 旗胜10-10井蜡样溶蜡速率测定结果

清防蜡剂	蜡样质量(g)	溶蜡时间(min)	溶蜡速率[mg/(min·mL)]
FF-YQFL-01	0.9961	31.02	2.14
FF-YQFL-02	1.0124	34.69	1.95
FF-YQFL-03	1.0359	36.12	1.91
FF-YQFL-04	1.0327	33.24	2.07

对于长官庙油田延10、延9和长2层位所结蜡样,FF-YQFL系列清防蜡剂清蜡效果均较好,其中FF-YQFL-01和FF-YQFL-04除蜡效果最佳。

(2)防蜡率测定结果见表9-6至表9-8。

依据石油天然气行业标准SY/T 6300—1997《采油用清防蜡剂通用技术条件》规定的方法,取旗胜11-17井(层位:延10)、旗胜9-8井(层位:延9)、旗胜9-43井(层位:长2)采出液油样进行防蜡实验研究,清防蜡剂浓度均为50mg/L。

表9-6 旗胜11-17井蜡样防蜡率测定结果

清防蜡剂	结蜡时间(h)	结蜡量(g)	防蜡率(%)
空白	—	2.1624	—
FF-YQFL-01	2	0.8616	60.15
FF-YQFL-02	2	0.9324	56.88
FF-YQFL-03	2	0.9153	57.67
FF-YQFL-04	2	0.8715	59.70

表9-7 旗胜9-8井蜡样防蜡率测定结果

清防蜡剂	结蜡时间(h)	结蜡量(g)	防蜡率(%)
空白	—	1.9634	—
FF-YQFL-01	2	0.7365	62.49
FF-YQFL-02	2	0.7913	59.70
FF-YQFL-03	2	0.7859	59.97
FF-YQFL-04	2	0.7321	62.71

表9-8 旗胜9-43井蜡样防蜡率测定结果

清防蜡剂	结蜡时间(h)	结蜡量(g)	防蜡率(%)
空白	—	2.1062	—
FF-YQFL-01	2	0.8136	61.37
FF-YQFL-02	2	0.8369	60.26
FF-YQFL-03	2	0.8318	60.51
FF-YQFL-04	2	0.8147	61.32

对于长官庙油田延10、延9和长2层位采出液,FF-YQFL系列清防蜡剂防蜡效果均较好,均达50%以上,其中FF-YQFL-01和FF-YQFL-04防蜡效果最佳。

2)水基防蜡剂

FF-SFL系列水基防蜡剂的主要成分是表面活性剂,这些表面活性剂加入油井后,表面活性剂可在油管壁形成蜡极性水膜,对油井防蜡具有重要作用。

(1)FF-SFL系列水基防蜡剂润湿性评价见表9-9。

水基防蜡剂防蜡的能力,主要取决于其形成水膜的能力,可通过实验进行评价,钢片表面绿色越均匀,则防蜡剂形成水膜的能力越强。

表9-9　FF-SFL系列水基防蜡剂形成水膜能力评价

FF-SFL系列水基防蜡剂	现象
FF-SFL-01	钢片全部变绿
FF-SFL-02	钢片全部变绿
FF-SFL-03	钢片全部变绿
FF-SFL-04	钢片全部变绿

（2）防蜡率测定结果见表9-10至表9-12。

对于长官庙油田延10、延9和长2层位采出液，FF-SFL系列水基防蜡剂中，FF-SFL-04防蜡效果最好，FF-SFL-02次之，使用质量浓度为200mg/L时，防蜡率可达50%以上。

表9-10　旗胜11-17井防蜡率测定结果

FF-SFL系列水基防蜡剂	防蜡率(%)		
	防蜡剂100mg/L	防蜡剂200mg/L	防蜡剂300mg/L
FF-SFL-01	34.9	43.2	51.7
FF-SFL-02	40.6	52.7	62.4
FF-SFL-03	38.3	47.2	58.3
FF-SFL-04	42.5	55.6	64.9

表9-11　旗胜9-8井防蜡率测定结果

FF-SFL系列水基防蜡剂	防蜡率(%)		
	防蜡剂100mg/L	防蜡剂200mg/L	防蜡剂300mg/L
FF-SFL-01	33.5	41.6	48.9
FF-SFL-02	39.2	51.3	59.4
FF-SFL-03	38.6	48.1	59.4
FF-SFL-04	41.9	53.7	62.5

表9-12　旗胜9-43井防蜡率测定结果

FF-SFL系列水基防蜡剂	防蜡率(%)		
	防蜡剂100mg/L	防蜡剂200mg/L	防蜡剂300mg/L
FF-SFL-01	35.7	44.8	53.2
FF-SFL-02	41.6	53.9	63.1
FF-SFL-03	39.6	51.3	59.7
FF-SFL-04	44.2	57.6	66.8

3）固体防蜡剂

FF–GFL 系列固体防蜡剂主要是采用多种高分子聚合物及其他助剂复配而成，易在油中分散并形成网状结构，在石蜡结晶过程中，固体防蜡剂可以起到晶核与原油中的蜡共晶或吸附蜡晶的作用，阻止蜡晶在油管壁和抽油杆上聚集和长大，从而很易被油流带走；另有部分高分子聚合物具有一定数量的极性基团，与原油中的蜡产生共晶作用，然后通过伸展在外的极性基团抑制蜡晶的生长，而溶解在原油中的高分子聚合物在油温降低时会首先析出，成为随后析出的石蜡结晶中心，蜡的晶粒被吸收在高分子聚合物的碳链上，由于分支的空间障碍和拦隔作用也阻碍蜡晶体的长大聚集，并减少高分子聚合物与蜡晶体之间的黏结力，从而使油井的结蜡量减少，达到防蜡的目的。

（1）防蜡率测定结果见表 9–13 至表 9–15。

对于长官庙油田延 10、延 9 和长 2 层位采出液，FF–GFL 系列固体防蜡剂中，FF–GFL–03 防蜡效果最好，使用质量浓度为 30mg/L 时，防蜡率可达 50% 以上，FF–GFL–01 防蜡效果次之。

表 9–13　旗胜 11–17 井防蜡率测定结果

FF–GFL 系列水基防蜡剂	防蜡率(%) 防蜡剂 20mg/L	防蜡率(%) 防蜡剂 30mg/L	防蜡率(%) 防蜡剂 50mg/L
FF–GFL–01	46.2	51.3	62.4
FF–GFL–02	43.9	48.7	56.3
FF–GFL–03	47.1	53.4	63.9
FF–GFL–04	45.6	50.7	59.4

表 9–14　旗胜 9–8 井防蜡率测定结果

FF–GFL 系列水基防蜡剂	防蜡率(%) 防蜡剂 20mg/L	防蜡率(%) 防蜡剂 30mg/L	防蜡率(%) 防蜡剂 50mg/L
FF–GFL–01	45.7	49.9	58.3
FF–GFL–02	43.2	47.5	55.4
FF–GFL–03	46.0	52.1	59.7
FF–GFL–04	44.5	49.2	59.1

表 9–15　旗胜 9–43 井防蜡率测定结果

FF–GFL 系列水基防蜡剂	防蜡率(%) 防蜡剂 20mg/L	防蜡率(%) 防蜡剂 30mg/L	防蜡率(%) 防蜡剂 50mg/L
FF–GFL–01	47.1	53.6	64.3
FF–GFL–02	44.8	51.4	60.2
FF–GFL–03	49.5	56.1	65.9
FF–GFL–04	46.2	52.7	61.8

(2)固体防蜡剂动态溶解实验结果见表9-16至表9-17。

根据防蜡实验,防蜡块的溶解速度应以井液中防蜡剂的含量在20~30mg/L为宜。

防蜡块在长官庙油田延10、延9和长2层位采出液中均可以均匀溶解,并且采出液中防蜡剂浓度可保持在20~30mg/L。FF-GFL-01、FF-GFL-03固体防蜡剂的溶解速度基本稳定,可以达到使用周期长达一年以上的要求。

表9-16 FF-GFL-01固体防蜡剂动态溶解实验结果

时间(h)	防蜡剂浓度(mg/L)		
	旗胜11-17井	旗胜9-8井	旗胜9-43井
12	24.3	22.1	26.4
24	24.1	22.1	26.4
36	24.1	22.4	26.5
48	24.1	22.3	26.3
60	24.3	22.3	26.5
72	24.5	22.3	26.5
84	25.3	22.4	26.4
96	24.2	22.2	26.5

表9-17 FF-GFL-03固体防蜡剂动态溶解实验结果

时间(h)	防蜡剂浓度(mg/L)		
	旗胜11-17井	旗胜9-8井	旗胜9-43井
12	25.7	23.1	28.4
24	25.4	23.4	28.4
36	25.4	23.4	28.7
48	25.5	23.2	28.4
60	25.3	23.1	28.1
72	25.1	23.5	28.1
84	25.3	23.1	28.3
96	25.6	23.3	28.1

9. 超导清防蜡技术

超导热洗清蜡是油井热洗清蜡的创新工艺技术,以油井产出井液作为热洗循环介质,利用抽油机运转动力抽出井液,经超导装置快速加热后,注入油套环形空间,使油管和井内液体温度升高,经自身多次循环,使油管内壁和抽油杆结蜡完全溶解,并随产出液提升到地面,达到油井清蜡的目的。利用超导清蜡车在下寺湾采油厂进行了50口井的试验,实施后平均单井日产液量由施工前的6.88m³提高到6.97m³,平均单井产液量增加了0.09m³,上行电流由施工前的13.55A下降到12.52A,下降了1A,下行电流由施工前的9.7A上升到10.4A,上升了0.7A。单井产液量上升,油井上行电流下降和下行电流上升,说明超导热洗清蜡车的清蜡效果较为明显,取得了较好的效果。

10. 超声波耦合与电磁防蜡复合技术

超声波耦合电磁防蜡器（图9-11）是利用原油中溶解的天然气产生空化效应，利用井中流体动力产生声波，在巨能强磁场中产生声、磁双场迭代耦合，改变原油物性，降低原油黏度；破碎和分散蜡晶，阻止蜡晶生长；乳化保护蜡晶，防止蜡晶聚积；蜡晶带电偏转，改变蜡晶分子排列。在声、热、磁等多重作用下，防止蜡析出、聚集和沉积。在延长油田定边采油厂试验20口井，实施后油井上行电流下降了0.7A，下行电流上升了0.6A；油井最大载荷下降2.2kN，最小载荷上升1.3kN。

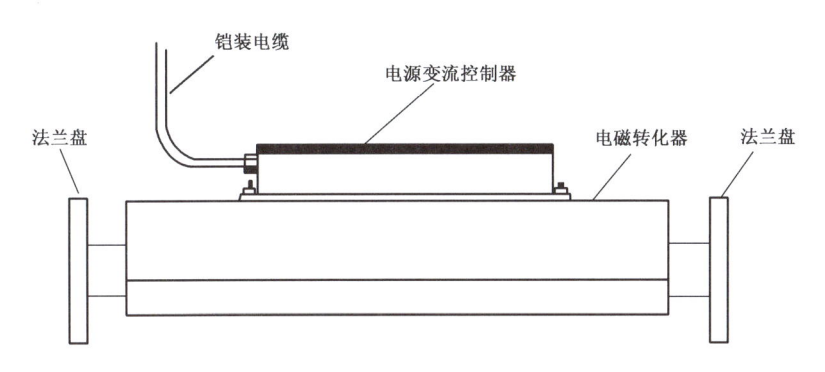

图9-11 超声波耦合电磁防蜡器

第三节 防垢与除垢技术

延长油田的结垢特点是点多面广，结垢成分复杂。目前开发的23个采油厂均有不同程度的结垢，油田共有油井74542口，到目前为止共发现结垢油井6560口井，占总井数的8.8%。从历年来油井结垢的情况来看，结垢井呈逐年上升的趋势。从结垢原因来看，自然结垢现象趋于严重，其次为产出水不配伍。垢的主要类型为$CaCO_3$和$CaSO_4$。

油井井筒结垢的主要原因为：一是油井工作制度不合理，井底流压较低，导致二氧化碳分压下降，油井井筒自然结垢现象较为突出；二是混采井较多，由于延安组或延长组内部各小层产出液不配伍导致井筒结垢；三是近几年来，大部分采油厂采用注水补充能量的开发方式，使油井含水率不断升高，以及系统的温度、压力和pH值等发生变化，油井井筒结垢现象日趋加重。

一、国内外油井除防垢技术介绍

1. 防垢技术

预防结垢要从结垢原理及其影响因素出发，控制影响结垢的各个因素来抑制水中成垢离子结晶沉淀，一般的原则是避免不相容溶液的混合，控制溶液的pH值，控制物理条件，去除结垢组分等。根据防垢原理，可以把防垢技术大致分为物理防垢技术、化学防垢技术和工艺防垢技术三大类。

(1)物理防垢技术。

该技术是通过某种物理作用阻止无机盐沉积于系统壁上,同时允许无机盐在溶液中形成晶核甚至结晶,但要求这种结晶悬浮于溶液中而不黏附于系统壁上。常用的方法为超声波防垢法和磁防垢法。

(2)化学防垢技术。

该技术主要指把防垢剂加入井筒液体或注入水中,通过防垢剂的某些特性阻止垢的生成。油田常用的防垢剂包括有机磷酸盐、低分子聚合物(均聚物和共聚物)、聚合磷酸盐和天然改性高分子等。一般来说,有机磷酸盐用于防碳酸钙垢,低分子聚合物用于防硫酸盐垢,这两种防垢剂复配,用于防混合垢。

(3)工艺防垢技术。

该技术是对油田为防止结垢而采取相应工艺措施的总称,如选择与地层水配伍的注入水,选择性封堵生产井中地层产出水,控制油气井投产流速,使井中流体形成紊流状态,减小成垢离子沉淀概率等,达到防垢目的。

2. 除垢技术

油田一旦结垢,就需采取相应措施对其进行清除,经过多年发展,形成多种除垢技术,可概括为机械除垢技术和化学除垢技术。

(1)机械除垢技术。

机械除垢是利用清管器、钻井工具、水力冲洗机等专用设备靠机械力清除垢的沉积。清管器除垢与其他除垢方式相比,具有操作简便、价格低、施工周期短、施工人员少、施工设备简单、强度低、无污染等特点。但是清管器为直线运动,要清理干净管内垢层,一般需 5~6 遍,有时多达 10 遍,清管效率低,质量差。高压水射流除垢技术是利用柱塞泵产生的高压水经过特殊喷嘴喷向垢层,因其除垢彻底,效率高,以及其通用性和对环境无害性而备受清洗行业的青睐,应用日益广泛。

(2)化学除垢技术。

化学除垢是指利用可溶解垢沉积的化学药剂使垢变得酥松脱落或溶解来达到除垢的目的。在利用化学除垢之前,首先应对现场的垢样进行鉴定,掌握垢的组成、产状及结垢原因,以此为依据选用适宜的除垢剂。

任何一种防垢、除垢技术都有优点与不足,并不是在任何情况下都适用,这就需要在进行防垢、除垢工作前,对实际情况进行分析,然后针对其结垢特点及成因选择适合的防垢、除垢技术工艺。

二、延长油田油井清防垢技术

下寺湾采油厂长 2 油层是其主力油层,生产井数占下寺湾采油厂的 80% 以上,长 2 油层的埋藏深度在 800m 左右,油井井筒结垢主要集中在采油二大队芋子湾油区。芋子湾油区油井结垢主要表现为结垢导致泵卡作业,泵卡周期最短的仅 10 天左右,一般在 30 天左右,长的在 90 天左右。

1. 长 2 油层油井产出液介质调查与分析

(1)下寺湾采油厂长 2 油层产出水的 pH 值有的小于 7,有的大于 7,不同的井水型不同,主要是 $CaCl_2$ 型,个别油井是 $NaHCO_3$ 型和 Na_2SO_4 型(表 9 – 18)。

表9-18 油井产出液中水介质离子含量分析(一)

采油厂	井号	pH值	离子含量(mg/L)							水型
			CO_3^{2-}	HCO_3^-	SO_4^{2-}	Cl^-	Ca^{2+}	Mg^{2+}	总矿化度	
下寺湾采油厂	泉丛24-3	6.5	0	608.4	48.9	30655	2551	628.3	50482	$CaCl_2$
	芋丛16-1	6.3	0	538.8	237.3	14969	742.3	235.6	25438	$CaCl_2$
	芋丛16-3	6.3	0	598.4	215.8	14729	807	216.2	25101	$CaCl_2$
	芋丛16-5	6.3	0	645.9	240.6	13577	880.8	169.5	23335	$CaCl_2$
	芋丛20-5	7.5		1177.1	720.7	14756	138.2	98.5	26894	$NaHCO_3$
	芋丛20-6	7.3		1028.1	739.1	15745	122.4	108.1	28340	$NaHCO_3$
	芋丛25-5	6.5	0	726.1	811.2	15449	87.1	119.6	27538	Na_2SO_4
	泉丛221-5	7.3		1125.1	473.6	12930	52.7	60.8	23495	$NaHCO_3$
	泉丛227-2	7.4	0	752.7	36.2	28483	2683	573.7	47112	$CaCl_2$
	泉丛224-3	7.4	0	685.5	39.3	27261	1857	625.6	45088	$CaCl_2$
	泉丛224-4	7.4	0	716.2	83.5	26495	2134	552.8	43957	$CaCl_2$
	泉丛228-3	6.5	0	803.8	63.4	31497	2035	618.3	52247	$CaCl_2$
	张丛9-1	6.4	0	863.4	39.7	27466	1973	582.4	45693	$CaCl_2$
	张丛9-3	6.4	0	915.4	35.5	28352	2146	573.6	47200	$CaCl_2$

(2)长2油层均含有少量二氧化碳。

(3)长2油层产出水的硫酸盐还原菌含量较高($10^5 \sim 10^7$个/mL,表9-19),硫化氢含量高(高达200mg/L左右)。

表9-19 油井产出液中水介质离子含量分析(二)

采油厂	井号	离子含量(mg/L)					硫酸盐还原菌(个/mL)
		Ba^{2+}	Sr^{2+}	CO_3^{2-}	Fe^{2+}	S^{2-}	
下寺湾采油厂	泉丛24-3	0.64	10.8	103.6	11.7	68.5	9500
	芋丛16-1	3.4	12.7	46.3	2.5	153.6	10^6
	芋丛16-3	2.8	15.2	51.7	3.1	217.3	10^7
	芋丛16-5	2.3	17.5	34.8	1.4	118.6	10^6
	芋丛20-5	2.1	11.7	17.4	2.7	264.8	10^6
	芋丛20-6	1.4	10.5	22.5	3.2	205.5	10^7
	芋丛25-5	0.8	6.3	64.1	1.8	186.4	10^6
	泉221-5	1.6	10.4	26.8	4.7	142.7	10^6
	泉丛227-2	1.3	12.7	12.2	8.3	217.3	10^6
	泉丛224-3	0.7	11.3	11.7	10.4	160.4	10^5
	泉丛224-4	1.1	10.6	10.9	12.5	175.7	10^5
	泉丛228-3	1.3	18.5	102.5	14.6	87.2	10^5
	张丛9-1	0.6	12.5	153.7	8.3	63.7	950
	张丛9-3	0.8	14.7	176.3	11.9	54.6	1400

2. 长2组油井结垢物分析

下寺湾长2油层油井井筒结垢除少量有机物外,主要为硫化亚铁结垢,少数井结垢物为碳酸钙(表9-20)。

表9-20 下寺湾采油厂长2油层井筒垢样物分析

油井井号	垢样部位	酸不溶	Ca^{2+}	$CaCO_3$	Fe^{2+}	FeS	Fe^{3+}	Fe_2O_3	有机物	合计
泉丛224-4	泵内	0.68	0.75	1.88	33.3	48.67	1.52	1.17	12.03	100
泉丛227-7	管内泵上903m	1.04	0.79	1.98	37.38	44.45	1.13	1.61	11.62	100
芋丛16-3	泵内	2.15	2.47	6.17	32.54	36.85	5.44	4.12	10.26	100
芋丛20-5	泵内	1.74	0.82	2.05	25.28	38.34	6.72	9.6	15.45	100
泉丛221-5	泵内	1.55	1.06	2.65	31.64	36.87	4.85	6.93	14.45	100
芋丛25-5	泵上	2.33	3.12	7.8	26.59	32.28	3.06	4.37	20.45	100
张丛9-1	泵上	2.63	19.27	53.18	3.75	8.73	0.86	1.23	10.35	100
张丛9-3	泵下筛管外	0.74	17.62	74.12	0.64	2.89	0.27	0.39	3.33	100

3. 长2组油井井筒结垢原因分析

(1)长2组油井井筒碳酸盐结垢分析。

预测分析在40℃以内不会产生碳酸钙垢,产出液介质在井筒自下向上运动时,温度是降低的。结垢机理研究表明,碳酸钙的溶解度是增加的,不会产生碳酸钙结垢;产出液介质在井筒自下向上运动时,压力是降低的,但降低的幅度比较小,当压力小于油层的液柱压力时,已接近井口(长2油层液柱压力仅200m左右),即使有微量的结垢,但在产出液中油的包裹与吸附作用下也不会在井筒聚集。

(2)长2组油井井筒硫酸盐结垢分析。

介质中硫酸钙离子积小于实验溶度积,不会产生硫酸钙结垢;硫酸锶的溶解度是随温度的降低而升高的,压力的影响又非常小,故不会产生硫酸锶结垢;井筒有硫酸钡结垢趋势,但由于钡离子含量低,结垢量非常小。另外,由于油的包裹与吸附作用不会产生硫酸钡沉积。

(3)长2组油井井筒硫化亚铁结垢分析。

产出液介质中含有一定量的Fe^{2+},更重要的是部分长2油层的产出液介质中含有大量的硫离子(200mg/L以上),细菌含量为$10^5 \sim 10^7$个/mL,细菌繁殖会产生H_2S,因此井筒中将会产生FeS沉淀。室内模拟实验FeS产生的量平均达到了600mg/L以上。有关数据见表9-21。

表9-21 污水腐蚀结垢模拟实验

井号	芋丛16-3	芋丛20-5	芋丛25-5	泉丛221-5	泉丛227-2	泉丛224-4	张丛9-3	平均
FeS(mg/L)	748.4	595	665.2	723	852.6	606.8	148.4	619.9

注:实验条件为动态密闭,温度40℃,时间60天,搅拌速度60r/min。

(4)油井干抽对结垢的影响。

长2组油层开采方式基本上采用的是抽油机,由于油井供液不足及工作参数偏大,抽油机出现干抽现象,泵阀摩擦导致抽油机泵局部温度升高,产出液在泵口的温度也升高,局部温度升高有时可以达到200~300℃。温度升高,尽管硫酸盐的溶解度增加,但会有二氧化碳逸出,从而产生碳酸盐结垢。

当温度达到60℃时,开始有结垢产生,随温度的升高结垢加剧;当温度达到95℃时,结垢严重,Ca^{2+}下降幅度达到了7%以上,Sr^{2+}下降幅度也有达到10%以上的(表9-22)。

表9-22 下寺湾长2组产出液水介质升温结垢实验

井号	Ca^{2+} (mg/L)	实验后(60℃)Ca^{2+} (mg/L)				实验后(80℃)Ca^{2+} (mg/L)				实验后(95℃)Ca^{2+} (mg/L)			
		1	2	3	平均	1	2	3	平均	1	2	3	平均
张丛9-1	1973	1926	1927	1927	1927	1871	1870	1869	1870	1825	1827	1826	1826
泉丛224-4	2134	2097	2095	2097	2096	2042	2040	2041	2041	2012	2010	2009	2010
泉丛227-2	2683	2641	2640	2640	2640	2576	2575	2578	2576	2522	2525	2525	2524
平均	2263				2221				2162				2120
减量					42				101				143
降幅(%)					1.9				4.5				6.3
井号	Sr^{2+} (mg/L)	实验后(60℃)Sr^{2+} (mg/L)				实验后(80℃)Sr^{2+} (mg/L)				实验后(95℃)Sr^{2+} (mg/L)			
		1	2	3	平均	1	2	3	平均	1	2	3	平均
张丛9-1	12.5	12.3	12.4	12.5		12.4	12.5			12.4	12.5	12.3	
泉丛224-4	10.6	10.6	10.6	10.5		10.6	10.4	10.3		10.4	10.6	10.4	
泉丛227-2	12.7	12.5	12.7	12.7		12.6	12.7	12.5		12.6	12.7	12.5	
平均	12.2	12.1	12.2	12.2		12.2	12.1	12.0		12.1	12.1	12.1	
减量		0.1	0	0		0	0.1	0.2		0.1	0.1	0.1	

长2油层产出液在井筒运行过程中不会产生碳酸盐结垢与硫酸盐结垢沉积,但会有硫化亚铁结垢产生。如果出现干抽现象时,温度升高则油井井筒会有大量碳酸钙与少量碳酸锶的结垢生成。

4. 下寺湾采油厂长2油井井筒清防垢技术研究

(1)针对油田生产系统产生碳酸钙结垢的同时,垢中会夹杂有重质原油沉积,实验反映在盐酸清洗剂中加入洗油表面活性剂与渗透剂会大幅度提高清洗效果。

(2)对硫化亚铁结垢的清洗,筛选了抑制硫化氢清洗配方,在清洗剂加量低于20%时能够有效地抑制硫化氢逸出。

表9-23中数据表明,3种清洗剂都能够有效地清除油井中的结垢物,当清洗剂浓度为5%,用量达到垢量的20倍时,清洗剂去除率达到了90%以上,其中3号清洗剂的去除率最高,均达到了93%以上。

表9-23 清洗剂清垢效果评价

垢样来源		泉丛 224-4				泉丛 227-7	泉丛 224-2	泉丛 9241-1	张丛 9-1	张丛 9-3
位置		管外60m	管外850m	管内210m	泵内	管内903m	管内	管外	泵上	筛管外
1号清洗剂 浓度5%	用量/垢量	20	20	20	20	20	20	20	20	20
	清除率(%)	91.3	90.7	94.2	92.6	91.2	92.6	91.5	91.3	92.5
2号清洗剂 浓度5%	用量/垢量	20	20	20	20	20	20	20	20	20
	清除率(%)	91.7	91.4	91.4	92.8	92.5	90.2	90.5	92.2	91.7
3号清洗剂 浓度5%	用量/垢量	20	20	20	20	20	20	20	20	20
	清除率(%)	94.8	94.2	95.5	93.1	94.6	93.5	93.7	94.8	95.3

三、吴起采油厂油井化学清防垢技术

1. 吴起长官庙油田结垢趋势分析

由表9-24可知，延9、延10、长2三个层位均具有严重的$CaCO_3$和$CaSO_4$结垢趋势。

表9-24 地层水饱和指数计算结果

井号	层位	$CaCO_3$		$CaSO_4$	
		饱和度指数	趋势分析	饱和度指数	趋势分析
旗胜9-8	延9	4.912777	结垢	3.216738	结垢
旗胜11-17	延10	5.010847	结垢	3.591642	结垢
旗胜9-43	长2	4.506907	结垢	4.137176	结垢

2. 吴起长官庙油田垢样及结垢原因分析

取11井区混输管线(层位：延9、延10、长2)、旗胜10-10井(层位：长2)、旗胜9-8井(层位：延9)、旗胜11-27井(层位：延10)现场结垢产物，用石油醚溶解去除表面蜡等有机物，烘干后采用X射线衍射仪对结垢产物的成分进行分析。垢样主要组成为：79.6%文石($CaCO_3$)，11.8%石英(SiO_2)，5.3%铁氧化物Fe_xO_y(其中Fe_xO_y占3.2%，Fe_xO_y占2.1%)，2.1%硫铁化合物(FeS_x)，1.2%其他。

根据11井区混输管线垢样主要组成及采出液水质分析，混输管线结垢主要原因是：地层水矿化度高和成垢离子含量高为结垢的产生提供了重要的物质基础，是集输系统产生难溶结垢的主要原因；采出液加热破乳或加热输送，由于温度升高，压力降低，CO_2释放，就易发生$CaCO_3$结垢；黏土物质随原油采出，在管线沉积产生垢SiO_2；由于腐蚀产生含铁化合物沉积垢。

3. 吴起长官庙油田油井除防垢技术研究及实验

(1)除垢剂优选。

利用从现场中取得的垢物进行溶垢实验，由于11井区混输管线(层位：延9、延10、长2)、旗胜10-10井(层位:长2)、旗胜9-8井(层位:延9)、旗胜11-27井(层位:延10)现场结垢产物主要组分为:碳酸钙及铁的化合物等,且绝大多数为碳酸盐化合物,因此选择溶碳酸盐垢能力强的FF-CG系列除垢剂进行实验研究,其中FF-CG01、FF-CG02和FF-CG05为酸型,FF-CG03和FF-CG04为配位型。

先将垢样烘干称重,然后用除垢剂浸泡6小时后,取出用水冲洗后烘干并称重,以垢前后的失重来计算溶垢速率。实验结果见表9-25。

表9-25 溶垢能力实验结果

项目	溶垢速率(g/h)				
	FF-CG01	FF-CG02	FF-CG03	FF-CG04	FF-CG05
11井区混输管线	3.82	5.13	2.04	2.87	5.21
旗胜10-10井	4.29	5.27	2.53	3.12	5.58
旗胜9-8井	4.65	5.53	2.26	2.94	6.51
旗胜11-27井	4.71	5.59	2.97	3.45	6.82
现象	大量气泡	大量气泡	无气泡	无气泡	大量气泡
条件	温度:室温 浓度:8% 溶垢液量:1L		温度:50℃ 浓度:8% pH值:9.0 溶垢液量:1L		温度:室温 浓度:8% 溶垢液量:1L

由表9-25中的溶垢实验结果可以看出,对于11井区混输管线(层位:延9、延10、长2)、旗胜10-10井(层位:长2)、旗胜9-8井(层位:延9)、旗胜11-27井(层位:延10)四种垢样,除垢剂FF-CG02和FF-CG05溶垢能力最强,溶垢速率高达5g/h以上。

(2)防垢剂优选。

取旗胜9-43井(层位:长2)、旗胜9-8井(层位:延9)、旗胜11-17井(层位:延10)水样,调节pH值为8,50℃条件下恒温48小时进行防垢实验研究,测定加防垢剂前后Ca^{2+}量,计算防垢率,实验结果见表9-26至表9-28。

表9-26 旗胜9-43井(长2层)防垢实验结果

加量(mg/L)	防垢率(%)				
	FF-ZG01	FF-ZG02	FF-ZG03	FF-ZG04	FF-ZG05
5	92.1	91.6	93.1	92.5	93.2
10	94.8	93.9	96.4	95.9	96.8
15	98.7	97.5	98.7	97.9	99.1
20	97.3	97.2	97.1	97.1	97.5

表 9-27　旗胜 9-8 井(延 9 层)防垢实验结果

加量(mg/L)	防垢率(%)				
	FF-ZG01	FF-ZG02	FF-ZG03	FF-ZG04	FF-ZG05
5	91.3	90.8	92.7	91.9	92.6
10	93.5	92.3	95.4	94.6	95.7
15	97.7	96.7	98.1	96.8	98.9
20	96.1	96.4	97.3	96.1	97.9

表 9-28　旗胜 11-17 井(延 10 层)防垢实验结果

加量(mg/L)	防垢率(%)				
	FF-ZG01	FF-ZG02	FF-ZG03	FF-ZG04	FF-ZG05
5	90.6	90.3	92.1	91.3	92.1
10	92.8	91.9	94.6	93.4	94.7
15	96.6	95.4	97.3	96.1	98.5
20	95.3	94.8	96.2	95.6	96.9

FF-ZG 系列 5 种防垢剂在 pH=8 条件下对旗胜 9-43 井(长 2 层)、旗胜 9-8 井(延 9 层)和旗胜 11-17 井(延 10 层)垢均有较好的抑制效果(防垢率>90%)。其中 FF-ZG03 和 FF-ZG05 防垢效果最佳,且 FF-ZG05 优于 FF-ZG03。

四、固体阻垢技术的应用

以固体聚合磷硅酸盐为主、以活性剂为辅,反应后在金属或非金属表面形成可溶性聚合磷酸钙镁和难溶性聚合磷酸钙铁防腐膜,从而达到防腐防垢目的。GY-1 固体阻垢剂适用于输油管线及井下管柱系统的防腐阻垢,对钙、镁、铁、钡、锶离子等介质的采出液具有高效的防腐阻垢性能。药剂一次投放,在较长的时间周期里缓慢均匀释放,从而控制系统的腐蚀结垢,具有一次投药作用时间长(半年)、防腐阻垢效果好、使用方便无需维护的特点。根据结垢及产液量选择固体防垢器的根数,固体防垢器要下在筛管以下 30~50m,筛管到固体防垢器的距离 3~5 根油管 30~50m 即可。

针对结垢严重的油井,在使用固体防垢器后效果明显,以杏子川 14 口油井为例,延长检泵周期一倍以上,有效期可达 300 天以上。

五、偏孔除垢器机械除垢技术

偏孔除垢器(图 9-12)主要由除垢器主体、导体和旋转接头三部分组成,除垢器主体有三道螺旋除垢道,三个除垢片可以由弹簧压缩弹起。使用时连接在投捞器的投捞爪上,旋转接头在水力的作用下旋转进入偏孔,由于有三道螺旋除垢道,使其除垢主体随着垢点厚薄逐步深入,三个除垢片随弹簧压缩弹起,将偏心管柱内的垢刮掉,从而将垢除掉,解决了因偏孔有垢造成的掉卡现象。该技术在延长定边、吴起等采油厂进行了应用,每年除垢井数在 50 口井左右。

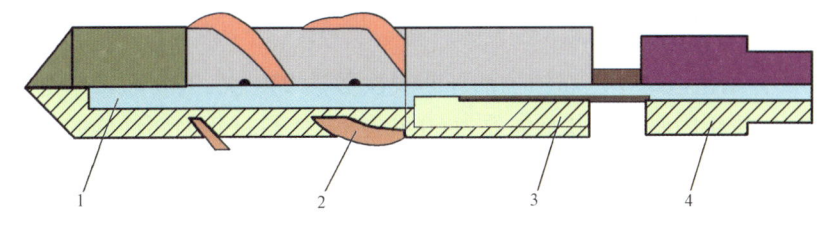

图 9-12 偏孔除垢器
1—导体；2—除垢片；3—主体；4—旋转接头

第四节 延长油田井筒防腐技术

油气田生产系统的腐蚀问题，是一直困扰油气田开发和整个石油天然气工业水平提高和发展的技术难题之一。油田生产系统的腐蚀大多是金属腐蚀问题，金属的腐蚀是一个自发的过程，是周边介质与金属介质相互作用，使金属介质遭受破坏的过程。尤其是井下管柱的腐蚀，会导致井下管柱穿孔泄漏、挤扁、断落等，井筒腐蚀不仅给修井作业带来很多复杂情况，也严重影响油井正常生产。

一、延长油田井筒腐蚀现状

随着延长油田开发进入中高含水及大规模注水开发时期，油井井筒管柱（套管、油管、抽油杆）的腐蚀结垢日益加剧，尤其老区油井综合含水率上升明显，井下管柱的腐蚀结垢问题日显突出，主要反映在长2、长6、延9和延10等开发层位的井筒管杆泵腐蚀结垢严重。调研结果显示，腐蚀形式表现为油套管腐蚀穿透、抽油杆腐蚀断脱、泵及球阀腐蚀失效等（图9-13、图9-14），主要集中在靖边、杏子川、定边和横山等采油厂老区块。

图 9-13 靖边青阳岔区块油管腐蚀形貌特征

图 9-14 靖边青阳岔区块抽油杆腐蚀形貌特征

1. 靖边采油厂青阳岔区

靖边采油厂青阳岔区每年因腐蚀抽油杆断脱次数达 240 次,因腐蚀每年更换油管或抽油杆达 3000m 左右,每年因腐蚀油井泵失效为 60 次左右,使得每年因腐蚀修井次数达 300 井次左右。

2. 定边东仁沟

定边东仁沟油区投产长 2 层油井的套管、油管和油杆腐蚀较严重,平均每年套管修复井多达 50 井次,油管漏和抽油杆断裂频繁,部分井检泵周期仅有两个月左右,对生产造成严重影响。白马崾岘和张崾岘区域 H_2S 腐蚀严重,造成断杆频繁。

3. 杏子川王家湾

杏子川王家湾油区,生产层位长 2 层,由于油水混合液中 H_2S 含量较大,对抽油设备腐蚀严重,每半年更换。

4. 青平川采油厂

青平川采油厂 2010 年因腐蚀造成的油井修井 773 井次,2011 年因腐蚀造成的油井修井 830 井次。

5. 下寺湾采油厂

下寺湾采油厂每年因腐蚀发生作业 1215 井次。

二、延长油田井筒腐蚀原因分析

油田腐蚀具有如下特征:气、水、烃、固共存的多相流腐蚀介质;高温高压环境;H_2S、CO_2、O_2、Cl^- 和水分是油田主要的腐蚀介质。同时,油田设备还承受较大载荷,并可能遭到微生物(特别是硫酸盐还原菌)的侵蚀和杂散电流的影响。

1. CO_2 腐蚀

干燥的 CO_2 气体自身是没有腐蚀性的,但 CO_2 比较易溶于水,而在碳氢化合物(如原油)中的溶解度更高。CO_2 溶于水形成弱酸,引起电化学腐蚀。

2. H_2S 腐蚀

H_2S 离解成 HS^- 和 S^{2-},吸附在设备的表面,生成硫化亚铁,同时 H_2S 的电化学腐蚀还可引起多种类型的腐蚀,如氢脆、氢鼓泡和硫化物应力腐蚀开裂等。H_2S 溶于水呈酸性,增加水的腐蚀性;H_2S 具有很强的还原性,可以被水中的溶解氧氧化为硫而沉积析出。随 H_2S 浓度的增加,腐蚀速率增大;达到一定浓度时,腐蚀速率达到最大值;然后随浓度的增加而减小,最后趋于恒定。水中的溶解盐类和溶解的 CO_2 对 H_2S 的腐蚀也有一定的影响。

3. 冲刷腐蚀

气泡、固体相随液流高速旋转,冲击设备表面,使设备表面局部区域发生磨损,产生局部电化学不均匀性,发生磨损腐蚀。其形式有湍流腐蚀、空泡腐蚀和微振腐蚀等。

4. 应力腐蚀

开裂设备由于承载或自重,在 Cl^- 和 S^{2-} 等作用下发生应力腐蚀开裂。

5. 溶解盐

溶液中的溶解盐(如 Cl^-)会增加介质电导率,腐蚀速率随之增大。Cl^- 对腐蚀的影响,主要通过它不均匀地吸附在金属局部某些点上,从而使得吸附部位的金属表面得到活化。Cl^- 具有很强的穿透力,能够透过保护膜层,加速腐蚀的进行。

6. 细菌腐蚀

细菌在一些特定的条件下,也会参与金属的腐蚀过程,不同种类细菌的腐蚀行为和条件也各不相同。细菌的生长繁殖,会导致腐蚀速率明显上升。在油气田生产系统中,最常见的细菌是硫酸盐还原菌,其菌种也因细菌生长的温度不同而分为中温型和高温型两种,厌氧的硫酸盐还原菌在细菌腐蚀中是最具有代表性的。

7. 温度

在敞口体系中,在达到一定温度前,腐蚀速率随温度升高而增加,然后又逐渐降低;而在封闭系统中,腐蚀速率随温度升高而不断增加。

三、国内外油井防腐技术现状

国内外众多研究人员对井筒腐蚀进行了大量研究,针对腐蚀的机理与原因,采取的防腐方法很多。归纳起来,主要有化学法和物理法两大类。化学法包括化学药剂保护和电化学保护两种防腐方法;物理法主要包含防腐的油管、油杆以及一些防腐装置。

1. 化学法防腐工艺

1)电化学防腐

一般说来,金属材料在 H_2S 介质中的腐蚀属于电化学腐蚀的范畴,腐蚀速率和该介质中金属材料的电化学特性密切相关,因而可以通过改变金属材料的某些电化学参数,如施加一定的电流密度、电位来达到抑制或减轻 H_2S 腐蚀。常用的电化学保护法分为阳极保护和阴极保护。

2)化学药剂防腐技术

用化学方法除掉腐蚀介质或者改变环境性质可以达到防腐的目的,这类防腐方法包括使用缓蚀剂、杀菌剂和除氧剂。

2. 物理法防腐工艺

1)KD 级防腐抽油杆

KD 级防腐抽油杆是 23CrNiMoV 钢通过正火、回火工艺处理后,并在表面喷涂一层耐腐蚀材料而制成的,不但具有 D 级抽油杆的抗拉强度,还兼具耐腐蚀性。

2)涂层保护

用于套管、油管涂层保护的薄膜大多数是酚类或环氧改性的酚类,较为理想的涂层为 5~8mm,但这对于涂料工艺有很高要求。

四、延长油田井筒腐蚀研究与防护技术

1. 抗 CO_2/H_2S 缓蚀剂

目前在金属腐蚀防护措施中添加缓蚀剂是油田最常用的一种防腐蚀方法,利用添加缓蚀

剂进行防腐具有使用方便、设备简单、投资少、见效快等特点,因此缓蚀剂在石油领域得到了广泛的应用。

1)抗 CO_2/H_2S 缓蚀剂应用方案

(1)缓蚀剂选择。

该缓蚀剂为抗 CO_2/H_2S 的 YC-JTHSJ 缓蚀剂。适应于陕北油田,并在靖边青阳岔区块、杏子川采油厂王家湾等区块应用,大大降低了生产成本,减少了修井,更换油管、抽油杆等作业。

(2)加药方式。

根据油区的生产工况及腐蚀环境特点,间歇式人工加药是最经济可行的加注方式。这是因为连续加入的量太小,缓蚀剂在金属表面还没有来得及发挥作用就有可能被流体带走,导致井下管柱得到的保护不够,而地面管线可能得到了一定的保护。在冬天,由于气温太低会使连续加入的缓蚀剂冻结而导致加注中断,采用连续加注受到限制。

(3)加药量及周期。

对水溶性缓蚀剂来说,其目的是让缓蚀剂真正溶于水中,在考虑总液量的情况下,考虑总液量中得到的缓蚀剂浓度与注入的缓蚀剂量之比。根据现场具体情况和 H_2S、CO_2 含量的大小而定,加药周期可以初步确定为15天,即15天添加1次,第一次加药4~5桶(每桶25L),第二次加药3~4桶,以后每次添加1~2桶。最终加药量和加药周期根据现场测试结果进行调整。

2)缓蚀效果跟踪与分析

在靖边采油厂与杏子川采油厂总计进行了140口井的技术产品推广试验,分别对两个采油厂腐蚀较为严重的共计35口油井(靖边采油厂、杏子川采油厂分别为20口和15口)进行了缓蚀剂防腐效果跟踪监测及分析。

(1)靖边采油厂效果分析。

为了跟踪该缓蚀剂防腐的效果,对靖边采油厂现场试验井产出液的总铁离子含量进行了跟踪测试,结果如图9-15所示。

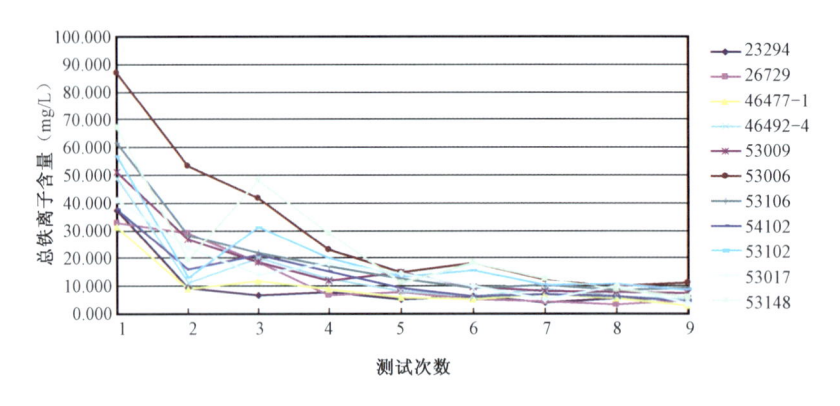

图9-15 靖边采油厂部分添加缓蚀剂油井产出液总铁离子含量

可以看出,随着缓蚀剂的增加,油井产出液中总铁离子的含量呈逐渐下降的趋势,总铁离子含量下降率都达到85%以上。产出液中总铁离子的含量下降,说明井下管柱的腐蚀速率在减小。分析数据表明,投加缓蚀剂后,能够对油井井下管柱腐蚀起到很好的防护作用。

为了更好地掌握靖边采油厂缓蚀剂推广实施后的具体效果,对添加缓蚀剂前后的修井、检泵周期以及更换材料等进行了详细的统计,如图9-16所示。可以看出,加药后年检泵次数由平均每口井3.0次下降到1.9次,下降率为36.6%,年修井次数由平均每口井5.0次下降到2.8次,下降率为44.0%。

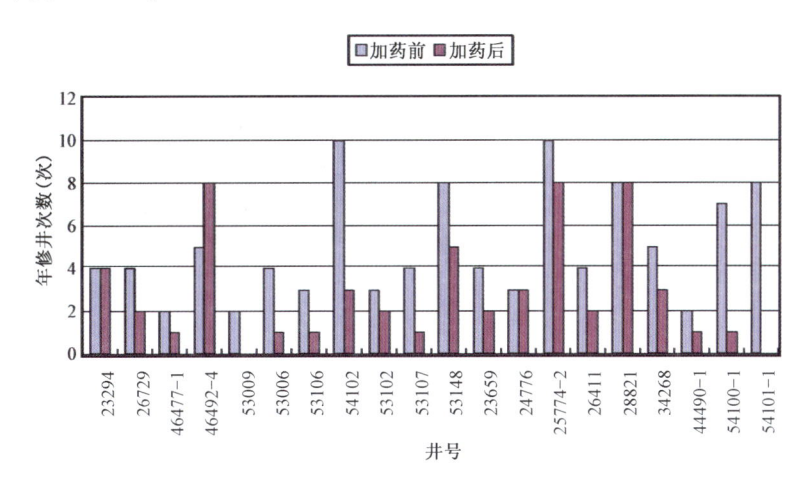

图9-16 靖边采油厂加缓蚀剂前后修井次数变化情况

(2)杏子川采油厂效果分析。

为了有效掌握该缓蚀剂在杏子川采油厂的缓蚀效果,对现场15口试验油井产出液的总铁离子含量进行跟踪测试,结果如图9-17所示。

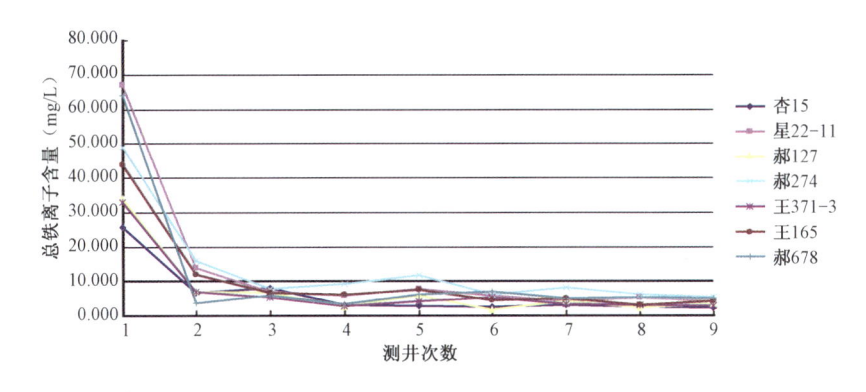

图9-17 杏子川采油厂部分添加缓蚀剂油井产出液总铁离子含量

随着缓蚀剂的加入,总铁离子含量持续下降,说明缓蚀剂在井下管柱表面形成一层防护膜,降低了管柱的腐蚀速率,总铁离子含量下降率均在89%以上。

2. 井筒防腐工具

1)防腐工具设计

根据延长油田现场使用环境,试制了一种简单的短节式结构,其外形及尺寸类似油管短节,主要由三部分组成,主体部分为油管,主要起支撑和安装作用;中间部分为特殊合金,可以改变流体的电位差,起到一定的防腐和阻垢作用;外层部分为铝合金,对井下管柱起到阴极保护的作用,如图 9-18 和图 9-19 所示。在抽油泵下部安装该井下防腐装置,可全部或部分代替尾管使用,不会影响正常生产,取出时间根据修井周期或检泵周期而定。

图 9-18 特殊合金芯子　　　　图 9-19 井筒防腐防垢装置实物图

目前,国内外尚没有该种特殊合金材料的评价标准,采用类似的实验方法对其防腐性能进行了评价。通过室内评价,缓蚀率达到71%;阻垢性能达到72%;杀菌率为14%。试验表明,特种合金短节的防腐防垢性能良好,但杀菌效果不理想,需要进一步研究评价。

2)防腐工具现场应用

(1)靖边采油厂青阳岔区。

为了证实该研制的防腐工具的有效性,在靖边青阳岔区块进行了1口井的现场试验。部分结果如图 9-20 和图 9-21 所示。对比测试产出液总铁离子含量数据,容易看出安装防腐工具后,随时间的推移,总铁离子含量降到了很低程度,并逐步趋于稳定,说明该防腐工具有明显效果,具有推广价值。

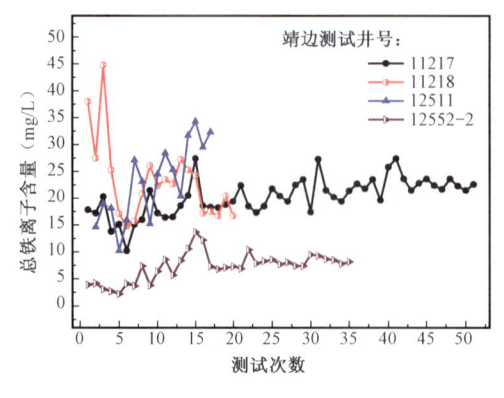

图 9-20 未安装防腐工具时试验井产出液的总铁离子含量变化 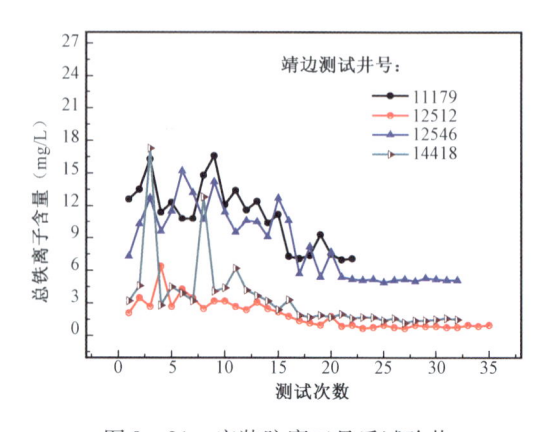　　　图 9-21 安装防腐工具后试验井产出液的总铁离子含量变化

(2)杏子川采油厂。

在杏子川采油厂5口油井安装该井筒防腐工具并推广应用。对施加井下工具的措施井,也进行了产出液总铁离子含量的监测。总铁离子含量下降率都在42%以上,表明该装置能够在一定程度上减缓井下管柱腐蚀速率(图9-22)。

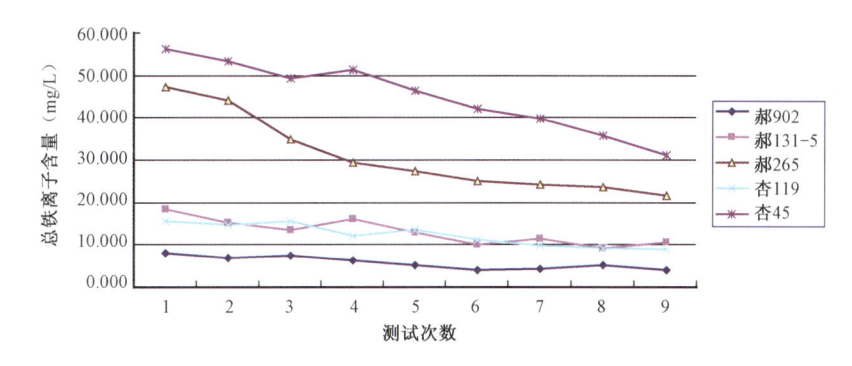

图9-22 杏子川采油厂部分施加井筒防腐工具后油井产出液总铁离子含量

为了更好地掌握该措施实施后的具体效果,对措施前后的修井、检泵周期以及更换材料等进行了详细的统计,如图9-23所示。实施措施后年修井次数由平均每口井3.4次下降到1.2次,下降率为64.7%。

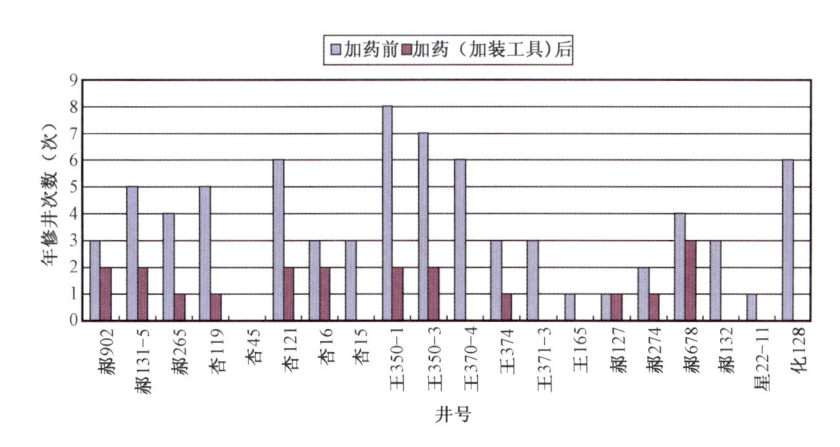

图9-23 杏子川采油厂加缓蚀剂(井下工具)前后修井次数变化情况

3. 油管涂层

从延长油田井筒破坏特征来看,不仅存在井筒的管杆泵的严重腐蚀,还存在抽油杆的偏磨,引起油管失效加快。因此,延长油田开展了偏磨井具有抗磨、防腐双重特性的特种涂层油管的研究,并在南区采油厂评价、推广应用。

1)油管内涂层选择

环氧树脂防腐涂料由环氧树脂、固化剂、稀释剂、增塑剂、增韧剂及填充料组成。由于环氧树脂分子结构中含有活泼的环氧基团,使它们可与多种类型的固化剂发生交联反应,形成高交联密度的三维空间网络结构,因而表现出优异的热稳定性、机械强度、电绝缘性、耐水性和耐酸碱性。酚醛树脂涂料涂膜具有坚硬、耐磨、耐水、耐潮、耐化学腐蚀、绝缘和干燥快等特点。

2)耐化学介质性能测试

按照油管涂层技术要求,参照石油天然气行业标准 SY/T 6717—2008《油管和套管内涂层技术条件》,通过目测、磁性测厚仪以及低压检漏仪或火花检漏仪等测试方法对油管涂层进行附着力检测,外观质量、干膜厚度及漏点测试,耐磨性(落砂法)测试,耐化学介质性能测试,耐高温高压性能等测试。涂层耐化学介质测试方法及结果见表 9-29。

表 9-29 涂层耐化学介质性能测试

涂层类型	化学介质			浸泡时间(d)	华北机械厂检测结果	陕西黑色冶金产品质检站结果
DPC	10% HCl 常温	3.5% NaCl 常温	原油 80℃	90	涂层完好	涂层完好
TK70						
TK70XT						

3)涂层油管现场应用

结合南区采油厂井况基本情况(基本是 2~3 年的新井,井下温度为 30℃左右,井下压力为 5~7MPa),按照防腐蚀要求,对应确定了 6 口试验井。确定了三种涂料为 DPC、TK70 和 TK70XT(表 9-30)。2011 年 11 月,将涂敷好的 82.801t 油管(9000m)在南区采油厂选定井位进行现场下井试验。

表 9-30 三种涂料性能及特点

涂料牌号	DPC	TK70	TK70XT
涂料类型	环氧—酚醛液体涂料	环氧—酚醛粉末涂料	环氧—酚醛粉末涂料
涂层颜色	黄褐色	棕红色	巧克力棕色
涂层膜厚(μm)	150~300		
耐温性能	耐温范围宽		
耐压性能	达到管子的屈服极限		
耐酸碱范围	pH 值 3~12.5		
涂料特点	可在宽 pH 值范围使用,在钻井中,即使反复施加压力,涂层仍完好,可阻止腐蚀麻点的形成	在耐腐基础上,可防止结蜡、结垢	在防腐、防结蜡、防垢基础上,可防止油管偏磨

使用该涂层油管后,跟踪效果显著(表 9-31),明显延长了油井免修期,节约了修井费用。

表 9-31 三种涂层油管使用前井下作业统计表

序号	井号	措施前		措施后	
		年修井(次)	免修期(d)	年修井(次)	免修期(d)
1	万33-1	10	36.5	3	121.7
2	万33-8	15	24.3	4	91.3
3	万31-2	18	20.3	4	91.3

续表

序号	井号	措施前		措施后	
		年修井(次)	免修期(d)	年修井(次)	免修期(d)
4	万56-3	15	24.3	4	91.3
5	万128-12	10	36.5	3	121.7
6	1015-4	15	24.3	4	91.3
平均		13.8	27.7	3.7	101.4

第十章　其他采油技术

第一节　微生物采油技术

微生物提高采收率技术是一项利用微生物在油藏中的有益活动来提高石油产量的三次采油技术。因其具有成本低、适用范围广、作业简单、对地层无伤害的优点,所以得到了广泛应用。微生物采油一般将地面分离培养的微生物菌液和营养液注入油层,或单独注入营养液激活油层内微生物,使其在油层内生长繁殖,产生有利于提高采收率的代谢产物,以提高油田采收率的方法。微生物采油是技术含量较高的一种提高采收率技术,不但包括微生物在油层中的生长、繁殖和代谢等生物化学过程,而且包括微生物菌体、微生物营养液、微生物代谢产物在油层中的运移,以及与岩石、油、气、水的相互作用引起的岩石、油、气、水物性的改变。同时,微生物在油层中生长代谢产生的气体,生物表面活性物质、有机酸、聚合物等物质,这些微生物的代谢产物通过降低原油表面张力和黏度,可提高岩石孔隙介质中原油的流速,增强洗油和驱油效果,提高原油采收率。

一、概述

将经过分离的微生物的代谢产物注入油藏,提高油田产量的方法,通常称为地面法,主要通过微生物发酵生产的生物聚合物和生物表面活性剂来提高采收率。将油藏作为天然巨大的生物反应器,让微生物在地下油层中就地发酵则称为地下法,主要包括微生物单井吞吐、微生物驱、微生物的井筒处理、微生物选择性封堵和微生物酸化压裂等工艺方法。而注入微生物的来源则包括外源微生物和内源微生物两类。

以外源微生物为驱油剂注入地层的工艺与化学驱类似,其原理是利用生物表面活性剂、生物聚合物、溶剂、乳化剂等组合物,改善水驱油的性能,但该种方法的工艺复杂、对设备要求较高。内源微生物是直接在地层中有目的培养和发展的具有驱油特性的微生物,该方法是把地层中已存在的或者通过注水带入的有益微生物,依靠地层固有的营养物(残余烃、矿物组分)或者向地层注入的营养物(糖蜜、无机化合物等)通过地球化学作用形成细菌代谢产物(脂肪酸、乙醇、表面活性组合物、生物聚合物、二氧化碳等)。该种类型的微生物驱适用于注淡水开采一年以上的油田或区块(注水已使注入井井底附近形成了微生物群落(或生物群落),该类型工艺简单、操作方便,是目前微生物采油技术的发展方向。

1926 年,美国人 Beckman 提出了用微生物提高石油采收率的构想,1940 年美国石油研究所的 Zobell 进行了一系列微生物学实验,证实微生物确实能产生类似于用化学驱提高采收率的代谢物质,这为微生物提高石油采收率奠定了理论基础。近 20 年来美国能源部先后资助了 47 个微生物采油研究项目,研究结果和矿场试验均证明,在油藏注水开发的后期实施微生物驱油技术可提高采收率达 16%,如俄克拉荷马州 Delawware – Childers 油田于 1986—1993 年开展的两个微生物矿场试验项目,采收率分别提高了 13% 和 19.6%。

二、微生物采油的原理

微生物驱油的机理比较复杂,不同油田甚至不同区块的驱油机理不同,但主要包括:扩大波及体积和提高洗油效率。

微生物采油是将地面分离培养的微生物菌液注入油层,或单独注入营养液激活油层内微生物,使其在油层内生长繁殖,产生有利于提高采收率的代谢产物,以提高油田采收率的方法。其作用机理主要是:

(1)微生物在地下发酵过程中能产生各种气体,如 CH_4、CO_2、N_2 和 H_2 等,这些气体可增加油层压力,降低原油黏度。

(2)微生物在地下发酵过程中能产生有机酸类、醇类、酮类等有机溶剂,其中有机酸类能使碳酸盐地层溶蚀而增加其渗透性,醇类、酮类可降低表面张力和油水界面张力,促进原油的乳化。

(3)微生物在地下发酵过程中能产生生物聚合物,这些生物聚合物能调整注水油层的吸水剖面,控制高渗透地带的流度比,改善地层渗透率。

(4)微生物在地下发酵过程中能产生分解酶,它能裂解重质烃类和石蜡组分。重质烃类裂解后,能降低原油黏度,从而改善原油在地层中的流动性能;石蜡组分裂解后,可减少石蜡在井眼附近的沉积,降低地层原油的流动阻力。

(5)微生物在地下发酵过程中产生生物表面活性剂,它能降低油水界面张力并乳化原油,从而提高石油采收率。微生物可产生多种表面活性剂,包括阳离子表面活性剂(如羧酸和某些脂类)及某些中性脂类表面活性剂等。表面活性剂除了能降低油水界面张力和乳化原油外,还能通过改变油层岩石界面的润湿性来改变岩石对原油的相对渗透性,有些表面活性剂还能降低重油的黏度,所有这些作用都有利于提高石油采收率。

三、微生物采油技术的优点

微生物采油技术与其他三次采油方法相比具有许多优点:

(1)微生物以水为生长介质,以糖蜜作为营养液,有些微生物可以将石油作为碳源,成本低。

(2)实施方便,可以从注水管线或从油管套管环形空间将菌液直接注入地层,不需对管线进行改造和添加专业注入设备,可针对油藏具体条件灵活调整微生物配方。

(3)以吞吐方式可对单井进行微生物处理,解决边远井枯竭井的生产问题,提高枯竭井的采收率。

(4)适用于开采各种类型的原油,选用不同的菌种,微生物可以解决油井生产中的多种问题,如降黏、防蜡、解堵、调剖等。

(5)微生物代谢产物在油层内产生,利用率高,且易于生物降解,具有良好的生态特性,对环境无污染,不伤害地层。

四、菌种的分离与筛选

1. 菌种的分离

根据菌种是否天然存在,可将菌种分为自然采油菌和工程菌。自然采油菌往往从油田环境中取样,然后进行富集培养和纯化分离得到。国外分离得到的自然采油菌主要有假单胞菌、芽孢杆菌、微球菌、棒杆菌、分枝杆菌、节杆菌、梭菌、甲烷杆菌、拟杆菌、热厌氧菌等属厌氧菌或兼性菌,代谢产物有生物气体、有机酸、表面活性剂、生物聚合物、醇、酮等。工程菌是指为了某种需要采用基因工程学方法培育出的微生物菌,为非天然存在的自然菌,往往具有某种独特的性能,如耐高温、富产酸、富产表面活性剂等,对增强微生物与原油作用效果有积极意义。

国内于1955年就开始了微生物采油的研究,20世纪60年代中期研究了细菌代谢多聚糖类等增稠剂,其典型菌株为元-A-144的假单胞杆菌,70年代国内主要开展了生物表面活性剂方面的研究,筛选到了两种菌株4B105g和4-13,"七五"期间国内筛选出厌氧发酵糖蜜产生CO_2、H_2和C_2—C_3的有机酸菌株,并在大庆油田东6J-22井进行了吞吐试验,研制出槐糖脂、鼠李糖脂、海藻糖脂、多糖脂等4种糖脂型生物活性剂体系,分离筛选出黄胞胶生产菌种,其增黏性、耐温性、抗盐性和驱油效率与性能良好。

2. 菌种的筛选

菌种筛选是微生物采油技术的关键。菌种筛选一是提高菌种耐温性,以适合更广的油藏范围;二是提供部分无机营养物,希望以原油为碳源,降低注入营养成本。

微生物采油技术采用的细菌按来源可以分为两类:一是天然细菌,以油田环境为主,包括油田污水、采出油泥沙、地下岩心、长期被原油污染的土壤、浅海油井附近的水和土壤等。主要目的是利用它们某些方面的特性,如嗜盐性、耐温性等。另外,由于内源微生物驱油直接应用地层中的细菌,菌种类复杂,属于一种独立的选择方式。二是人工培植的工程细菌,可以通过紫外线照射、全DNA转化、添加生长因子、反复驯化等手段,提高天然细菌在某一方面的特性,如耐高温、耐盐性、富产表面活性剂、富产气体等,从而培养出新的细菌。用于微生物强化采油技术的微生物可以是好氧菌、厌氧菌,也可以是兼性厌氧菌。在微生物强化采油技术实施的过程中,可以单独使用某一菌种,但为了发挥微生物的协同作用,更多的是使用配伍性较好的混合菌种。在选择的过程中,应遵循的原则是必须适应油藏的环境条件。

表10-1列举了美国能源部提出的微生物采油油藏筛选标准。我国经过长时间的研究与实践,人们总结出微生物驱的适用油藏标准见表10-2。

表10-1 美国微生物采油适用的油藏条件

参数	适应范围	最佳范围
储层类型	陆源沉积砂岩	—
深度(m)	100~4000	—
地层温度(℃)	20~80	30~60
地层压力(MPa)	≈40	—
地层渗透率(D)	>0.05	>1.5
地层水矿化度(g/L)	≤300	≈100
原油黏度(mPa·s)	10~500	30~150

表 10-2 我国微生物采油适用的油藏条件

项目	适宜条件	最佳条件
油层深度(m)	<3048	<2400
矿化度(mg/L)	$<20 \times 10^4$	$<10 \times 10^4$
油层温度(℃)	<121	<77
渗透率(D)	—	>0.05
原油密度(g/cm^3)	—	>0.9659
残余油饱和度(%)	>25~30	>25
原油含蜡(%)	>3.0	>5.0
产出液含水率(%)	>10	>25
微量元素	砷、汞、镍、硒含量<10~15mg/L	
井底压力	不限	不限
单井控制面积(m^2)	—	<16200
产出水中 H_2S(mg/L)	<5000	<100

对具体油藏应从室内已有菌种中筛选出最适合该油田、与原油作用效果最佳的采油菌种，具体方法是以该油田原油为唯一碳源的培养基对各分离的单菌落微生物进行进一步的分离纯化与筛选（与原油的乳化效果），并对分离筛选出的各菌株代谢产物（产酸、产气、产表面活性剂和聚合物）进行评价以分析各筛选菌株的代谢概况及可能的提高原油采收率机理，综合菌株的各项指标（发酵后的表面张力、pH 值、原油黏度）作为筛选目的微生物菌株的主要依据，采油微生物菌株分离与筛选的方法和流程见图 10-1。

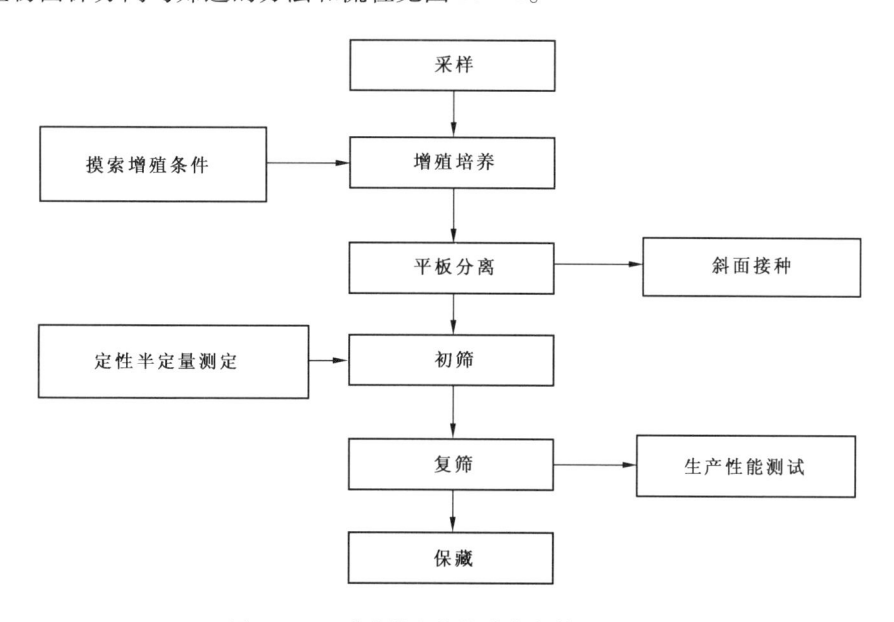

图 10-1 采油微生物的分离与筛选流程图

3. 菌株的油藏适应性评价

微生物在油藏中运移、生长、代谢作用及产物的主要影响因素有温度、pH 值、矿化度、压力、渗透率等,这些因素都会影响到微生物提高采收率的最终效果。要对已筛选出的菌株在不同温度、盐度、pH 值下的生长、降油、降黏性能进行研究,以耐温实验为例。

耐温实验培养基设置:

(1)葡萄糖培养基。

(2)原油为碳源的液体培养基。

(3)耐盐降油培养基:无机盐溶液中添加原油 0.1% ,分别添加 NaCl 并设置同上的盐度梯度。

(4)耐盐降黏培养基:无机盐溶液中添加原油 4‰,分别添加 NaCl 并设置同上的盐度梯度。

耐温实验主要考察:

(1)不同温度条件下菌株的生存情况:将种子液接入葡萄糖培养基中培养后,发酵液置于恒温水浴 24 小时后(在不同温度梯度下),分别取样涂布平板测活菌数,并计算菌株在不同温度条件下的存活率。

(2)不同温度条件下菌株在石油培养基中的生长:将 2% 种子液接入原油为碳源的液体培养基中,置于恒温水浴 24 小时后(在不同温度梯度下),200r/min 培养 7 天,每天定时取样测吸光度(600nm)。

(3)不同温度条件下菌株对原油的降解作用:将 10% 种子液接入降油培养基中,置于恒温水浴 24 小时后(在不同温度梯度下),培养 5 天,测降油率。

(4)不同温度条件下菌株对原油的降黏作用:将 10% 种子液接入降黏培养基中,置于恒温水浴 24 小时后(在不同温度梯度下),养 7 天,测降黏率。

五、微生物采油技术的国内外应用现状

20 世纪 70 年代,波兰、捷克、罗马尼亚、苏联和加拿大等国相继进行了许多微生物采油的矿场试验,多数取得了较好的效果。

英国在 20 世纪 90 年代开展了广泛的微生物提高采收率技术的研究,研究包括微生物提高采收率技术分析、油藏模拟器模拟研究、效益预测研究等。2001 年挪威国家石油公司在北海的 Norne 油田进行了微生物采油的现场试验,获得成功。该试验不需要注入外源微生物,而是直接应用油藏中或注水中的好氧微生物,这些好氧微生物利用原油作碳源在油藏产生表面活性物质,现场实施时注入海水并在注水中加入一些营养和氧气。这项技术将在 Norne 油田获得 30×10^6 bbl 增油量,相当于在后来的 15 年开发期间提高采收率 6%。

俄罗斯是少数几个在石油微生物各领域开展工作最深入持久的国家之一,在采用微生物选择性封堵的 600 口试验井中,每年每口井增产原油 1000~2000t,增产 1bbl 原油的费用最低达 3 美元,其在鞑靼、西伯利亚、阿塞拜疆油田激活本源微生物,共增产原油 3.49×10^3t,产量增加了 10%~60%。

自 20 世纪 90 年代以来,我国加快了微生物采油技术的研究步伐。大庆、胜利、延长等油田均已开展了微生物采油的先导性试验,进行了约 2000 井次,有些地区已进入推广应用阶段。

胜利油田在20世纪90年代初开始微生物采油技术的研究,目前已建成国内第一个石油微生物技术研究中心。经过多年研究,其微生物清防蜡技术已基本成熟并进入工业化应用阶段。至90年代末研究方向从单井向区块转化,微生物驱先后在4个区块进行了现场试验,累计增油超过 6×10^4 t。

延长子长油田微生物驱现场2口注水井,见效油井11口,取得了较好的增油效果。在11口见效井中,有增产效果的9口,有效率82%。现场试验共注入微生物原液12t,当年增油244.5t,平均耗1t微生物增油20.3t,平均单井增油22.2t,使用微生物采油技术后增油效果明显。

六、微生物采油技术存在的主要问题以及发展方向

1. 微生物采油技术存在的主要问题

1) 菌种问题

目前筛选菌种缺少针对性。菌种应针对具体的油藏条件和现场工艺筛选:处理井筒主要利用菌的代谢产物,筛选能在生产罐中产生大量表面活性剂或乳化剂的菌种即可;处理地层或驱油要求菌种能在具体油藏条件下生存,在有营养的条件下生长代谢,生长速度越快越好;处理碳酸盐岩地层,最好菌种产酸量大一些。

2) 菌种性能的评价问题

目前国内在菌种评价方面忽视室内实验条件与现场应用条件的不同,因此偏差较大。微生物本身和其代谢产物都受地层条件的影响,温度、压力、矿化度和岩性等因素的影响还存在一些未知的关系,需要通过室内实验了解各自的影响程度。

3) 营养问题

应用微生物驱油时,一般根据其生长需要确定添加有机碳源或氮、磷等无机盐的量和营养配方。实际应用主要有三方面问题:一是配方的营养种类和数量的配比合理性;二是与地层液体的配伍性,配方的各营养成分与地层水中的矿物质是否会发生沉淀反应(尤其是磷盐),在地层高温条件下性质是否会变化;三是经济性,提高采收率的投入产出比是否较好。

4) 微生物生态问题

长期注水开发油藏的地下应存在相对稳定的原地微生物生态系统。微生物采油过程中,注入的微生物与原地微生物能否兼容,注入的营养对原地微生物有什么影响,这些问题还没有认真研究。

5) 现场监测问题

微生物驱油现场监测方面报道最多的是产量变化,应该定期监测众多特征参数(如注水井的压力,生产井的产量、含水率,产出液的微生物含量,主要代谢产物含量,水相的pH值,油相和气体的组分等)的变化,才能发现规律。若为井筒处理,油井的电流和负荷应有变化;若为单井吞吐,油井的液量或含水率,甚至动液面应有变化。现场进行微生物活体分析时,井口禁止动火,不能对取样口热消毒,也不宜用药剂消毒而污染样品,无菌、厌氧取样难度很大,能在井下密闭取样最好。目前以上方面的研究和设计目前尚属空白。

2. 微生物采油技术的发展方向

1）微生物处理井筒技术

微生物处理井筒的目的是为了保护微生物。虽然没有清蜡功能，但能起到防蜡作用，技术简单，适合大规模使用。现场油井施工采用"套加"工艺，微生物无法在生产中的井筒长时间停留，因此，筛选代谢产物具有较强乳化性能的菌种即可。

2）微生物单井吞吐技术

微生物单井吞吐采油的作用对象是近井地层，需要菌种在地层中生长代谢，应筛选厌氧或兼性厌氧型的微生物，同时应具备耐温性，现场应用时通常需要补充有机营养，并关井一段时间。

3）好氧微生物驱技术

好氧微生物驱又称空气辅助微生物驱。在有氧条件下兼性菌的代谢速度加快，并向地层中释放空气，微生物会消耗掉空气中的氧，并氧化原油的部分组分，形成可驱油的代谢物。因此，可以不必补充有机营养。

4）聚合物驱后微生物提高采收率技术

在聚合物驱过程中，地面、地下都有聚合物的生物降解现象，说明聚合物与微生物之间存在一定关系，可以利用这种关系找到合适的微生物，继聚合物驱之后进一步提高采收率。中国石油化工集团公司已立项研究此问题。

5）内源微生物驱油技术

内源微生物驱通过人工干预，调整油藏中自然形成的原地微生物生态，让有益种群快速增殖，起驱油作用。该项技术不需要筛选菌种和生产菌液，现场实施也较容易，有可能成为微生物采油的主要方向。

6）活性污泥驱油技术

各种污水处理过程中产生的活性污泥有一定黏度且含丰富的微生物，可用于调堵；污泥中的部分微生物可在温度合适的地层中生长代谢。前苏联成功应用过这方面技术，大庆油田也开展过现场试验，但污泥的来源和运输可能是制约其应用的关键因素。

第二节 表面活性剂驱油技术

表面活性剂在三次采油中的作用是降低油水界面张力，改变岩石湿润性，以利于吸附在岩石颗粒表面的残余油膜的剥离，从而提高洗油效率。传统的表面活性剂是由一个疏水基和一个亲水的极性头基构成的，改变和提高其表面活性是非常有限的。双子表面活性剂是由两个亲水基、两个疏水基和一个连接基构成的，通过对亲水基、亲油基以及连接基的改变可合成多种类型的双子表面活性剂。由于双子表面活性剂具有诸多优异的性能，因其特殊的结构，在很低的浓度下就有很高的表面活性，在加入量很少的情况下就能使油水界面张力降至超低（1×10^{-3} mN/m），且有很好的增溶及复配能力，在化学驱采油中有巨大的应用前景。

一、概述

1971年，Bunton等首次合成了一族阳离子型双子表面活性剂。1990年开始，Zhu等合成了阴离子型双子表面活性剂，从此引发了对双子表面活性剂的研究热潮。目前，国内对双子表面活性剂用于三次采油也进行了一些研究。罗平亚院士课题组从三次采油用表面活性剂所需性能和存在的问题入手，合成了一系列不同疏水链长度、不同连接基长度的阳离子型双子表面活性剂，系统分析了双子表面活性剂溶液与原油之间的界面张力、表面活性剂溶液的黏度行为及双子表面活性剂的油水界面黏度行为，发现某些双子表面活性剂在气液界面出现反常的吸附行为，可以将油水界面张力降至超低，且具有比普通驱油用表面活性剂更低的油水界面黏度。但由于阳离子表面活性剂易通过静电吸附作用吸附在带负电荷的油层矿物表面，因此用量较大。韩冬课题组合成出了硫酸盐、磺酸盐型双子表面活性剂及两性双子表面活性剂，并研究了这些双子表面活性剂在水、有机相间的界面张力。李干佐等合成了新型磺酸盐阴离子双子表面活性剂，并研究了非离子双子表面活性剂的动态表面张力及添加剂对其浊点的影响，还考察了与阳离子双子表面活性剂的协同效应。蒲万芬等研究了阳离子双子表面活性剂在砂岩表面的静态吸附行为以及阳离子双子表面活性剂/疏水缔合水溶性聚合物二元体系与原油的界面张力。冯玉军课题组重点研究了既能大幅度降低油水界面张力又能增黏的双子表面活性剂体系，使双子表面活性剂能同时发挥三元复合驱体系中表面活性剂和聚合物的功能，并克服高分子表面活性剂的界面张力和高增黏能力不能两全的缺陷及避免使用强碱，由此可将三元复合驱简化为二元驱甚至一元驱。此外，该小组还对双子表面活性剂结构和性能的关系进行了深入研究，探讨了如何简化双子表面活性剂合成步骤，并通过对合成路线的改进，把国内外报道的部分阳离子双子表面活性剂的收率提高到85%以上。

二、表面活性剂的驱油机理

1. 表面活性剂驱油机理

表面活性剂是由一个非极性基（亲油基）和一个极性基（亲水基）构成的双亲体，易于分布在油水界面上以降低油水界面张力，减小水驱油毛细管力，增大驱油毛细管数，从而驱出更多毛细管中的原油。

由于表面活性剂的两亲性，可使油水乳化形成O/W型乳状液，从而降低原油的流动阻力。主要驱油机理如下：

(1) 降低水界面张力并减小毛细管力。活性剂分子在油水表面的定向排列，使油水的界面张力减小，毛细管力降低，使残余油转变为可流动油，提高洗油效率。

(2) 乳化降黏和夹带原油机理。表面活性剂可以增加原油在水中的分散性。随着界面张力的降低，原油可以分散在活性水中，形成O/W型乳状液，表面活性剂起稳定剂作用。水包油乳状液的形成，降低了原油黏度，可实现地下降黏，减小原油流动阻力，改善水驱油的边界条件，提高水驱油效率。

(3) 乳化作用机理。原油乳化时，可增大原油体积，从而增加原油流动性，使更多的原油参与流动。当流动到一定程度时会发生破乳，使原油聚集，从而更大限度地采出地下原油。

(4) 润湿性反转机理。表面活性剂可改变岩石表面的润湿性，在亲油性岩石中，水驱油后剩余的残余油以吸附在岩石表面的薄膜状态存在。表面活性剂在岩石表面的吸附,可使岩石的润湿性发生变化,由亲油变为亲水,则吸附在岩石表面上的油膜将脱离岩石表面而被活性水驱替出来,从而提高采收率。

2. 驱油表面活性剂使用方法

应用表面活性剂提高采收率有两种不同的方法:第一种是注入低浓度大段塞表面活性剂溶液;第二种则是将小段塞高浓度表面活性剂注入油层,与原油形成微乳液。第一种被称为低张力表面活性剂驱油体系,第二种被称为微乳液驱油体系。目前,大多数油田倾向于采用低浓度大段塞表面活性剂驱。

从油藏开发角度考虑,一般是进行表面活性剂驱越早,驱油效果越好。一方面提高采收率的幅度应比单纯水驱高得多,另一方面驱替成本也将上升。所以为了节省成本,一般油田在开发过程中都首先进行水驱开发。

研究表明:在含水率为50%~70%时开展表面活性剂驱效果较好,能大幅度提高最终采出程度。含水率在80%以上,表面活性剂驱仍能提高最终采出程度,但效果有所下降,需在驱油时机和投入产出比之间进行综合评价后再做结论。

三、驱油用的活性体系和表面活性剂的分类

1. 驱油用的活性体系

表面活性剂驱是以活性体系作驱油剂提高采收率的方法,常用的驱油活性体系如下:

1)活性水

指表面活性剂的浓度小于临界胶束浓度的表面活性剂体系。

2)胶束溶液

表面活性剂的浓度大于临界胶束浓度但小于2%的表面活性剂体系。

3)微乳状液

表面活性剂浓度大于2%,水含量大于10%的表面活性剂体系。

4)溶性油

表面活性剂浓度大于2%,水含量小于10%的表面活性剂体系。

上述体系中,前两种为稀表面活性剂体系,后两种为浓表面活性剂体系。

2. 表面活性剂的分类

目前,表面活性剂的数量很多,根据表面活性剂的功能不同,表面活性剂可用做驱油剂、起泡剂、乳化剂、破乳剂、防蜡剂、缓蚀剂、杀菌剂、润湿剂、絮凝剂、稳定剂,可广泛应用于采油、医药、化工等领域。按极性基团的解离性质分类,将驱油用表面活性剂分为四种类型。

1)阴离子型表面活性剂

这类表面活性剂在水溶液中可离解出阴离子,阴离子表面活性剂分为羧酸盐、硫酸酯盐、磺酸盐和膦酸酯盐四大类,具有较好的去污、发泡、分散、乳化、润湿等特性。广泛用做洗涤剂、起泡剂、润湿剂、乳化剂和分散剂。产量占表面活性剂的首位。不可与阳离子表面活性剂一同使用,否则会在水溶液中生成沉淀而失去效力。

2) 阳离子表面活性剂

该类表面活性剂起作用的部分是阳离子,因此称为阳性皂。其分子结构主要部分是一个五价氮原子,所以也称为季铵化合物。其特点是水溶性大,在酸性与碱性溶液中较稳定,具有良好的表面活性作用和杀菌作用。

常用品种有苯扎氯铵(洁尔灭)和苯扎溴铵(新洁尔灭)等。

3) 非离子表面活性剂

这类表面活性剂在水溶液中虽然不能电离成离子,但溶于水后,常以分子或者胶束状态存在于水溶液中。非离子表面活性剂主要有烷基醇酰胺(FFA)、脂肪醇聚氧乙烯醚(AE)、烷基酚聚氧乙烯醚(APE 或 OP)。非离子表面活性剂具有良好的增溶、洗涤、抗静电、刺激性小、钙皂分散等性能;实际的可应用 pH 值范围比一般离子型表面活性剂更宽广;除去污力和起泡性外,其他性能往往优于一般阴离子表面活性剂。实验表明,在离子型表面活性剂中添加少量非离子表面活性剂,即可使该体系的表面活性提高(相同活性物含量之间比较)。

4) 两性型表面活性剂

分子结构中含有两种及两种以上极性基团的表面活性剂,均可称为两性表面活性剂。这类表面活性剂的分子结构中同时具有正、负电荷基团,在不同 pH 值介质中可表现出阳离子或阴离子表面活性剂的性质。可将其分为非离子—阴离子型、非离子—阳离子型、阴离子—阳离子型、非离子—阳离子—非离子型。这类表面活性剂具有许多独特的性质。例如,对皮肤的低刺激性,具有较好的抗盐性,且兼备阴离子型和阳离子型两类表面活性剂的点,既可用做洗涤剂、乳化剂,也可用做杀菌剂、防霉剂和抗静电剂。因而,两性离子表面活性剂是近年来发展较快的一类。

四、表面活性剂驱存在的问题

表面活性剂驱在矿场得到了广泛的应用,通过使用也存在一些问题:

1. 表面活性剂的滞留

表面活性剂在地层中有四种滞留方式,即吸附、溶解、沉淀,以及与聚合物不配伍产生的絮凝、分层。

2. 乳化问题

表面活性剂驱的产出液为原油与水的乳状液,存在需要对产出液进行破乳的问题。

3. 流度控制问题

因表面活性剂体系流度大于油的流度,容易形成指进现象,削减驱油剂的作用,为了使表面活性剂体系扩大波及体积,因此需要对流度进行控制。

五、典型试验区

1. 试验区概况

杏子川油田王家湾区位于延安市安塞县境内,王 214 注水开发示范区组建于 2004 年 11 月,目前注水井 9 口,受益井 43 口,含油面积 3.687km²,水驱控制面积 2.27km²,区块地质储量 274×10⁴t,注水水源为洛河层水,采用油井转注,注采层位为三叠系延长组长 21 油层;油层平均有效厚度 17.3m,孔隙度为 17%,渗透率为 7.96D,地层原油体积系数为 1.029,地层原油黏度为 16.056mPa·s,为低孔隙度、低渗透率储层。目前平均注水压力 9MPa,平均单井日注水量 24.22m³,累计注水量 34.88×10⁴m³,累计产油 19.78×10⁴t,综合含水率为 50%,采油速度 1.16%,采出程度 7.21%,累计注采比 0.79,累计亏空 94424m³,目前地层压力 4.22MPa,综合递减率为 7%。

2. 试验区实施情况及效果分析

根据室内研究成果,选取 0.5%生物酶+0.5%驱油剂为现场试验的注入浓度,共确定注入井共 10 口,选取 11#表面活性剂和生物酶作为注入剂,多段塞注入。为了更好地评价注剂后的效果,与水驱时的效果做对比,在注剂过程中,对注水时的注入层段不做调整,注入量较小调整。注入采用分多段塞注入。先注入 7 天表面活性剂段塞,再注 7 天水,之后再注 7 天的生物酶段塞,以后类推。每个段塞处理储层半径为 15~20m。表面活性剂注入体积浓度为 0.5%,生物酶注入体积浓度为 0.5%,其注入参数见表 10-3。

表 10-3 试验区表面活性剂注入参数表

井号	日配注(m³)	日注表面活性剂(t)	日注水量(m³)
王 214	218	1.09	216.91
王 7	15	0.075	14.925
合计	233	1.165	231.835

王 214 试验区自 2010 年 5 月 27 日开始进行生物活性复合驱矿场试验,截至 2011 年 11 月底,已注入生物酶表面活性剂 259t,表面活性剂 115.78t。试验 1 月后,油井陆续见效,油井有效率 71%,井组有效率 66%。区块日产油由试验前的 74.87t 增加到 86.7t,日增油 11.83t,日产液由试验前的 229.13m³ 增加到 276.54m³,增加了 47.54m³。

1) 王 214 区块整体效果分析

试验区注入生物酶后,出现了"两升一稳"的良好态势(图 10-2),测产数据表明试验区总产液量小幅上升,含水率基本稳定,产油量稳中有升,该区目前注入量为 308m³/d,产液量逐步上升,由 229.13m³/d 增加到 243.98m³/d,增加了 14.85m³/d,产油量由 74.88t/d 增加到 84t/d,增加了 9.12t/d,目前累计增油 11155.79t,综合含水率的变化呈现先降后升的特征,基本保持平稳,自然递减率为 12%。

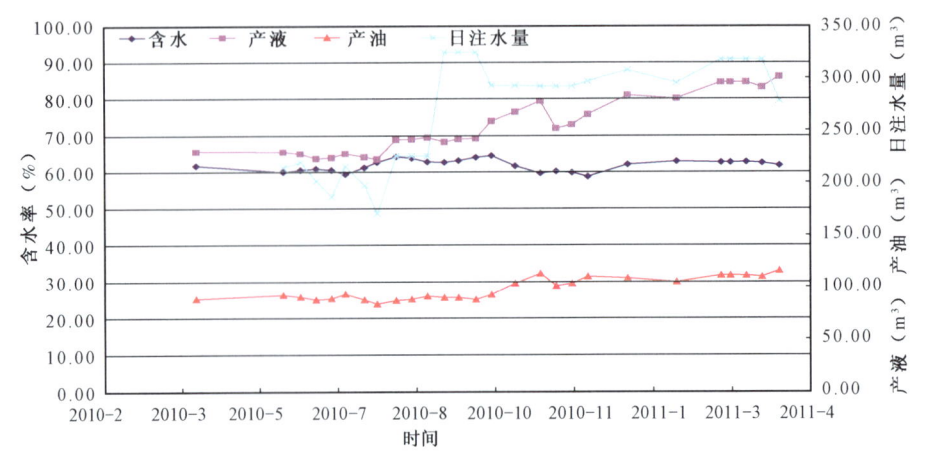

图 10-2 王 214 试验区生产曲线

通过对2005年以来的试验区生产数据进行分析,满足甲型水驱规律特征,自2010年5月开始试验后,曲线出现明显拐点,说明最终水驱采收率得到提高(图10-3)。

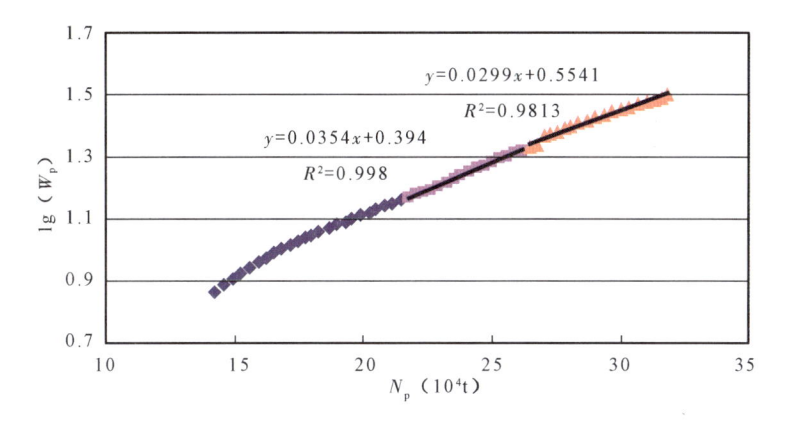

图10-3 王214试验区水驱曲线

预测增加可采储量$16.68 \times 10^4 t$,提高采收率6.08%,试验效果明显。

2)单井效果分析

王214试验区一线注水受效油井共有41口,全部正常生产。注入驱油剂后油井陆续见到效果,截至目前共有见效井31口(表10-4),占总井数的75.6%;其中明显见效井17口,表现为"产液上升、产油量持续上升、含水率稳定或下降"的特征;一般见效井9口,表现为"产液上升、产油上升,但增幅相对较小,且持续时间不长"的特征;微弱见效井4口,表现为"产液上升、产油稳定、含水率上升或稳定"的特征。

表10-4 王214井区见效井统计数据表

井号	见效类型	见效日期	见效前生产数据 产液(m^3)	含水率(%)	产油(m^3)	见效后最高产量 产液(m^3)	含水率(%)	产油(m^3)	对比 产液(m^3)	含水率(%)	产油(m^3)
王313-3	明显见效	2010-12-1	3.46	4.00	3.32	6.28	10.08	5.65	2.82	6.08	2.32
王313-1	明显见效	2010-8-1	2.16	4.14	2.07	4.86	5.11	4.61	2.70	0.97	2.54
王311-1	明显见效	2011-1-1	3.42	73.00	0.92	5.38	61.95	2.05	1.96	-11.05	1.12
王310-4	明显见效	2010-10-1	3.08	14.06	2.65	5.60	10.08	5.04	2.52	-3.97	2.39
王307-1	明显见效	2011-1-1	1.63	8.00	1.50	4.05	10.24	3.64	2.42	2.24	2.13
王215-6	明显见效	2010-12-1	3.22	12.00	2.83	7.50	6.82	6.99	4.28	-5.18	4.16
王215-5	明显见效	2010-12-1	7.19	54.00	3.31	13.23	51.00	6.48	6.04	-3.00	3.18
王215-1	明显见效	2010-12-1	5.87	12.00	5.16	8.64	15.03	7.34	2.77	3.03	2.18
王214-5	明显见效	2010-7-20	2.06	24.00	1.57	2.95	3.00	2.86	0.89	-21.00	1.30
王214	明显见效	2011-3-1	5.89	60.05	2.35	6.61	40.67	3.92	0.72	-19.38	1.57
王213-1	明显见效	2011-1-1	3.51	34.00	2.31	7.15	38.35	4.41	3.65	4.35	2.10
王212-4	明显见效	2011-1-1	12.72	79.00	2.67	18.81	77.99	4.14	6.09	-1.01	1.47

续表

井号	见效类型	见效日期	见效前生产数据 产液(m³)	见效前生产数据 含水率(%)	见效前生产数据 产油(m³)	见效后最高产量 产液(m³)	见效后最高产量 含水率(%)	见效后最高产量 产油(m³)	对比 产液(m³)	对比 含水率(%)	对比 产油(m³)
王212-3	明显见效	2011-1-1	4.08	83.00	0.69	4.13	59.27	1.68	0.05	-23.73	0.99
王212-2	明显见效	2011-3-1	3.91	69.01	1.21	9.43	74.97	2.36	5.52	5.96	1.15
王210	明显见效	2011-1-1	3.37	46.00	1.82	8.64	42.01	5.01	5.27	-3.99	3.19
王209-1	明显见效	2010-12-1	10.45	81.00	1.99	14.70	66.07	4.99	4.25	-14.93	3.00
王208	明显见效	2011-1-1	5.01	60.00	2.00	9.45	55.06	4.25	4.44	-4.94	2.24
王314-5	一般见效	2010-10-1	2.16	40.09	1.29	2.84	50.29	1.41	0.68	10.20	0.12
王311-4	一般见效	2011-1-1	3.15	38.00	1.95	4.12	52.03	1.98	0.97	14.03	0.02
王311-5	一般见效	2011-7-1	7.15	91.44	0.61	7.80	86.00	1.00	0.65	-5.44	0.48
王311-3	一般见效	2011-3-1	2.43	75.79	0.59	6.34	69.94	1.91	3.91	-5.85	1.32
王310-3	一般见效	2010-10-1	2.50	30.35	1.74	4.05	20.12	3.24	1.55	-10.24	1.49
王310-1	一般见效	2010-10-1	9.94	58.10	4.16	10.43	55.11	4.68	0.49	-2.99	0.52
王308-3	一般见效	2010-10-1	2.60	75.11	0.65	6.48	78.76	1.38	3.88	3.65	0.73
王307-3	一般见效	2011-1-1	1.77	32.00	1.20	3.27	35.60	2.11	1.50	3.60	0.90
王214-2	一般见效	2011-2-1	11.49	89.04	1.26	15.02	76.00	3.60	3.53	-13.04	2.35
王211	微弱见效										
王209-3	微弱见效										
王209	微弱见效										
王208-2	微弱见效										

根据区块油井生产动态数据分析，自6月27日始油井逐步开始见到增油效果，至11月有31口油井见到增油效果，油井见效率75.6%，计算至11月30日累计净增油量为6675t。考虑试验前该区12%的递减率，累计增油量为10395t。按原油价格每吨3300元、吨油操作成本1653元计算，投入产出比为1:4.63。

第三节 空气泡沫驱油技术

我国目前大部分油田的开发是以注水为主，从而造成油田过早进入中—高含水期，注水开发技术投资大且与经济效益之间的矛盾十分突出。注空气采油是一项富有创造性的提高采收率新技术。空气来源广，不受地域和空间限制，成本低廉，因此，空气驱技术越来越受到重视，并在矿场得到推广应用。

一、概述

20世纪60年代以来，国外（主要在美国）针对注空气提高轻质油藏采收率，在室内研究、数值模拟等方面做了大量工作，被列为美国国家能源部特别资助的提高采收率项目，现场注空气驱油配套技术逐渐完善；美国应用泡沫驱油法增加的可采储量高达$(5\sim30)\times10^8$t，在2000年预计年增产水平就为$(0.3\sim1.5)\times10^8$t。

在国内，许多油田开展了注入气体—泡沫的研究和现场试验工作，如中国石油大学、西南石油大学、中国石油勘探开发研究院等开展了这方面的研究。1977—1978年胜利油田在胜沱油田开展了空气泡沫驱油先导试验，1982年大庆油田在小井距北井组萨Ⅱ$^{7+8}$层进行了"正韵律油层注水后期注空气矿场实验"，并取得了一定的经验和效果。近几年，随着原油低温氧化理论的成熟，在吐哈、辽河等油田进行了试验研究。2004年9月，吐哈油田注空气可行性研究成果通过验收。前几年胜利油田和石油大学也合作立题，在室内进行了相关的机理研究试验和现场前期工作。1996年广西百色油田开始采用纯空气泡沫驱；2001年开展了空气—泡段塞驱油试验，使成本大幅度降低，同时对注空气的安全性进行了论证和检测，2004年又发展到泡沫辅助—空气驱阶段，并开展了泡沫辅助—气水交替注入现场试验，均取得了好的效果。

二、空气泡沫驱提高采收率机理

1. 注空气提高采收率机理

注空气驱采油提高采收率的机理主要包括：

(1) 维持和提高油层压力。
(2) 烟道气对原油的重力驱替效应。
(3) 原油气化产生的驱替效应。
(4) 促使原油膨胀的驱动效应。
(5) 高温高压下超临界蒸汽作用。
(6) 烟道气对原油可能产生的临界作用。
(7) 提高注入气与残余油以及注入气与地层水的密度比和黏度比。
(8) 提高原油活性。

各种机理作用大小取决于油藏的具体情况，在高温高压下各种机理的作用大多有所增强。氧化反应和氧气的含量多少关系不大，而与温度和压力的高低有很大的关系。注空气采油过程中，普遍认为存在低温氧化（LTO）和高温氧化（HTO）反应。通常，油藏埋藏越深，油藏温度越高，注空气驱采油的效果越好（高压提高了混相能力，高温提高了氧的利用率）。

空气注入油藏同时会产生两个作用：油的驱替和油的氧化。根据驱替效率和氧化强度，注空气采油可分为四类方法：

(1) 具有强氧化作用的非混相气驱。
(2) 没有强氧化作用的非混相气驱。
(3) 有强氧化作用的混相气驱。
(4) 没有强氧化作用的混相气驱。

后两类方法就是通常所说的高压注气法。按氧化强度，无论是低温氧化反应还是高温氧化反应，都能控制该采油方法的进展，实际上，当非混相空气驱发生高温氧化反应时,就成为传统的火烧油层的方法,若只发生低温氧化时,此方法称为有低温氧化的非混相空气驱。低温氧化较高温氧化的非混相空气驱效果差。在强氧化作用的混相驱方法中,按化学计算,注入的空气量大致与产出的气量相等,因此氧化作用对压力维持并没有明显的作用。对于低温氧化的非混相空气驱,一部分氧气被消耗掉而没有释放出碳的氧化物,从而导致注入气的体积缩减,因此对于这种方法,要考虑适当地增加注入气量。无论所开采的油藏是裂缝性油藏还是非裂缝性油藏,气驱既可用于层状驱动也可用于垂向驱动。对于垂向驱动,空气被注入构造的顶部,充分利用产层的垂向差异和重力,使油从层段的底部采出。这种驱动方式所产生的体积波及系数及驱替效率是非常高的。现场生产经验表明,在用烃类的混相驱中,使用垂直驱替所提高的原油产量一般是原始石油储量的30%,而层状驱动所提高的原油采收率一般是原始储量的10%,估计注空气时,在这两种方式下提高采收率幅度的差别一样。一般说来,层状非混相驱所增加的采收率为5%~6%,对于垂向非混相驱所增加的采收率可能预计会高些。

就提高原油采收率的潜力而言,应用非混相注空气驱方法所增加的最终采收率至少与非混相注氮气、烃气和烟道气驱一样。在具有大范围缝隙,而油与空气之间的流度比不利等情况下,则容易导致严重的窜流,所以,层状气驱不是一种可行的方法,但若能够在重力稳定的情况下(油藏顶部注气而驱替速率低于临界速率)垂直气驱则更为可行。如果油藏非均质性不严重,注入油层的氧气都会与油发生氧化反应,在生产井中不会产出氧气,产出的气体主要是氮气和烃气。

2. 注空气泡沫驱油机理

泡沫是气、液两相体系。其中气体是分散相(不连续),液体是连续相(连续)。两相泡沫体系通常由起泡剂、稳定剂、气体和水组成。其中,液相由起泡剂、稳定剂和水组成;气相有空气、氮气、天然气和二氧化碳等。泡沫流体的主要特性有以下几个方面:

(1)泡沫流体的密度可随注入压力和气液比的变化而变化,液柱压力低于水,滤失量小,对地层伤害小。低密度可以使得泡沫流体具有漏失量小、对地层伤害小等优点,适合于水敏性地层。

(2)泡沫的渗流特性。

泡沫的渗流可分为液膜滞后、缩颈分离和液膜分断三种。在多孔介质内渗流时,泡沫并不是以连续相的形式通过介质孔隙,而是不断地破灭与再生,气体在泡沫破灭和再生过程中向前运动,液体则通过气泡液膜网络流过孔隙介质。由于泡沫体系的配方、泡沫质量、温度、压力、环境介质等影响流变性的因素比较多,到目前为止仍然没有得到统一的流变模式,还处于研究阶段。

(3)泡沫驱油特性。

泡沫首先进入高渗透大孔道,随着注入量的增多,产生贾敏效应并形成堵塞,迫使泡沫更多地进入低渗透小孔道驱油,直到泡沫进入整个岩心孔隙,此后驱动流体便能比较均匀地推进(图10-4)。

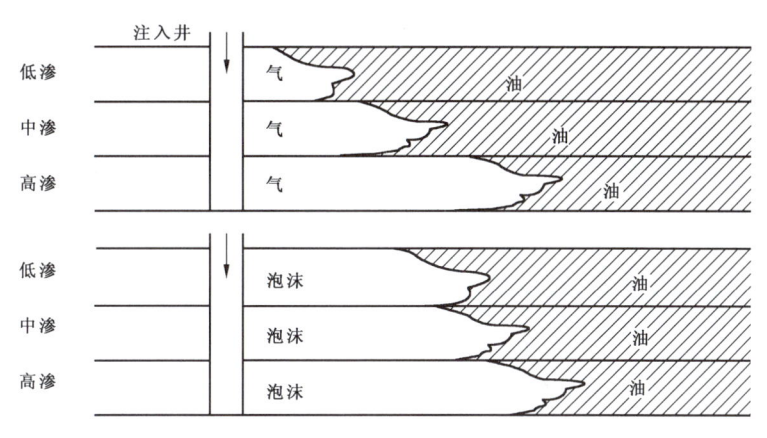

图 10－4　泡沫驱油室内实验示意图

(4)泡沫剪切稀释特性。

泡沫流体属于非牛顿流体,在高渗透地层中的表观黏度大于在低渗透层中的表观黏度,对高渗透层有封堵作用,对低渗透层有增大波及体积、提高波及系数的效果(图 10－5)。

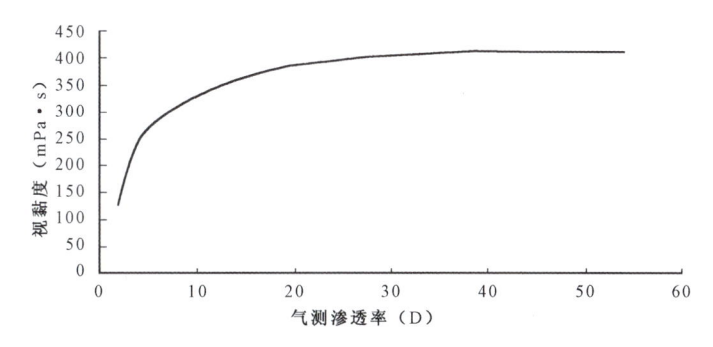

图 10－5　泡沫视黏度随介质渗透率的变化曲线

(5)泡沫的油敏特性。

泡沫在含油孔隙介质中的稳定性变差,随含油饱和度的升高而降低,泡沫的运行距离相应缩短,显示出泡沫的"堵水不堵油"特性。同时驱油实验还表明,泡沫在后续的水驱过程中,并不很快消失,需要数十倍孔隙体积的水才能驱尽,显示出泡沫足以维持到驱油过程的结束(图 10－6)。

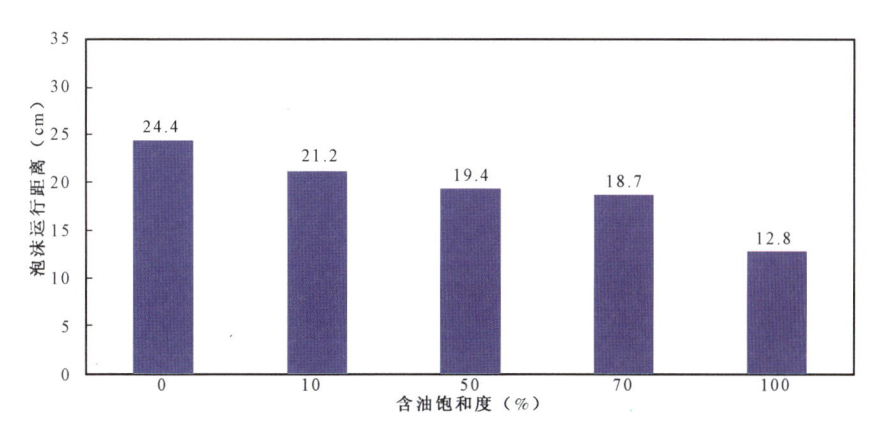

图 10－6　泡沫随不同含油饱和度的变化曲线

油藏注泡沫提高采收率的驱油机理是多方面和复杂的。注泡沫技术的驱油机理包括泡沫驱和游离态的空气驱作用机理,是二者作用机理的叠加。且对于不同的油藏来说,其驱油的主要作用机理也各不相同,主要表现为以下几点:

(1)起泡剂本身是一种活性很强的阴离子表面活性剂,具有改变岩石表面润湿性和较大幅度降低油水界面张力,使原来呈束缚状的油通过油水乳化、液膜置换等方式成为可流动的油,提高洗油效率。

(2)泡沫的贾敏效应对空气具有较强的封窜作用,增加空气在地层的驻留时间,延迟空气的突破时间,使注入空气的氧含量降低。

(3)当泡沫的干度在一定范围时(54%～74%)其黏度大大高于基液的黏度,其低密度与高弹性能显著降低了驱动流体的流度,改善了驱替液与油的流度比,提高了波及体积。

(4)泡沫进入地层后,由于泡沫具有"遇油消泡、遇水稳定"的性能,不消泡时其黏度不降,消泡后黏度降低,能起到选择性"堵水不堵油"作用,提高驱油效率。

(5)泡沫黏度随剪切速率的增大而减少,在高渗透层中黏度大、在低渗透层中黏度小,因而泡沫能起到"堵大不堵小"的作用。

三、起泡剂体系适应性及性能评价实验研究

1. 耐盐性评价

地层水都有一定的矿化度,在驱替过程中流体的矿化度是不断变化的,因此有必要对起泡剂的耐盐性进行评价。该实验中主要评价了NaCl、$CaCl_2$对起泡剂性能的影响。

1) NaCl对起泡剂性能的影响

由于双电层排斥力作用,适当地增加泡沫液体系中NaCl的含量,有助于提高泡沫的稳定性,但过多则会影响泡沫的稳定性。实验结果如图10-7至图10-9所示。

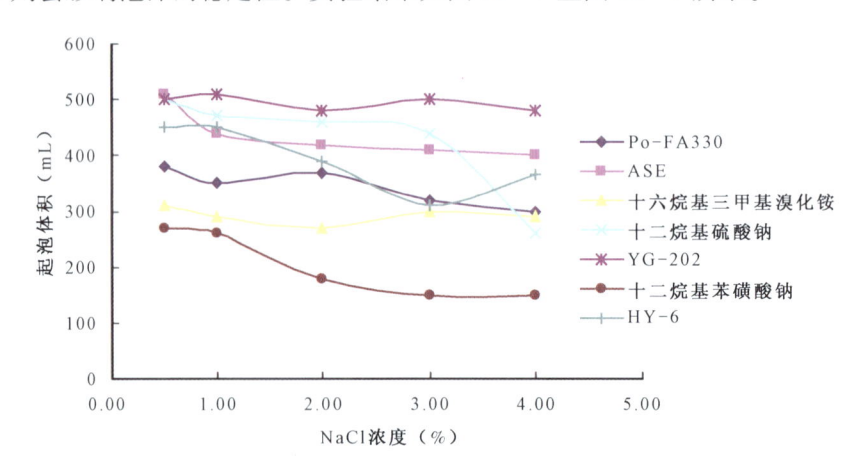

图10-7 NaCl浓度对起泡体积的影响

由实验结果可以看出,当NaCl浓度超过3%时,十二烷基硫酸钠起泡性能才有明显的下降趋势,而NaCl浓度超过1%时,十二烷基苯磺酸钠起泡性能就有明显的下降趋势,其他的5种起泡剂适应性还可以,没有出现比较大的波动。但是对比半衰期,HY-6波动较大,出现类

似正弦函数的变化规律,十二烷基硫酸钠一直呈下降趋势,较明显;AES 和 YG-202 在稳定性方面较其他几种起泡剂优势明显。泡沫综合值变化与半衰期类似,相比较而言,AES 和 YG-202 起泡剂表现较好。

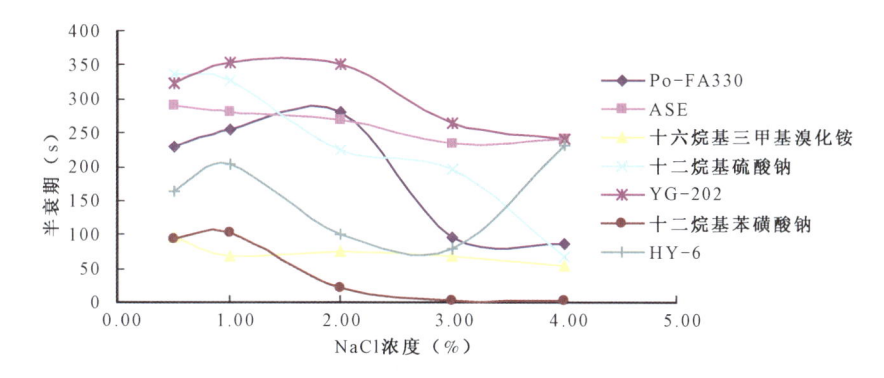

图 10-8　NaCl 浓度对半衰期的影响

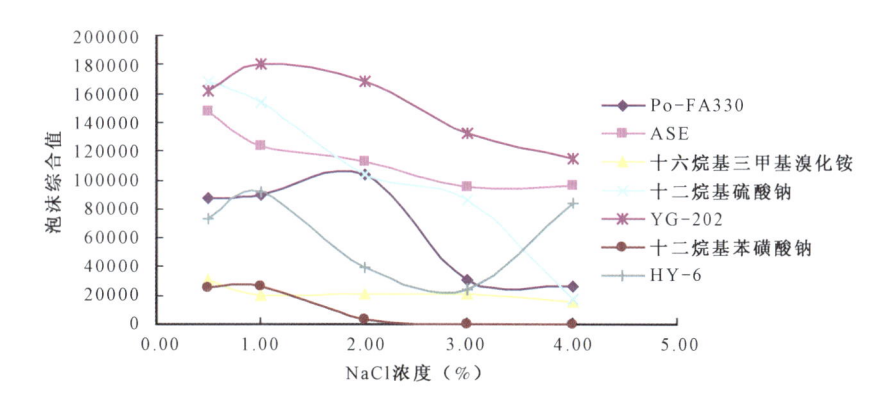

图 10-9　NaCl 浓度对泡沫综合值的影响

2) $CaCl_2$ 对起泡剂性能的影响

一般来讲,Ca^{2+} 对起泡剂的性能影响较大,影响幅度的大小主要与起泡剂的类型有关,甚至有些起泡剂在含有 Ca^{2+} 的溶液中不起泡。实验结果如图 10-10 至图 10-12 所示。

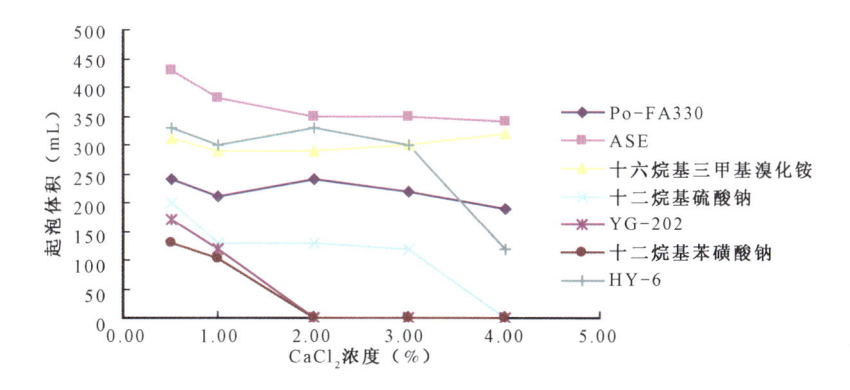

图 10-10　$CaCl_2$ 浓度对起泡体积的影响

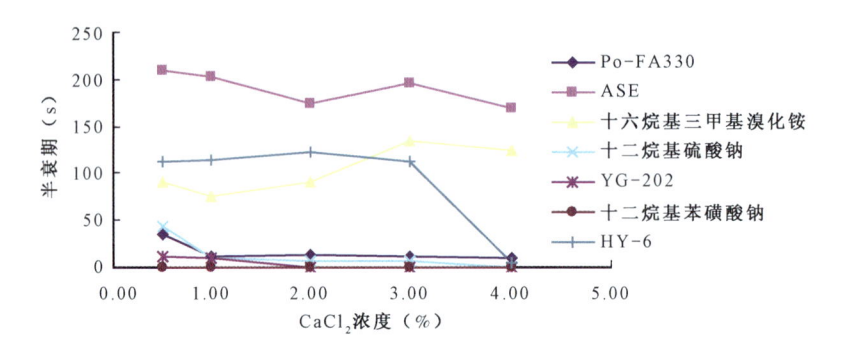

图 10-11 CaCl₂ 浓度对半衰期的影响

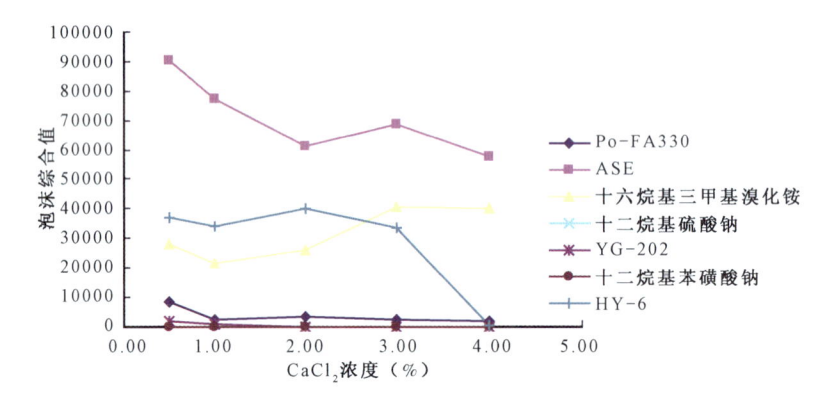

图 10-12 CaCl₂ 浓度对泡沫综合值的影响

由实验结果可以看出，CaCl₂ 对十二烷基硫酸钠、十二烷基苯磺酸钠和 YG-202 的起泡性能影响较大，随着 CaCl₂ 质量分数的增加，其起泡体积和半衰期都明显减小，十二烷基苯磺酸钠和 YG-202 在 CaCl₂ 浓度为 2% 时几乎就失去了起泡能力，十二烷基硫酸钠在 CaCl₂ 浓度为 4% 时也几乎失去了起泡能力。当 CaCl₂ 浓度为 1% 时，十二烷基硫酸钠、十二烷基苯磺酸钠、YG-202 就几乎不存在半衰期了，而 HY-6 也在 CaCl₂ 浓度为 4% 时失去了半衰期。综合对比，只有 AES 起泡剂在抗盐性评价中具有较好表现，舍弃其他起泡剂，只对 AES 的起泡性能进行进一步的评价。

2. 起泡剂浓度对起泡性能的影响

起泡剂浓度是影响起泡体积和半衰期的重要因素，也是进行后续评价实验的基础。在确定起泡剂浓度时既要考虑泡沫的性能，也要考虑经济性。通过测量不同浓度下起泡剂的起泡体积和半衰期，计算不同浓度下的综合起泡能力，并以此作为主要评价参数，确定后续实验中起泡剂的使用浓度。实验结果如图 10-13 至图 10-15 所示。

由实验结果可以看出，起泡体积和半衰期并非随着起泡剂浓度的增加而一直增大，当起泡剂浓度增加到一定值时，起泡体积增加幅度减小或呈现下降趋势，半衰期逐渐趋于稳定或增幅减小，综合起泡能力则可以更为明显地看到这种趋势。结合综合起泡能力随浓度的变化曲线，确定在后续评价实验中选用 0.5% 的浓度。

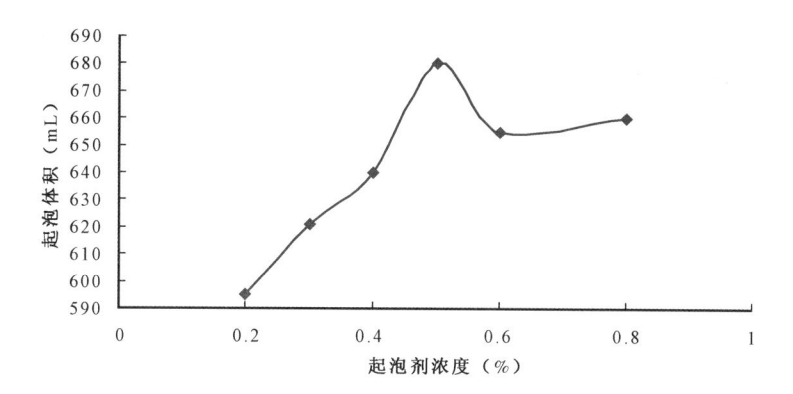

图 10 – 13　起泡剂的起泡体积随起泡剂浓度的变化曲线

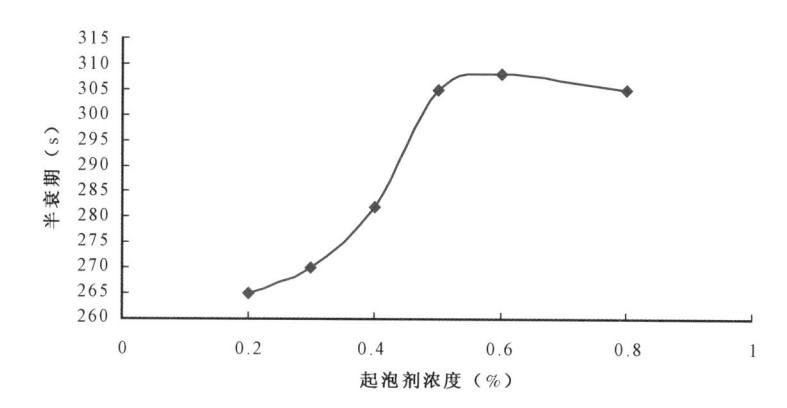

图 10 – 14　起泡剂的半衰期随起泡剂浓度的变化曲线

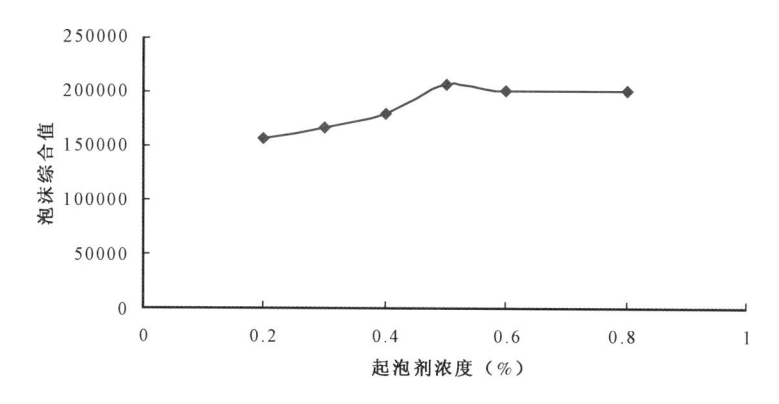

图 10 – 15　起泡剂的综合起泡能力随起泡剂浓度的变化曲线

3. 抗油性评价

遇油消泡是泡沫的特性之一,有利于提高含油饱和度较高地层的驱替强度。不同组分对起泡剂的起泡性能影响程度不同,该实验中,主要评价了两种油对 AES 起泡性能的影响,一种是煤油,另一种是延长油田原油。

1)煤油对起泡剂性能的影响

煤油对起泡剂影响的实验结果如图 10-16 至图 10-18 所示。由实验结果可以看出,当煤油含量超过 30% 时,起泡剂就不能生成泡沫;当煤油含量小于 30% 时,起泡体积变化相对要小一点,半衰期减小幅度较大,即泡沫稳定性变差,但还能形成有效的泡沫。

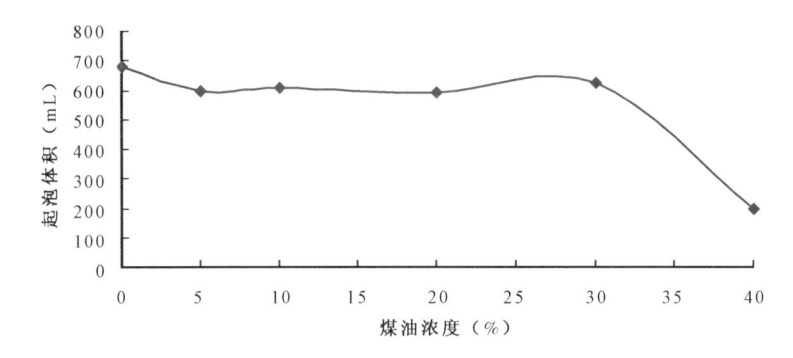

图 10-16 煤油浓度对起泡体积的影响

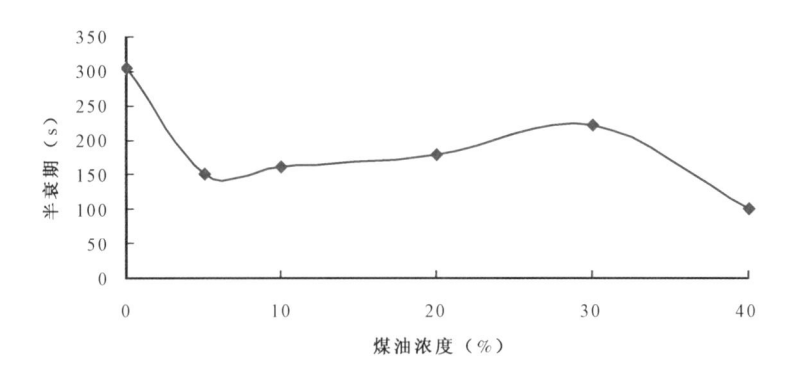

图 10-17 煤油浓度对半衰期的影响

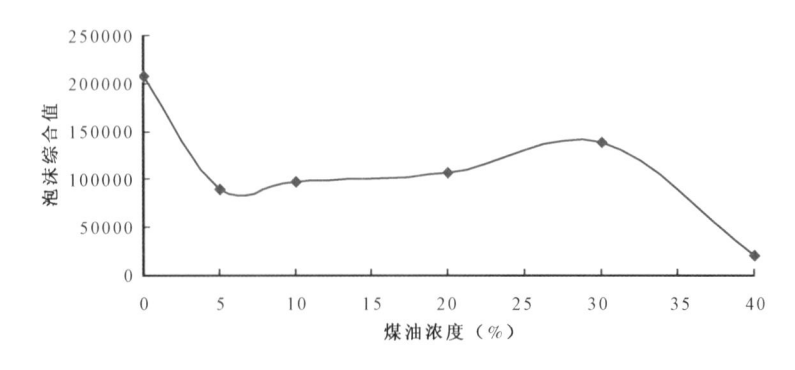

图 10-18 煤油浓度对泡沫综合值的影响

2)原油对起泡剂性能的影响

原油对起泡剂影响的实验结果与煤油有着显著的区别。在实验过程中,刚开始搅拌时,起泡剂的起泡性能很好,能够生成大量的泡沫,当搅拌到 2min 左右时,泡沫突然消泡,生成油水混合物,只有很少量的泡沫存在。因此,当搅拌到 1min 时就测其起泡体积和半衰期,得到的结果如图 10-19 至图 10-21 所示。

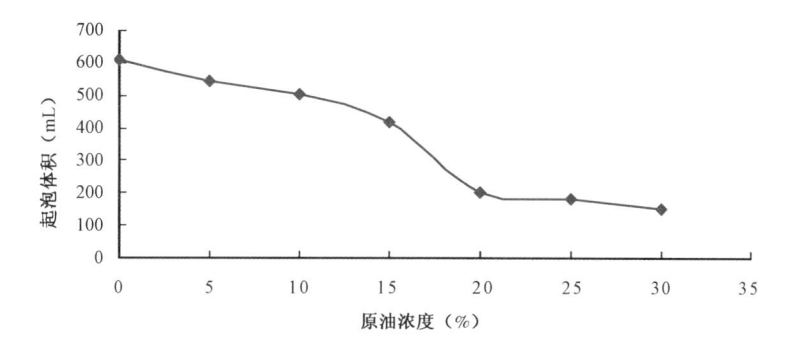

图 10-19 原油浓度对起泡体积的影响

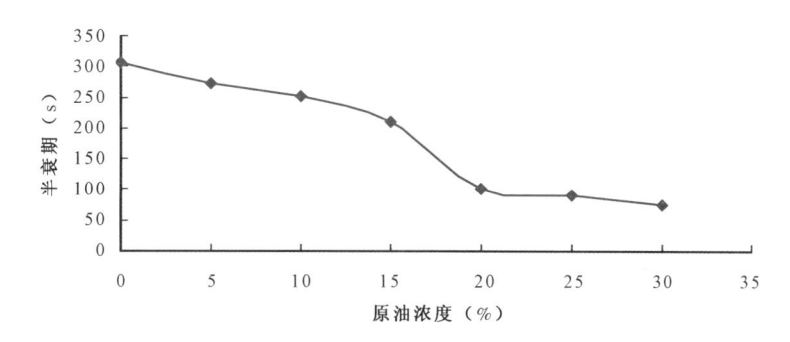

图 10-20 原油浓度对半衰期的影响

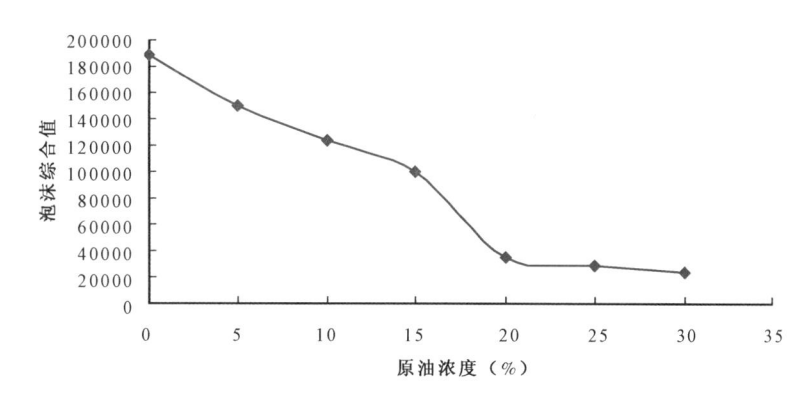

图 10-21 原油浓度对泡沫综合值的影响

原油对泡沫稳定性的影响与原油的组分和起泡剂的性质密切相关。原油对泡沫的破坏主要发生在 Plateau 边界处,当原油进入 Plateau 边界处后,铺展在气泡液膜表面,并形成拟乳化液膜。由于原油的存在改变 Plateau 边界处的界面张力平衡和表面活性剂分布,当没有足够的表面活性剂吸附在油水界面和气水界面上时,拟乳化液膜处于不稳定状态,液膜排液加剧,气泡迅速破灭。在原油对起泡剂影响的实验中,搅拌时间较短时,原油与泡沫不能很好地混合,只有接触到原油的那一部分液膜是不稳定的,多数液膜由于没有接触到原油,处于相对稳定的状态,因此生成的泡沫较为稳定;如果继续搅拌,原油越来越分散,当大多数的 Plateau 边界处有原油进入时,改变了 Plateau 边界处的界面张力平衡和表面活性剂分布,泡沫迅速消泡。另外,由于煤油和原油组分的差异,对该类型起泡剂的影响不同,对泡沫稳定性的影响也有所差别。因此,起泡剂的筛选必须是针对某一具体类型的原油,原油不同,所筛选出来的起泡剂也可能有所不同。

4. 温度对起泡性能的影响

由图 10-22 可以看出,随着温度的升高,起泡剂溶液的起泡体积先是增加,达到某定值后又呈下降趋势。这主要是因为在一定的温度范围内,温度升高时溶液膨胀,起泡剂分子间距离增大,动能增加,分子容易摆脱水的束缚而逃逸到水面,导致表面吸附的起泡剂分子增多,表面张力下降,也就表现出起泡体积增加。但在较高温度时,一方面,液膜的水分蒸发加剧使液膜变薄,排液速度增快,导致泡沫容易破灭,在高速搅拌下生成的泡沫很快就消失;另一方面,起泡剂分子中亲水基的水合作用下降,疏水基碳链之间的凝聚能力减弱,使得起泡剂分子间的缔合作用减弱,而且已形成的胶束因为动能的增加使其增加了接触的机会,从而形成带电大分子,但由于大分子之间电荷相互排斥而使能量增加,难以继续形成胶束,因而使得起泡体积呈下降趋势。

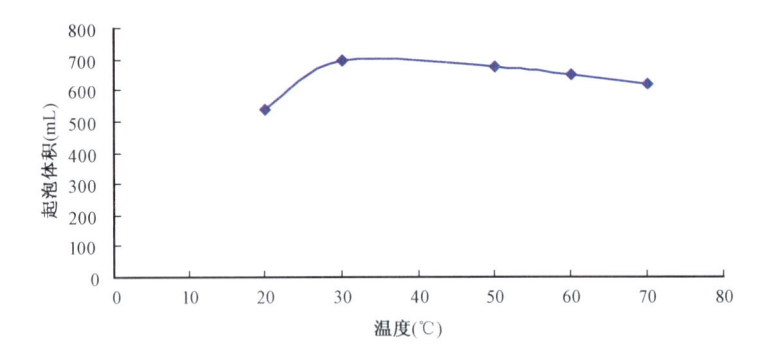

图 10-22 温度对起泡体积的影响

由图 10-23 可以看出,随着温度的升高,起泡剂的半衰期随着温度的升高呈现单一的下降趋势,这是因为随着温度的升高,液膜的水分蒸发加剧使液膜变薄,排液速度增快,导致泡沫容易破灭。综合温度对起泡体积和半衰期的影响,起泡剂的综合起泡能力还是随着温度的升高而降低的,如图 10-24 所示。

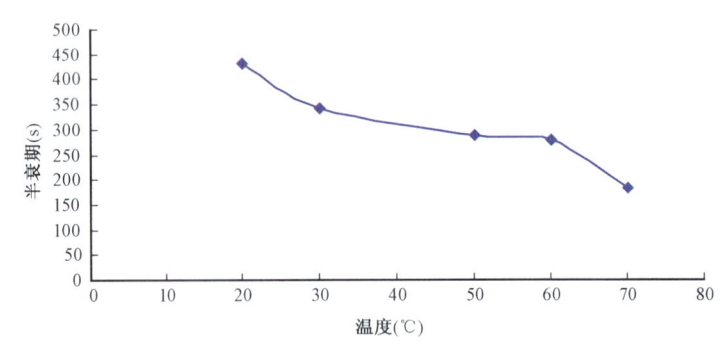

图 10-23 温度对半衰期的影响

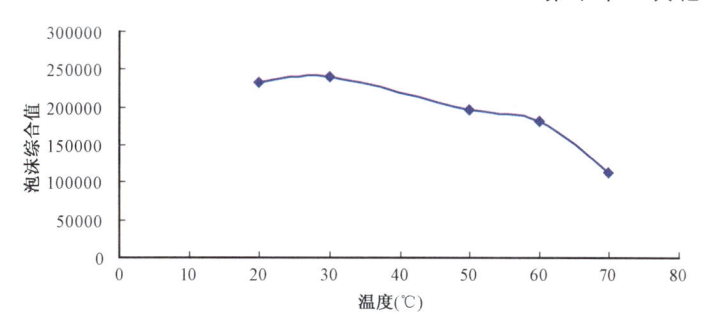

图 10 – 24　温度对泡沫综合值的影响

5. 起泡剂的洗油能力

起泡剂作为一种良好的表面活性剂具有降低界面张力、增加洗油能力的作用,洗油能力的强弱,也是评价起泡剂优劣的重要指标。将定量的石英砂与按一定比例配制的模拟油混合搅匀,称量 10g 配制砂于 50mL 试管中,分别加入 30mL 不同的起泡剂,放入 70℃烘箱中,24 小时后取出,摇动放置 1 小时后观察,实验结果表明,不同起泡剂洗油能力不同,空白水样基本没有洗油能力,不能把油从油砂中洗下,而 ASE 几乎把油全部从油砂中洗下来,结合以上实验结果,认为 ASE 是一种综合性能相对较好的起泡剂。

6. 聚合物(聚丙烯酰胺)对起泡性能的影响

一般来讲,增加起泡剂溶液的黏度有利于增加泡沫的稳定性,因此经常把聚合物作为稳泡剂,但会减小起泡剂的起泡体积。实验结果如图 10 – 25 至图 10 – 27 所示。

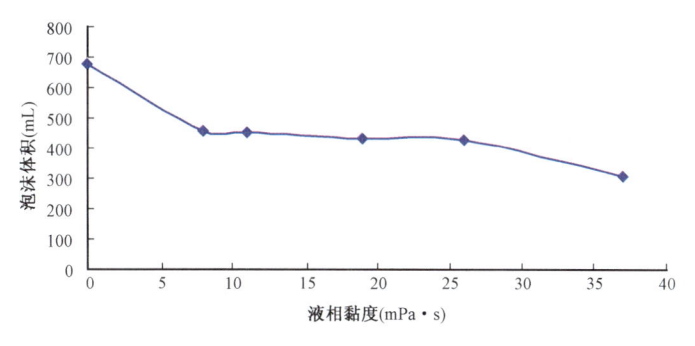

图 10 – 25　液相黏度对起泡体积的影响

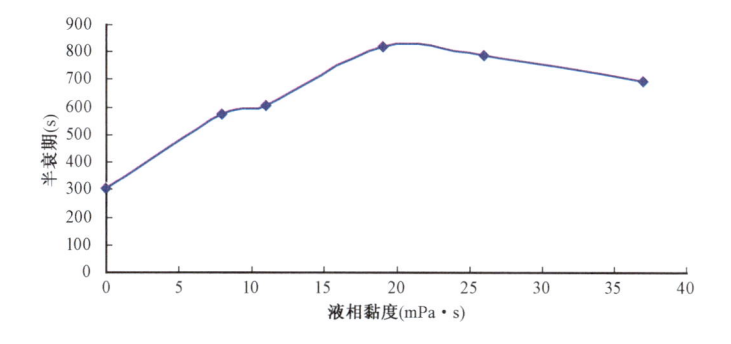

图 10 – 26　液相黏度对半衰期的影响

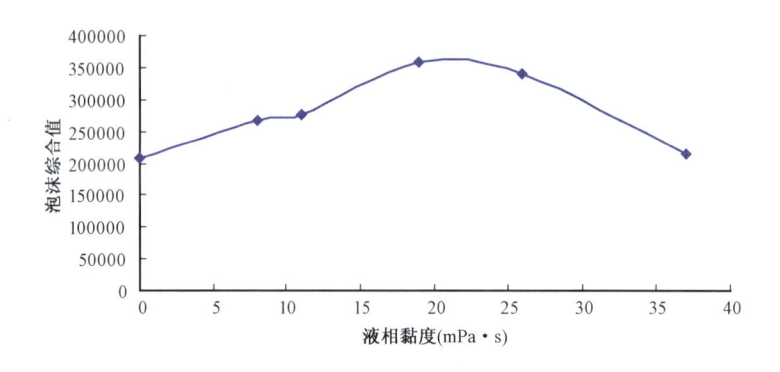

图 10-27 液相黏度对综合起泡能力的影响

由图 10-25 可以看出,随着基液黏度的增加,起泡剂溶液的起泡体积变小。原因在于,起泡过程实际上就是外力克服起泡体系的黏滞阻力而做功的过程,也就是由机械能向表面能转换的过程。

由图 10-26 可以看出,随着液相黏度的增加,泡沫液的半衰期呈现先增大后减小的趋势,在液相黏度为 20mPa·s 时,泡沫的半衰期达到最大值为 50min 左右,随着液相黏度的进一步增大,半衰期开始变小。这是因为,泡沫的稳定性和泡沫质量有直接的关系,随着液相黏度的增加,起泡所克服的黏滞阻力增大,在一定的剪切速率和剪切时间下,即在外力做的功不变的情况下,形成泡沫的表面积是减小的,表现为泡沫质量的下降。根据泡沫的衰变机理可知,形成的泡沫为多面体时,泡沫较稳定,而在较低的泡沫质量下,泡沫单体近似为球体,且互相不接触,泡沫的稳定性较差。随着泡沫质量的增大,泡沫由球体转变为多面体结构,气泡之间以液膜相连,此时的泡沫较稳定。

由以上分析可知,液相黏度对起泡体积和半衰期有影响,综合起泡能力随着液相黏度的增加呈现先增大后变小的趋势,如图 10-27 所示。

综上所述,存在一个最优的液相黏度,该液相黏度下,泡沫的综合起泡能力最好。本实验结果表明,在液相黏度为 25mPa·s 时,泡沫的综合起泡能力达到最大值,对应的聚合物浓度为 764mg/L。

实验结论:

(1)通过室内实验,对 42 种起泡剂的起泡性能进行了综合评价,利用综合起泡能力作为起泡剂筛选的重要参数,通过对起泡剂的初选、起泡剂浓度的优选和耐盐性评价,筛选出 ASE 作为后续实验用起泡剂,使用浓度为 0.5%。

(2)液相黏度对起泡剂的稳定性影响较大,但并不是液相黏度越大,生成的泡沫稳定性越好,而是存在一个最优的液相黏度值。综合考虑各种因素,聚合物浓度不应小于 700mg/L。

(3)温度对起泡剂性能的影响主要体现在对泡沫稳定性的影响上,温度越高,泡沫的稳定性越差。

(4)由于原油的存在,泡沫的起泡体积和稳定性均呈现下降的趋势。泡沫的这种特性,有利于调整高、低渗透层中的流度差异。

四、空气泡沫驱油效果评价及注入工艺优化研究

1. 空气泡沫驱不同条件下驱替效果评价实验研究

1）小段塞泡沫液—空气交替驱油实验

实验时先用水驱替岩心至含水率100%,再按气液比为1:1(驱替压力下气液比)进行泡沫液—空气交替驱替,泡沫液(空气)每段驱替体积为0.04PV(孔隙体积),连续驱替至含水率稳定时转入水驱2~3PV,实验结果见表10-5和图10-28。从实验结果看,泡沫液—空气交替驱替实验驱油最终采收率为88.2%,可以提高采收率30.1%。

表10-5 小段塞泡沫液—空气交替注入驱油效果

实验编号	井号	岩心号	深度(m)	气测渗透率(mD)	孔隙度(%)	实验压差(MPa)	实验温度(℃)	水驱最终采收率(%)	泡沫液—空气驱最终采收率(%)	提高采收率(%)
1	8099	19/54-1	579.585	0.884	10.08	12.25	30	58.1	88.2	30.1

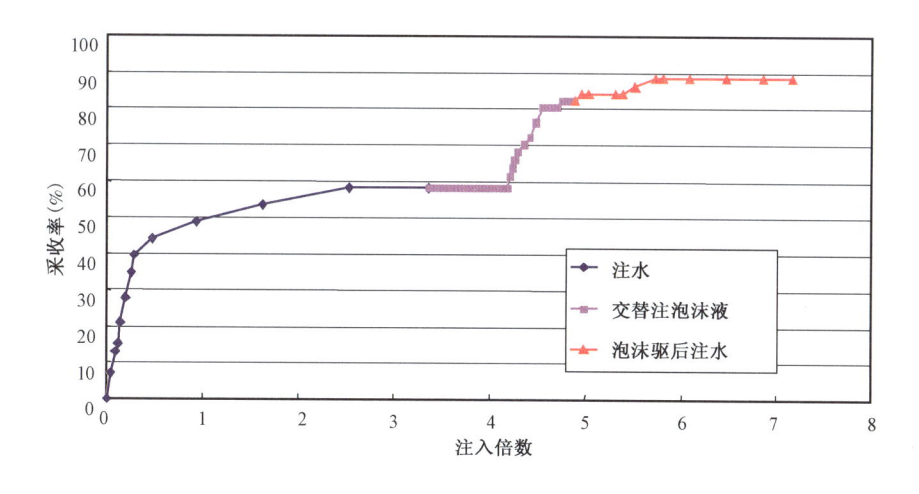

图10-28 8099井19/54-1岩心注入倍数与采收率曲线

2）不同泡沫液—空气段塞驱油效果

实验采用在同一岩心驱替不同泡沫液—空气段塞,了解不同泡沫液—空气段塞提高采收率情况。第一段驱替一个段塞,驱替量为0.03PV泡沫液+0.18PV空气,然后水驱至含水率100%,观察采收率变化情况;再驱替四个(0.02PV泡沫液+0.02PV空气)段塞,驱替总量为0.16PV,继续水驱至含水率100%。实验结果见表10-6和图10-29。从实验结果看,单一段塞进行泡沫液—空气驱替,采收率提高5.3%;在此基础上,继续交替驱替小段塞的泡沫液—空气段塞,能大幅度提高采收率,驱替0.16PV泡沫液—空气段塞,提高采收率15.87%。

表 10-6　注不同泡沫液—空气段塞驱油效果

实验编号	井号	岩心号	深度（m）	气测渗透率（mD）	孔隙度（%）	实验压差（MPa）	实验温度（℃）	水驱最终采收率（%）	泡沫液—空气驱最终采收率（%）	提高采收率（%）
2	8099	19/54-2	579.585	0.189	8.62	11.92	30	55.02	60.32	5.30
						16.09	30		76.19	15.87

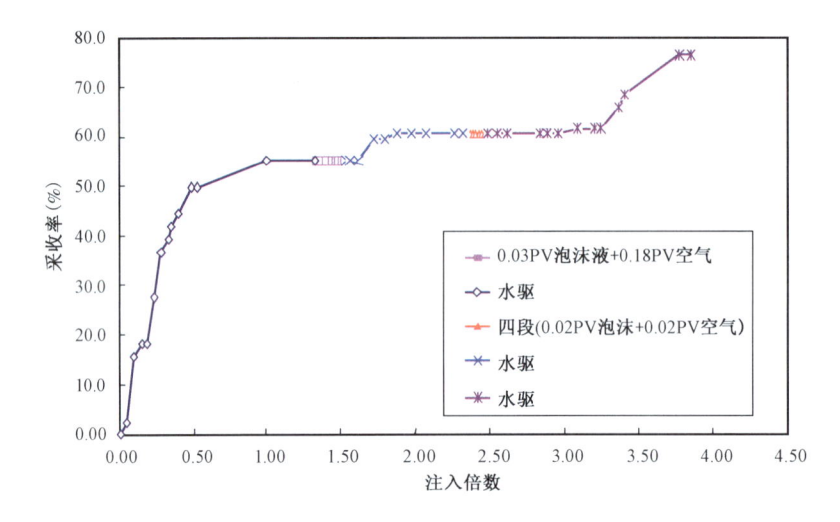

图 10-29　8099 井 19/54-2 岩心注入倍数与采收率曲线

3) 大段塞驱替泡沫液—空气段塞驱油效果

实验采用长段塞驱替泡沫液—空气段塞,检验长段塞驱替泡沫液—空气段塞驱油效果:实验岩心首先进行水驱至含水率100%,然后驱替三个(0.2PV 泡沫液、1.2PV 空气)段塞,然后驱替(0.2PV 泡沫液、0.6PV 空气)段塞,最后进行水驱。实验结果见表 10-7 和图 10-30。从实验结果看,长段塞驱替泡沫液—空气段塞提高采收率 15.65%,与小段塞驱提高采收率 30.1% 有一定差距;同时,在长段塞驱替泡沫液—空气段塞后驱替一个相对较短、气液比较低的泡沫液—空气段塞,还能进一步提高采收率 7.82%,可见气液比太大会影响驱替效果。

表 10-7　大段塞驱替泡沫液—空气段塞驱油效果

实验编号	井号	岩心号	深度（m）	气测渗透率（mD）	孔隙度（%）	实验温度（℃）	水驱最终采收率（%）	泡沫液—空气驱最终采收率（%）	提高采收率（%）
4	8099	19/54-4	579.585	0.793	10.14	30	50.0	66.52	16.52
								74.34	7.82

2. 空气泡沫驱与水驱等其他开发方式的最佳组合驱替实验研究

1) 水驱后泡沫驱油实验

实验时先水驱至含水率100%,再按气液比为1:1(驱替压力下)进行空气泡沫驱,连续驱替至含水率稳定时转入水驱,实验结果见表 10-8 和图 10-31。从实验结果看,空气泡沫驱油最终采收率 82.17%,能提高采收率 29.74%,与空气—泡沫液段塞交替驱效果基本一致。

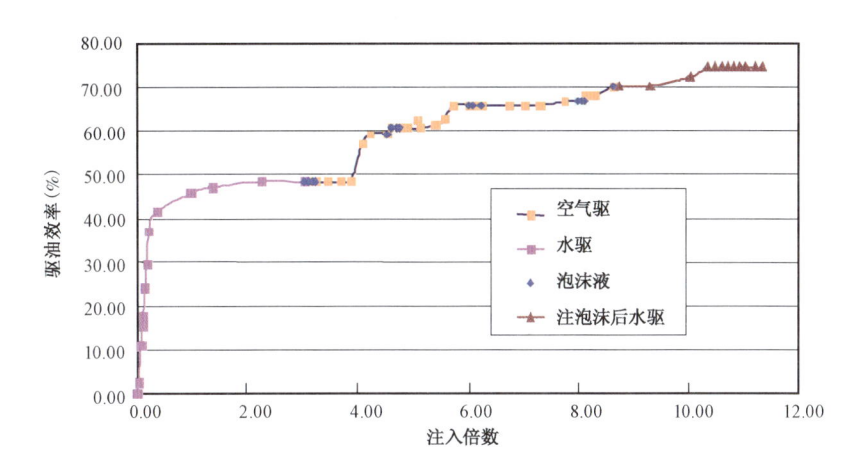

图 10-30　8099 井 19/54-4 岩心泡沫液—空气驱注入倍数与驱油效率曲线

表 10-8　水驱后泡沫驱油效果

实验编号	井号	岩心号	深度(m)	气测渗透率(mD)	孔隙度(%)	试验压差(MPa)	实验温度(℃)	水驱最终采收率(%)	泡沫液—空气驱最终采收率(%)	提高采收率(%)
1	8099	143/54-2	575.165	0.773	9.65	20.66	30	52.43	82.17	29.74

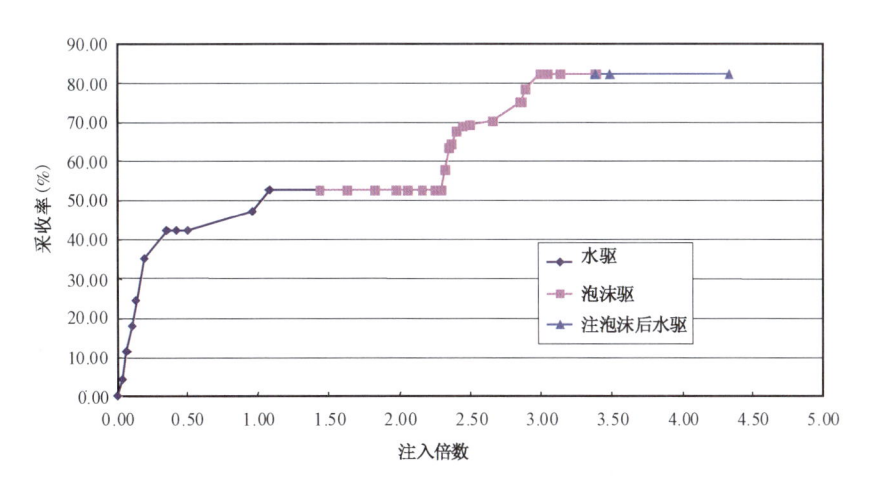

图 10-31　8099 井 143/54-2 岩心泡沫驱油效果

2）直接进行空气泡沫驱效果情况

空气和泡沫同时驱替：从驱替情况看，驱替压力上升快，在平均驱替流量为 0.001mL/min 下，仅驱替 0.08PV 后压力升至 23.97MPa，导致无法继续进行驱替实验，最后改为泡沫液—空气段塞交替驱；从驱替效果看，最终采收率与泡沫液—空气段塞驱油效果基本一致。因此，对甘谷驿油田这样低渗透的油藏不宜采用空气和泡沫液在地面混合的方式进行施工。实验结果见表 10-9 和图 10-32。

表 10-9 空气泡沫同时驱替数据表

实验编号	井号	岩心号	深度（m）	气测渗透率（mD）	孔隙度（%）	实验温度（℃）	驱替方式	采收率（%）	备注
5	8099	19/54-5	579.585	0.175	8.55	30	泡沫驱	10.0	泡沫驱在驱替流量为0.001mL/min下，驱替0.08PV后压力升至23.97MPa，无法继续驱替，降压后改为泡沫液—空气段塞驱
							空气泡沫液段塞驱	87.5	

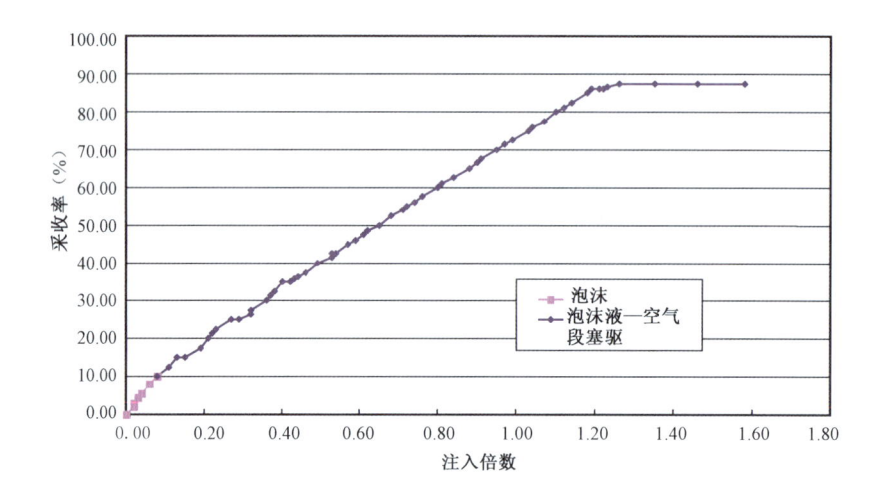

图 10-32 8099 井 19/54-5 岩心泡沫/泡沫液—空气段塞驱采收率曲线

五、现场矿场试验

1. 试验区概况

旗胜 35 井区试验区位于吴旗县铁边城乡吴岔村，构造位置位于陕甘宁盆地东部斜坡带铁边城鼻隆构造旗胜 35 井区。主要含油段依据岩性组合特征，自上而下将三叠系延长组划分为长 1—长 10 十个油层组。其中，长 1、长 2、长 4+5、长 6 和延安组的延 9、延 10 为该区的主要油层组。通过长 4+5 和长 6 油藏综合分析，油藏形成于西倾单斜的背景上，上倾方向依赖砂岩尖灭或砂岩物性变致密对油气形成岩性遮挡，下倾方向则见到大面积的边水、底水，油水分异好，具有统一的油水界面，属典型的弹性水驱构造—岩性圈闭油藏，油藏埋深为 1920~2250m。该区地面原油性质具有低密度（0.779g/cm³）、低黏度（2.13mPa·s）、低沥青质（3.44%）、低凝点（8~20℃）、低初馏点（57~74℃）、少含蜡和少含乳化水等特点。

2. 开采简况及存在的主要问题

旗胜 35-6 井组共 11 口井，从 2004 年 8 月开始投入生产，到实施空气泡沫驱之前，共有生产井 11 口，由于地层能量低、渗透率低、产量极低，因而经济效益差。到实施空气泡沫驱之前，累计产液 8883.5m³，累计产油 4252.06m³，累计产水 2625.67m³，综合含水率 41%。

开发中存在的问题包括：

(1)油藏能量衰竭快,产液量、产油量下降快,采出程度低。

由于没有外来能量补充,加上边水、底水不活跃,油井产量快速下降。仅生产一年时间,单井平均液量从初期的 8.6m³/d 降到 1.6m³/d, 油量由 4.0m³/d 降到 1.1m³/d, 自然递减达到 72%。

(2)油藏属于"三低"油藏,天然能量开发不能达到高产高效开发的目的。

旗胜 35 井区渗透率、孔隙度和含油饱和度均低于常规油田,属于难采储量,天然能量开发方式只能是低产、低效地开发油田,随着天然能量的进一步衰竭,油田产量将会急剧下降,开发难度越来越大。

(3)井网布局合理,但未分层系开发和未形成注采井网,无人工补充能量。

旗胜 35 井区 3 个井组分别为旗胜 35-6 井组、旗胜 35-18 井组和旗胜 35-28 井组,井网布局分别是按七点井网和九点井网部署的,但井并未分层系开发,也未有人工补充能量井,所以井网布局并无实际意义,各井仍然依靠天然能量开发。

(4)单井产量已经很低或高含水,个别井处于关停状态。

分析旗胜 35-6 井组,35-1 井和 35-6 井日产油分别为 3.01m³ 和 3.23m³,36-10 井为 1.26m³,35-11 井为 2.18m³,其余 7 口井日产油均低于 1.0m³,个别井基本不出液。整体平均日产量也仅为 1.6m³。随着时间的推移,日产量进一步下降,导致部分井关井停产。

3. 试验区实施情况及效果

2005 年 12 月 11 日正式投入注气,初期注空气压力 13MPa,日注空气 10800m³,折合地下体积 54m³,到 2006 年 11 月 30 日,注气压力 20MPa,日注气 10292m³,折合地下体积 41.17m³(图 10-33、图 10-34)。累计注气折合地下体积 8159.35m³。

从 2005 年 12 月到 2006 年 11 月底,共注泡沫液 13 次,注泡沫液 541m³,注隔离液 234m³,共注液体 775m³,合计注入地下体积 8934.35m³,累计注采比 0.62。

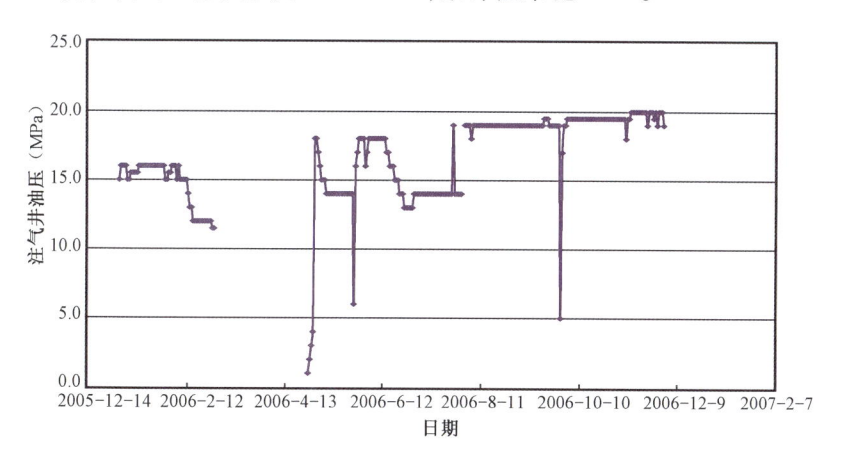

图 10-33 旗胜 35-6 井注气压力

实施后见到了比较好的效果,主要表现在:

(1)地层压力得到恢复,由于该井组没有测压和动液面资料,不能直接观察地层压力的变

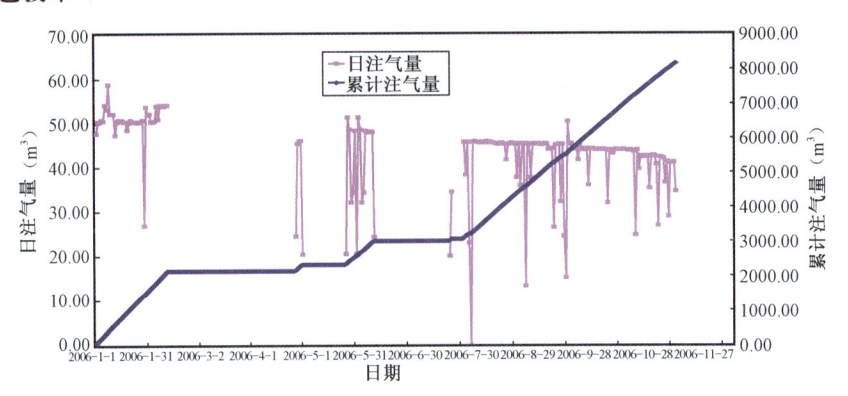

图 10-34 旗胜 35-6 井注气量曲线

化,但从注入压力观察,从初期的注气压力为 13MPa,到目前位置注气压力为 20MPa,对稳定井组产量起到了积极作用。

(2)弥补了地下亏空:目前累计采液 12255.1m³,折合地下体积 14275.7m³,累计注气折合地下体积 8159.35m³,注泡沫液和隔离液 775m³,累计注入地下体积 8934.35m³,累计注采比为 0.62,有效地弥补了地下亏空,部分地保持了地层压力。但是由于注采比小,所以地层能量没有得到完全恢复,部分井仍然供液不足。目前有 6 口井因供液不足而关井。

(3)3 口井明显见到注气效果:旗胜 35-1 井、旗胜 35-4 井、旗胜 35-7 井见到了明显的增油效果(图 10-35 至图 10-37)应用双曲递减规律,回归递减曲线,旗胜 35-4 井 2006 年 2 月见到明显的增油效果,液量和油量上升,到 2006 年 12 月 10 日累计增油 16.53m³。

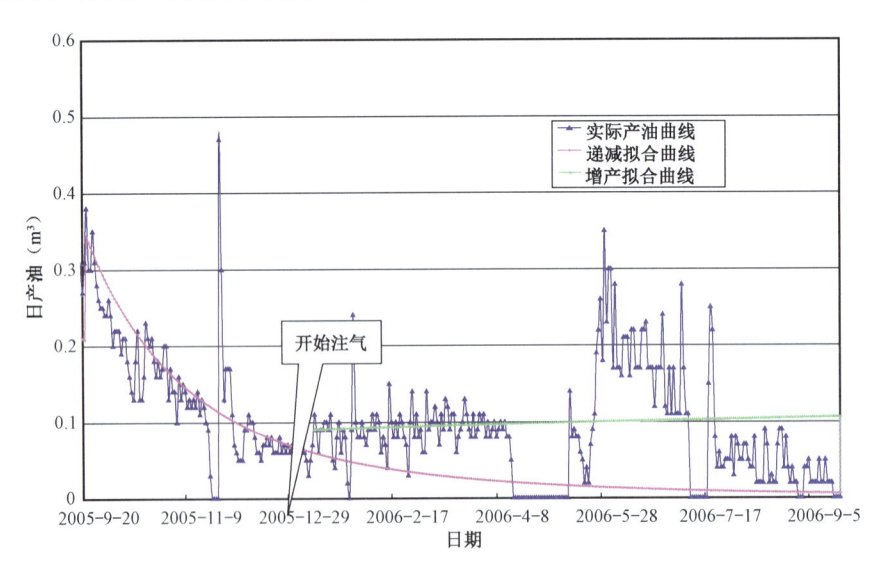

图 10-35 旗胜 35-4 井日产油曲线

旗胜 35-1 井 2006 年 4 月下旬开始明显见到注气效果,液量和油量上升,含水率稳定,到 2006 年 12 月 10 日累计增油 168.27m³。

旗胜 35-7 井 2004 年中旬开始见到注气效果,液量和油量稳中有升,8 个月日产油稳定在 1.1~1.2m³,在注气之前是不可能的。截至 2006 年 12 月 10 日,累计增油 223.88m³。

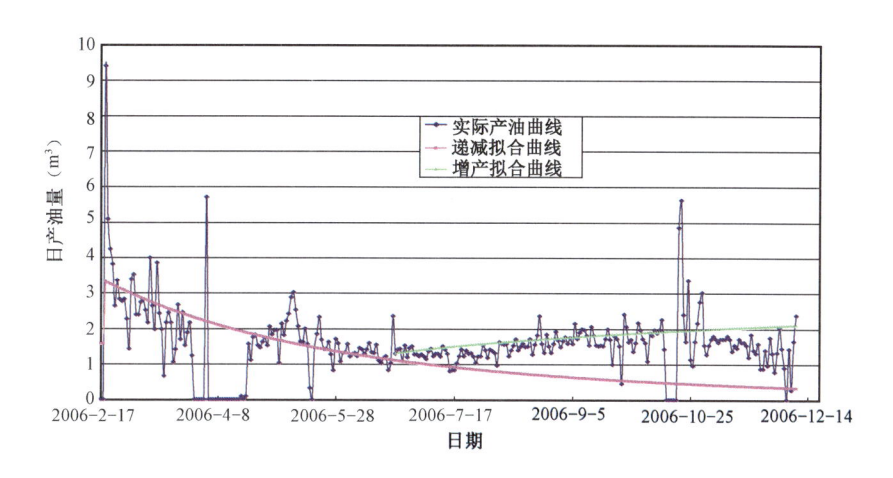

图 10-36　旗胜 35-1 井日产油曲线

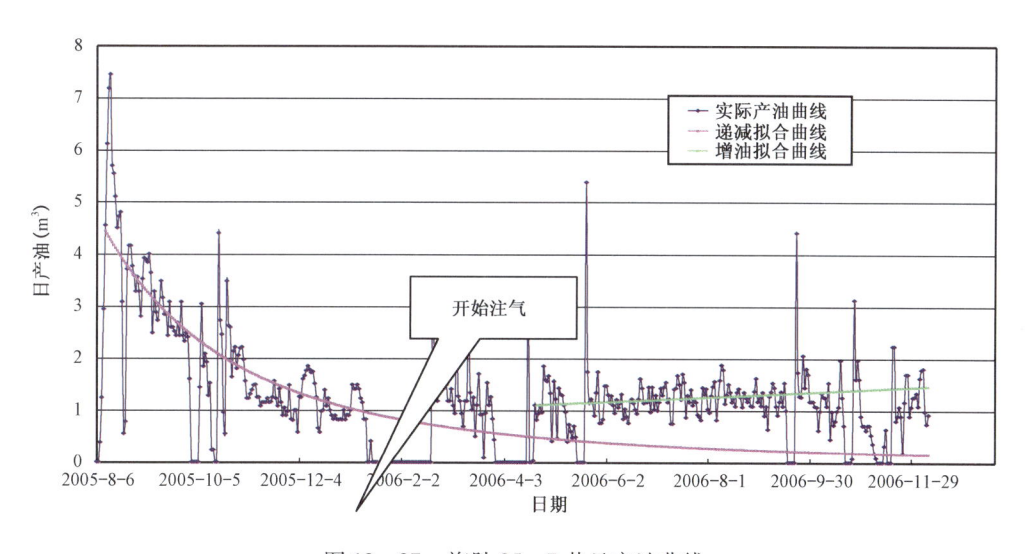

图 10-37　旗胜 35-7 井日产油曲线

第四节　CO_2 驱油技术

随着我国大部分油田已进入高含水开发期,如何进一步提高采收率是各高含水油田面临的主要问题。随着三次采油技术研究的不断深入,CO_2 驱一直是人们关注的提高采收率方法,尤其是 CO_2 气源丰富地区,为了有效利用 CO_2 资源,对 CO_2 驱油进行了深入研究,CO_2 驱被认为是最有潜力的油田开采方法。

一、CO_2 提高采收率概述

CO_2 驱油开始于 20 世纪 50 年代,1952 年 Whorton 等人获得了第一项 CO_2 采油的专利权。自 20 世纪 80 年代以来,美国和前苏联等都进行了大量的 CO_2 驱试验,并取得了明显的经济效

益。尤其是美国CO_2驱得到了飞速发展，CO_2驱项目不断增加，已成为继蒸汽驱之后的第二大提高采收率技术。CO_2驱始于1972年的SACROC油田，到2009年美国正在实施的CO_2驱项目有64个，实施后提高采收率的幅度为7%～22%。

我国CO_2驱起步较晚，20世纪60年代中期，大庆油田开始进行CO_2的室内实验和小规模的现场试验。东部油区因CO_2气源较少，但注CO_2提高采收率技术的研究和现场先导试验却一直没有停止，目前已在江苏、中原、大庆、胜利等油田进行了现场试验。

CO_2驱油技术就是把CO_2注入油层中以提高原油采收率。由于CO_2是一种在油和水中溶解度都很高的气体，当它大量溶解于原油中时，可以使原油体积膨胀，黏度下降，还可以降低油水间的界面张力。与其他驱油技术相比，CO_2驱油具有适用范围大、驱油成本低、采收率显著提高等优点。据国际能源机构评估认为，全世界适合CO_2驱油开发的资源约为(3000～6000)×10^8bbl。目前，世界上大部分油田仍采用注水开发，这就面临着需要进一步提高采收率和水资源缺乏的问题。对此，国外近年来大力开展CO_2驱提高采收率技术的研发和应用。这项技术不仅能满足油田开发的需求，还可以解决CO_2的封存问题，保护大气环境。时下，CO_2驱油作为一项日趋成熟的采油技术已受到世界各国的广泛关注。据不完全统计，目前全世界正在实施的CO_2驱油项目有近80个。美国是CO_2驱油项目开展最多的国家。目前，美国每年注入油藏的CO_2量约为(2000～3000)×10^4t，其中有300×10^4tCO_2来源于煤气化厂和化肥厂的尾气。CO_2在我国石油开采中有着巨大的应用潜力。但是，CO_2技术在我国尚未成为研究和应用的主导技术。可以预测，随着技术的发展和应用范围的扩大，CO_2将成为我国改善油田开发效果、提高原油采收率的重要资源。

二、CO_2的特性

1. CO_2相态

CO_2能以气态、液态、固态三种物理状态存在，在大气压条件下，CO_2是无味、无色的气体。CO_2的临界温度是31.2℃，临界压力7.2MPa。当温度低于31.2℃时，加压可使CO_2变成液态；当温度低于-56.6℃时，加压可使液态的CO_2变成固态的CO_2。当温度高于31.2℃时，在任何压力下CO_2均以气态方式存在。在大部分CO_2驱油藏中，因其温度都高于31.2℃，CO_2通常呈气态，在一定条件(温度和压力)下CO_2可以两相或三相共存，其三相共存三相点是-56.6℃，0.61MPa。

2. CO_2密度

CO_2的密度通常比空气大，在临界区(31.2℃，7.28MPa)附近，CO_2的密度与被驱替的油的密度相近；高于临界温度，CO_2呈气态，密度随压力升高而增大；液态CO_2(温度小于31.2℃，压力大于7.28MPa)的密度在高于临界值时是压力的函数，在低于临界值时曲线将出现陡变。

3. CO_2压缩因子

在混相驱的温度和压力条件下，CO_2的压缩因子约为0.5。

4. CO_2在水中的溶解度

CO_2在水和水溶液中的溶解度主要取决于温度和压力。影响溶解度的因素在一定程度上还包括溶液的性质和矿物质的浓度、在胶体溶液中的分散度、溶液本身界面的大小与 CO_2 接触时间的长短等。

随压力的升高，CO_2 的溶解度增加；盐的加入使 CO_2 的溶解度下降，盐浓度越高，下降幅度越大。

5. CO_2 黏度

在标准状态下，CO_2 气体的动力黏度为 0.01381mPa·s；临界状态下的黏度为 0.04041 mPa·s。在大多数混相驱应用的油藏的温度和压力下，CO_2 的黏度通常为 0.05~0.1mPa·s，对于大多原油，由于气、油黏度比相差太大，会导致 CO_2 黏性指进。

三、CO_2 驱油机理和基本方式

1. CO_2 驱油提高采收率的机理

CO_2 技术的作用机理可分为 CO_2 混相驱和 CO_2 非混相驱。CO_2 提高采收率的作用主要有促使原油膨胀、改善油水流度比、溶解气驱等。一般稀油油藏主要采用 CO_2 混相驱，而稠油油藏主要采用 CO_2 非混相驱。

在稀油油藏条件下 CO_2 易与原油发生混相，在混相压力下，处于超临界状态下的 CO_2 可以降低所波及的油水界面张力。CO_2 注入浓度越大，油水相界面张力越小，原油越容易被驱替。通过调整注入气体的段塞使 CO_2 形成混相，可以提高原油采收率增加幅度。

非混相 CO_2 驱开采稠油的机理主要是：降低原油黏度，改善油水流度比，使原油膨胀，乳化作用及降压开采。CO_2 在油中的溶解度随压力增加而增加。当压力降低时，CO_2 从饱和 CO_2 原油中逸出并驱动原油，形成溶解气驱。气态 CO_2 渗入地层与地层水反应产生的碳酸，能有效改善井筒周围地层的渗透率，提高驱油机理。与 CO_2 驱相关的另一个开采机理是由 CO_2 形成的自由气可以部分代替油藏中的残余油。

CO_2 驱油机理主要有以下几点：

（1）降低原油黏度。

CO_2 溶于原油后，降低了原油黏度，原油黏度越高，黏度降低幅度越大。原油黏度降低时，原油流动能力增加，从而提高了原油产量。并且原油初始黏度越高，CO_2 降黏效果越明显（图 10-38）。

（2）改善原油与水的流度比。

大量的 CO_2 溶于原油和水，将使原油和水碳酸化。原油碳酸化后，其黏度随之降低，大庆勘探开发研究院在 45℃ 和 12.7MPa 的条件下进行了有关试验，试验表明，CO_2 在油田注入水中的溶解度为 5%（质量分数），而在原油中的溶解度为 15%（质量分数）；由于大量 CO_2 溶于

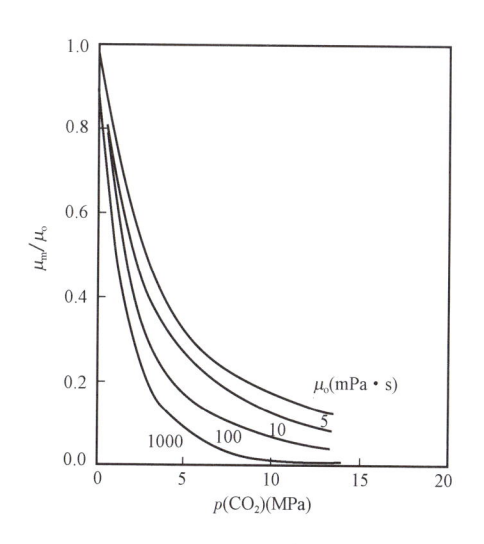

图 10-38 原油黏度降低与 CO_2 饱和压力的关系（50℃）
μ_o—原油黏度；μ_m—溶有 CO_2 的原油黏度

原油中,使原油黏度由 9.8mPa·s 降到 2.9mPa·s,使原油体积增加了 17.2%,同时也增加了原油的流度。水碳酸化后,水的黏度将提高 20% 以上,同时也降低了水的流度。因为碳酸化后,油和水的流度趋向靠近,所以改善了油与水流度比,扩大了波及体积。

(3)使原油体积膨胀。

CO_2 大量溶于原油中,可使原油体积膨胀,原油体积膨胀的大小,不但取决于原油分子量的大小,而且也取决于 CO_2 的溶解量。CO_2 溶于原油,使原油体积膨胀,也增加了液体内的动能,从而提高了驱油效率。

(4)高溶混能力驱油。

尽管在地层条件下 CO_2 与许多原油只是部分溶混,但是当 CO_2 与原油接触时,一部分 CO_2 溶解在原油中,同时,CO_2 也将一部分烃从原油中提取出来,这就使 CO_2 被烃富化,最终导致 CO_2 溶混能力大大提高。这个过程随着驱替前缘不断前移而得到加强,驱替演变为混相驱,这也使 CO_2 混相驱油所需要的压力要比任何一种气态烃所需要的混相压力都低得多。用气态烃与轻质原油混相也要 27~30MPa,而用 CO_2 混相压力只要 9~10MPa 即能满足。

在高温高压下 CO_2 与原油溶混机理主要体现在烃从原油中蒸发出来与 CO_2 混相,即主要是蒸发作用;在低温条件下主要是 CO_2 向原油的凝聚作用和吸附作用。当压力低于混相压力时,CO_2 和原油混合物有三个相存在:气态 CO_2 并含有原油的轻质组分;失去轻质组分而呈液态的原油,由原油中分离出来的以固体沉淀方式存在的沥青质和蜡。

(5)分子扩散作用。

非混相 CO_2 驱油机理主要建立在 CO_2 溶于油引起油特性改变的基础上。为了最大限度地降低油的黏度和增加油的体积,以便获得最佳驱油效率,必须在油藏温度和压力条件下,要有足够的时间使 CO_2 饱和原油。但是,地层基岩是复杂的,注入的 CO_2 也很难与油藏中原油完全混合好。而多数情况下,CO_2 是通过分子的缓慢扩散作用溶于原油的。

(6)降低界面张力。

残余油饱和度随着油水界面张力的减小而降低;多数油藏的油水界面张力为 10~20 mN/m,要想使残余油饱和度趋向于零,必须使油水界面张力降低到 0.001mN/m 或更低。界面张力降到 0.04mN/m 以下,采收率便会明显地提高。CO_2 驱油的主要作用是使原油中轻质烃萃取和汽化,大量的烃与 CO_2 混合,大大降低了油水界面张力,也大大降低了残余油饱和度,从而提高了原油采收率。

(7)溶解气驱作用。

大量的 CO_2 溶于原油中,具有溶解气驱作用。降压采油机理与溶解气驱相似,随着压力下降,CO_2 从液体中逸出,液体内产生气体驱动力,提高了驱油效果。另外,一些 CO_2 驱替原油后,占据了一定的孔隙空间,成为束缚气,也可使原油增产。

(8)提高渗透率。

碳酸化的原油和水,不仅改善了原油和水的流度比,而且还有利于抑制黏土膨胀。CO_2 溶于水后显弱酸性,CO_2 溶解于水时可形成碳酸,它可以溶解部分胶结物质和岩石,从而提高地层渗透率,注入 CO_2 水溶液后砂岩地层渗透率可提高 5%~15%,白云岩地层可提高 6%~75%。并且,CO_2 在地层中存在,可使泥岩膨胀减弱。

2. CO_2驱油的基本方式

1) CO_2段塞注水方式

其作用方式与溶剂段塞驱油有某些相似,但是更加复杂化。其具有以下特点:

(1) 复杂的边界条件。

由于CO_2既溶于油,也溶于水,因而存在两个混相带,即CO_2—原油混相带,在总混相区前缘;CO_2—水混相带,在总混相区的后端。CO_2在水中的溶解度远低于在原油中的溶解度。

(2) 水驱改善了重烃开采和气体突破问题。

CO_2段塞不同于溶剂段塞,一般它只与原油部分混相,即主要靠CO_2提取作用使原油中轻质烃进入CO_2段塞中,形成气相混合物,而原油中重质烃与CO_2形成混溶带,其中也包括沥青质和胶质。只有CO_2驱时,当地层压力不高时,失去轻质烃的原油开采困难,采出的往往是轻质组分。而这种不利驱油条件,由于采用水驱段塞可以改善,可使混相带中重烃部分也被驱替出来。CO_2气体突破现象也得到部分缓解。因为用水顶替CO_2,CO_2夹在油水中间,即使水突破进入CO_2段塞,由于形成碳化水,水相黏度升高,前缘稳定性得到改善。

(3) 良好经济指标。

水驱CO_2段塞具有一般CO_2驱油特性,如混相、降黏、膨胀原油等,但由于采用段塞,经济指标大大改善。

2) 高压注CO_2气体驱油

与高压注烃类气体过程相似。首先限制油井采油量甚至关井,向地层中注入大量CO_2气体,使地层压力上升,达到或者超过混相压力,与原油充分混相,在保持CO_2注入量(定压)条件下开井采油。这是典型的混相驱油方式,可以同时采出轻质烃与重质烃。

3) 注"碳化水"驱油

与常规注水过程相似,但由于水中溶有CO_2,它可以改善流度比,可以提高洗油效率,产生吸附现象。

4) 连续向地层注CO_2气体

通常在低压"枯竭"油田(平均地层压力约为1MPa)使用,向已枯竭地层中直接注入CO_2驱油,由于用量大,通常采用CO_2采出分离回注的循环注气方式。其特点为:

(1) CO_2消耗量大,一般为地层孔隙体积的几倍。

(2) CO_2提取原油中轻质烃,采出的CO_2与轻质烃气体混合物必须在地面分离,对经济效益和工艺实际都有不利的影响。

(3) 不适用于压力过低油田,因为这类油田一方面需要大量CO_2,注入CO_2与采出烃比值高达$100m^3/m^3$;另一方面,过低压力值CO_2与原油混相困难,导致只有少量轻质烃采出,大量重质烃留在地下。

5) CO_2单井吞吐

与蒸汽吞吐工艺有些相似,在生产井中注入一定量CO_2气体后,关井使原油与CO_2有时间充分溶混,然后开井采油。主要利用CO_2与原油的混相作用、降黏作用、膨胀作用。适用于较高地层压力油田,特别是高黏稠油的早期开采。

3. CO_2 驱油的油藏条件

根据大量的矿场试验,总结出适应 CO_2 驱油油藏的基本条件是:油层的岩性可以是石灰岩、白云岩或砂岩等,CO_2 溶于水后形成的碳酸可以溶蚀钙盐等,提高地层渗透率;CO_2 驱油油藏一般埋深为 600~3500m,油层温度一般低于 120℃,油层厚度大于 3m;油层的破裂压力大于要求的注入压力,防止地层压裂,影响驱油效果;油层具有大的孔隙体积以便与 CO_2 接触,渗透率一般大于 5mD。

四、CO_2 驱油中主要的吸附机理及作用力

吸附现象是所有三次采油方法中存在的普遍现象,在 CO_2 注水中具体指浓度 c 的 CO_2 物质在空隙介质固体表面上的分子吸附过程。

CO_2 水溶液在驱替过程中与巨大的吸附表面(空隙介质固体表面)相接触,因而发生广泛的吸附作用,这将导致两个波(s 波和 c 波)前缘,并且波远远滞后于水驱前缘,这不仅大大降低了 CO_2 直接驱油的机会和效率,而且造成 CO_2 的巨大浪费。吸附过程主要指溶液中的"溶质"在岩石固体表面上分子吸附,该固体表面(壁)在能量关系方面对分子而言是"划出来的表面",一般溶液中分子只与溶剂分子相互作用,但这时靠近壁表面的分子开始与"划出来的表面"发生作用,使这部分表面呈现足够活性。例如,该壁具有极性基团和结晶缺陷,结果壁上就出现一定数量适用于溶质分子与其连接的位置,这个位置也称为吸附中心。溶质分子滞留在吸附中心上形成吸附现象。

主要的吸附作用力:

(1)静电力吸附。

在驱油过程中,若荷电黏土矿物和电荷相反表面活性剂离子接触,则它们间的静电作用所引起的吸附起支配作用。即吸附质离子主要是通过静电力吸附于具有相反电荷的未被离子占据的固体表面。

(2)氢键吸附。

许多含有羟基、酚基、羧基或氨基的体系,吸附物分子或离子与固体表面极性基团之间常常通过氢键而发生吸附。

(3)色散力吸附。

这是一种由瞬时偶极矩之间的相互作用力而引起的吸附。色散力吸附在任何场合皆可发生,可作为其他吸附作用的补充。

(4)疏水力吸附。

在水介质中某些疏水基团与固体表面上的亲油部位相互作用,原来亲水黏土矿物表面由于某些组分的吸附而具有亲油性,也可与表面活性剂或聚合物的非极性部分通过疏水作用相互连接,从而导致固体表面的润湿性转化。疏水力也是一种范德华力,它主要取决于所研究物质的极性程度。此类吸附量往往随吸附质分子尺寸的增大而增加。

(5)化学键力吸附。

通过形成化学键发生的吸附称为化学键吸附。该化学吸附主要是由于离子交换所致。在交换过程中,带负电的表面活性剂离子代替等量的晶格离子,形成碱土金属油酸盐表面层。实际上,固液界面上的吸附机理是复杂的,某些吸附过程中可能同时存在几种作用力。

五、CO_2 驱提高采收率影响因素实验

1. 实验仪器及流程

耐腐蚀岩心夹持器、高压物性仪、高压配样器、高压计量泵、恒温箱、油气分离器、气体流量计、高压落球黏度计、活塞容器、气瓶、电子天平等,实验流程如图 10-39 所示。

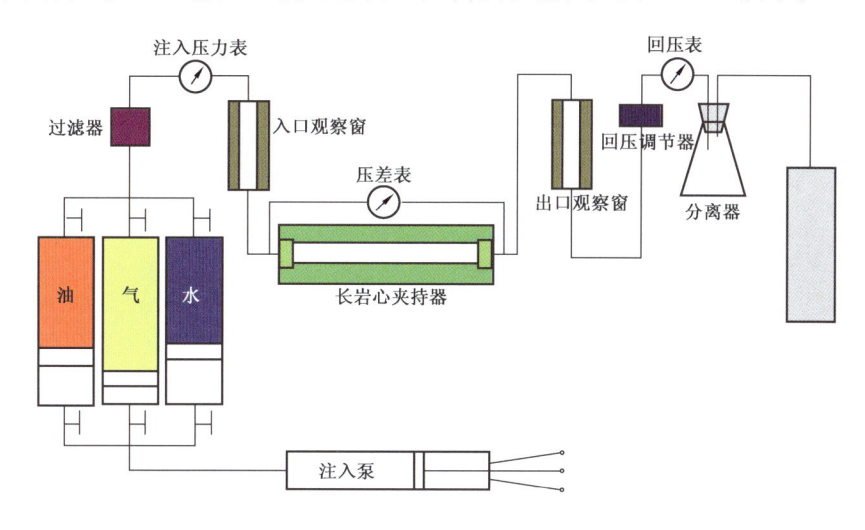

图 10-39 CO_2 驱油装置示意图

2. 实验条件

1) 实验用油

实验模拟油是用地面油和天然气配制的模拟油,模拟油的气油比为 60m³/t,黏度为 4.87mPa·s。

2) 实验用水

实验用水为模拟水,矿化度为 71.34g/L。

3) 实验岩心

天然岩心取心井井号为靖探 265 和靖探 353。渗透率为 0.1~5mD(表 10-10)。

表 10-10 岩心气测渗透率

序号	井段(m)	岩心编号	长度(mm)	直径(cm)	气测渗透率(mD)
1	1374.37~1374.57	265-1-1	88.74	2.516	0.7467
2	1374.37~1374.57	265-1-7	89.06	2.514	0.8216
3	1374.37~1374.57	265-1-10	90.72	2.512	0.8928
4	1374.37~1374.57	265-1-13	86.52	2.528	0.7915
5	1374.57~1374.82	265-2-1	89.76	2.518	0.6397
6	1374.57~1374.82	265-2-7	89.02	2.514	0.9247
7	1374.57~1374.82	265-2-13	89.92	2.51	0.645
8	1374.57~1374.82	265-2-20	49.68	2.52	0.9461

续表

序号	井段(m)	岩心编号	长度(mm)	直径(cm)	气测渗透率(mD)
9	1374.82~1374.97	265-3-1	89.86	2.516	0.5282
12	1379.19~1379.46	265-4-1-7	94.78	2.518	0.3695
13	1379.19~1379.46	265-4-2-1	93.48	2.508	0.3657
14	1379.19~1379.46	265-4-2-6	42.56	2.568	0.3323
15	1379.19~1379.46	265-4-2-8	49.82	2.512	0.4539
16	1413.35~1413.5	353-1-1	94.42	2.512	1.2639
17	1413.35~1413.5	353-1-4	94.94	2.51	1.3398
18	1413.35~1413.5	353-1-7	93.64	2.512	1.2281
19	1413.35~1413.5	353-1-10	95.44	2.512	1.0688
20	1413.7~1413.81	353-2-1	95.12	2.508	1.5751
21	1413.7~1413.81	353-2-3	96.62	2.512	3.1624
22	1413.7~1413.81	353-2-5	95.34	2.514	1.5111
23	1413.95~1414.10	353-3-1	94.72	2.508	2.0786
24	1413.95~1414.10	353-3-7	93.62	2.51	1.5833
25	1413.95~1414.10	353-3-10	92.56	2.510	0.9698
26	1414.10~1414.32	353-4-1	94.50	2.512	1.1970
27	1414.10~1414.32	353-4-4	91.88	2.514	1.4636
28	1414.10~1414.32	353-4-7	96.92	2.51	1.267
29	1414.10~1414.32	353-4-10	93.46	2.508	1.3622
30	1414.10~1414.32	353-4-13	92.66	2.51	1.1145
31	1414.10~1414.32	353-4-16	96.02	2.508	1.1356
32	1414.32~1414.54	353-5-1	94.28	2.506	1.0068
33	1414.32~1414.54	353-5-7	95.86	2.510	1.3697
34	1414.32~1414.54	353-5-10	92.00	2.506	0.8661
35	1414.32~1414.54	353-5-13	94.44	2.508	4.8202
36	1414.54~1414.78	353-6-1	94.82	2.508	1.2826
37	1414.54~1414.78	353-6-4	96.94	2.512	1.7342
38	1414.54~1414.78	353-6-7	93.62	2.51	2.1525
39	1414.54~1414.78	353-6-10	94.22	2.512	1.3608
40	1414.54~1414.78	353-6-13	95.62	2.510	1.0703
41	1414.54~1414.78	353-6-16	96.02	2.504	1.1685
42	1414.88~1415.09	353-7-1	92.16	2.508	0.1482
43	1414.88~1415.09	353-7-3	63.44	2.508	0.3648
44	1414.88~1415.09	353-7-4	92.72	2.508	0.2987
45	1414.88~1415.09	353-7-7	95.44	2.508	0.1484

续表

序号	井段(m)	岩心编号	长度(mm)	直径(cm)	气测渗透率(mD)
46	1414.88~1415.09	353-7-10	95.72	2.512	0.3792
47	1414.88~1415.09	353-7-12	59.62	2.51	0.5143
48	1414.88~1415.09	353-7-13	82.74	2.502	0.2793

采用常规短岩心按一定的排列方式拼成长岩心。为了消除岩石的末端效应,每块短岩心之间用滤纸连接。经加拿大 Hycal 公司的 Tomas 等人论证,当岩心足够长时,通过在每块小岩心之间加滤纸可将末端效应降低到一定程度。每块岩心的排列顺序按下列调和平均方式排列。由下式时调和平均法算出 $\overline{K}$ 值,然后将 $\overline{K}$ 值与所有岩心的渗透率作比较,取渗透率与 $\overline{K}$ 最接近的那块岩心放在出口站第一位;然后将剩余岩心的 $\overline{K}$ 再求出,将新求出的 $\overline{K}$ 值与所有剩下的岩心($n-1$)作比较,取渗透率与新的 $\overline{K}$ 值最接近的那块岩心放在出口端第二位;依次类推,便可得出岩心排列顺序。

$$\frac{\overline{L}}{\overline{K}} = \frac{L_1}{K_1} + \frac{L_2}{K_2} + \cdots + \frac{L_i}{K_i} + \cdots + \frac{L_n}{K_n} = \sum_{i=1}^{n} \frac{L_i}{K_i} \quad (10-1)$$

式中,L 为岩心的总长度,cm;$\overline{K}$ 为岩心的调和平均渗透率,D;L_i 为第 i 块岩心的长度,cm;K_i 为第 i 块岩心的渗透率,D。

利用上述方法,岩心从出口端到入口端的排列顺序见表 10-11,岩心总长度为 27.72cm,平均渗透率为 0.814mD。

表 10-11 长岩心渗透率组合

岩心编号	长度(cm)	渗透率(mD)
265-2-13 出口	9.10	0.645
265-2-7	9.12	0.9247
入口 265-2-20	9.50	0.9461

3. 最小混相压力计算

为了研究注入压力对驱油效果的影响,观察不同注入压力下的注入 CO_2 的驱油效率和突破时间,必须首先确定实验方案的注入压力。实验希望考察近混相和非混相状态下注入压力的影响,因此首先要最小混相压力。

CO_2 最小混相压力的大小主要受储层与油性质、注入气组成、地层温度和地层压力的影响。对于确定的油藏,CO_2 驱油效率的高低主要取决于驱替压力,只有驱替压力达到或高于最小混相压力才能实现混相驱。

确定 CO_2 最小混相压力的方法大致上可以分为经验公式法、实验法和理论计算法。实验法中的细管实验法被国内外用做确定最小混相压力的标准方法,但比较费时费力,不利于快速计算。经验公式法是其中最简单的一种方法,虽然精度比较低,且每个公式的适用条件不同,但是可以减少实验的次数,并且可以用于预筛选或可行性研究。理论计算法有状态方程法和数值模拟法,主状态方程法虽然比较准确、快速,但混相函数很难给出一个明确的判断标准。因此实验选择了数值模拟法,运用专业的数值模拟软件 ECLIPSE 来计算。

1)美国 National Petroleum Council(NPC)方法

NPC 提出了根据原油密度确定最小混相压力的方法,然后利用地层温度对其进行校正(表 10-12、表 10-13)。

表 10-12　NPC 最小混相压力关联式

原油密度(g/cm^3)	>0.8927	0.8927~0.8762	<0.8762
最小混相压力(MPa)	28.12	21.09	7.03

表 10-13　油藏温度校正

温度(℃)	<48.89	48.89~65.55	65.55~93.33	93.33~121.11
压力(MPa)	0	+1.406	+2.461	+3.515

2)Yelling & Metcalfe 关联式

1998 年 Yelling & Metcalfe 提出根据油藏温度预测 CO_2 最小混相压力的经验关联式:

$$p_{mm} = 1.5832 + 0.19038T - 0.00031986T^2 \tag{10-2}$$

3)Johnson 和 Pollin(J-P)关联式

$$p_{mm} = p_{ci} + 0.00703\alpha(T - T_{ci}) + 0.00703I(\beta M - M_i)^2 \tag{10-3}$$

对于 CO_2,$I = 1.2762$,$\alpha = 18.9$,$\beta = 0.285$。

$$MMP = 7.528 + 0.1329(T - 31.04) + 8.97 \times 10^{-3}(0.285M - 44.01)^2 \tag{10-4}$$

4)美国 The Petroleum Recovery Institute(PRI)关联式

美国 The Petroleum Recovery Institute 提出了两个关系式,第一是根据 CO_2 蒸气压曲线提出了预测 CO_2 驱最小混相压力的 PRI Ⅰ 经验公式:

$$p_{mm} = 0.052 \times 10^{2.772-(1579/RT)}$$
$$R = 1.8T + 492 \tag{10-5}$$

第二个经验地使混相压力仅与油层温度相关联方法 PRI Ⅱ:

$$p_{mm} = -4.8913 + 0.415T - 0.0015974T^2 \tag{10-6}$$

若 $MMP < p_b$,取 $MMP = p_b$。

5)Glaso 关联式

Glaso 在 Benham 等人的预测图版的基础上,考虑中等组分对 CO_2 的影响而提出的关系式,但 Glaso 发现如果中等组分的含量(摩尔分数)超过 18%,对 MMP 没有影响。据此他提出了中等组分含量在 18% 左右的两个关系式。

(1)原油中 C_2—C_6 馏分的摩尔分数大于 18% 时,用以下关系式:

$$p_{mm} = 5.69 - 0.024 M_{C_{7+}} + [1.7 \times 10^{-9} M_{C_{7+}}^{3.73} \exp(786.8 M_{C_{7+}}^{-1.0582})]$$
$$(0.0127T + 0.225) \tag{10-7}$$

(2)原油中 C_2—C_6 馏分的摩尔分数小于 18%,用以下关系式:

$$p_{mm} = 20.72 - 0.024 M_{C_{7+}} + [1.7 \times 10^{-9} M_{C_{7+}}^{3.73} \exp(786.8 M_{C_{7+}}^{-1.0582})]$$
$$(0.0127T + 0.225) - 0.852 f_{RF} \tag{10-8}$$

式中,$M_{C_{7+}}$ 为脱气油中 C_{7+} 的分子质量;f_{RF} 为油藏流体中 C_2—C_6 的摩尔分数。

6) ECLIPSE PVTi 流体相态包

在相态拟合的基础上,利用 PVTi 对一次接触混相压力和多次接触混相压力进行了计算。延长油田试验区基本参数见表 10-14。

表 10-14　延长油田试验区基本参数

原油密度(g/cm³)	油层温度(℃)	原油的平均分子质量(g/mol)	脱气油中 C_{7+} 的分子质量 $M_{C_{7+}}$ (g/mol)	油藏流体中 C_2—C_6 的摩尔分数 f_{RF}(%)
0.8579	43.75	249.92	294.92	2.40055

按照以上的方法计算出最小混相压力见表 10-15,其中第 6 种方法计算结果汇总前者为混相驱结果,后者为非混相驱结果。

表 10-15　各种方法最小混相压力计算结果

方法序号	1	2	3	4	5	6
最小混相压计算结果(MPa)	7.03	9.30	25.86	26.59	23.10	22.4　　15.7

部分方法预测 CO_2 驱最小混相压力误差大的原因主要是在计算中将影响因素简单化,或者关联式中的一些参数是根据某些油田经验得来的,对其他油田会产生很大的误差。如 NPC、Y-M、PRI Ⅱ 关联式,只考虑温度对 MMP 的影响,没有考虑注入气体的性质、原油组成、相对分子质量和分布等因素,因而计算结果与实际 MMP 的值差异很大。

PRI Ⅰ 法是根据 CO_2 蒸气压曲线提出的预测 CO_2 驱最小混相压力的经验公式,该方法根据经验使 MMP 和油藏温度、原油 C_{5+} 馏分相对分子质量、易挥发原油馏分、中间原油馏分及 CO_2 气体的组分发生联系。

相态包是在室内相态拟合的基础上的计算,可信度较高。

后 4 种方法,平均混相压力为 24.48MPa。

所以,在此基础上选择合适的注入压力,研究注入压力对采收率的影响。

4. 实验方案

为了研究 CO_2 驱油效果影响因素,设计以下两种实验方案:

(1)不同注入压力下 CO_2 直接驱油实验:压力为 14MPa,18MPa 和 22MPa。

(2)不同注入速度下 CO_2 直接驱油实验:注入速度为 $0.3cm^3/min$,$0.6cm^3/min$,$1.2cm^3/min$ 和 $1.8cm^3/min$。

实验步骤如下:

① 首先按岩心排列顺序装好岩心,对岩心系统抽空,随后注地层水饱和岩心,饱和时间长短视饱和体积和孔隙体积的差值确定,在实验温度和压力条件下稳定一段时间,使岩心得到充分饱和后,记下饱和量。

② 由于地层饱和原油黏度高,水黏度低,地层渗透率低,实验采用配制好的饱和油样驱替岩心中的水,以建立地层原始油水分布。

③ 接着进行地层温度和压力下不同压力和不同注入速度两种实验。

④ 实验中记录好驱替时间、泵读数、注入压力、注入速度、环压和回压,监测采出气油比和分离出的油量、气量和水量,并适当取气样作色谱分析;为了测试低渗透储层的启动压力,以出口处开始出现第一滴油滴为起点进行 PV 的记录。

⑤ 每组实验结束后清洗岩心:先用石油醚和无水酒精清洗岩心,接着用氮气吹,并烘干岩心系统,然后重复①和②步骤,形成原始状态后,进行下一组实验。

5. 不同注入压力实验结果分析

(1)不同驱替压力下 CO_2 驱的采收率差别较大,注入压力越高,采收率越高。14MPa 驱替的采收率最低,为 39.07%;18MPa 驱替的采收率稍高,为 48.15%;22MPa 驱替的采收率最高,为 56.27%。也就是说,22MPa 驱替的采收率比 18MPa 驱替高 8.12%,比 14MPa 驱替高 17.2%。采收率对比见表 10-16 和图 10-40。

表 10-16 长岩心驱替实验采收率对比表

驱替压力(MPa)	14	18	22
采收率(%)	39.07	48.15	56.27

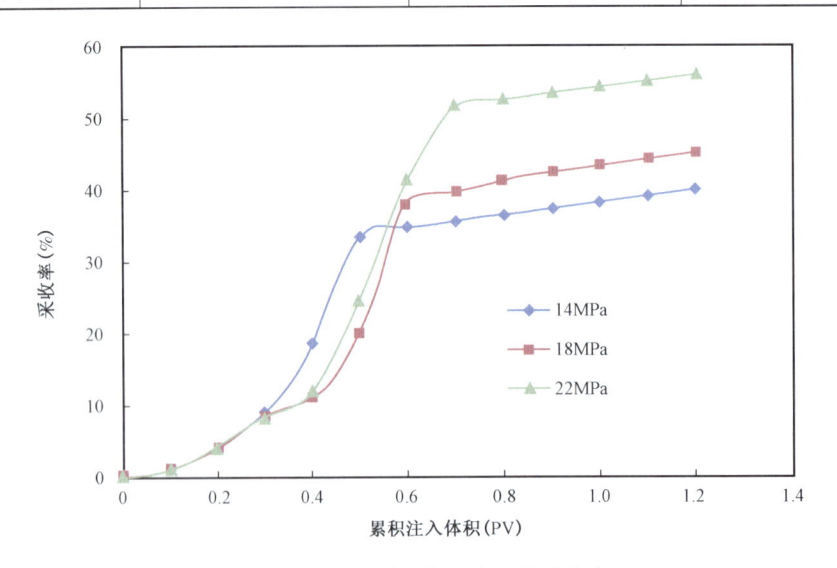

图 10-40 不同驱替压力下的采收率

注入压力越高,CO_2 驱油效果越好,其原因主要是在地层条件下,压力越高,原油中溶解得 CO_2 越多,原油黏度降低得越显著,从而使流度增加,增加了流动性;CO_2 在水中溶解生产碳酸,使水黏度增加,流度下降,从而改善了流度比,而降低驱替相和被驱替相的流度比可以大大提高平面波及效率和垂向波及效率,从而提高采收率;同时,高压力下 CO_2 与原油之间的界面张力减小,并且压力越高,界面张力降低得越多,混相效应越明显,驱替阻力减小,毛细管数增加,采收率更高。注入压力较高还可以提高但注入压力不能过高,因为过高会是造成地层破裂,并且对注入设备的要求较高。

(2)注入压力增加,气体突破时间延迟。由实验可知,注入压力为 14MPa 时,突破时注入了 0.44PV;18MPa 突破时注入了 0.55PV;而注入压力为 22MPa 时,气体突破时注入了 0.65PV。气体突破时注入 CO_2 的 PV 数随着注入压力的升高而增大,也就是说,气体突破时间延迟。其原因是较高压力下 CO_2 的溶解度增加,溶解增多,有利于发挥驱油作用,并且还易与地层矿物发生反应,所以气体突破较慢。

6. 不同注入速度实验结果分析

为研究不同注入速度对于采收率、换油率和油气比的影响,设计了 4 组实验,注入速度为 $0.3cm^3/min$、$0.6cm^3/min$、$1.2cm^3/min$ 和 $1.8cm^3/min$,对应的 CO_2 在实际地层中的推进速度为 0.5m/d、1m/d、1.5m/d 和 2m/d。

1)采收率

(1)随着注入速度增加,见气时采收率和最终采收率增大。注入速度为 $0.3cm^3/min$ 时,采收率为 53.42%;注入速度为 $1.2cm^3/min$ 时,采收率增加到 63.97%。随着注入速度增加,见气时采出程度也增加,注入速度分别为 $0.3cm^3/min$、$0.6cm^3/min$、$1.2cm^3/min$ 和 $1.8cm^3/min$ 时,采收率分别为 13.5%、12.02%、16.32% 和 18.49%。

由图 10 − 41 可知,随着 CO_2 注入速度的增加,采收率增加。随着注气量增加,CO_2 驱采收率增加。在同样的注气量下,注气速度越大,采收率越高。这是由于注入速度越大,随着注入体积的增多,注入压力升高,地层油中溶解 CO_2 越多,黏度降低幅度越大,油气界面张力越低,而且越接近混相驱,采收率越高。同时,从图 10 − 41 中还可以看出,注入速度为 $1.8cm^3/min$ 时,其采收率显著高于其他三种注入速度的采收率,说明这种注入速度对应的压力接近于混相压力,近混相效应明显。随着注入速度的增加,压力增加。但随着注入气体体积增加,压力先增大后减小,原因是气体突破前,一开始由于注入的气体还来不及反应和运移,集体聚集导致压力增加,而气体突破后形成了窜流通道,所以压力降低。

(2)从图 10 − 42 可见,随着注气速度增加,见气时间、见气时采收率增加。如注入速度为 $0.3cm^3/min$、$1.2cm^3/min$ 时,见气时注气量分别为 0.695PV、0.7703PV,相应的采收率分别为 0.135、0.1632。但随着注气速度增加,见气时间到气油比增加到 $1000cm^3/cm^3$ 时注气量增加。这是由于注入速度达到一定值后,压力接近混相压力,油中溶解的 CO_2 多,CO_2 突破速度慢,见气时间慢,见气时采收率高;而突破后,生产气油比上升快。

2)生产气油比

由图 10 − 43 可知,随着注入 CO_2 体积的增多,生产气油比在一定时期内保持稳定,基本维持在原始溶解气油比附近。当气体突破后,生产气油比急剧上升。注气量达到 0.6 ~ 0.86PV 后,CO_2 突破,此时采出的主要是溶解在油中的 CO_2,油和气体同时生产,生产气油比增加比较缓慢。注气量达到 1.2PV 后,CO_2 完全突破,生产气油比急剧增加,CO_2 驱采收率增加的幅度明显减缓。突破前,不同注入速度下的生产气油比几乎相同,主要因为注入的 CO_2

溶解于原油并和储层岩石发生反应,在采出的原油中见不到气体。突破后,生产气油比随着注入速度增加而升高,即注入速度越高,生产气油比越大。

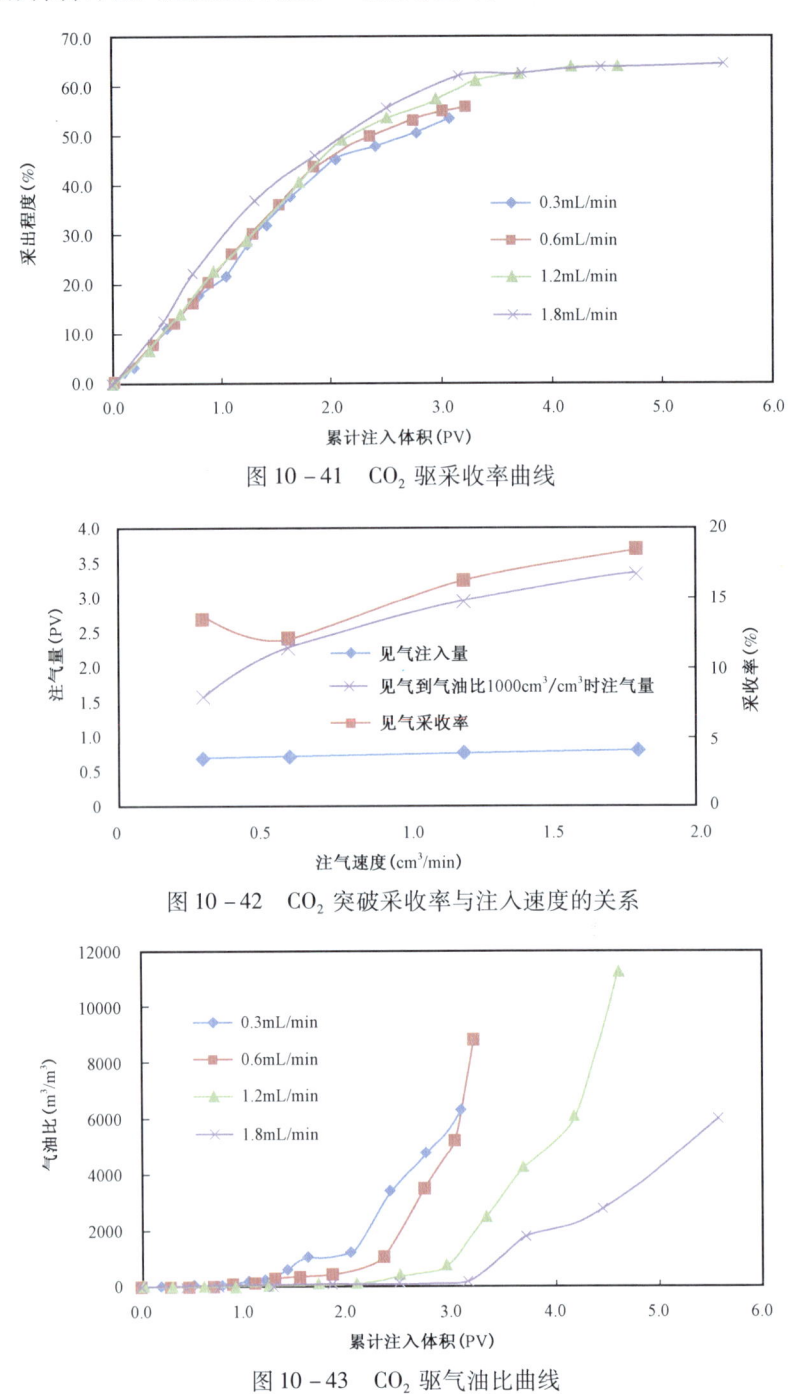

图 10-41 CO_2 驱采收率曲线

图 10-42 CO_2 突破采收率与注入速度的关系

图 10-43 CO_2 驱气油比曲线

3) 换油率

气体突破前,平均换油率随注入速度增加而升高。注入速度为 $0.3cm^3/min$ 时,气体突破前平均换油率为 0.2391；当注入速度上升到 1.2 时，气体突破前平均换油率为 0.2429；注入速度继续增加到 1.8cm³/min 时，见气前平均换油率升高到 0.2971。

由图 10-44 可见，突破前，CO_2 换油率随注气量增加而增加，CO_2 开始突破后，换油率迅速降低。原因在于 CO_2 注入量增加，还没有来得及溶解和反应时，注入的 CO_2 暂时积累，地层内压力增加，从而发挥了高压力效应，采收率越高，并且采出程度增加的幅度大于 CO_2 注入量的增加幅度。

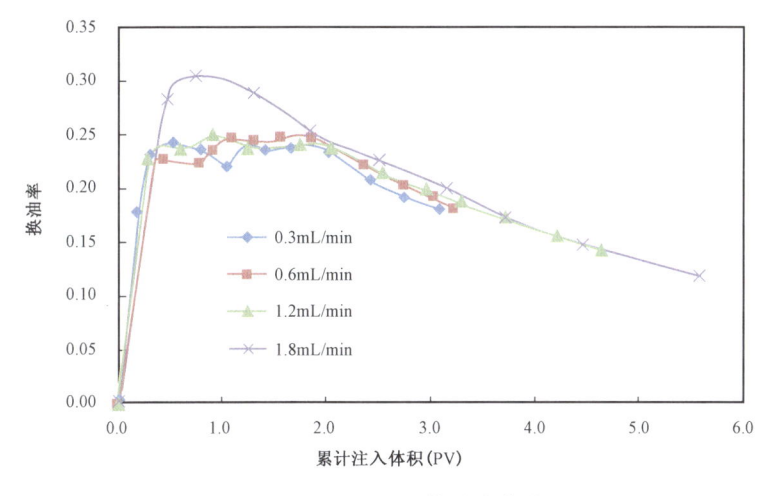

图 10-44 CO_2 驱换油率曲线

突破前，CO_2 换油率随注入速度增加而增加。CO_2 突破前，不同注入速度换油率差别非常大，突破后，随着 CO_2 注入量增加，换油率的差别逐渐减小。突破前，注入的 CO_2 不仅会溶解于原油和地层水中，而且会与储层发生化学反应，因此注入速度小不利于发挥补充气体和改善流度比的作用。随着注入速度增加，气驱效果更明显。由图 10-45 可以看出，注入压力随着注入速度增加而增加，也就是说，注入压力越高，改善流度比和降低界面张力的作用越明显，接近混相压力，越有利于提高采收率。突破后，CO_2 窜流严重，不利于发挥驱油作用。

从采收率、换油率等参数看，CO_2 驱注气速度越大，效果越好。

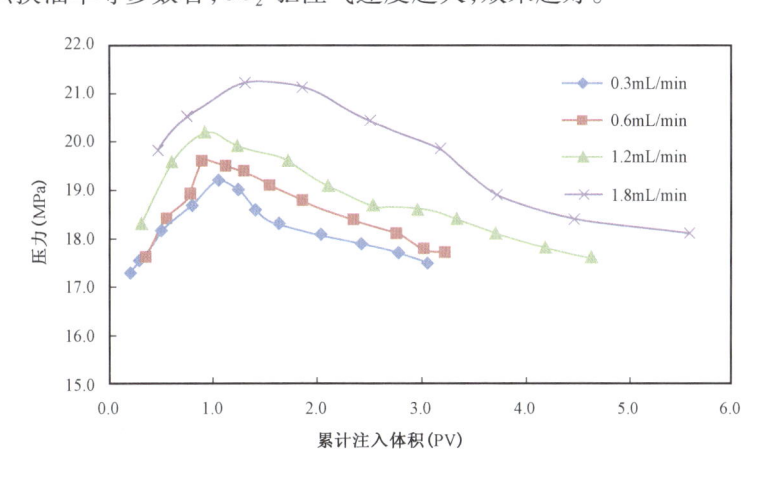

图 10-45 CO_2 驱压力变化曲线

六、CO_2 驱工程存在的问题

在 CO_2 驱过程中,因注入气体本身性质以及地层环境的影响,常常导致腐蚀、结垢及沥青质和石蜡沉淀等一系列问题。

1. 腐蚀

在 CO_2 驱过程中,最为严重的是腐蚀问题。水中溶解 CO_2 后,pH 值降低,为钢材提供了一个腐蚀的环境,尤其是交替注入水和 CO_2 时,腐蚀问题会很严重。采用分别注 CO_2 和水的装置;使用不锈钢井口和井下设备;CO_2 应该在压缩和运输之前在产地进行脱水处理等可将腐蚀降到最低程度。

2. 沥青质和石蜡沉淀

沥青质和石蜡沉淀也是混相驱中存在的一个问题,如果原油中沥青质含量很高,并且地层渗透率较低,沥青质的沉淀是一个严重的问题,应避免在此类油藏中进行 CO_2 驱。沥青质和石蜡沉淀还造成严重的堵塞问题,并降低油井产量。

3. 水垢

水垢主要是无机化合物的二次沉淀,主要有硫酸盐垢和碳酸盐垢,地层中通常含有 Ca^{2+},Mg^{2+},HCO_3^- 等大量的结垢离子,在 CO_2 驱过程中,碳酸水能和油层中的碳酸盐胶合物反应,进而产生沉淀。

4. 产出 CO_2 的处理

处理产出 CO_2 的最好办法就是回注,这样可降低 CO_2 的购买量,产出 CO_2 气经脱水后直接注入地层。

第十一章　采油工程方案的编制

油田开发是一项庞大而复杂的系统工程,因此,在油田投入正式开发之前,必须编制油田开发总体建设方案,作为油田开发工作的指导性文件。采油工程方案是总体方案的重要组成部分和方案实施的核心。

采油工程的任务是通过产油井和注入井采取一系列工程技术措施,作用于油藏,使油气畅流入井,并举升到地面进行分离和计量,其主要目标是经济、有效地提高油井产量和原油采收率。所以,采油工程是实现油田开发指标和完成原油生产任务的重要工程技术保证。采油工程的特点是:涉及的技术面广、综合性强而又复杂;与油藏工程、钻井工程和地面工程有着紧密的联系;工作对象是生产条件随油藏动态而不断变化的成百上千口采油井和注入井。因此,采油工程方案设计是一项技术性强、难度大的工作。方案本身将涉及油田开发的重要决策和经济效益。

第一节　方案编制原则

采油工程方案编制一般应遵循如下基本原则:
(1)符合本油田开发的总体部署和技术政策。
(2)适合油藏地质和环境特点。
(3)采用先进而适用的工艺技术,具有良好的可操作性。
(4)体现少投入多产出的经济原则。
采油工程方案应按以下基本要求进行设计:
(1)充分应用油藏地质研究和油藏工程提供的基本资料,并以它们作为主要的设计依据。
(2)重点论证本油田(设计对象)开发的主要问题、基本工艺和关键技术。
(3)结合油藏特点开展必要的室内和现场工艺试验,并充分借鉴同类油田的经验。
(4)采用先进的理论和设计方法,进行科学论证和方案的优选。
(5)具有科学性、完整性、适用性、可操作性和经济性。

第二节　方案设计内容

一、方案设计的油藏地质与油藏工程基础

1. 油藏地质基础

油藏是采油工程措施的实施对象,所以,油藏地质特征是采油工程方案设计的重要基础。采油工程方案设计时,必须获取以下油藏地质研究成果,从采油工程角度加以分析、提出油藏地质对采油工程的特殊要求。并以它们作为采油工程方案论证的地质依据。

(1)地质构造与地应力分布特征。
(2)储层分布特征及油水关系。
(3)储层岩心分析(储层的孔隙度、渗透率、饱和度和岩石矿物组成)。

2. 油藏工程基础

采油工程设计是在地质研究和油藏工程设计的基础上进行的。采油工程方案是油田开发总体建设方案实施的核心,是实现方案目标的重要工程技术保证。分析油藏工程研究成果,明确油藏工程设计指标,则成为采油工程方案编制的内容之一。采油工程方案编制时,涉及和需获取的油藏工程研究的相关内容如下:

(1)油藏流体组成及性质。
(2)油藏压力及温度。
(3)储层岩石的渗流特征(润湿性及相对渗透率)。
(4)储层岩石的敏感性试验结果。
(5)油藏类型及驱动方式。
(6)油田开发层系与开发方式及其井网。
(7)油井产能分布及其变化。
(8)油田开发指标及开发动态预测结果。

二、开发全过程的系统保护油层要求与措施

系统保护油层技术是关系到油田开发效果的关键技术。钻井、完井、采油、注水、修井作业、增产措施等油田开发所要采取的一系列工程技术措施中,如果都能实现有效的系统保护油层,将会减轻油层伤害,充分发挥油层潜能,减少为解除油层伤害的作业工作量,从而提高油田开发效益。

油田开发过程的系统保护油层主要包括:
(1)钻井、固井过程中的油层保护(见钻井工程方案设计)。
(2)射孔、修井作业中的油层保护。
(3)注水过程中的油层保护。
(4)增产措施中的油层保护。

所有的保护油层措施都是建立在储层岩性特征分析、岩心分析和入井流体的敏感性试验及对可能造成油层伤害的主要因素进行分析的基础上。其关键是优选入井流体(包括钻井液、完井液、射孔液、修井液、压裂液、酸液、注入水质及其添加剂或处理剂的筛选)和优化作业工艺。在优选入井流体和优化作业工艺中,必须坚持适用性、有效性、可操作性和经济性原则。

三、完井工程要求及投产措施

完井工程是包括从钻开油层开始直到投产前的一系列单项作业的系统工程,也是钻井工程与采油工程的交汇点。它直接影响油井的产能和油田开发效益。采油工程方案中的完井工程主要指的是射孔和投产措施,因此采油工程方案中的完井部分主要包括以下两部分。

1. 射孔工艺方案设计

(1)射孔参数优化:利用射孔软件对影响射孔效果的孔径、孔密、相位角和布孔方式进行

敏感性计算,选出合理的射孔参数。

(2)射孔工艺:选择射孔方式及管柱;选定负压值及射孔液;选择射孔枪及射孔弹。

2. 投产措施

(1)投产方式:根据油藏压力、油井产能及自喷能力确定油井能否自喷;需要诱喷才能投入自喷生产的井,确定诱喷方式;非自喷井则需要结合采油方式选择结果,确定以什么人工举升方式投入生产。

(2)投产前的井底处理方案:对于油层受伤害较严重的油井,确定消除伤害恢复油井产能的措施,并预测产能及能否自喷;对于基本上要采用压裂投产的低渗透油藏,则需要另行编制低渗透油田整体压裂改造方案。

四、注水工艺设计

对于注水开发的油田,注水是人工作用于油藏保持能量,提高其产量和采收率的主要手段,油田开发过程中的一系列工程技术措施也是由注水而引起的。注水工艺如何满足油藏工程设计要求、实现有效注水是采油工程方案的重要内容。注水工艺设计结果既对油田地面注水系统提出要求,又受地面工程的制约。因此,注水工艺设计的核心是尽量选择既满足油藏工程方案要求,又不额外增加地面注水系统建设投资的工艺技术。采油工程方案中注水工艺设计的主要内容如下:

1. 注水工艺方案的基础分析

(1)油藏工程方案对注水的要求。

(2)储层润湿性分析。

(3)储层敏感性对注水的影响分析及应采取的技术措施。

(4)水源条件分析。

根据储层孔隙结构分析,确定储层的主要流动喉道半径;确定注水机械杂质的含量及粒径界限。根据孔隙结构及敏感性分析结果,参照有关注水水质的推荐标准,提出水质要求。

2. 注水系统压力分析

(1)注水井吸水能力分析和预测。

(2)注水层破裂压力预测。

(3)注水井井底压力与井口压力设计,为地面注水系统设计提供依据。

3. 注水管柱设计

(1)注水管柱结构设计,强度校核及井下配套工具选择。

(2)注水井井筒及管柱防腐措施。

4. 注水井增注与调剖

(1)针对油藏地质特点、配注要求和吸水能力,分析注水井采取措施的必要性,选择增注措施,并预测保证配注要求的可能性。

(2)根据油藏地质特征及开发动态预测结果,分析采取调剖工作的必要性,在技术论证的基础上,提出相应的调剖措施建议。

5. 注水井投转注及管理

（1）根据油藏工程方案要求，针对油藏特点提出注水井投注或转注的工艺技术方案。

（2）按注水井和注水站管理的有关规程提出日常管理要求，并针对本油田的开发特点提出维持注水井及地面系统正常工作的某些特殊要求和措施。

五、举升方式优选及其工艺方案

对任何油田而言，举升技术是贯穿其开发全过程的基本技术。不同举升方式对油藏类型、开发方式及油井生产能力的适应性和投入产出比不同。因此，采油工程方案设计中必须优选采油方式，其主要内容如下：

（1）确定举升方式选择的原则、依据及要求。

（2）油井产能预测及分析。

① 预测不同含水阶段的油井产液、产油指数。

② 油井生产动态模拟：预测不同压力保持水平下，各类油井采用不同举升方式时，可能获得的最大产量，或完成配产要求的生产操作参数及油井生产动态指标。

③ 举升方式综合评价：综合考虑经济、技术及管理等各种因素，对不同举升方式做出评价，并选定其采油方式和提出相应的工艺方案。

六、采油工程配套工艺

采油工程配套工艺在此是指：油井工作制度的确定，油井防蜡、清蜡、防垢、清垢、防腐及防偏磨等工艺，地面设备的选型。为此，编制采油工程方案时，应对这些问题进行分析、论证，并提出相应的解决措施及方案，以便及时做好技术准备。

1. 合理工作制度的确定

根据油藏方案产能预测分析结果，合理确定油井的泵挂、泵径、冲程和冲次。

2. 油、水井防砂工艺方案

（1）出砂的可能性及出砂规律分析：根据储层特征、试油及试采资料，以及油水井的工作制度进行出砂预测。

（2）防砂方法选择：针对储层岩石结构、出砂预测结果以及各种防砂工艺对油藏的适应性，选择高效、经济、适用的防砂方法。

（3）防砂工艺参数及配套技术：针对所选定的防砂方法，优选工艺参数，提出配套技术。

3. 防蜡工艺方案

（1）含蜡量、蜡性及结蜡规律分析：在对原油组成、性质，对含蜡量、蜡性、结蜡条件的室内化验分析的基础上，结合试采资料进行油井结蜡规律的研究。

（2）防蜡方法及工艺方案：根据结蜡规律的室内研究及必要的矿场试验结果，并借鉴同类油田的经验，选择经济有效的防蜡方法，并提出相应的防蜡工艺措施。

4. 防垢及防腐工艺方案

根据产出及注入流体特性进行结垢和腐蚀性预测；根据预测结果提出相应的防垢、清垢和防腐工艺建议。

5. 防偏磨工艺方案

（1）在抽油杆力学分析的基础上,合理选择抽油杆的级别、尺寸和配比。
（2）按照简支梁理论和中性点理论合理布扶正器的位置。

6. 抽油机和电动机的优选

根据抽油机悬点载荷计算结果,确定油井抽油机（额定载荷和扭矩）和电动机型号（额定功率和极对数）。

七、油田动态监测

动态监测是通过在油、水井上所进行的专门测试工作,了解油田开发过程中油、气、水在油藏中的分布及其运动规律,掌握油藏和油、水井的生产动态及其设备工况,评价工程技术措施的质量与效果。

采油工程方案的动态监测部分的主要内容如下：

（1）制定油田动态监测总体方案：根据油藏工程和采油工程要求,论证开发过程中需要实施的动态监测项目,明确监测目标、具体内容、测试方法和工艺要求。
（2）选择配套仪器和设备,推荐仪器、设备的型号、规格和生产厂。
（3）根据需要的配套仪器、设备型号、规格、数量及参考价格,以及测试规划,进行油田动态监测费用的初步预算。

八、作业工作量预测

作业工作量是生产操作费用预算及作业队伍建设的基础。油田开发过程中的作业包括：新井投产、注水井投（转）注；压裂、酸化增产增注措施；油水井井下设备安装及更换作业；清、防砂及调剖堵水作业；油、水井大修作业；新工艺实验及其他特种作业。

作业量预测：首先是根据采油工程方案相关部分提出的措施要求,确定进行作业种类和估算需要实施的作业次数。然后,采用统计法或折算标准工作量法进行工作量预测。

九、采油工程方案经济分析

采油工程的直接投资和生产操作费用只是原油生产综合成本中的一部分,为避免重复,采油工程方案的经济分析则着重于采油设备、生产操作费用等油田产能建成后开发过程中直接与采油工程有关的费用进行分析对比和评价。评价内容包括：

（1）基本参数及分析评价指标的确定。
（2）不同举升方式举升费用对比及更换采油方式的经济分析。
（3）采油设备投资。
（4）生产操作费用及分析。
（5）采油工程费用汇总及原油生产成本分析。

参 考 文 献

[1] 邵争艳. 机械采油方式优选综合评价研究. 哈尔滨工程大学硕士论文,2004.
[2] 春兰,邱淑媛,王勇. 有杆泵采油优化设计技术研究与应用. 吐哈油气,2003,8(3):326-328.
[3] 蒋生键,李勇,牛文金. 提高有杆泵井机械采油系统效率技术应用. 特种油气藏,2002,9(2):59-60.
[4] 李申. 有杆泵抽油系统的优化设计. 大连理工大学硕士论文,2005.
[5] 李振智. 定向井有杆抽油系统优化设计与数值模拟研究. 西南石油大学博士论文,2004.
[6] 张东. 低渗透油藏流入动态与产能预测的研究. 中国石油大学(华东)硕士论文,2009.
[7] 李颖川. 采油工程. 北京:石油工业出版社,2009:104-108.
[8] 李淑芳,甘子泉. 直井抽油杆柱扶正器安装位置及安装间距. 石油机械,1999,27(1):52-54.
[9] 万仁溥,罗英俊. 采油技术手册第四分册:机械采油技术. 修订版. 北京:石油工业出版社,1993.
[10] 王玮. 基于RBF网络的抽油机井的故障诊断研究. 西安石油大学硕士论文,2007.
[11] 孟阳杨. 基于支持向量机的有杆抽油系统工况监测与诊断研究. 西安石油大学硕士论文,2012.
[12] 张瑞霞,李增亮,姜东,等. 往复式有杆泵抽油杆扶正器的布置研究. 石油矿场机械,2008,37(12):28-35.
[13] 杨洋. 基于示功图分析的远程抽油机自诊断系统. 大连理工大学硕士论文,2008.
[14] 黄进军. 木质素磺酸氧化与络合产物分子结构研究. 油田化学,1992,9(2):104-109.
[15] 张黎明. 木质素磺酸—栲胶接枝共聚物在Fe^{2+}存在下的螯合收缩效应. 油田化学,1992,9(2):161-164.
[16] 万仁溥. 采油工程手册. 北京:石油工业出版社,2000.
[17] 胡博仲. 大庆油田高含水期稳油控水采油工程技术. 北京:石油工业出版社,1997.
[18] 李有法. 数值计算方法. 北京:高等教育出版社,1996.
[19] 刘翔鹗. 采油工程技术论文集. 北京:石油工业出版社,1998.
[20] 刘翔鹗. 油田堵水技术手册. 北京:石油工业出版社,1989.
[21] 赵福麟,张贵才,周洪涛,等. 调剖堵水的潜力限度和发展趋势. 石油大学学报:自然科学版,1999,23(1):49-54.
[22] 石油大学(华东). 一种用于区块整体调剖堵水的压力指数决策方法:中国,CN1173581. 1998-2-18.
[23] Morrow M R,Chatzis I,Taber J T. Entrapment and mobilization of residuai oil in bead packs. SPE Reservoir Engineering,1998,3(3):927-934.
[24] 张绍槐,罗平亚. 保护储集层技术. 北京:石油工业出版社,1996:118-215.
[25] 樊世忠,王彬. 二氧化氯解堵技术. 钻井液与完井液,2005,22(增刊):113-116.
[26] 姜学明,刘明立,张学昌,等. 二氧化氯与酸液协同解堵工艺与应用效果. 石油勘探与开发,2002,29(6):103-104.
[27] 胡盛忠. 石油工业新技术及标准规范手册:石油开采技术及标准规范. 哈尔滨:哈尔滨地图出版社,2004:387-388.
[28] 田兴国,吴彦川,山其坤,等. 二氧化氯在油田增产增注中的应用. 油田化学,1999,19(4):384-389.
[29] 覃忠校,黎石松,张兴建,等. 二氧化氯复合解堵工艺的研究及应用. 石油钻探技术,2002,30(3):63-64.
[30] 曲占庆,董长银. 影响高压注气管柱变形的主要因素及计算方法. 石油钻采工艺,2000,22(1):53-55,72.
[31] 张钧,余克让,陈壁,等. 海洋完井手册:下册. 北京:石油工业出版社,1998:392-430.
[32] 饶文艺,陈飞,刘夏荣. 牙哈23凝析气田一次完井的认识. 石油钻采工艺,2002,24(3):35-38.

[33] 陈作,王振铎,曾华国. 水平井分段压裂工艺技术现状及展望. 天然气工业,2007,27(9):78-80.
[34] Willett R M,Borgen K G,McDaniel B W,et al. Effective well planning and Stimulation improves economics of horizontal wells in a low-permeability west Texas carbonate. SPE 779328,2002.
[35] Soliman M Y,Boonen P. Review of fractured horizontal wells technology. SPE 36289,1997.
[36] McDaniel B W,Willett R M,Underwood P J. Limited-entry frac application on long intervals of highly deviated or horizontal wells. SPE 56780,1999.
[37] Fisher M K,Wright CA,Davidson B M,et al. Integrating fracture mapping technologies to optimize stimulations in the Barnett shale. SPE 77441,2002.
[38] Gruesbeck C,Collins R E. Particle transport through perforations. SPE 7006,1978.
[39] Arora D S,Sharma M S. The nature of the compacted zone around perforation tunnels. SPE 58720,2000.
[40] Surjaatmadja J B,East L E,Luna J B,et al. An effective hydrajet-fracturing implementation using coiled tubing and annular stimulation fluid delivery. SPE 94098,2005.
[41] 王腾飞,胥云,蒋建方,等. 连续油管水力喷射环空压裂技术. 天然气工业,2010,31(3):65-67.
[42] 唐汝众,温庆志,苏建,等. 水平井分段压裂产能影响因素研究. 石油钻探技术,2010,38(2):80-83.
[43] 曾凡辉,郭建春,陈红军,等. X10-3水平井分段压裂优化技术研究. 断块油气田,2010,17(1):116-118.
[44] 詹鸿运,刘志斌,程智远,等. 水平井分段压裂裸眼封隔器的研究与应用. 石油钻采工艺,2011,33(1):123-125.
[45] 李军,崔彦立,巩小雄,等. 水平井机械隔离分段压裂技术研究与实践. 吐哈油气,2008,13(1):45-48.
[46] 郭建春,赵志红,赵金洲,等. 水平井投球分段压裂技术及现场应用. 石油钻采工艺,2009,31(6):86-88.
[47] 李玉宝,吕玮. 水平井水力喷射分段压裂技术研究与应用. 内蒙古石油化工,2011,(3):26-28.
[48] 柴国兴,刘松,王慧莉,等. 新型水平井不动管柱封隔器分段压裂技术. 中国石油大学学报:自然科学版,2010,34(4):141-145.
[49] 王香增. 低渗透油田开采技术. 北京:石油工业出版社,2012.
[50] 刘一江,王香增. 化学调剖堵水技术. 北京:石油工业出版社,1999.
[51] 陈铁龙. 三次采油概论. 北京:石油工业出版社,2000.
[52] 刘玉章,郑俊德,夏惠芬. 难动用油气储量开采技术丛书:难动用储量开发采油工艺技术. 北京:石油工业出版社,2005.
[53] 张英芝,杨铁军,王文昌. 特低渗透油藏开发技术研究. 北京:石油工业出版社,2004.
[54] 李道品. 低渗透油田高效开发决策论. 北京:石油工业出版社,2003.
[55] 朱维耀,孙玉凯,王世虎,等. 特低渗透油藏有效开发渗流理论和方法. 北京:石油工业出版社,2010.
[56] 李士伦,郭平,王仲,等. 中低渗透油藏注气提高采收率理论及应用. 北京:石油工业出版社,2008.
[57] 张林森. 延长油田增长改造特色工艺技术. 北京:石油工业出版社,2011.
[58] 沈平平. 中国石油"十五"科技进展丛书:提高采收率技术进展. 北京:石油工业出版社,2006.
[59] 苗丰裕,刘东升. 分层注采. 北京:石油工业出版社,2010.
[60] 孙焕泉,杨勇. 低渗透砂岩油藏开发技术——以胜利油田为例. 北京:石油工业出版社,2009.
[61] 郭平. 低渗透致密砂岩气藏开发机理研究. 北京:石油工业出版社,2010.
[62] 李永太. 提高石油采收率原理和方法. 北京:石油工业出版社,2008.
[63] 刘晓娟,李宪. 油气藏增产新技术. 北京:石油工业出版社,2010.